分子真空泵的理论与实践

巴德纯　王晓冬 等　著

科 学 出 版 社

北　京

内 容 简 介

本书全面回顾了分子真空泵的发展历史，系统阐述了分子真空泵抽气理论与结构设计方法，介绍了新技术在分子真空泵设计中的应用。全书共 9 章，包括牵引分子泵、涡轮分子泵、复合分子泵的结构特点、设计理论，参数化设计、转子系统动力学分析、多学科协同优化设计方法在分子真空泵结构设计、性能优化方面的应用，分子真空泵关键零部件制造与装配、维护保养和维修等内容。

全书既注重分子真空泵抽气理论的系统性，更突出分子真空泵设计方法的先进性，又兼顾分子真空泵加工、装配、维护保养的实用性。本书可作为分子真空泵理论研究、教学、设计、生产、销售与维护人员及分子真空泵应用领域工作人员的参考书，也可作为高等学校物理、真空技术、流体机械及工程等相关专业本科生、研究生的参考书。

图书在版编目（CIP）数据

分子真空泵的理论与实践 / 巴德纯等著. —北京：科学出版社，2021.9
ISBN 978-7-03-069204-7

Ⅰ. ①分… Ⅱ. ①巴… Ⅲ. ①分子真空泵-研究 Ⅳ. ①TB752

中国版本图书馆 CIP 数据核字（2021）第 120557 号

责任编辑：姜 红 朱灵真 / 责任校对：樊雅琼
责任印制：吴兆东 / 封面设计：无极书装

科学出版社 出版
北京东黄城根北街 16 号
邮政编码：100717
http://www.sciencep.com
北京凌奇印刷有限责任公司 印刷
科学出版社发行 各地新华书店经销
*
2021 年 9 月第 一 版 开本：720×1000 1/16
2023 年 2 月第三次印刷 印张：19 1/2
字数：393 000

定价：128.00 元
（如有印装质量问题，我社负责调换）

序 一

分子真空泵经历百年发展，在抽气性能计算、结构优化设计方法、材料加工技术、转子系统支承技术等方面得到不断改进，其工作稳定、可靠，分子流态下具有很好抽气效率，已经成为清洁高真空和超高真空的主流获得设备。由于分子真空泵具有良好的抽气性能，其在半导体工业、能源与化工、航空航天、冶金与材料等行业中得到广泛应用,并将在未来的科研和工业中发挥越来越重要的作用。

20 世纪 70 年代以来，东北大学真空与过程装备系一直关注分子真空泵的发展动态，系统深入地开展了分子真空泵理论与实践方面的研究工作，先后承担了国家级、省部级和企业委托分子真空泵科研项目 20 余项，培养了 20 余届分子真空泵方向的硕士、博士研究生，发表分子真空泵方面的研究论文 100 余篇，获得分子真空泵相关奖励、发明专利、软件著作权 20 余项，出版多部与分子真空泵相关的教材。巴德纯教授和王晓冬教授都是我的学生，他们把分子真空泵的研究成果撰写为《分子真空泵的理论与实践》一书，这是分子真空泵研究的又一大进步，是值得祝贺的事情。

近年来，在国家重大科学仪器设备开发专项等项目的支持下，分子真空泵在设计理论与方法、磁悬浮轴承及控制技术、转子系统加工制造与装配技术、性能检测与故障诊断技术、转子系统的动力学分析等方面得到快速发展。《分子真空泵的理论与实践》一书的出版将对分子真空泵的技术进步和广泛应用起到推动作用。

原中国真空学会常务理事
东北大学真空领域资深教授

2021 年 8 月于沈阳

序 二

分子真空泵是基于稀薄气体动力学理论，依靠高速运动的涡轮叶列和牵引转子表面与气体分子之间的动量传递，实现对气体抽出的真空获得设备。分子真空泵自德国人盖得 1912 年发明以来，不断应用新技术，其功能和可靠性日益提高，具有真空气氛洁净、功耗低、结构紧凑、连续工作等显著优点，已经成为高真空应用领域的主流真空获得设备，得到广泛应用。

我国分子真空泵研究与应用虽然起步较晚、基础薄弱，但经过广大科技人员的艰辛努力，在理论体系和工程应用方面都取得了长足进展。国家对开发分子真空泵非常重视，通过科技部立项的国家重大科学仪器设备开发专项予以大力支持，力争使我国的产品在短期内达到国外先进水平，以满足科学仪器、半导体设备等对真空环境的严苛要求。

《分子真空泵的理论与实践》一书正是在科技部立项的国家重大科学仪器设备开发专项的资助下，以项目参加单位为主总结分子真空泵的开发成果，梳理国内外分子真空泵的理论研究和工程应用工作，凝练、整理而成的。该书注重理论与实践相结合，涉及面广，包括分子真空泵抽气性能计算、结构设计、关键零部件制造与装配、维护保养等，将成为从事分子真空泵开发和应用人员的重要参考书。

《分子真空泵的理论与实践》是全体撰写人员智慧和心血的结晶，在此祝贺其顺利问世，希望该书能对我国真空科学与技术的发展添砖加瓦。

中国工程物理研究院
机械制造工艺研究所

2019 年 4 月于绵阳

前　言

分子真空泵（简称分子泵）是一种高速旋转的机械式真空获得设备，依靠高速运动的涡轮叶列和牵引转子表面与气体分子之间的动量传递，实现对气体的抽出，能够获得清洁的高真空、超高真空环境。分子泵具有长期连续稳定可靠运行的优点，已经成为当今真空应用领域，特别是半导体、分析仪器设备、大科学装置等高端真空应用领域中最重要的清洁高真空泵。由于分子泵的抽气机制和运行可靠性与稀薄气体动力学、高速转子系统动力学等理论密切相关，加之现代分子泵工作流域已经从经典的分子流态向过渡流态，甚至向黏滞流态延伸，这些都给分子泵抽气性能的理论分析、结构设计和可靠性评估带来巨大挑战。分子泵的研究一直是真空领域研究机构和生产企业关注的热点。

东北大学对于分子泵的研究由来已久。20 世纪 80 年代开始，杨乃恒教授就带领包括本书作者在内的多名研究生持续开展了涡轮分子泵、复合分子泵的理论研究和实验研究工作，取得了系列研究成果，奠定了分子泵研究的理论基础。在之后的数十年间，分子泵方面的教学和研究工作一直是本书作者的工作重点之一，在研究生培养以及与企业合作研发的过程中，积累的经验和取得的研究成果成为本书的主要内容。

近年来，计算机技术的发展、材料性能的改进和机械加工水平的提升，为分子泵的结构改进和性能提高提供了新的分析方法及设计手段，推动了分子泵新产品的研发和新技术的应用，分子泵的研发工作得到了国家的高度重视。2013 年 11 月至 2016 年 10 月，科技部立项的国家重大科学仪器设备开发专项“高速小型复合分子泵的开发和应用”（项目编号：2013YQ130429）推进了我国高水平分子泵的研发和应用进程，使分子泵的设计、加工制造水平得到显著提高，该项目的研究成果成为本书的重要内容。

本书共 9 章。第 1 章至第 6 章由东北大学王晓冬、巴德纯撰写，第 7 章由中国工程物理研究院机械制造工艺研究所陶继忠、吴祉群撰写，第 8 章由中国工程物理研究院机械制造工艺研究所蔡飞飞、吴定柱、马绍兴撰写，何朝晖、吉方审定，第 9 章由北京中科科仪股份有限公司李奇志撰写。全书由巴德纯和王晓冬统

稿，杨乃恒教授主审。

硕士研究生周亚、蒋婷婷、李景舒、张磊、张鹏飞、侯德峰、马兆骏等在攻读学位期间，参与了项目的研发工作，在分子泵参数化设计、转子系统动力学特性分析、抽气性能计算方法改进编程、软件著作权申报、结构优化改进、专利申报等方面做出了重要贡献，张鹏飞在攻读博士期间参与了本书出版文字的整理工作，作者在此表示感谢。

感谢东北大学王志全（神州高铁）教育基金、科技部国家重大科学仪器设备开发专项（项目编号：2013YQ130429）对本书出版的大力支持。

作者将分子泵抽气理论、结构设计、加工等方面的内容做了系统阐述，希望能为真空工程及相关领域的科技工作者、工程技术人员提供参考。受作者理论水平和实践经验所限，书中难免有不足之处，敬请广大读者批评指正。

作　者

2019 年 3 月于东北大学

目　录

第 1 章

绪　论

分子泵是一种工作在高真空、超高真空环境下的机械式真空泵。与依靠容积变化来实现抽气的变容式真空泵不同，分子泵是靠高速运动的刚体表面与气体的外摩擦携带作用，来实现对气体的抽出（牵引分子泵，简称牵引泵），或以高速旋转的动叶列和静止的静叶列相互配合来实现抽气（涡轮分子泵）的一种动量传递式真空泵[1,2]。

牵引分子泵以气体外摩擦作用原理为理论基础，其工作原理如图 1-1 所示。

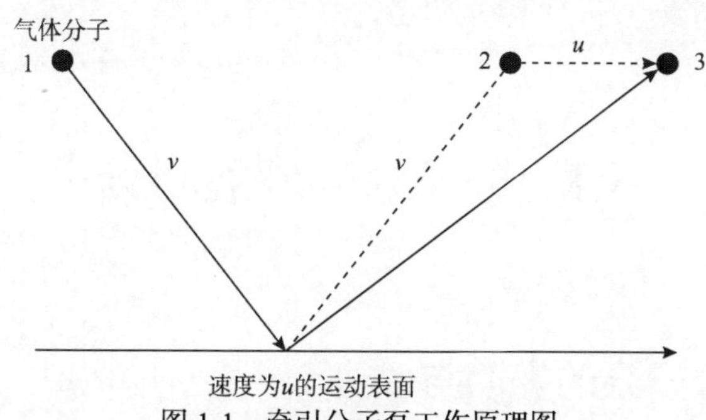

图 1-1　牵引分子泵工作原理图

高真空条件下，忽略气体分子之间的相互碰撞，气体分子以热运动速率 v 由位置 1 入射到固体表面上，如果发生镜面反射，气体分子的速度仍为 v，反射位置为 2；高速运动的固体表面牵引速度为 u，气体分子与固体表面进行动量交换，在外摩擦力的作用下，气体分子反射时带有牵引速度 u，实际反射位置为 3，即在固体运动方向上产生定向流动，从而使动面具有了抽气能力。从图 1-1 中可知，运动固体表面对气体的抽气效率与动面的牵引速度密切相关。要想获得好的抽气效果，动面的速度应与气体分子热运动速率相当，这就是分子泵转速普遍很高的原因。此外，由于小分子热运动速率更大，分子泵对小分子气体（如氢气、氦气）的抽气能力较弱。由于分子泵对大分子气体（如氩气、油蒸气）具有更强的抽气能力，即使在有稀油对轴承进行润滑的情况下，分子泵入口处的油蒸气返油量也几乎测量不到，因此，常常把有油润滑的分子泵视为准无油的清洁真空获得设备。

分子泵的性能指标主要有抽速和压缩比。分子泵抽速为泵入口处被抽气体的体积流率；分子泵压缩比为泵出口压力与泵入口压力之比。分子泵抽速越大，抽气效率越高，对容器的抽空时间就越短。分子泵压缩比越大，被抽容器获得的极限真空度越高（极限压力越低）。

分子泵按结构分为牵引分子泵、涡轮分子泵和复合分子泵。一般地，牵引分子泵具有很高的压缩比，但抽速较小；涡轮分子泵在较宽的入口压力范围内具有较大的抽速，并可通过增加涡轮叶列数量等方式，获得较高的压缩比；复合分子泵集合了牵引分子泵和涡轮分子泵的优点，可以获得大抽速（涡轮级）和高压缩比（牵引级）[3]。

分子泵从 1912 年发明以来，经历了 100 多年的发展。分子泵早期仅应用于核物理、电真空、表面科学等研究领域，后随半导体产业、薄膜等工业的发展，得到更大规模的工业应用。分子泵抽气理论研究的不断深入和完善，机械加工方法、加工工艺的进步，以及新材料、新技术的采用等，推动了分子泵的设计和开发，分子泵的性能和可靠性得到大幅度提高，分子泵已经成为当前科研和工程中获得清洁高真空、超高真空环境的主要设备之一[4]。

1.1　分子泵的发展回顾

1.1.1　牵引分子泵的发明与改进

W. Gaede 以气体外摩擦作用原理为理论基础，于 1913 年发明了牵引分子泵（drag molecular pump，DMP），其具有启动时间短、抽大气体分子比抽小气体分子快等一系列优点，其结构如图 1-2 所示[5]。

牵引转子直径为 50mm，转速为 12000r/min，转子上开有 8 条尺寸不等的牵引槽。当前级压力为 1300Pa 时，泵的极限压力为 4×10^{-3}Pa，抽速约为 1.5L/s。W. Gaede 牵引分子泵曾应用于美国电子管排气系统上，但由于故障多，1915 年被 W. Gaede 自己发明的水银扩散泵代替。

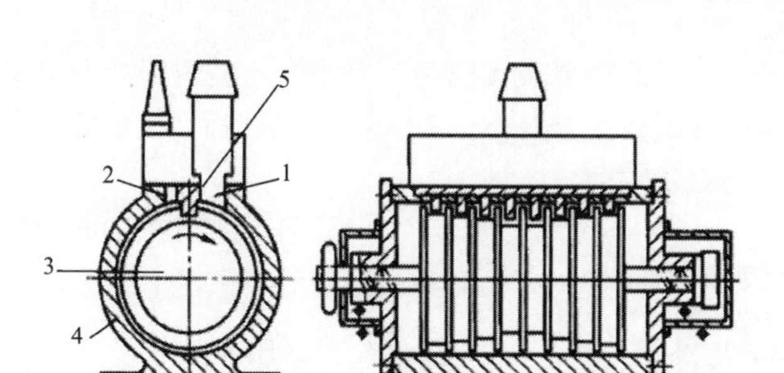

图 1-2　W. Gaede 牵引分子泵结构图

1-进气口；2-排气口；3-牵引转子；4-泵体；5-挡块

1923 年 M. Holweck 开发了一种筒式牵引泵，其结构如图 1-3 所示[6]。转子直径为 150mm，长为 230mm，转子转速为 3000～4500r/min。转子与泵体之间间隙为 0.025～0.050mm。出口压力为 2700Pa 时，泵的极限压力为 1.3×10^{-3}Pa，抽速为 4.5～8L/s。M. Holweck 的分子泵曾用于海军通信三极管、真空分析仪器、电子显微镜和阴极射线管等真空系统上。

M. Holweck 筒式牵引泵的牵引筒展开图如图 1-3（b）所示。其中，牵引筒高度用 L'表示；牵引槽长度用 L 表示，深度用 h 表示，宽度用 w 表示，螺旋升角用 φ 表示；转子与定子间隙用 δ 表示；转子的牵引速度用 u 表示。气体流动如图 1-3 中箭头方向所示。

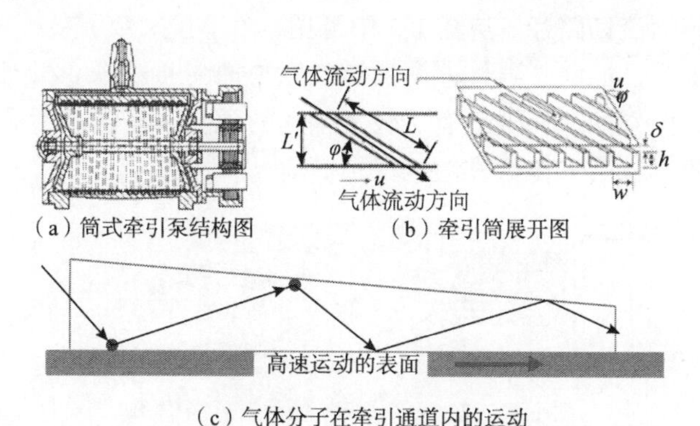

（a）筒式牵引泵结构图　（b）牵引筒展开图

（c）气体分子在牵引通道内的运动

图 1-3　M. Holweck 筒式牵引泵

筒式牵引泵压缩比很高，但泵入口有效抽气面积不大、抽速较小。由于筒式牵引泵进气口、排气口之间的压差很大，而转子与定子的间隙为被抽气体泄漏的通道，与牵引槽长度（抽气通道长度）L 相比，牵引筒高度（泄漏通道长度）L' 较短，因此，筒式牵引泵容易发生较大的间隙泄漏，对泵的抽气性能产生不利影响。为有效控制被抽气体沿筒式牵引泵转子-定子间隙的泄漏，保证泵的抽气性能，筒式牵引泵转子与定子之间的设计间隙非常小。这就对筒式牵引泵零部件的加工精度和装配精度要求很高，牵引分子泵高速运动条件下很小的工作间隙容易引起泵的机械故障，导致泵的损坏。

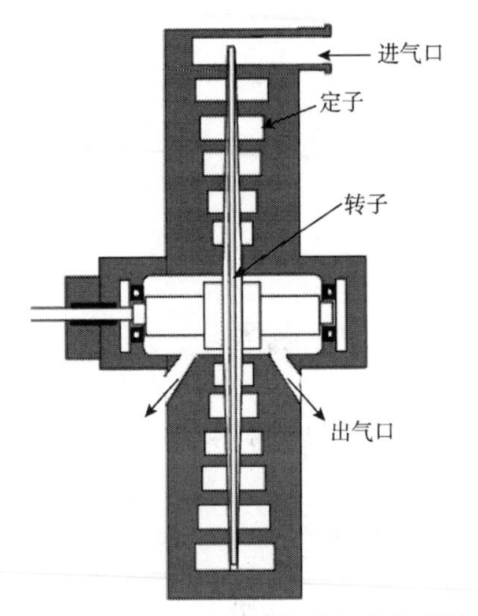

图 1-4 M. Siegbahn 大抽速盘式牵引泵

1943 年，M. Siegbahn 把外摩擦理论应用到了带槽的牵引盘上，在瑞典大学物理实验室开发了一种应用于筒型光谱计上的大抽速盘式牵引泵，其结构如图 1-4 所示[7]。其中，转子为光滑圆盘，泵体上开有螺旋槽，转子直径为 540mm，螺旋槽外侧尺寸为 22mm×22mm，内侧尺寸为 22mm×1mm，圆盘转速为 3700r/min，泵的抽速为 73L/s，极限压力为 8×10^{-5}Pa。在 1926～1940 年，瑞典大学工厂制造了 50 台 M. Siegbahn 分子泵，并于 1931 年许可德国 LEYBOLD 公司生产该泵。在 1939 年，两台大型盘式牵引泵在回旋加速器上得到应用。

图 1-5 为一种盘式牵引槽（静盘）与光滑圆盘（动盘）的组合结构图，图中带箭头的虚线表示气体的流动路径。从图 1-5 中可见，由于盘式牵引泵扩大了抽气通道，使其抽速有所提高，同时，气体泄漏通道长度与抽气通道长度相当，相比于筒式牵引泵，盘式牵引泵的泄漏通道有了较大幅度的延长，因此，盘式牵引泵的工作间隙可以适当放宽，其工作可靠性也得到提高[8]。

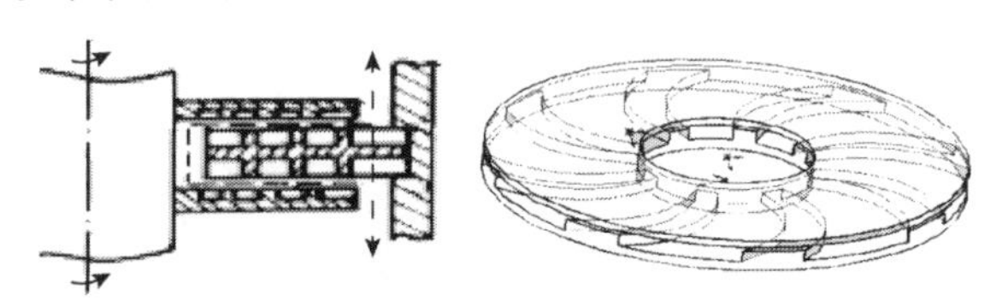

图 1-5 盘式牵引泵动-静盘组合结构图

初期的牵引分子泵的缺点是体积大、抽速小、间隙小、故障多，故在应用上受到了一定的限制。除特殊应用场合之外，在很长一段时间内，结构简单的油扩散泵是高真空应用领域中的主要真空获得设备。

1.1.2 涡轮分子泵的发明与发展

W. Becker 于 1958 年发明了适于高真空、超高真空环境下工作的涡轮分子泵

（turbo-molecular pump，TMP）[9]。与牵引分子泵相比，涡轮分子泵在结构形式和工作原理上有较大变化。涡轮分子泵是以高速旋转的动叶列和静止的静叶列相互配合来实现抽气的，具有高运转可靠性以及大抽速，极限压力可达 10^{-9}Pa，在很多科研和工业领域得到应用。涡轮分子泵对油蒸气等大分子量气体的压缩比很高，加之转子系统支承轴承设置于泵的出口侧，因而在泵运转过程中，轴承润滑油蒸气反扩散到泵入口的量极少，因此，涡轮分子泵可以获得清洁无油的超高真空。

W. Becker 发明的涡轮分子泵为卧式结构，结构组成如图 1-6 所示。其转子直径为 170mm，共由 19 级涡轮叶列组成，电动机转速为 16000r/min。被抽气体由泵体中央上部的进气口进入，经过泵内交替排列的涡轮动、静叶列的压缩，沿轴向流至泵体两侧，如图 1-6（b）中箭头所示，最终由泵的排气口排出。W. Becker 发明的涡轮分子泵的抽速为 140L/s，对 H_2 的压缩比为 250，对空气的压缩比为 10^7。

（a）外观照片

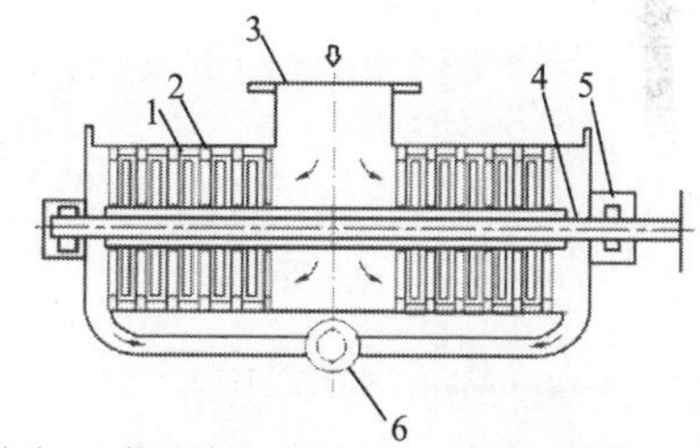

1-动叶片；2-静叶片；3-进气口；4-轴；5-轴承；6-排气口

（b）内部结构

图 1-6　卧式涡轮分子泵

1966 年法国 SENCMA 公司的 L. Rubet 开发了一种立式涡轮分子泵。Rubet 立式涡轮分子泵转子直径为 286mm，由 14 级涡轮叶列组成，电动机转速为 12000r/min，泵抽速为 650L/s，1971 年许可德国 LEYBOLD 公司生产。

1971 年日本理化学研究所与大阪真空公司合作研制成功的立式涡轮分子泵，由 13 级动叶列和 12 级静叶列组成，转子直径为 300mm，电动机转速为 12000r/min，支承轴承的润滑最初为油泵供油，而后改为轴中心开孔自给式供油。

1978 年，德国 PFEIFFER 公司生产的、用于美国国家航空航天局（National Aeronautics and Space Administration，NASA）质谱仪上的高压缩比微型涡轮分子泵，对 N_2 的抽速为 16L/s，对 H_2 的压缩比为 95000，转速为 87000r/min，尺寸为 8cm×8cm×19cm，重量仅为 1.5kg。

1990 年，日本大阪真空公司生产了抽速为 25000L/s 的 TH-25000 大型立式涡轮分子泵，在物理学、核聚变实验、表面科学等研究领域中得到应用。

俄罗斯在大型涡轮分子泵方面研发了系列产品，如 TMPH-5000、TMPH-

10000、TMPH-20000 及 TMPH-40000，对 N_2 的抽速分别为 $5.0m^3/s$、$9.8m^3/s$、$13.8m^3/s$、$32m^3/s$。其中 TMPH-40000 大型涡轮分子泵结构如图 1-7 所示，泵尺寸为 145cm×160cm×360cm，功率为 3kW，重量为 3500kg，极限压力为 $2×10^{-6}Pa$，对 N_2 的抽速为 $32m^3/s$，对 He 的抽速为 $38m^3/s$，对 H_2 的抽速为 $40m^3/s$，对 H_2 的压缩比为 10^4。俄罗斯生产了一种抽速为 3500L/s 的矮型立式涡轮分子泵，泵口径大于泵体总高，其结构如图 1-8 所示。

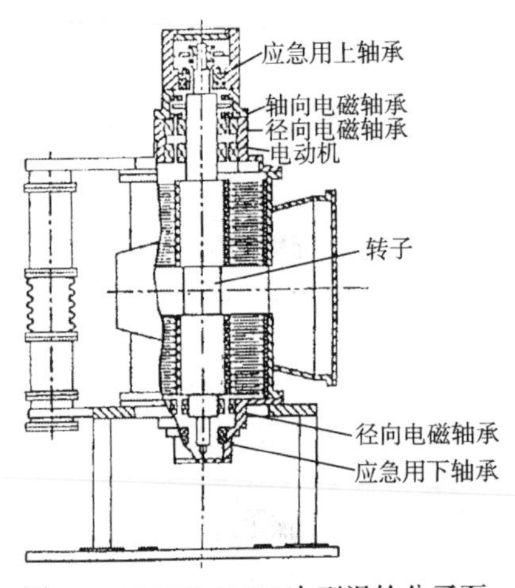

图 1-7 TMPH-40000 大型涡轮分子泵

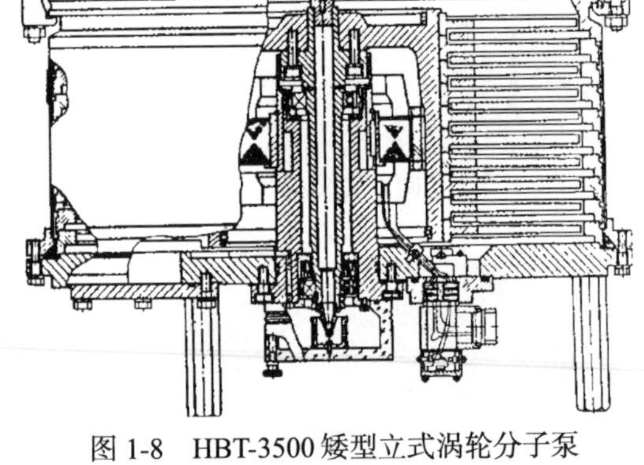

图 1-8 HBT-3500 矮型立式涡轮分子泵

立式涡轮分子泵是当前工业应用中的主要结构形式，其结构组成如图 1-9 所示。与卧式涡轮分子泵一样，立式涡轮分子泵的抽气单元也是由动、静叶列相间排列，串联而成的，其中，第一级和最后一级为动叶列。立式涡轮分子泵被抽气体从泵上部进气口进入，沿轴向压缩，从下部排气口排出。立式涡轮分子泵一般要求垂直安装，若采用油脂润滑轴承或磁悬浮轴承，可以任意位置安装。

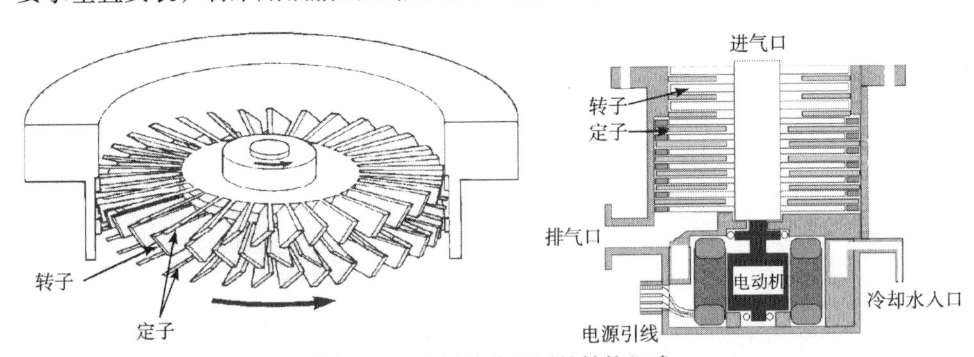

图 1-9 立式涡轮分子泵的结构组成

单级涡轮叶列是涡轮分子泵的基本抽气单元，其结构如图 1-10 所示，由数十个结构相同的涡轮叶片组成。涡轮叶列的展开图如 1-10（b）所示，涡轮叶列的几何参数包括叶列直径、叶片数量 z、叶片倾角 α、叶片厚度 t、叶列高度 h 等，叶列弦长 b 可由叶列高度 h 和叶片倾角 α 求得，叶列节距 a 可由叶列直径、叶片数量 z 和叶片厚度 t 求得。其中，叶片倾角 α、节弦比 a/b 是影响涡轮叶列抽气性能的基本几何参数[10]。

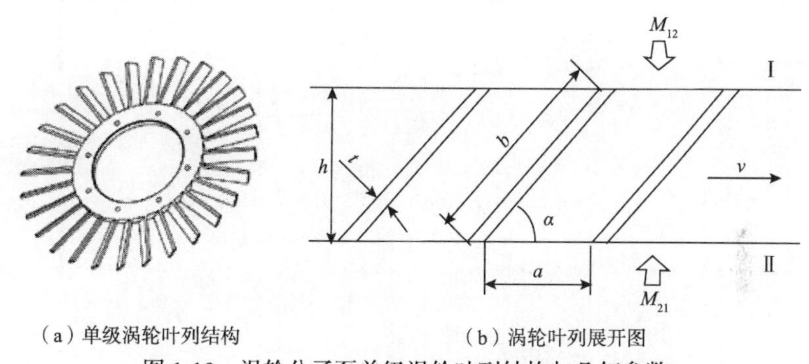

（a）单级涡轮叶列结构　　（b）涡轮叶列展开图

图 1-10　涡轮分子泵单级涡轮叶列结构与几何参数

涡轮分子泵一般工作在分子流范围内，此时，分子泵抽气效率高，工作稳定可靠。当遇到大流量气体负荷、气体流动状态发生变化时，涡轮分子泵的抽速会下降，进气口压力会上升。为满足工作压力变化时涡轮分子泵仍具有较好抽气能力的需求，出现了宽域型涡轮分子泵。

宽域型涡轮分子泵可工作在 10^{-7}～200Pa 压力范围内，分为标准型和化学型两种。标准宽域型涡轮分子泵流量之大可与中、低真空范围使用的机械增压泵相当，采用气体清洗措施来保护轴承，并在结构上采取了防灰尘和防玻璃碎片侵入等措施。化学宽域型涡轮分子泵转子上涂有耐腐蚀性涂层，轴承采用气体清洗保护措施，可连续稳定地抽出腐蚀性气体。图 1-11 为涡轮分子泵轴承气体清洗系统原理及内部气体流动示意图。

涡轮分子泵可靠性高，可实现稳定的高速运转，是与轴承的不断改进密切相关的。涡轮分子泵使用的轴承，有如图 1-12 所示的几种形式[11]。

价格便宜的油或脂润滑式滚珠轴承是在分子泵，特别是在大型的涡轮分子泵中采用的主要支承形式。

涡轮分子泵用油润滑轴承，会出现油分子返流。虽然从涡轮分子泵的抽气原理得知：涡轮分子泵对油的返流很少，几乎达到可忽略的程度。但用油势必有油污染的可能性。涡轮分子泵的最大市场是半导体制造业，要求系统干式化。而有油润滑的涡轮分子泵，由于有油分子在泵内流动，有油池存在，难以实现泵的小

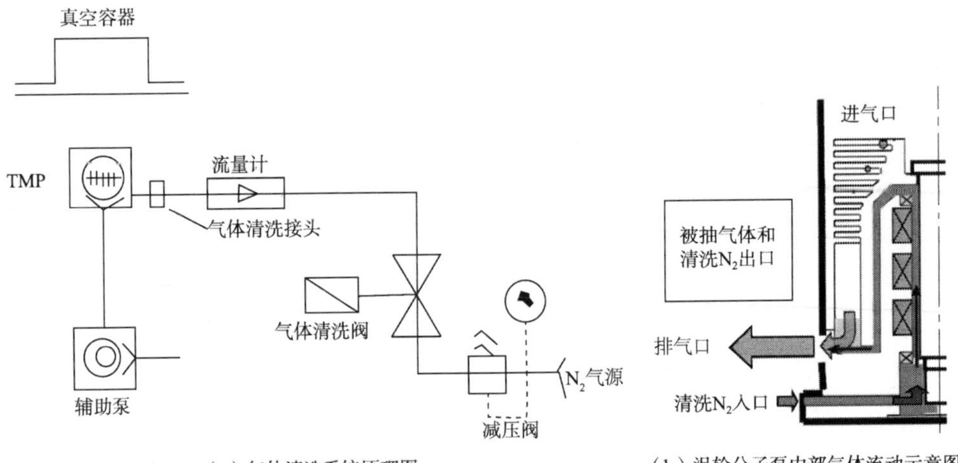

（a）气体清洗系统原理图　（b）涡轮分子泵内部气体流动示意图

图 1-11　涡轮分子泵轴承气体清洗系统

- 磁力轴承
  - 5轴控制型
  - 4轴控制型
  - 3轴控制型
  - 1轴控制型
- 滚珠轴承
  - 油润滑型
  - 脂润滑型
- 静压气体轴承
- 组合型轴承
  - 永久磁铁＋枢轴承
  - 2轴控制型磁轴承＋枢轴承
  - 永久磁铁＋滚珠轴承

图 1-12　分子泵轴承分类

型化，泵的安装姿态受到限制，只能垂直安装。脂润滑式滚珠轴承型涡轮分子泵的出现解决了这些问题，可实现小型化，安装方向不受限制。

现在使用陶瓷球滚珠轴承的较多，维修周期可在两年以上。

涡轮分子泵的滚珠轴承可采用油/脂润滑、油绳或油池稀油润滑。为保证涡轮分子泵运行过程中的安全可靠，需对涡轮分子泵进行冷却，可采用水冷或风冷方式进行。风冷式分子泵在油池外设有散热片和风扇，泵的一些内部零件常用导热良好的材料（如黄铜）制造。电动机上设有温度传感器，可以实现电动机过热保护。

对于组合型轴承的涡轮分子泵，有如下三种轴承组合方式[11]。

（1）泵的上部配置永久磁铁型的径向轴承，在泵的下侧配置枢轴承，以负担轴向和径向负荷的涡轮分子泵，如图 1-13 所示。

枢轴承用油润滑，必须直立安装。由于滑动部分做得极小，与磁悬浮轴承的涡轮分子泵一样具有小的振动和长的使用寿命，同时降低了成本。

（2）把上部磁力轴承做成 2 轴控制型，下部配置枢轴承。

（3）上部轴承使用永久磁铁型轴承，下部轴承采用灯芯给油式的滚珠轴承，安装位置可由垂直向水平方向倾斜。这种轴承的上侧轴承为永久磁铁型，只有下部的滚珠轴承需要维修，使轴承的润滑得到简化。

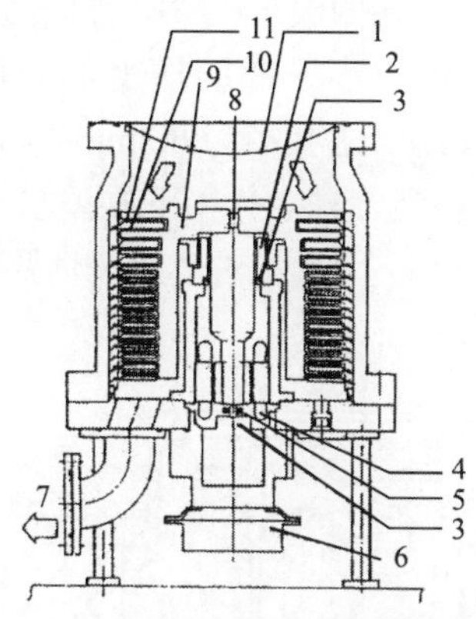

图 1-13 永久磁铁+枢轴承式的涡轮分子泵

1-金属保护网；2-磁轴承；3-保护装置；4-电动机；5-枢轴承；6-空冷用风扇；7-排气口；8-进气口；9-整体式转子；10-静叶列；11-动叶列

随着涡轮分子泵技术的不断改进、结构的不断改善以及性能的不断提高，其在清洁高真空、超高真空领域的应用越来越广，并有在更广泛应用领域逐渐代替油扩散泵的趋势。

1.1.3 复合分子泵的出现与应用

1980 年以前，涡轮分子泵多用于科研部门。半导体产业出现后，要求分子泵能连续地大量排气和获得清洁真空，且经常需要涡轮分子泵在 1Pa 以上的环境中工作。普通涡轮分子泵在分子流范围内工作，抽气效率高，工作稳定可靠。但当遇到大流量的气体负荷时，流动状态发生变化，将导致泵抽速下降、进气口压力上升。为使分子泵在高压区域仍保持较高的抽气性能，在涡轮分子泵高压侧配置了牵引分子泵，将涡轮分子泵和牵引分子泵两种抽气单元串联组成一个整体，1972 年出现了一种大抽速、高压缩比的涡轮-牵引组合形式的复合分子泵（compound molecular pump，CMP）。复合分子泵发挥了涡轮分子泵抽速大、牵引分子泵压缩比高的特点，使分子泵的工作压力范围向高压侧扩展成为可能，实现了分子泵的宽域抽气功能。

1974 年法国 ALCATEL 公司开发了由涡轮级和牵引级组成的复合分子泵，其结构如图 1-14 所示。涡轮级主要保证泵的抽速，共有七级涡轮叶列（动叶列 4 级，静叶列 3 级），第一级动叶片倾角为 30°，其余各级叶片倾角均为 20°，叶列节弦比 s_0=1.0。转子叶列外径为 200mm，内径为 135.5mm，定子叶列外径为 200mm，内径为 136.2mm，转子和定子叶片数均为 60 个。牵引级由泵体上的螺旋槽以及光滑圆柱体转子组成，主要用于提高泵的压缩比。转子外径为 138mm。定子上端开有 5 个螺旋槽进气通道，定子下端做成 15 个螺旋排气通道，螺旋槽升角为 25°30′，螺旋槽深度从入口至出口逐渐缩小，螺旋槽上部外径为 147mm，下部外径为 140mm。该泵备有专门供气系统，由孔径为 0.2mm 的 15 个宝石喷嘴给空气轴承和电动机供气，泵工作时，转子在空气轴承作用下先浮起，然后再由电动机驱动旋转。由于转子与定子的径向间隙很小，因此，对使用条件要求非常严格，限制了该泵的推广应用。

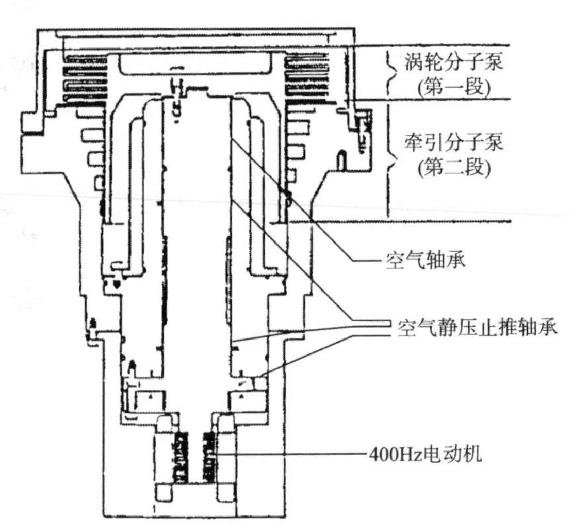

图 1-14　法国 ALCATEL 公司开发的复合分子泵

1983 年日本大阪真空公司采用新的设计理论，增大了转子与定子之间的径向间隙，研制出的复合分子泵如图 1-15 所示。对于小型泵，转子-定子径向间隙为 0.2～0.5mm，对于大型泵，转子-定子径向间隙可以达到 1mm 以上，消除了转子与定子在工作过程中因相互接触而发生事故的可能，实现了复合分子泵高速运转下的工作可靠性。

为保证复合分子泵牵引级的性能，在增大转子与定子之间间隙的同时，还要增大螺旋槽的长度，这样就增大了整泵的高度。一种采用光滑圆筒转子、转子内外两侧均设有螺旋槽定子的复合分子泵如图 1-16 所示。由于转子圆筒内外表面均有压缩气体的作用，因此，这种结构牵引级的复合分子泵既增加了对气体的压缩比，又有效地降低了泵体高度。为保证高转速下泵的工作可靠性，缩短泵启动时间，需尽量降低牵引转子筒的转动惯量，采用轻质高强度的石墨纤维材料制作转子筒是一种选择。

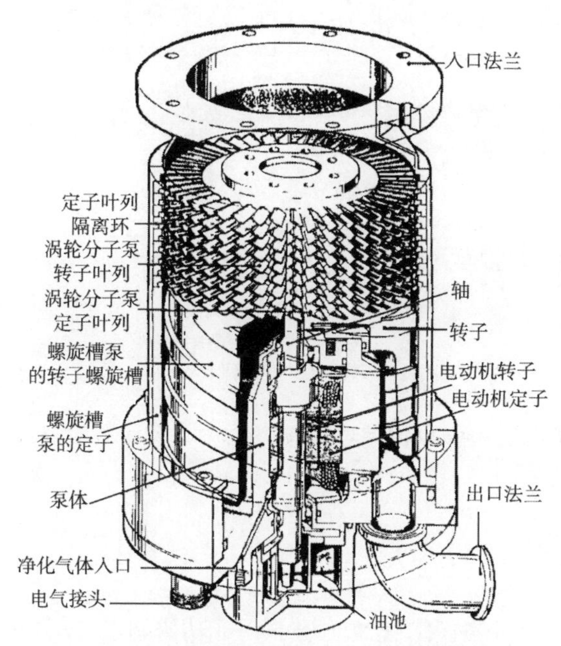

图 1-15 大阪真空公司生产的复合分子泵

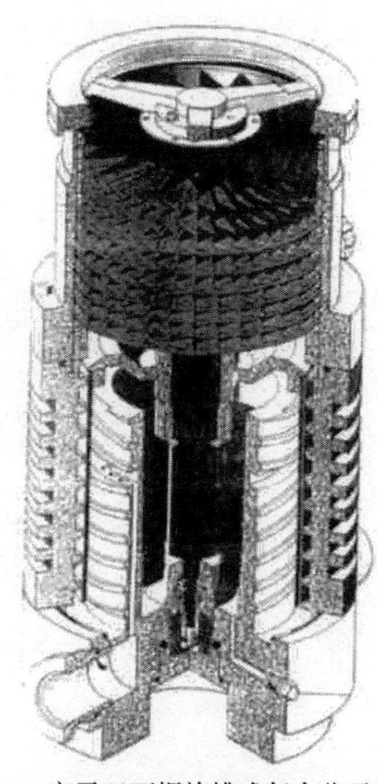

图 1-16 定子双面螺旋槽式复合分子泵

目前半导体产业中，多种工艺装备，如刻蚀、化学气相沉积装置等排气系统，要求保持很低的工艺压力，同时还要充入大量反应气体，在这种工艺条件下（图 1-17）使用复合分子泵的较多，可以发挥复合分子泵高压力条件下大抽速的优点[11]。

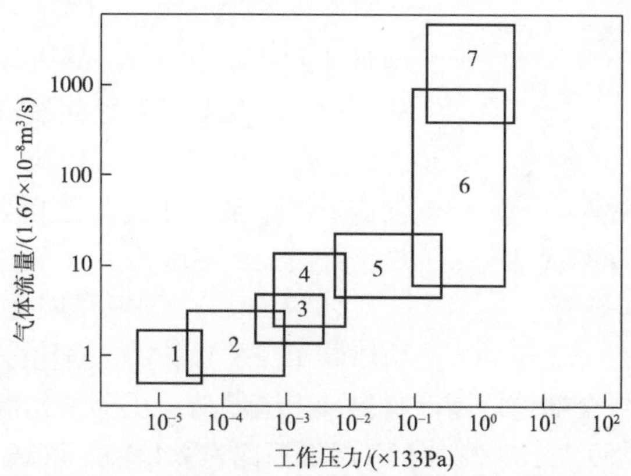

图 1-17 半导体产业中存在反应气体的工艺条件

1-离子注入；2-反应蒸发离子喷镀；3-反应溅射；4-反应离子刻蚀；5-P 刻蚀；6-等离子体化学气相沉积；7-低压化学气相沉积

当前，复合分子泵按涡轮级与牵引级的组合方式不同，分为涡轮-筒式复合分子泵（图 1-18（a））和涡轮-盘式复合分子泵（图 1-18（b））两大类。其中，以涡轮-筒式复合分子泵较为常见。世界各主要分子泵生产商都有复合分子泵产品出售，主导了半导体产业等高端分子泵的应用市场。

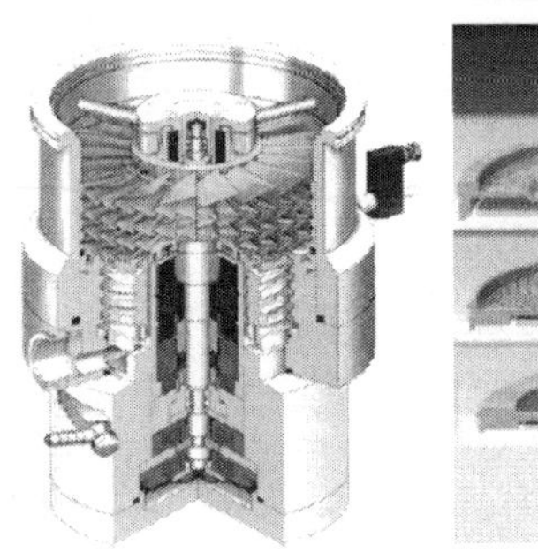

（a）涡轮-筒式复合分子泵

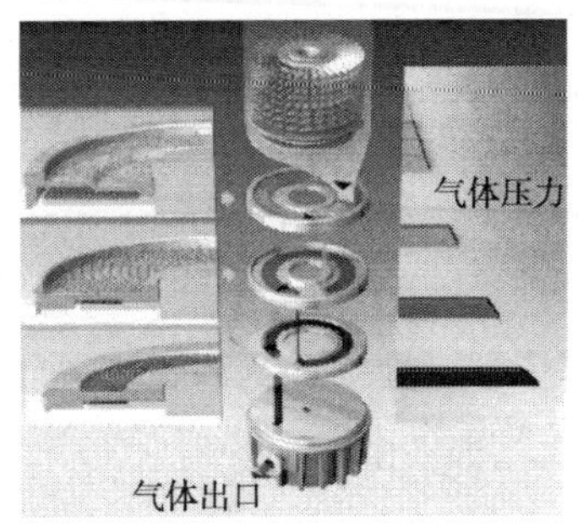

（b）涡轮-盘式复合分子泵

图 1-18　复合分子泵结构组成

1.1.4　分子泵在中国的发展

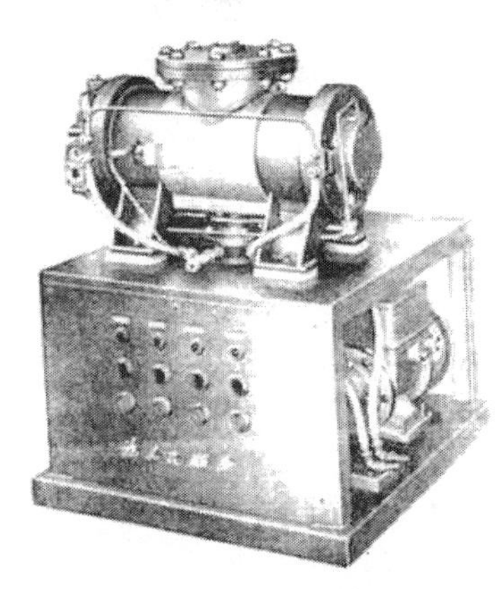

图 1-19　FW-140 型卧式涡轮分子泵机组照片

1964 年，上海真空泵厂成功研制了 FW-140 型卧式涡轮分子泵，并以机组形式出售，机组的外形如图 1-19 所示。该泵的主要性能为：极限压力<10^{-6} Pa，抽速 140L/s，电动机功率 370W，进气口 ϕ150mm，电动机转速 2770r/min，经过 V 型皮带一级增速，又经过一对齿轮二级增速，使泵轴的转速增至 16000r/min，启动时间 5～6min。电动机与泵轴之间设有滑动启动器，在启动过程中可实现延缓增速。这种滑动启动器仅适于小型泵，在大型泵上使用时，会严重发热、耗损大、寿命低。

1977 年，中国科学院北京科学仪器厂成功研制了 FB-1 型立式涡轮分子泵，其结构如图 1-20 所示。该泵全部采用国产材料和工艺制造，主要性能指标如下：抽速为 450L/s，极限压力为 3.2×10^{-8} Pa，对 N_2 的压缩比为 2.4×10^{8}，对 H_2 的压缩比为 750，振动加速度为 0.74g，噪声为 54dB，达到当时国外同类产品先进水平。同时还研制了配套用的中频电源，电源体积小、使用方便、可靠，实现了全线路晶体管化，部分线路集成化。之后，国内有一批企业也成功研制了涡轮分子泵，并在一些科研工程上得到了应用。中国科学院北京科学仪器厂生产的一种使用油绳润滑轴承的小型涡轮分子泵如图 1-21 所示。

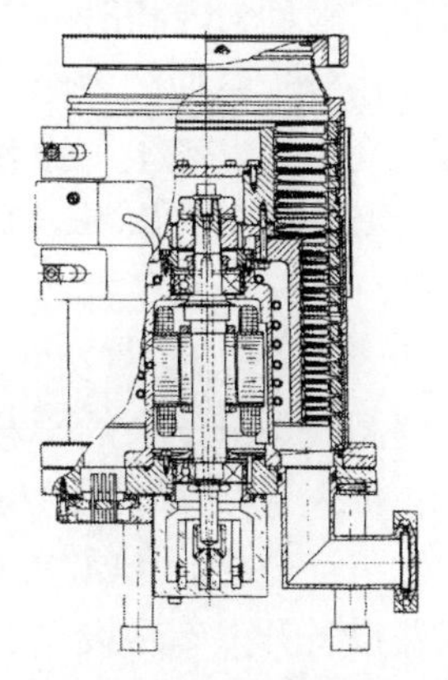

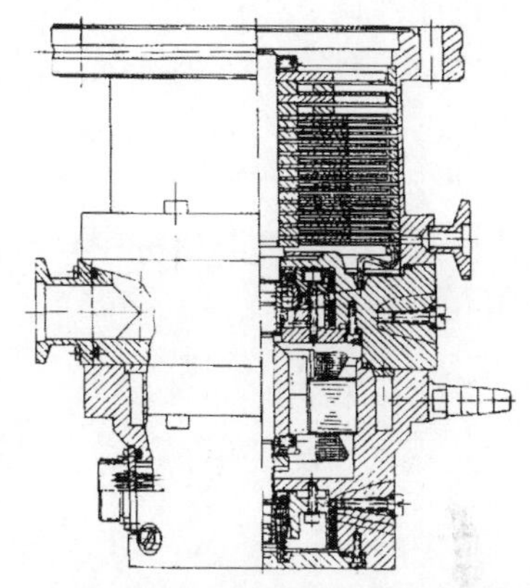

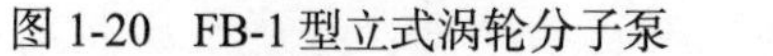

图 1-20 FB-1 型立式涡轮分子泵

图 1-21 使用油绳润滑轴承的小型涡轮分子泵

1980 年沈阳真空技术研究所研制了脂润滑 FB-110 型，油润滑 FB-600 型、FB-1500 型和 FB-3500 型等多种规格的立式涡轮分子泵，并将市售的变频电源用于涡轮分子泵的电动机驱动。沈阳真空技术研究所开发的各型号分子泵的主要性能均达到当时国外同类产品的先进水平。

1980～1990 年，中国科学院北京真空物理开放实验室研制了涡轮-圆盘型复合分子泵，如图 1-22 所示。中国科学院北京真空物理开放实验室与东北大学等国内高等学校合作，成功研制了涡轮-双侧螺旋槽式复合分子泵，如图 1-23 所示[8]。深圳大学也开展了新型结构卧式牵引泵的研制工作，开发的 MMDP-2 型卧式牵引泵结构如图 1-24 所示[12]。

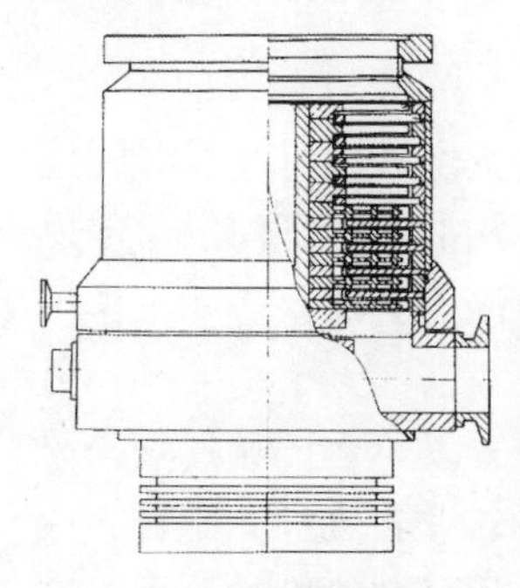

（a）复合分子泵结构

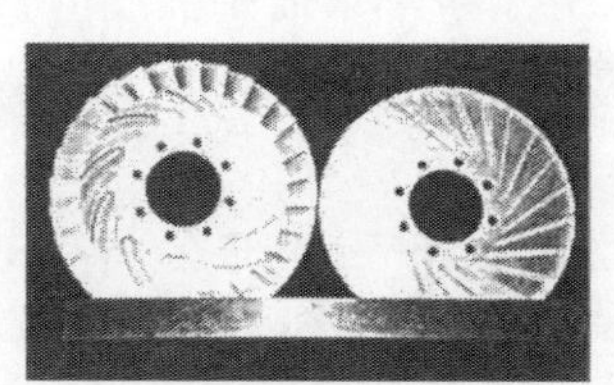

（b）牵引盘照片

图 1-22 涡轮-圆盘型复合分子泵

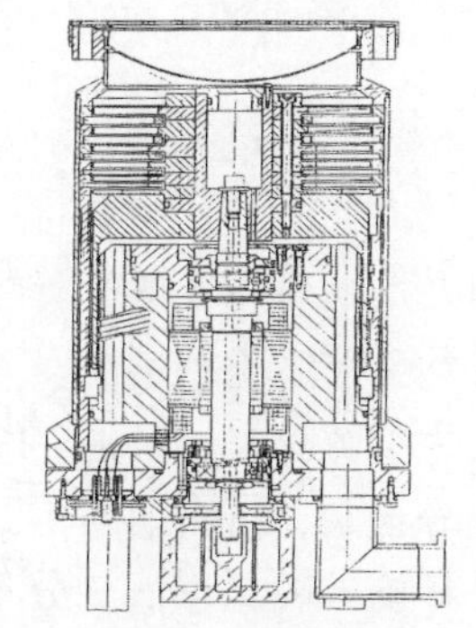

图 1-23 涡轮-双侧螺旋槽式复合分子泵结构图

上述国内开发的分子泵的主要性能达到了国外同类产品的先进水平，并有一定的创新性，取得了一批发明专利。

目前，中国科学院北京科学仪器研制中心是国内生产分子泵产品种类最多、销售额最大的生产商，生产的分子泵系列产品基本上能满足国内和出口的需要。

东北大学、复旦大学、浙江大学以及深圳大学等在分子泵抽气理论、设计方法和技术应用方面做出系列研究工作，在国内外真空刊物上发表了一批有价值的分子泵方面的学术论文，研制了一些有创新结构的新型分子泵，取得多项国内外分子泵发明专利，对丰富我国分子泵产品种类、提高分子泵的水平都起到了很大的推动作用[8,12-14]。

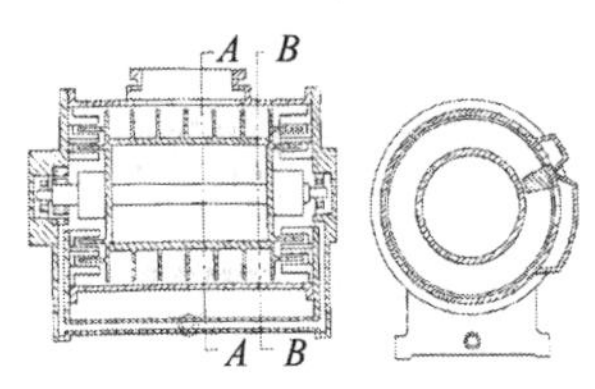

图 1-24 MMDP-2 型卧式牵引泵结构图

为进一步提高我国分子泵的研发水平，2009 年国家 02 重大专项设立了“磁浮分子泵系列产品开发与产业化”专项，2012 年国家重大科学仪器设备开发专项设立了“超高真空大抽速磁悬浮复合分子泵研制与应用示范”专项，2013 年国家重大科学仪器设备开发专项设立了“高速小型复合分子泵的开发和应用”专项，对于推动分子泵高水平国产化具有重要意义。

1.2 新技术在分子泵上的应用

1.2.1 磁悬浮分子泵

半导体制造和表面科学研究过程一般都要求清洁的高真空环境以及长时间连续运转时高的工作可靠性。由于分子泵轴承需要油润滑，润滑油蒸气向泵口的返流以及滚珠轴承在泵工作中引起的振动，对涡轮分子泵清洁真空的获得和工作可靠性均会产生不利影响[11]。

为了解决上述问题，1976 年德国 LEYBOLD 公司首先开发了无接触式磁悬浮涡轮分子泵，结构如图 1-25 所示。泵轴固定，带有叶列的转子在轴外侧旋转，称为外环旋转磁悬浮涡轮分子泵。但外环旋转磁悬浮涡轮分子泵在停机时，由于接触应急轴承的直径较大，易引起事故。

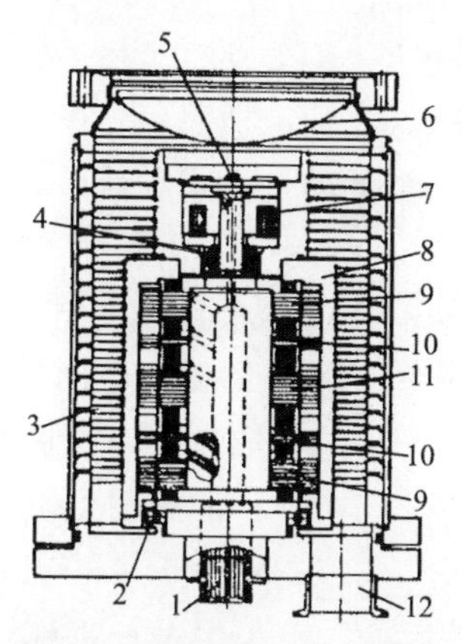

图 1-25　磁悬浮涡轮分子泵

1-电气引线；2、4-应急球轴承（固体润滑剂润滑）；3-定子叶列；5-转子轴向位移传感器；6-带过滤网的进气口；7-轴向磁轴承；8-涡轮转子；9-径向磁轴承；10-转子位移传感器；11-电动机；12-前级管道

1983 年日本改进了德国分子泵技术，开发了一种以泵主轴旋转的内环旋转磁悬浮涡轮分子泵，其结构如图 1-26 所示。

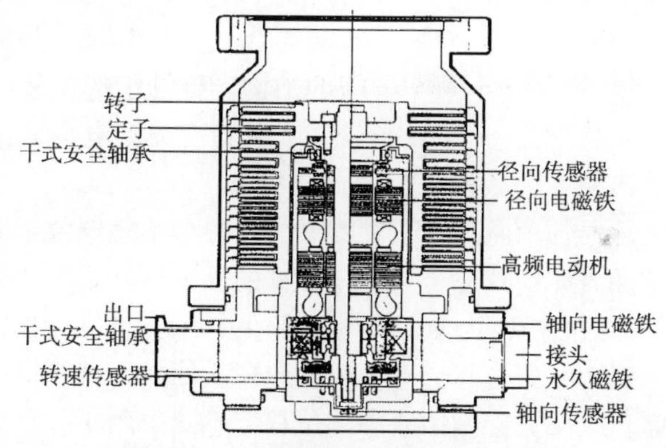

图 1-26　内环旋转磁悬浮涡轮分子泵

磁悬浮轴承是现代涡轮分子泵轴承形式的主流。其原因是磁悬浮轴承与其他类型的轴承相比，具有很多优点，如下：

（1）不用任何润滑油，可实现完全无油的真空泵；

（2）不存在润滑部分，轴承寿命非常长，甚至不需要维修；

（3）振动小、噪声低；

（4）除大泵之外，泵的安装姿态不受限制，可任意角度安装；

（5）轴承部分用干燥气体净化，可在腐蚀性气雾中使用。

磁悬浮涡轮分子泵在现代半导体行业、各种镀膜工艺设备和现代理化仪器上得到广泛应用。

磁悬浮涡轮分子泵中，磁悬浮轴承把涡轮转子支承在分子泵腔内，转子除沿主轴中心线的转动外，其余三个平动自由度和两个转动自由度需要稳定约束。若用5组直流电磁铁约束转子的5个自由度，则称为5轴控制型磁悬浮涡轮分子泵；如果转子轴向用永久磁铁支承，其余4个自由度由4个电磁铁约束，则称为4轴控制型磁悬浮涡轮分子泵；若转子用1组轴向电磁铁和2组径向电磁铁约束，则称为3轴控制型磁悬浮涡轮分子泵。目前，5轴控制型磁悬浮涡轮分子泵是磁悬浮涡轮分子泵的主流产品，图1-27为5轴控制型磁悬浮轴承基本构成示意图。

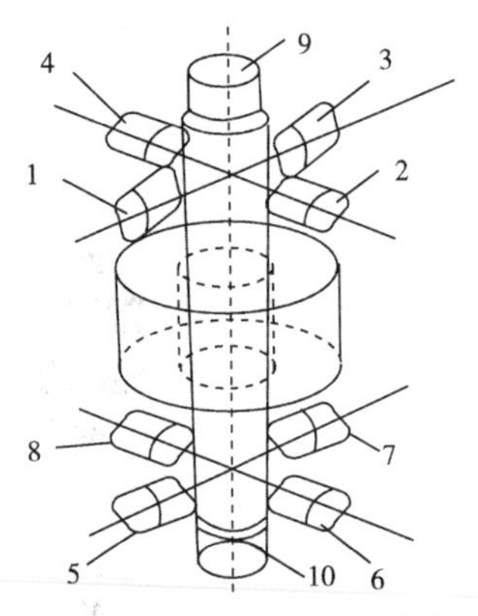

图1-27　5轴控制型磁悬浮轴承基本构成

回转体的半径方向上设置有8个电磁铁（1～8为径向磁悬浮轴承），轴向上设置有2个电磁铁(9和10为轴向磁悬浮轴承)。除轴的旋转自由度外，能够主动控制5个自由度（3个重心移动的自由度，2个重心转动的自由度），构成了将回转体支承在空间的结构。磁轴承的负载能力与电磁铁的最大吸引力有关。电磁铁各部件及所需的吸引力取决于回转体的重量。

径向和轴向磁悬浮轴承原理如图1-28所示。位移传感器位于电磁铁相近位置上，可以随时检测回转体的状态，利用电磁铁的反馈控制系统调节各电磁铁线圈的电流，即调节电磁铁的吸引力使回转体支承在中心位置上。图1-29为径向磁悬浮轴承控制系统示意图，由位移传感器、相位校正回路、直线检波回路、功率放大器构成控制回路。其中，控制回路中的位移传感器采用非接触变位计或电感型位移传感器。

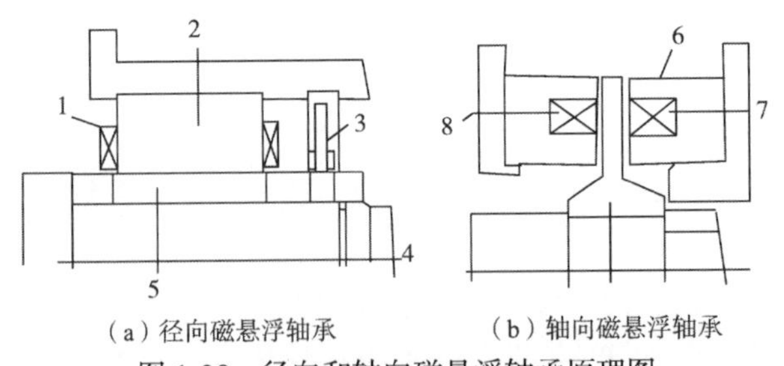

（a）径向磁悬浮轴承　　（b）轴向磁悬浮轴承

图1-28　径向和轴向磁悬浮轴承原理图

1、7、8-激磁线圈；2、6-定子磁轭；3-位移传感器；4-轴；5-转子磁轭

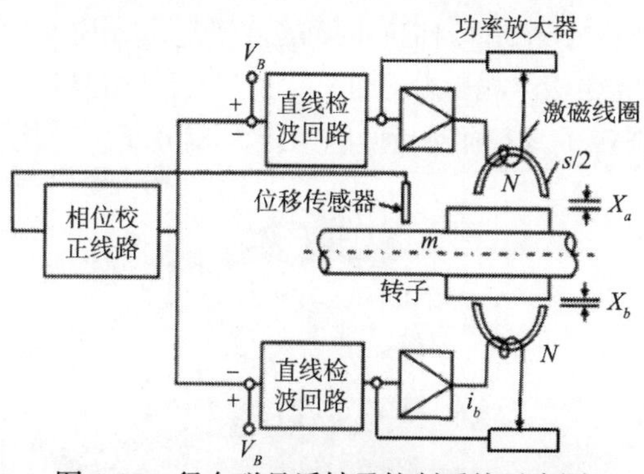

图 1-29　径向磁悬浮轴承控制系统示意图

径向磁悬浮轴承在平衡状态时，回转轴处于间隙中央位置。当回转轴发生偏移时，位移传感器探测出位移变动量，增加回转轴偏离一侧电磁铁激磁线圈的激磁电流，回转轴偏离侧电磁铁吸引力相应增大，回转轴被强制复位，实现对分子泵转子的稳定控制。为避免径向传感器输出功率的温度浮移或为获得更宽的直线工作范围，轴向传感器常采用两个传感器对置设置。由于结构原因设置一个轴向传感器单独使用。

涡轮分子泵卧式配置时，回转体的自重需要径向磁悬浮轴承来承担，要增加转轴下部的磁通量。图 1-30 为转轴横置和斜置时电磁铁不同配置方式及电磁支持力的方向。图 1-31 给出了转轴不同安装方式时回转体重量与轴承损失的关系。从图中可见，泵垂直安装磁悬浮轴承损失最小，而泵斜置安装时，轴承损失最大。

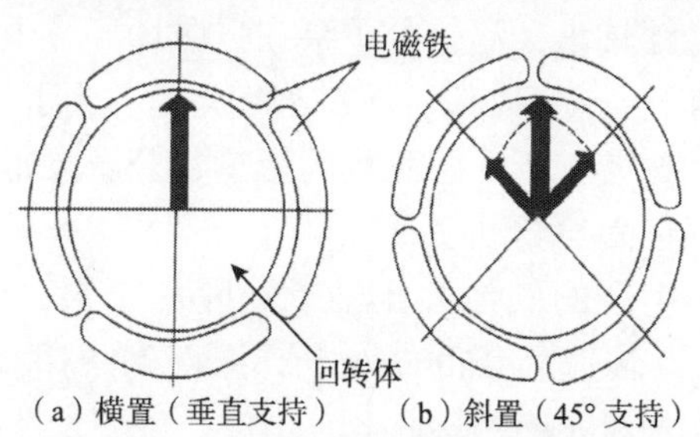

（a）横置（垂直支持）　（b）斜置（45° 支持）

图 1-30　分子泵卧式安装时径向磁悬浮轴承电磁铁配置与电磁支持力

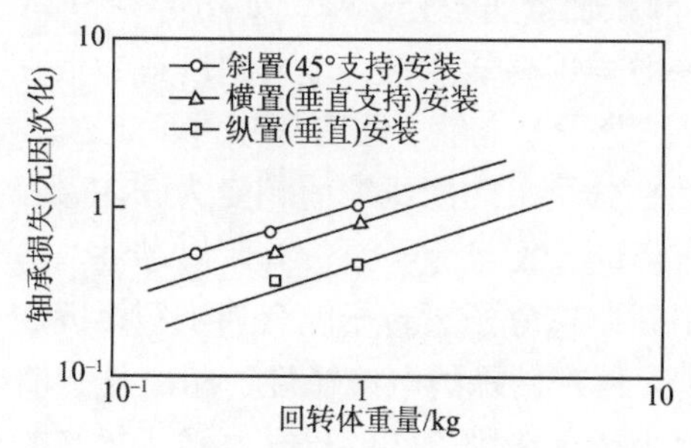

图 1-31　转轴安装形式和轴承损失的关系

磁悬浮涡轮分子泵中控制转轴自由度的数量越多，磁悬浮轴承造价越高，因而出现了 1 轴控制型磁悬浮涡轮分子泵。1 轴控制型磁悬浮涡轮分子泵即只在轴向用 1 组电磁铁控制转子。1 轴控制型磁悬浮涡轮分子泵结构如图 1-32 所示。

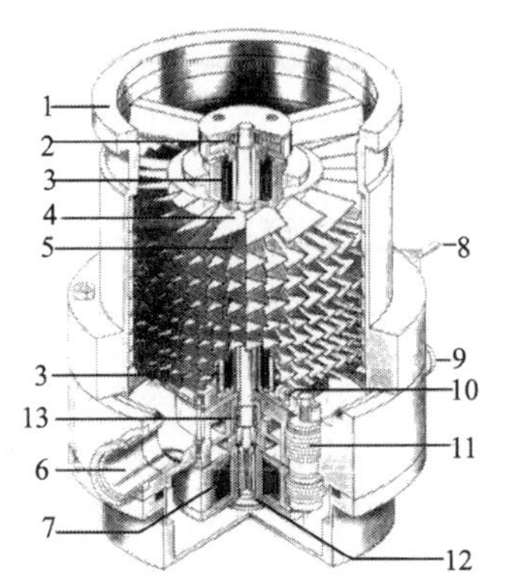

图 1-32　1 轴控制型磁悬浮涡轮分子泵

1-高真空法兰；2-应急轴承；3-永磁轴承；4-转子；5-定子；6-低真空法兰；7-轴向磁悬浮轴承；8-充气阀接头；9-电接头；10-径向传感器；11-消声器；12-轴向传感器；13-带陶瓷球的径向应急轴承

1.2.2　气体静压轴承与陶瓷转子分子泵

在热核反应装置上使用的涡轮分子泵，轴承采用油润滑，氚会引起油的变质；若采用无油润滑的磁悬浮轴承，涡轮分子泵在强磁场环境中运行时转子会产生涡流热，并引起转子转速下降，很难维持泵的稳定运行。为了避免这些问题的出现，把泵的转子做成陶瓷的，使其不受强磁场的影响，分子泵常采用不受磁场干扰的气体静压轴承系统和气体涡轮驱动系统。

图 1-33 为俄罗斯生产的气体静压轴承涡轮分子泵，泵尺寸为 ϕ270mm×360mm，重量为 17kg，转速为 36000r/min，泵对 N_2 的抽速为 120L/s，极限压力（对 N_2）为 10^{-7}Pa，对 N_2 的压缩比为 10^{11}。俄罗斯还生产有 TMHГ-600 型和 TMHГ-1000 型气体静压轴承涡轮分子泵，如图 1-34 所示。

涡轮分子泵转子一般采用高强度铝合金材料制造，但在核聚变实验、粒子加速器等应用领域中，要求分子泵能够在强磁场条件下工作。在半导体产业应用中，为防止气态反应生成物在分子泵内因压缩而相变为固体颗粒，需要提高泵温，抽除砷化镓等强腐蚀性气体时，要求分子泵具有耐腐蚀性。分子泵在上述恶劣环境下工作时，采用金属材料制造分子泵转子就会遇到很多问题，而陶瓷材料，如高强度的氮化硅（Si_3N_4），具有良好的电绝缘性、耐磁性、耐热性、低的热膨胀性及耐腐蚀性等优点，是上述环境中工作的分子泵转子材料的最好选择。考虑陶瓷

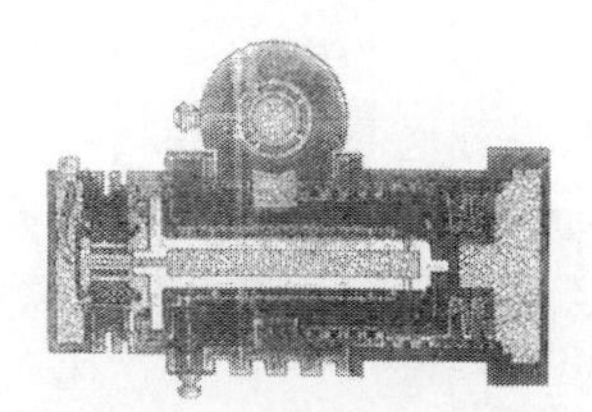

图 1-33 ABT-100 型涡轮分子泵

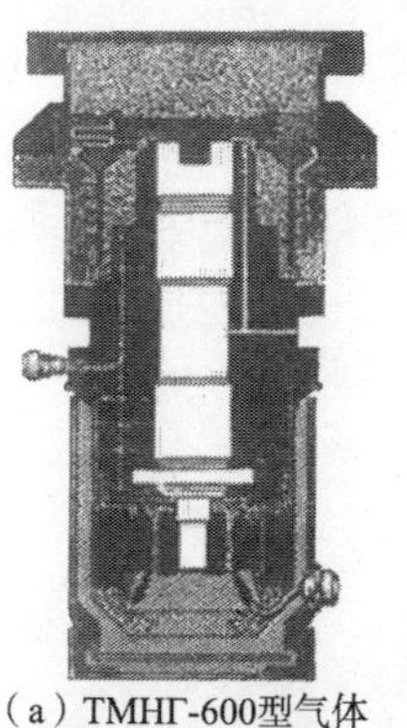

（a）TMHГ-600型气体静压轴承涡轮分子泵

（b）TMHГ-1000型气体静压轴承涡轮分子泵

图 1-34 TMHГ 型气体静压轴承涡轮分子泵

材料的脆性、强度可靠性、加工焊接特殊性及价格高等因素，设计陶瓷转子时应避免应力集中，并尽量减少加工量。

日本三菱重工公司开发的陶瓷转子涡轮分子泵如图 1-35 所示。该泵抽气叶列有十多级，回转体采用径向气体轴承和轴向止推气体轴承非接触式支承，采用气动马达驱动转子高速旋转，无电气系统。动叶列与气体轴承、气动马达之间设置非接触式螺旋动密封。

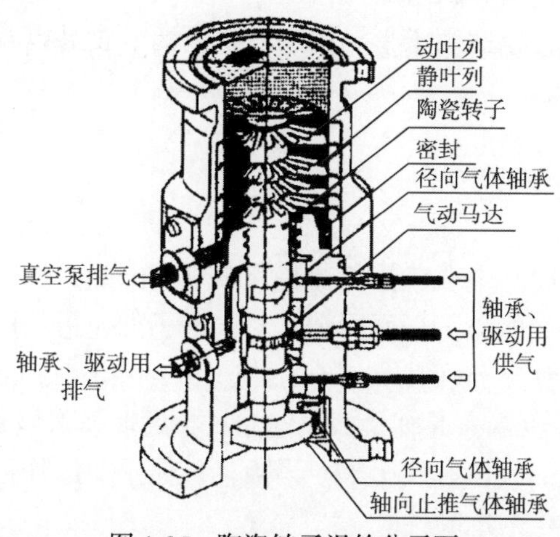

图 1-35 陶瓷转子涡轮分子泵

图 1-36 中给出了两种中型、小型陶瓷转子涡轮分子泵，其转子均由氮化硅制造。其中，小型陶瓷转子涡轮分子泵转速为 30000r/min，动叶列的最大外径为 120mm，转子总高度为 310mm，抽速为 80L/s，极限压力为 10^{-6} Pa，工作压力范围为 1～10^{-6}Pa。中型陶瓷转子涡轮分子泵转速为 25000r/min，动叶列外径为

210mm，圆周速度为 275m/s，转子总高度为 640mm，抽速为 500L/s，极限压力为 10^{-6} Pa，工作压力范围为 1～10^{-6}Pa。实际运行表明，陶瓷转子涡轮分子泵在外加磁场 5×10^{-2}T 的工作条件下能够正常运行，而金属转子分子泵在 10^{-3}～10^{-2}T 工作条件下运转时，转子就会发热，动力损失较大，不能正常运行。

（a）小型陶瓷转子涡轮分子泵

（b）中型陶瓷转子涡轮分子泵

图 1-36　中型、小型陶瓷转子涡轮分子泵

全无油、无电气系统的陶瓷转子涡轮分子泵可在强磁场、高温、腐蚀性气氛环境中运行，还可进行高温烘烤除气，适用于热核聚变、高能粒子加速器、超导磁体等超高真空装置，也适用于半导体制造、医药、食品以及各种化学反应等领域中易燃气体的排出。

1.2.3　低温型分子泵

一般高真空排气时的主要气体负荷是水蒸气，因此，抽气时间的长短主要取决于泵对水分子的抽气能力。众所周知，对水分子抽速最大的是低温泵。相同泵入口尺寸条件下，涡轮分子泵对水分子的抽速为 750L/s 时，低温泵对水分子的抽速高达 4000L/s。由于低温泵是捕集式真空泵，会出现吸附饱和的问题，需要定期再生，将吸附在泵内的气体释放出来。当被抽气体中有爆炸性、有毒性气体时，低温泵再生时具有一定的危险性。

为克服涡轮分子泵对水分子抽气能力低、低温泵有害气体再生等问题，出现了一种利用低温捕集水分子、用涡轮分子泵连续排出其余气体的低温型涡轮分子泵。

低温型涡轮分子泵结构组成如图 1-37 所示。在涡轮分子泵入口处设置一个温度为−150℃的低温捕集器，使涡轮分子泵对水分子的抽速得到大幅度提高。

从图 1-38 所示的气体分子蒸气压和温度的关系曲线中可见，在低温−150℃

时，水蒸气的饱和蒸气压很低，约为 10^{-9} Pa，即低温捕集器对水分子有很好的凝结抽气作用，而对其他气体（如 Ar 等）则不能通过凝结抽除。一种对水分子抽速为 3200L/s、对 Ar 抽速为 700L/s、对 N_2 抽速为 700L/s、对 H_2 抽速为 480L/s，极限压力为 10^{-8} Pa 的低温型涡轮分子泵就是一例。由于低温型涡轮分子泵的低温捕集器有选择性地对水分子进行抽气，不捕集其他可凝气体和不可凝爆炸性、有毒性等危险性气体，故低温型涡轮分子泵具有再生周期长、再生时间短、再生容易、安全可靠等优点。

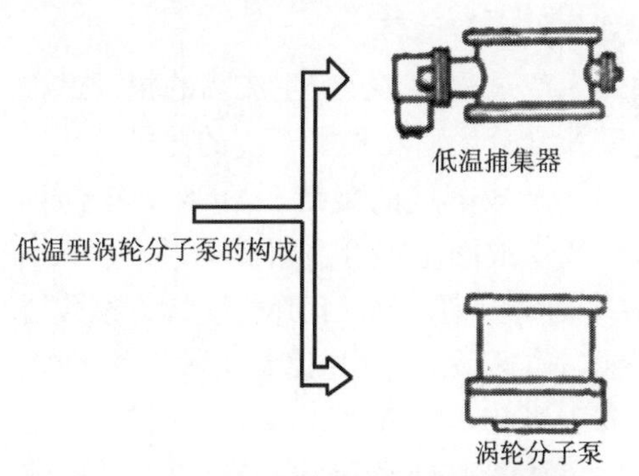

图 1-37 低温型涡轮分子泵的组成

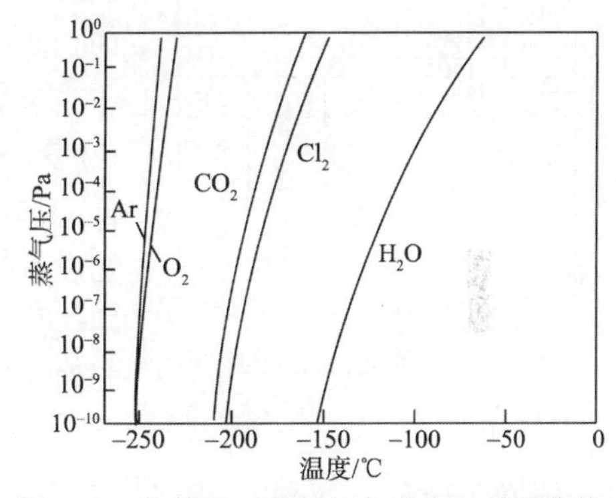

图 1-38 气体分子蒸气压与温度的关系曲线

此外还有一种为改进抽气性能而出现的低温型复合分子泵，如图 1-39 所示。制冷装置为泵体提供低温，泵体温度与蒸发器功率的关系曲线如图 1-40 所示。

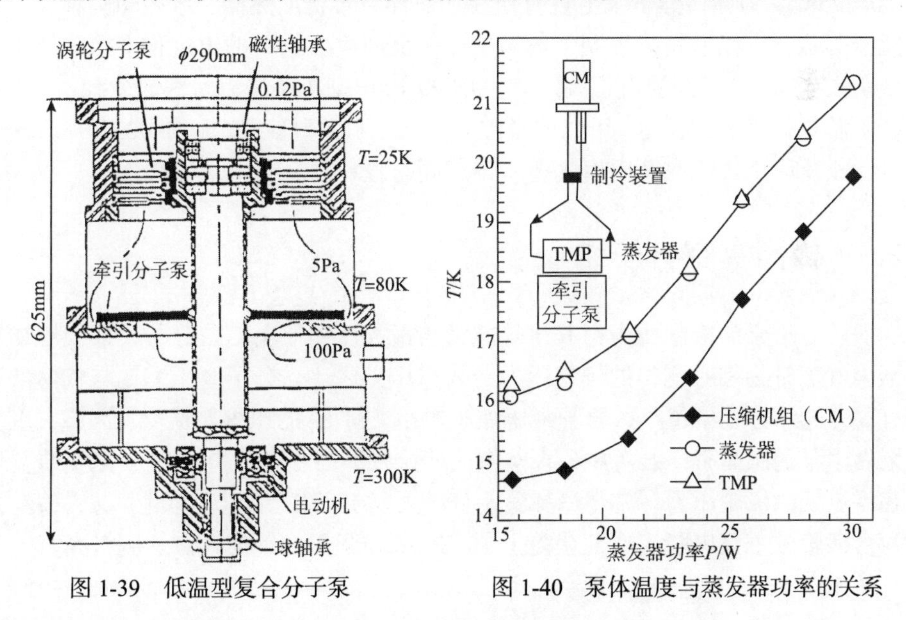

图 1-39 低温型复合分子泵

图 1-40 泵体温度与蒸发器功率的关系

1.2.4 抽除反应生成物分子泵

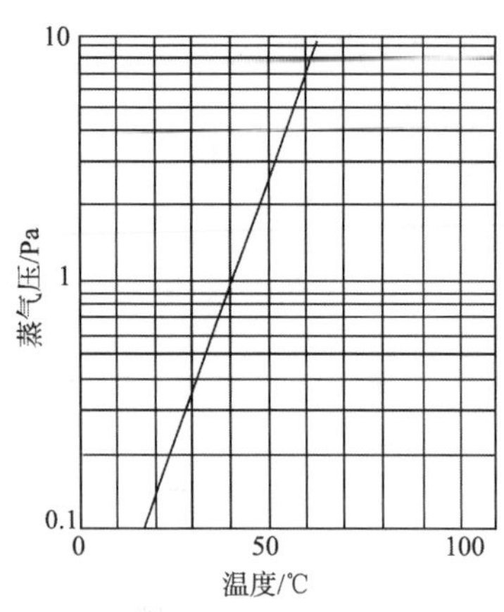

图 1-41 $AlCl_3$ 蒸气压-温度曲线

应用于半导体制造装置上的涡轮分子泵常会遇到恶劣的工作环境。如在刻蚀装置中，刻蚀气体 BCl_3 与刻蚀对象 Al 相互作用，反应生成物为 $AlCl_3$ 蒸气。$AlCl_3$ 蒸气在泵腔内压缩、降温的过程中，会由气态变为固态颗粒，并积存于泵腔内，影响到泵的正常运转。

半导体生产过程中，反应生成物的相变过程与蒸气温度及其分压密切相关，高的蒸气分压、低的温度易于造成蒸气的凝结。$AlCl_3$ 处于何种物质状态（气态或固态）可由图 1-41 中的 $AlCl_3$ 蒸气压-温度曲线判定。当 $AlCl_3$ 蒸气状态参数处于图中斜线右侧区域时，$AlCl_3$ 为气态；当 $AlCl_3$ 蒸气状态参数处于斜线左侧区域时，$AlCl_3$ 就会凝结成固态颗粒。当 $AlCl_3$ 蒸气压为 2.6Pa 时，从图 1-41 中可知，若 $AlCl_3$ 蒸气温度超过 49℃，$AlCl_3$ 为气态，反之则凝结成固态物质。

为有效抽出 $AlCl_3$ 蒸气，通常要求分子泵保持较高泵温，分子泵温度一般需为 70～75℃。为此，分子泵上设有铠装加热器、带状加热器、水冷却套管、温度传感器等装置，以便精确控制泵体温度，使反应生成物在抽出过程中始终处于气态。考虑到涡轮分子泵温度提高受到轴承润滑、电动机绝缘以及涡轮叶列材料（铝合金）强度等因素的制约，可以向泵腔内通入 N_2 来降低反应生成物的分压，同样可以防止反应生成物在泵内由气态凝结成固态颗粒物。

1.2.5 极高真空分子泵

涡轮分子泵的极限压力由其排气压力与最大压缩比决定。分子泵最大压缩比是泵内气流量为零时测得的排气压力与入口压力之比。分子泵压缩比与气体的种类有关。气体分子量越小，分子泵压缩比越小。对 H_2 的压缩比最低，因此，以分子泵做主泵的超高真空装置中，真空室内残余气体的主要成分为 H_2。真空装置要想获得更低的极限压力，需要提高涡轮分子泵对 H_2 的压缩比。为此，有人曾经采用两台涡轮分子泵串联工作，获得了 10^{-9}Pa 的极限压力，但还未达到极高真空所定义的 10^{-10}Pa 压力范围。

当分子泵工作压力很低时，涡轮叶列等的微小放气量对极限压力的影响不可忽略。一般而言，涡轮叶列的放气率决定了分子泵的极限压力。涡轮分子泵叶列的放气量与泵的工作温度密切相关。分子泵运转过程中，转子会受到轴承和电动机的传热而升温。由于转子处于真空绝热环境中，只能靠辐射进行散热，而机械加工转子的表面辐射率很小，只有 0.04，因此，分子泵转子在运转时温度较高，一般可达 50℃。

为降低分子泵进气侧动叶列的放气率，获得极高真空环境，日本研制了极高真空涡轮分子泵和复合分子泵。为降低泵温、减少转子放气率，在排气侧动叶列表面涂以高辐射率（0.96）材料，可使转子在运转时的温度仅比室温高出几摄氏度。该种分子泵经彻底烘烤后，达到极限压力为 10^{-10}Pa 的极高真空状态。由于转子传热能力提高，分子泵烘烤时升温和降温速率加快，泵零部件的温度更均匀一致。

1.2.6 现代牵引分子泵

根据复合分子泵的使用经验，人们对螺旋槽式牵引分子泵有了新的认识。由于工作间隙的放大，克服了原来牵引分子泵工作可靠性差的致命缺点，按新的设计理论，1987 年日本成功研制了单体螺旋槽式现代牵引分子泵，如图 1-42 所示。

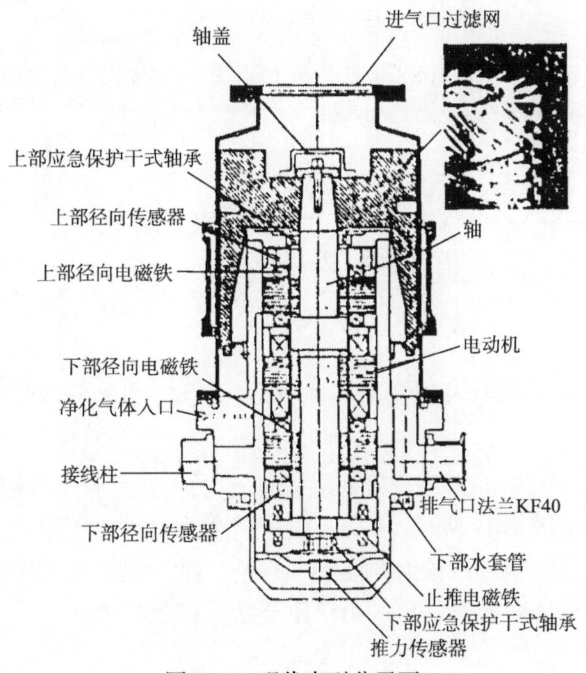

图 1-42 现代牵引分子泵

同年，法国ALCATEL公司开发了现代小型筒式牵引泵，如图1-43所示。转速为27000r/min，入口法兰直径为63mm，出口直径为16mm，轴承采用油脂润滑。入口压力 $P < 1$Pa时，泵对 N_2、He、H_2 的抽速分别为7.5 L/s、4L/s、3L/s，对 N_2、He、H_2 的压缩比分别为 10^9、2×10^4、10^3，泵的极限压力为 10^{-4}Pa，对 N_2 连续抽气时最大入口压力为10Pa，最大出口压力为4000Pa，重量为2.35kg。此外还有一种带有通入干燥 N_2 以防止轴承润滑剂蒸发返流的牵引分子泵，如图1-44所示。牵引分子泵虽然在抽速上不及涡轮分子泵，但它的突出特点是结构简单、加工量少，对化学反应生成物粒子的抽出能力优于涡轮分子泵，因此特别适用于半导体行业。

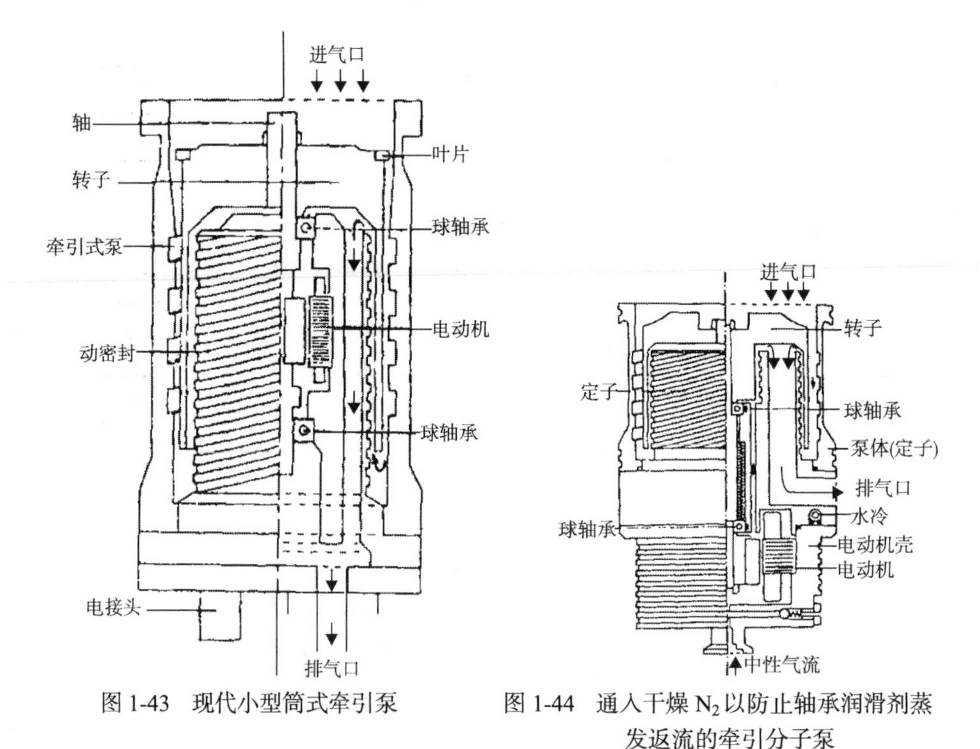

图1-43　现代小型筒式牵引泵

图1-44　通入干燥 N_2 以防止轴承润滑剂蒸发返流的牵引分子泵

若螺旋槽式牵引分子泵转子和泵体表面上均开有螺旋槽，则称为双槽式牵引分子泵，其结构如图1-45所示，转子、定子参数如表1-1所示。

双槽式牵引分子泵入口压力在 10^3Pa以上，抽气槽内气体的流动状态从层流向紊流过渡，转子所能造成的泵进出口压差是雷诺数的函数。

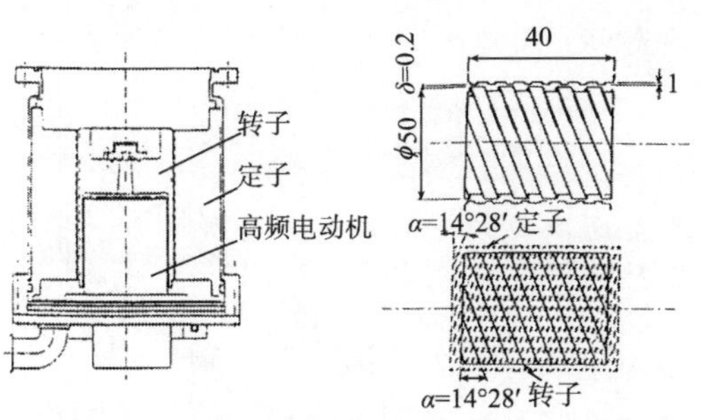

图 1-45 双槽式牵引分子泵（单位：mm）

表 1-1 双槽式牵引分子泵转子、定子参数

参数	转子	有槽定子	无槽定子
槽的数量	10	51	—
槽宽 a/mm	6	1.725	
槽深 b/mm	3	1.5	
峰宽 d/mm	5.624	0.549	
槽倾角 α/(°)	14.28	14.28	
槽宽比 $\varepsilon=\dfrac{a}{a+d}$	0.516	0.759	
槽节距 $p=a+d$/mm	11.624	2.274	
内径/mm	—	150.67	
半径间隙/mm	0.3		
转子长度/mm	210		
转速/(r/min)	21600		

雷诺数 Re 与无因次压差 $\Delta\hat{P}$ 的关系如图 1-46 所示。从图中可见，压差随雷诺数增大而增大。相比于无槽定子的情况，转子和定子均带槽的双槽泵获得的压差要高出 7～10 倍（在 $Re=4000$ 时）。

若将转子做成多层圆筒，在内外泵壳表面上均做有螺旋槽，用延长螺旋槽长度的办法来增大泵的压缩比，则该泵有可能将被抽气体一直压缩到 10^5Pa 的大气压状态。若将转子、定子间隙缩小 1/2（0.15mm），达到同样的抽气效果，转子的高度可缩小为原始长度的 1/4。

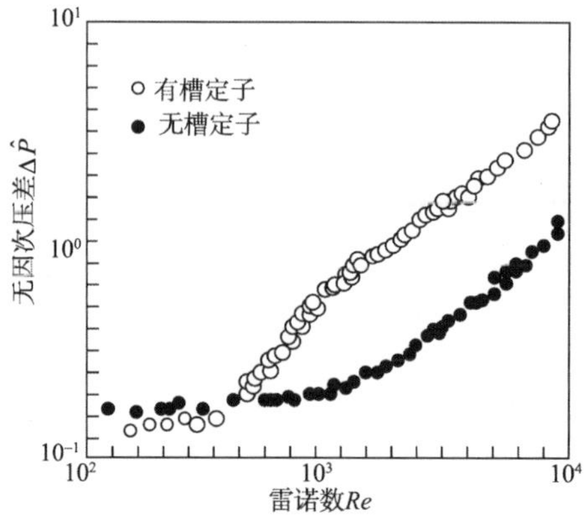

图 1-46 雷诺数 Re 与无因次压差 $\Delta\hat{P}$ 的关系

1.3 分子泵的最新进展

回顾分子泵的发展历史可以看出，现代生产和使用的各类分子泵都是在 Gaede、Holweck、Siegbahn 和 Becker 等设计思想和抽气机构的基础上，进行结构扩展与优化、性能改进和提高而来的。经过几十年科学技术不断进步，分子泵得到了不断改进和创新，无论在结构或性能上都出现了许多新的特点——智能、灵活和高效，在产品的质量和技术水平上都有长足的进步。现在涡轮分子泵、复合分子泵多为立式结构，大部分采用磁悬浮轴承，有一些分子泵采用了陶瓷球轴承，而气体静压轴承用得很少，抽速为 11～40000L/s。现代通用型和专用型分子泵均已达到了实用和普及的阶段，涡轮分子泵平均无故障时间已达到 50000～70000h，正在向更完善的方向发展。

动平衡技术与减震技术的发展，使分子泵可顺利地在超高转速下稳定运转。由于材料科学的进展，分子泵的转子部分可用铝合金、钛合金以及碳纤维等高强度材料制成，使得转子的转速得到进一步的提高。1970 年以前，卧式分子泵的圆周速度为 140～210m/s，立式分子泵为 180～190m/s。20 世纪 80 年代，卧式分子泵的圆周速度为 330～450m/s，立式分子泵为 210～280m/s。90 年代，立式分子泵的圆周速度为 280～320m/s，带磁轴承的立式分子泵圆周速度达到 300～420m/s。

随着分子泵圆周速度的逐步提高，分子泵叶列的切线速度可与气体的最可几速率相当，因而，分子泵的压缩比和比抽速也不断提高。分子泵最初比抽速仅为 0.3～0.8L/（s·cm^2），20 世纪 70 年代卧式分子泵比抽速为 0.6～2.2 L/（s·cm^2），立式分子泵为 1.3～3.0 L/（s·cm^2），80 年代立式分子泵比抽速为 1.5～3.0 L/（s·cm^2），

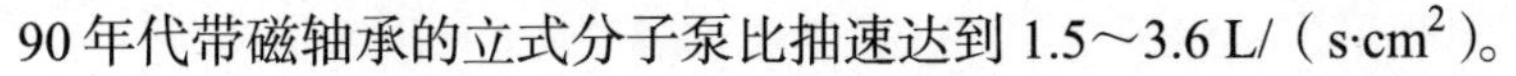
90 年代带磁轴承的立式分子泵比抽速达到 1.5～3.6 L/（s·cm^2）。

由于分子泵对碳氢化合物等重气体的压缩比很高，尽管有些分子泵中滚珠轴承采用油润滑，油分子仍然难以返回泵的入口，故分子泵可获得无油清洁的真空环境。

变频技术的发展使分子泵动力源的频率可方便地调控，控制单元可集成化。

随着磁悬浮技术的发展，磁悬浮轴承在分子泵上得到广泛应用，实现了分子泵无接触式支承，使泵的振动噪声降低，实现了泵的高可靠运行，有些泵的工作寿命高达 20 万 h。由于磁悬浮轴承无须润滑，故磁悬浮分子泵可进行任意方向安装。

采用气体净化技术的分子泵可抽除有腐蚀性的气体，可以满足某些特殊工艺的要求。

随着控制理论与信息技术的进步，应用计算机控制技术的分子泵实现了智能化、灵活控制，可远距离实现泵的启动、停车和调速，完善的监控系统使分子泵技术达到了一个新的水平。

数控加工技术的进步使涡轮分子泵走上了精细加工的道路，转子整体加工保证了产品的质量和精度，使结构紧凑，产品小型化。

现代分子泵不仅能在分子流态下工作，而且将工作压力扩展到了高压强范围，特别是复合分子泵，其出口段气体已处于过渡流态或黏滞流态，分子泵的工作压力范围得到进一步扩宽。其已经成为清洁真空的重要获得设备，应用领域不断扩大。

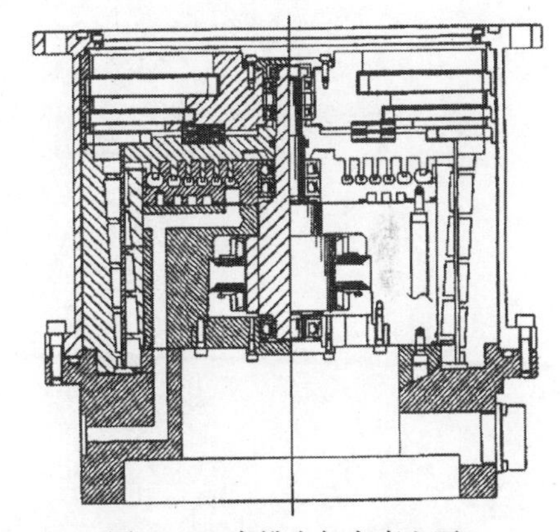
图 1-47　直排大气高真空泵

分子泵作为动量传输式真空泵，具有转速高、抽速大的特点，能获得极高真空，并可直排大气，并覆盖大气压至极高真空压力范围（10^{-10}～10^5Pa）。

因特殊工艺的需要，市场出售一种如图 1-47 所示的入口侧可获得高真空而前级侧可直排大气的真空泵。这种泵在结构上采用涡轮级叶列、牵引级螺旋抽气通道以及旋涡级小叶列多级串联的组合形式，是分子泵的一种延伸。

参 考 文 献

[1]　杨乃恒. 真空获得设备[M]. 2 版. 北京：冶金工业出版社, 1999.

[2]　王晓冬, 巴德纯, 张世伟, 等. 真空技术[M]. 北京：冶金工业出版社, 2006.

[3] 巴德纯, 杨乃恒. 现代分子泵理论研究与进展[J]. 真空, 1998, 35(2): 1-5.
[4] 杨乃恒. 现代涡轮分子泵的技术现状与展望[J]. 真空, 1996, 33(2): 1-7.
[5] Gaede W. Die molekularluftpumpe [J]. Annalen der Physik, 1913, 346(7): 337-380.
[6] Holweck M. Pompe moleculaire helicoidale[J]. Compets Rendus Academie Sciences Paris, 1923, 177:43.
[7] Siegbahn M. A new design for a high vacuum pump[J]. Arkiv for Matematik, Astronomi Och Fysik, 1943, 30B: 261.
[8] 王晓冬. 新型螺旋槽式复合分子泵的研究[D]. 沈阳: 东北大学, 1990.
[9] Becker W. Eine neue molecula-pumpe [C]. Proceedings of the First International Vacuum Congress, Namur, 1958.
[10] 屠基元. 现代涡轮分子泵的理论研究[D]. 沈阳: 东北大学, 1985.
[11] 巴德纯, 王晓冬, 刘坤, 等. 现代涡轮分子泵的进展[J]. 真空, 2010, 47(4): 1-6.
[12] 储继国. 双拖动分子泵[J]. 真空科学与技术学报, 1996, 16(2): 117-120.
[13] 于鲁光. 新型复合式分子泵的结构与性能研究[D]. 沈阳: 东北大学, 1986.
[14] 巴德纯. 分子泵过渡流流态抽气特性的研究[D]. 沈阳: 东北大学, 1997.

第 2 章

牵引分子泵

2.1 牵引分子泵的结构与抽气性能

牵引分子泵除单独使用外，还常作为复合分子泵中间或最后的抽气级，因此牵引分子泵可在分子流和黏滞流状态下工作。

牵引分子泵抽气理论模型首先由盖得（W. Gaede）提出，其工作原理图如图 2-1 所示。气体在两个平行运动平面 1 和 2 之间流动，两个平面的速度分别为 u_1 和 u_2，运动方向为图 2-1 中的 Ox 方向。假设气体在垂直于运动平面上的 Oy 方向以及 Oz 方向上的速度分量为 0，即 $v_y = v_z = 0$，气体压力视为常数。

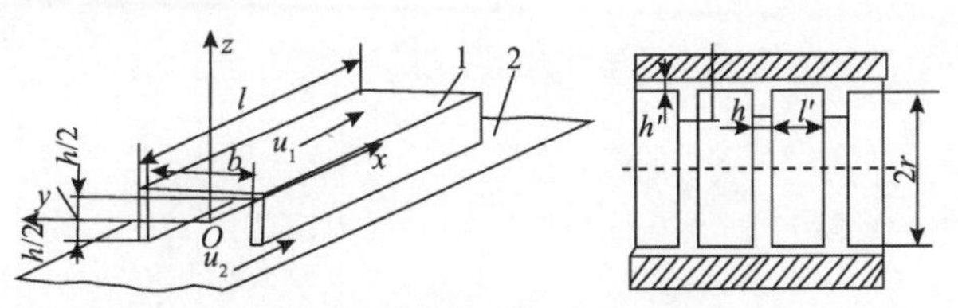

图 2-1　牵引分子泵工作原理图

气体在运动方向 Ox 上的动量方程为

$$\frac{\mathrm{d}^2 v_x}{\mathrm{d}z^2} = \frac{1}{\eta} \cdot \frac{\mathrm{d}p}{\mathrm{d}x} \qquad (2\text{-}1)$$

式中，η 为气体的动力黏性；v_x 为 Ox 方向上气体的运动速度。

对式（2-1）积分，得到两平行平面间某一位置上气体速度与通道高度的关系式：

$$v_x = \frac{1}{\eta} \cdot \frac{\mathrm{d}p}{\mathrm{d}x} \cdot \frac{z^2}{2} + C_1 z + C_2 \tag{2-2}$$

式中，C_1、C_2 为积分常数。

在图 2-1 中，取 xOy 平面与两运动平面平行，且处于两平行平面距离的中心，则 xOy 面与上下两平面的距离均为 $z = \frac{h}{2}$。

图 2-1 中，运动平面 1 附近的气体受到动表面外摩擦力 $R_1 = -\varepsilon f (v'_{x1} - u_1)$ 和气体内摩擦力 $R'_1 = -\eta f \frac{\mathrm{d}v'_{x1}}{\mathrm{d}z}$ 共同作用（f 为摩擦力作用面积），在气体稳态流动时，气体层受力处于平衡状态，即

$$\varepsilon (v'_{x1} - u_1) + \eta \frac{\mathrm{d}v'_{x1}}{\mathrm{d}z} = 0 \tag{2-3}$$

式中，ε 为外摩擦系数（固体表面对气体的阻力）；v'_{x1} 为运动平面 1 附近气体层的速度。

同理，靠近运动平面 2 气体层受力平衡条件为

$$\varepsilon (v'_{x2} - u_2) - \eta \frac{\mathrm{d}v'_{x2}}{\mathrm{d}z} = 0 \tag{2-4}$$

式中，v'_{x2} 为运动平面 2 附近气体层的速度。

将 $z = \frac{h}{2}$、$z = -\frac{h}{2}$ 分别代入式（2-1）求得近壁气流速度 v'_{x1} 和 v'_{x2}，再引入气体受力平衡方程式（2-3）和式（2-4），得到

$$\varepsilon \left(\frac{\mathrm{d}p}{\mathrm{d}x} \cdot \frac{h^2}{8\eta} + C_1 \frac{h}{2} + C_2 - u_1 \right) + \eta \left(\frac{\mathrm{d}p}{\mathrm{d}x} \cdot \frac{h}{2\eta} + C_1 \right) = 0 \tag{2-5}$$

$$\varepsilon \left(\frac{\mathrm{d}p}{\mathrm{d}x} \cdot \frac{h^2}{8\eta} - C_1 \frac{h}{2} + C_2 - u_2 \right) + \eta \left(\frac{\mathrm{d}p}{\mathrm{d}x} \cdot \frac{h}{2\eta} - C_1 \right) = 0 \tag{2-6}$$

从式（2-5）和式（2-6）求得积分常数 C_1、C_2 分别为

$$C_1 = \frac{u_1 - u_2}{2\eta / \varepsilon + h}, \quad C_2 = \frac{u_1 + u_2}{2} - \frac{\mathrm{d}p}{\mathrm{d}x} \left(\frac{h}{6\eta} + \frac{1}{\varepsilon} \right)$$

将积分常数表达式代入式（2-2），可得气体流动速度在两平面间的分布：

$$v_x = \frac{\mathrm{d}p}{\mathrm{d}x}\left(\frac{z^2}{2\eta} - \frac{h^2}{8\eta} - \frac{h}{2\varepsilon}\right) + (u_1 - u_2)\frac{z}{2\eta / \varepsilon + h} + \frac{u_1 + u_2}{2} \tag{2-7}$$

若牵引槽宽为 b（在 Oy 方向上，$y_1 - y_2 = b$），牵引通道内气体的体积流量为 S，即牵引通道对气体的抽速（m^3/s）为

$$S = b\int_{-h/2}^{h/2} v_x \mathrm{d}z = \frac{u_1 + u_2}{2} hb - \frac{\mathrm{d}p}{\mathrm{d}x}\frac{bh^2}{2}\left(\frac{h}{6\eta} + \frac{1}{\varepsilon}\right) \tag{2-8}$$

式（2-8）中，外摩擦系数 ε 与气体压力 p 成正比，且有

$$\varepsilon = \theta \cdot p \tag{2-9}$$

式中，θ 为外黏滞系数，对于 293K 空气，$\theta = 1.61\times10^{-3}$s/m。

由理想气体状态方程，牵引通道内气体的体积流量（抽速）可表示为

$$S = m\frac{RT}{Mp} \tag{2-10}$$

式中，m 为气体的质量流量，kg/s；R 为普适气体常数，R=8.31J/（mol·K）；T 为热力学温度，K；M 为气体的分子量，kg/mol。

将式（2-8）、式（2-10）联立，再把 ε 的表达式（2-9）代入，并积分，若牵引通道 x_1、x_2 处对应的气体压力分别为 p_1 和 p_2，得到几何参数、速度和抽气参数之间的函数关系：

$$\begin{aligned} x_1 - x_2 = {} & \frac{h^2}{6\eta(u_1 + u_2)}(p_1 - p_2) + \left[\frac{h}{\theta(u_1 + u_2)} + \frac{mRTh}{3M\,6\eta(u_1 + u_2)^2}\right] \\ & \times \ln\frac{p_1 - 2mRT / \left[Mbh(u_1 + u_2)\right]}{p_2 - 2mRT / \left[Mbh(u_1 + u_2)\right]} \end{aligned} \tag{2-11}$$

在压力平衡条件下，即 $p_1 = p_2 = p$，由式（2-11）可得抽气通道的最大质量流量：

$$m = Mbhp(u_1 + u_2) / (2RT) \tag{2-12}$$

在质量流量 $m=0$ 时，牵引通道两端有最大压力差：

$$l(u_1 + u_2) = \frac{h^2}{6\eta}(p_1 - p_2) + \frac{h}{\theta} \cdot \ln\frac{p_1}{p_2} \tag{2-13}$$

式中，l 为通道长度，$l = x_1 - x_2$。

式（2-13）反映了黏性力和外摩擦力对牵引通道内工作压力的共同影响。在气体压力较高时，式中右侧第二项比第一项小很多，即在较高压力下（黏性流动），最大压差为

$$(p_1 - p_2)_{\max} = 6\eta l(u_1 + u_2) / h^2 \tag{2-14}$$

当一平面静止时，$u_1 = 0$，令 $u_2 = u$，有

$$(p_1 - p_2)_{\max} = 6\eta lu / h^2 \tag{2-15}$$

可见，在气体压力较高的黏滞流态下，牵引通道两端最大压差为常量，与通道内气体的绝对压力 p 无关。

在气体压力较低（气体流动近于分子流状态）时，式（2-13）中右侧第一项非常小，同第二项比，可以忽略，此时，牵引通道两端最大压差为

$$l(u_1 + u_2) = \frac{h}{\theta} \cdot \ln \frac{p_1}{p_2} \tag{2-16}$$

若 $u_1 = 0$，则牵引通道在分子流态时的压缩比 $\tau_{\max}$ 为

$$\tau_{\max} = \frac{p_1}{p_2} = \mathrm{e}^{lu\theta/h} \tag{2-17}$$

当牵引通道两端压力相等，即 $p_1 = p_2 = p$ 时，抽气通道获得最大抽速，由式（2-8）可得

$$S_{\max} = \frac{mRT}{Mp} = \frac{buh}{2} \tag{2-18}$$

由式（2-8）给出的牵引通道抽速计算公式，可得出抽气通道内气流量公式：

$$Q_0 = S \cdot p = \frac{u_1 + u_2}{2} bhp - \frac{bh^2}{2}\left(\frac{h}{6\eta} + \frac{1}{\theta}\right)\frac{\mathrm{d}p}{\mathrm{d}x} \tag{2-19}$$

式中，Q_0 为抽气通道内气流量，Pa·m³/s。

将式（2-19）中气流量 Q_0 写成 Q_1 和 Q_2 两项之和，即

$$Q_1 = \frac{u_1 + u_2}{2} bhp \tag{2-20}$$

$$Q_2 = \frac{bh^2}{2}\left(\frac{h}{6\eta}p + \frac{1}{\theta}\right)\frac{\mathrm{d}p}{\mathrm{d}x} \tag{2-21}$$

式中，Q_1 为牵引表面作用下气体沿 x 方向上的正向气流量；Q_2 为压差作用下气体沿 x 反方向上的逆向气流量。

从式（2-21）中可见，Q_2 由两部分组成，可进一步分为

$$Q_{2\eta} = \frac{bh^3}{12\eta} \cdot p\frac{\mathrm{d}p}{\mathrm{d}x} \tag{2-22}$$

及

$$Q_{2\theta} = \frac{bh^2}{2\theta} \cdot \frac{\mathrm{d}p}{\mathrm{d}x} \tag{2-23}$$

式中，$Q_{2\eta}$ 为黏滞流态下由内摩擦引起的返流；$Q_{2\theta}$ 为分子流态下由外摩擦引起的返流。

当 $Q_{2\eta}$ 与 $Q_{2\theta}$ 相等时，对应的压力为特征压力，即黏滞流内摩擦与分子流外摩擦作用结果相等时的分界压力，用 p_s 表示。令 $Q_{2\eta} = Q_{2\theta}$，有

$$p_s = \frac{6\eta}{\theta h} \tag{2-24}$$

从式（2-24）中可以看出，分界压力 p_s 与通道的几何量 h 及 η/θ 有关。这样可以把牵引泵抽气通道内的气体按压力分成 $p > p_s$ 和 $p \leqslant p_s$ 两个区域，来分别讨论牵引通道对气体的压缩能力。

对于 $p > p_s$ 区域，气体为黏滞流态，此时牵引泵的气流量为

$$Q_0 = \frac{u_1 + u_2}{2}bhp - \frac{bh^3}{12\eta} \cdot p\frac{\mathrm{d}p}{\mathrm{d}x} \tag{2-25}$$

对于 $p \leqslant p_s$ 区域，气体为分子流态，此时牵引泵的气流量为

$$Q_0 = \frac{u_1 + u_2}{2}bhp - \frac{bh^2}{2\theta} \cdot p\frac{\mathrm{d}p}{\mathrm{d}x} \tag{2-26}$$

分界压力 p_s 处定义为 x 轴坐标原点。黏滞流与分子流的分界压力 p_s 对应的牵引通道长度定义为分界长度 x_s。当 $p = p_r$（大气压力）时，其坐标 $x = x_s$，当 $p \leqslant p_s$ 时，$0 > x > -\infty$。

对于黏滞流态，即 $p > p_s$，当牵引泵抽气量为零时，有最大压缩比。此时对式（2-26）积分，得到抽气通道内气体压力 p 随抽气长度变化的关系式：

$$p = \left(\frac{u_1 + u_2}{h^2} \right) 6\eta x + p_s = m'x + p_s \tag{2-27}$$

式中，$m' = \frac{u_1 + u_2}{h^2} 6\eta$。

对于分子流态，即 $p \leqslant p_s$，当牵引泵抽气量为零时，有最大压缩比。此时对式（2-26）积分，得到分子流态下抽气通道内气体压力与抽气长度的关系式：

$$p = p_s \exp\left[\frac{(u_1 + u_2)\theta}{h} x \right] = p_s \exp m_1 x \tag{2-28}$$

式中，$m_1 = \frac{u_1 + u_2}{h} \theta$。

从式（2-27）可以看出，当压力 p 处于 p_r 和 p_s 区间内时，压力 p 与距离 x 呈线性关系；从式（2-28）可以看出，在 $p \leqslant p_s$ 区间内，p 与 x 呈负指数关系。

考虑牵引通道内气体经间隙的泄漏，牵引通道的最大压缩比 $\tau_{\max}$ 由式（2-29）求得

$$A\left(\tau_{\max} + \frac{1}{\tau_{\max}} - 2 \right) + B(\tau_{\max} - 1) - C \lg \tau_{\max} + \lg^2 \tau_{\max} = 0 \tag{2-29}$$

式中，$A = (2\pi h')^3 / \left(l'b(2.303h)^2 \right)$；$B = s'\omega h'\theta(2\pi r)^3 / \left(b(2.303h)^2 \right)$，$\omega$ 为转子旋转频率，$s' = (2b + h) / (2\pi r)$；$C = (u_1 + u_2) 2\pi r\theta / (2.303h)$，$u_1 = u_2 = 2\pi(r - b/2)\omega$；$h'$、$l'$、$b$、$r$ 及 h 符号意义如图 2-1 所示。

对于设计抽速 S，保证 $S_{\max} > (5 \sim 10)S$。依据许可的工作叶列外表面运动速度 u，由式（2-7）确定牵引通道的几何参数 h 和 b（$b > 5h$）。

在复合分子泵中，牵引级转子速度 u 取决于高真空涡轮级转子的旋转频率和尺寸，与涡轮级工作叶列外径许可速度 u_2 相当。根据气体的流动状态，由式(2-11)、式（2-17）和式（2-29）可计算出牵引泵所能建立的压力差或压力比。

依据盖得牵引泵原理研制的牵引分子泵结构如图 2-2 所示。泵内有旋转的转子，转子的四周开有沟槽，转子间用挡板隔开。早期的牵引泵抽速小、结构复杂，后经过对结构的不断改进，转子做成圆柱形或圆盘形，使其性能得到很大提高。在现代复合分子泵中，牵引泵得到进一步应用，而且在结构上有了很大改进。当

前，牵引分子泵除用作复合分子泵的压缩级之外，也可以单独使用。

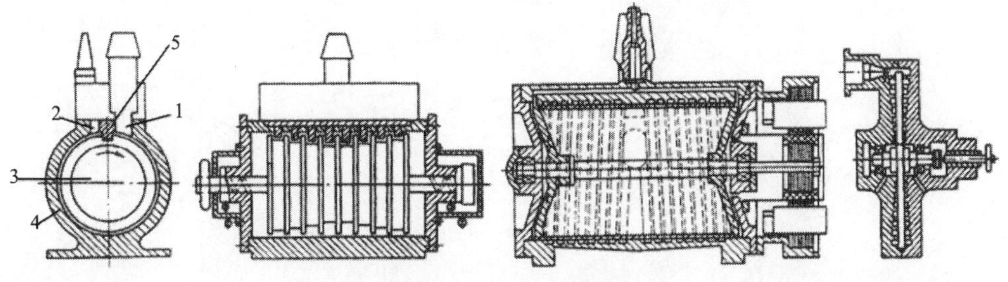

图 2-2　牵引分子泵结构

1-进气口；2-排气口；3-转子；4-泵体；5-挡块

2.2　多槽螺旋式牵引分子泵抽气性能计算

多槽螺旋式牵引分子泵因其结构简单，加工制造方便，可以获得很高的压缩比，是现代牵引分子泵中常见的结构形式之一，常常作为复合分子泵的压缩级。

2.2.1　物理模型

多槽螺旋式牵引分子泵由多个矩形截面螺旋通道组成，其展开形式如图 2-3 所示，其中图 2-3（b）为图 2-3（a）中 C 处局部放大图。图 2-3 中，有 γ 个宽度为 b 的抽气槽，各槽之间由宽度为 l' 的凸台分隔，转子与定子的间隙为 h'。抽气槽与转轴 AA' 的垂线成 φ 角（螺旋通道的螺旋升角），螺旋槽深度为 h，转子转速为 n，转子沿螺旋槽方向的速度分量为 $u = 2\pi rn\cos\varphi$，是牵引槽实现抽气的有效牵引速度。

x 轴原点设于牵引通道的入口处，x 轴正方向沿抽气通道指向牵引通道出口侧。由图 2-3 中的几何关系，可以计算牵引通道槽宽 b 和凸台轴向展开宽度 l'：

$$\left.\begin{aligned} b &= \left(\frac{2\pi r - \gamma l}{\gamma}\right)\sin\varphi \\ l' &= l\tan\varphi \end{aligned}\right\} \qquad (2\text{-}30)$$

式中，r 为转子半径；l 为牵引转子凸台的径向展开宽度。

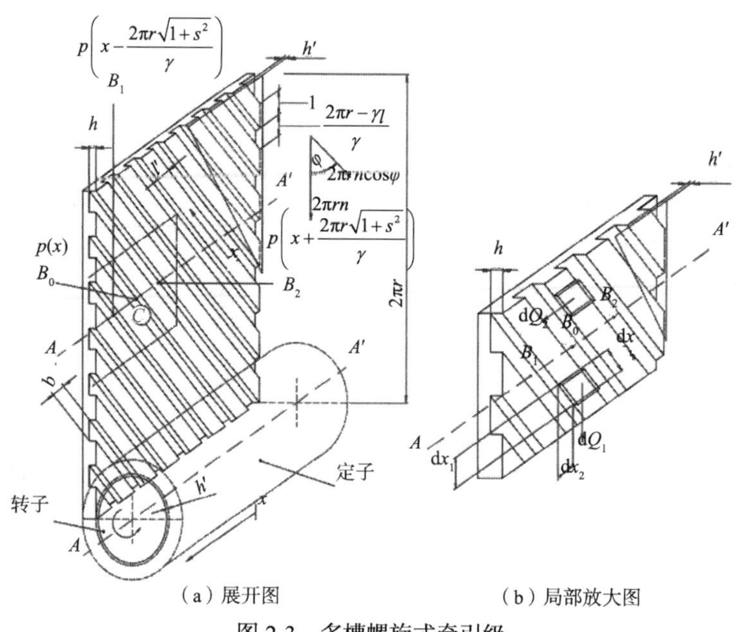

（a）展开图　　（b）局部放大图

图 2-3　多槽螺旋式牵引级

2.2.2　分子流态下多槽牵引通道抽气性能计算

1. 压缩比计算

1）转子与定子的间隙泄漏量的计算

对于如图 2-3 所示的多槽牵引通道，由于转子与定子存在间隙，被抽气体在转子沿径向携带和沿轴向压差的作用下，会造成牵引槽间的气体泄漏，对抽气性能产生重要影响。

如图 2-3（b）所示，被抽气体经转子与定子间隙 h' 形成的槽间泄漏包括两部分：一部分是因为转子旋转的携带作用，将牵引通道内的部分气体沿转子旋转方向携带到相邻抽气通道内造成泄漏，这部分气体泄漏量设为 $\mathrm{d}Q_1$，流动方向垂直于转轴 AA'，如图 2-3（b）所示；另一部分是由相邻槽间的压力差造成的，这部分气体泄漏量设为 $\mathrm{d}Q_2$，流动方向平行于转轴 AA'，如图 2-3（b）所示。

为考察槽间泄漏量，取图 2-3（b）中凸台长度 $\mathrm{d}x$ 为研究对象，由几何关系可得研究对象在垂直和平行转轴方向上的长度分别为

$$\left.\begin{aligned}\mathrm{d}x_1 = \cos\varphi \mathrm{d}x \\ \mathrm{d}x_2 = \sin\varphi \mathrm{d}x\end{aligned}\right\} \tag{2-31}$$

从单槽牵引泵分子流态下的气流量公式（2-26）可知，公式中第一项为牵引转子动面作用携带的气流量，公式中第二项为由压差造成的返流量，分别对应于上述槽间泄漏量。

当用间隙 h' 代替式（2-26）中的槽深 h，用凸台纵向宽度 dx_2 代替槽宽 b 时，可计算分子流态下第一部分泄漏量：

$$dQ_{1m} = \frac{u_1 + u_2}{2} h' p dx_2 \tag{2-32}$$

当用间隙 h' 代替式（2-26）中的槽深 h，用凸台横向宽度 dx_1 代替槽宽 b，用相邻槽压差 Δp 与凸台轴向展开宽度 l' 之比 $\frac{\Delta p}{l'}$ 代替轴向压力梯度 $\frac{dp}{dx}$ 时，可计算分子流态下第二部分泄漏量：

$$dQ_{2m} = \frac{dx_1 h'^2}{2\theta} \cdot \frac{dp}{dx} = \frac{h'^2}{2\theta l'} \Delta p dx_1 \tag{2-33}$$

由

$$\left.\begin{aligned} u_1 &= 2\pi rn \\ u_2 &= 0 \end{aligned}\right\}, \quad s = \tan\varphi, \quad \sin\varphi = \frac{s}{\sqrt{1+s^2}}, \quad \cos\varphi = \frac{1}{\sqrt{1+s^2}}$$

并将式（2-31）代入式（2-32）和式（2-33），整理得到间隙泄漏量计算公式：

$$dQ_{1m} = \frac{\pi rnh's}{\sqrt{1+s^2}} p dx \tag{2-34}$$

$$dQ_{2m} = \frac{h'^2}{2l'\theta\sqrt{1+s^2}} \Delta p dx \tag{2-35}$$

相邻牵引槽间的气体泄漏量由式（2-34）、式（2-35）两部分计算得到，对于特定牵引槽，既存在相邻槽的泄漏流入，又存在向相邻槽的泄漏流出，其净间隙泄漏量为

$$dQ_{1m} = dQ'_m - dQ''_m \tag{2-36}$$

式中，dQ'_m、dQ''_m 分别为相邻槽间的泄漏流入气体量与泄漏流出气体量。

为研究相邻槽间的净泄漏量，在图 2-3（b）上取相邻三个抽气通道为研究对象，三个相邻抽气通道在 A — A' 方向上的宽度中心点分别为 B_1、B_0 和 B_2，其对应的气体压力分别为 p_-、p_0 和 p_+，各压力值与坐标位置 x 有关。由图中几何关系可得

$$B_0B_2=\frac{2\pi r}{\gamma}\tan\varphi \tag{2-37}$$

$$B_0B_1=\frac{2\pi r}{\gamma}\tan\varphi \tag{2-38}$$

$$B_0B_2=B_0B_1=\frac{2\pi r}{\gamma}\tan\varphi \tag{2-39}$$

当抽气通道内气体处于分子流态时，由式（2-28）可知，压力 p 与坐标 x 呈指数关系，若 B_0 点坐标为 x，则其对应的气体压力可表示为

$$p_0=p_s\exp(m_2x) \tag{2-40}$$

由图 2-3 可知，B_1、B_2 点的坐标分别为 $x-\frac{2\pi r}{\gamma}\sqrt{1+s^2}$ 、$x+\frac{2\pi r}{\gamma}\sqrt{1+s^2}$ ，其对应的气体压力分别为

$$p_-=p_s\exp\left[m_2\left(x-\frac{2\pi r}{\gamma}\sqrt{1+s^2}\right)\right] \tag{2-41}$$

$$p_+=p_s\exp\left[m_2\left(x+\frac{2\pi r}{\gamma}\sqrt{1+s^2}\right)\right] \tag{2-42}$$

B_2 点到 B_0 点的泄漏量为 $\mathrm{d}Q'_m$ ，凸台处气体压力取相邻槽两点压力的均值，即式（2-34）中的压力 $p=\frac{p_++p_0}{2}$，凸台沿轴线方向上的压力差按线性变化，即式（2-35）中的压力差 $\Delta p=\frac{p_+-p_0}{B_0B_2}\cdot l'$ ，因此，可以得到分子流态下 B_2 点至 B_0 点的泄漏量为

$$\mathrm{d}Q'_m=\mathrm{d}Q_{i1}+\mathrm{d}Q_{i2}=\left[\frac{\pi rnh's}{\sqrt{1+s^2}}\left(\frac{p_++p_0}{2}\right)+\frac{h'^2}{2l'\theta\sqrt{1+s^2}}\cdot\frac{(p_+-p_0)l'}{B_0B_2}\right]\mathrm{d}x \tag{2-43}$$

令 $\alpha=\frac{B_0B_2}{l'}$，则式（2-43）改写为

$$\mathrm{d}Q'_m=\left[\frac{\pi rnh's}{\sqrt{1+s^2}}\left(\frac{p_++p_0}{2}\right)+\frac{h'^2(p_+-p_0)}{2\alpha l'\theta\sqrt{1+s^2}}\right]\mathrm{d}x \tag{2-44}$$

同理可得，分子流态下由 B_0 点向 B_1 点的间隙泄漏量为

$$dQ'_m = dQ_{01} + dQ_{02} = \left[\frac{\pi rnh's}{\sqrt{1+s^2}}\left(\frac{p_+ + p_-}{2}\right) + \frac{h'^2(p_+ - p_-)}{2\alpha l'\theta\sqrt{1+s^2}}\right]dx \qquad (2\text{-}45)$$

B_0 点处气流净泄漏量 dQ_{lm} 为流入与流出之差，$dQ_{lm} = dQ'_m - dQ''_m$。

将式(2-40)～式(2-42)中相邻牵引槽内气体压力 p_0、p_- 和 p_+ 代入式(2-43)～式（2-45），并积分，得到多槽牵引抽气通道分子流态下的泄漏量：

$$Q_{lm} = \left\{\frac{h'^2}{2\alpha l'\sqrt{1+s^2}}\left[\exp\left(\frac{m_2 2\pi r\sqrt{1+s^2}}{\gamma}\right) + \exp\left(-\frac{m_2 2\pi r\sqrt{1+s^2}}{\gamma}\right) - 2\right]\right.$$
$$\left. + \frac{\pi rnh's}{2\sqrt{1+s^2}}\left[\exp\left(\frac{m_2 2\pi r\sqrt{1+s^2}}{\gamma}\right) + \exp\left(-\frac{m_2 2\pi r\sqrt{1+s^2}}{\gamma}\right)\right]\right\} p_s \frac{\exp(m_2 x)}{m_2} \qquad (2\text{-}46)$$

2）牵引槽抽气量的计算

分子流态下，牵引槽的抽气量由式（2-19）表达。对于多槽牵引结构，将槽宽 $b = \dfrac{2\pi r - \gamma l}{\gamma}\sin\varphi$，$\sin\varphi = \dfrac{s}{\sqrt{1+s^2}}$（$s = \tan\varphi$），抽气通道方向牵引速度 $u_x = 2\pi rn\cos\varphi$，$\cos\varphi = \dfrac{1}{\sqrt{1+s^2}}$，牵引槽内气体压力 $p = p_s\exp(m_2 x)$ 代入式（2-19），整理得到多槽结构牵引槽分子流态下的抽气量计算公式：

$$Q_{pm} = \left[\frac{\pi rnh(2\pi r - rl)s}{\gamma(1+s^2)} - \frac{h^2(2\pi r - \gamma l)}{2\gamma\theta\sqrt{1+s^2}}m_2\right] p_s \exp(m_2 x) \qquad (2\text{-}47)$$

3）相邻槽间压缩比 k_m 的计算

定义两个相邻槽之间的压缩比为 k_m，而 k_m 总是大于 1。对多槽螺旋式牵引分子泵，相邻槽中心点间距为 $\dfrac{2\pi r}{\gamma}\sqrt{1+s^2}$，$k_m$ 即为点 x 和 $x + \dfrac{2\pi r}{\gamma}\sqrt{1+s^2}$ 之间的压缩比：

$$k_m = \frac{p_+}{p_0} = \exp\left(\frac{m_2 2\pi r\sqrt{1+s^2}}{\gamma}\right) \qquad (2\text{-}48)$$

从式（2-48）可以看出，对于等槽宽、等槽深牵引槽，相邻牵引槽间的压缩比 k_m 为与 x 无关的常数。

m_2 可从式（2-48）中求得

$$m_2 = \frac{\gamma}{2\pi r\sqrt{1+s^2}} \ln k_m \tag{2-49}$$

当牵引槽抽出气体量与槽间泄漏量相等，即 $Q_{lm}=Q_{pm}$ 时，牵引槽净抽气量为零，此时牵引槽有最大压缩比。

令 $Q_{lm}=Q_{pm}$，则有

$$\left\{\frac{h'^2}{2\alpha l'\theta\sqrt{1+s^2}}\left[\exp\left(\frac{m_2 2\pi r\sqrt{1+s^2}}{\gamma}\right)+\exp\left(-\frac{m_2 2\pi r\sqrt{1+s^2}}{\gamma}\right)-2\right]\right.$$

$$\left.+\frac{\pi rnh's}{2\sqrt{1+s^2}}\left[\exp\left(\frac{m_2 2\pi r\sqrt{1+s^2}}{\gamma}\right)+\exp\left(-\frac{m_2 2\pi r\sqrt{1+s^2}}{\gamma}\right)\right]\right\}p_s\frac{\exp(m_2 x)}{m_2}$$

$$=\left[\frac{\pi rnh(2\pi r-\gamma l)s}{\gamma(1+s^2)}-\frac{h^2(2\pi r-\gamma l)}{2\gamma\theta\sqrt{1+s^2}}m_2\right]p_s\exp(m_2 x) \tag{2-50}$$

将 m_2 与相邻槽间压缩比计算式（2-49）代入式（2-50），可得出相邻槽间压缩比 k_m 的计算公式：

$$\frac{(2\pi r)^2 h'^2}{\alpha l' h^2(2\pi r-\gamma l)\gamma}\cdot\frac{1+s^2}{s^2}\cdot\frac{(k_m-1)^2}{k_m}+\frac{(2\pi r)^3 h' n\theta}{2h^2(2\pi r-\gamma l)\gamma}(1+s^2)\frac{k_m^2-1}{k_m}$$

$$-\frac{(2\pi r)\theta n}{h\gamma}\ln k_m+\ln^2 k_m=0 \tag{2-51}$$

通过求解式（2-51），就可以得到 k_m 值。

4）牵引泵压缩比 K_m 的计算

分子流态下，牵引泵内气体压力随牵引槽长度的增加按指数增加。当牵引筒高度为 Z 时，在计算得到相邻槽间压缩比的基础上，得到牵引泵压缩比 K_m 的计算公式：

$$K_m = k_m^{\frac{Z}{(2\pi r/\gamma)s}} \tag{2-52}$$

5）关于牵引筒高度与流态关系的讨论

由于牵引槽内气体压力 p 随牵引通道长度 x 的增加呈指数增加，两者的关系可表示为

$$p = p_s \exp(m_2 x)$$

将式（2-49）中 m_2 的计算式代入，有

$$p = p_s \exp\left(\frac{\gamma \ln k_m}{2\pi r\sqrt{1+s^2}} x\right) \tag{2-53}$$

牵引通道长度 x 与槽内气体压力 p 的关系可表示为

$$x = \frac{2\pi r\sqrt{1+s^2}}{\gamma \ln k_m} \ln \frac{p_s}{p}$$

牵引槽内气体压力由泵入口压力 p_0 压缩到分子流与黏滞流的临界压力 p_s 对应的牵引筒高度 Z 为

$$Z = x\sin\varphi = \frac{2\pi rs}{\gamma \ln k_m} \ln \frac{p_s}{p_0} \tag{2-54}$$

计算表明，牵引泵工作在分子流态下对应的 Z 很小。因此，在牵引泵抽速性能计算时，要根据牵引筒高度判断气体的流动状态，选择相应的计算公式进行计算。

2. 抽速计算

分子流态下牵引泵的抽速 S 可根据抽速定义式 $S=\dfrac{Q}{p}$ 得到，由式（2-26）得到单槽牵引通道的抽速表达式：

$$S_s = \frac{Q}{p} = bh\left(\frac{u_1+u_2}{2} - \frac{h}{2\theta}\cdot\frac{\Delta p}{p}\cdot\frac{1}{\Delta x}\right) \tag{2-55}$$

将 $\Delta x = \dfrac{2\pi r\sqrt{1+s^2}}{\gamma}$，$\dfrac{\Delta p}{p} = \dfrac{k_m - 1}{k_m}$ 代入式（2-55），单槽牵引通道的抽速计算公式改写为

$$S_s = \frac{bh}{\sqrt{1+s^2}}\left(\pi rn - \frac{h\gamma}{4\pi r\theta}\cdot\frac{k_m-1}{k_m}\right) \tag{2-56}$$

对于有 γ 个牵引槽的多槽牵引泵，抽速计算公式为

$$S_m = (2\pi r - \gamma l)h\left(\pi r n - \frac{h\gamma}{4\pi r\theta}\cdot\frac{k_m - 1}{k_m}\right)\frac{s}{1+s^2} \tag{2-57}$$

式中，$\theta = \frac{3}{8}\left(\frac{\pi r n}{kT}\right)^{1/2}$，与气体性质有关。

因为$\pi r n \gg \frac{h\gamma}{4\theta\pi r}\cdot\frac{k_m - 1}{k_m}$，故可将式（2-57）中的$\frac{h\gamma}{4\theta\pi r}\cdot\frac{k_m - 1}{k_m}$项忽略，则抽速公式可简化为

$$S_m = (2\pi r - \gamma l)h(\pi r n)\frac{s}{1+s^2} \tag{2-58}$$

抽速简化计算公式的误差约为20%。

2.2.3 黏滞流态下多槽牵引通道抽气性能计算

由式（2-27）可知，黏滞流态下，牵引通道内气体压力p与临界压力p_s之差和通道长度x呈正比关系，即

$$\Delta p = m_1' x \tag{2-59}$$

式中，$\Delta p = p - p_s$；m_1'为比例系数。

按照与分子流态相同的计算方法，考虑转子与定子之间间隙气体泄漏对抽气性能的影响，来确定多槽牵引结构黏滞流态下的抽气性能。

1. 压缩比计算

1）转子与定子的间隙泄漏量的计算

取三相邻抽气通道为研究对象，三抽气通道中心点分别为B_0、B_1、B_2。由图2-3可知，当B_0点坐标为x时，B_1、B_2点的坐标分别为$x - \frac{2\pi r}{\gamma}\sqrt{1+s^2}$、$x + \frac{2\pi r}{\gamma}\sqrt{1+s^2}$，上述三点对应的气体压力分别为

$$p_0 = m_1' x + p_s \tag{2-60}$$

$$p_- = m_1'\left(x - \frac{2\pi r}{\gamma}\sqrt{1+s^2}\right) + p_s \tag{2-61}$$

$$p_+ = m_1'\left(x + \frac{2\pi r}{\gamma}\sqrt{1+s^2}\right) + p_s \tag{2-62}$$

转子与定子间隙引起的气体泄漏量 Q_l 由转子携带作用产生的泄漏量 Q_1 和相邻槽间压力差造成的泄漏量 Q_2 两部分组成。从单槽牵引泵黏滞流态下的抽气量公式（2-25）可知，公式中第一项为牵引转子动面作用携带的气流量，公式中第二项为由压力差造成的返流量，分别对应上述槽间泄漏量。

用间隙 h' 代替式（2-25）中的槽深 h，用凸台纵向宽度 $\mathrm{d}x_2$ 代替槽宽 b，可计算黏滞流态下第一部分泄漏量：

$$\mathrm{d}Q_{1v} = \frac{u_1 + u_2}{2} h' p \mathrm{d}x_2 \tag{2-63}$$

用间隙 h' 代替式（2-25）中的槽深 h，用凸台横向宽度 $\mathrm{d}x_1$ 代替槽宽 b，用相邻槽压差 Δp 与凸台轴向展开宽度 l' 之比 $\frac{\Delta p}{l'}$ 代替轴向压力梯度 $\frac{\mathrm{d}p}{\mathrm{d}x}$，可计算黏滞流态下第二部分泄漏量：

$$\mathrm{d}Q_{2v} = \frac{h'^3}{12\eta} p \frac{\Delta p}{l'} \mathrm{d}x_1 \tag{2-64}$$

将

$$\left.\begin{aligned} u_1 &= 2\pi rn \\ u_2 &= 0 \end{aligned}\right\}, \quad \sin\varphi = \frac{s}{\sqrt{1+s^2}}, \quad \cos\varphi = \frac{1}{\sqrt{1+s^2}}$$

以及式（2-31）代入式（2-63）、式（2-64），整理得到黏滞流态下间隙泄漏量计算公式：

$$\mathrm{d}Q_{1v} = \frac{\pi rnh's}{\sqrt{1+s^2}} p \mathrm{d}x \tag{2-65}$$

$$\mathrm{d}Q_{2v} = \frac{h'^3}{12l'\eta\sqrt{1+s^2}} p \Delta p \mathrm{d}x \tag{2-66}$$

B_2 点到 B_0 点的泄漏量为 $\mathrm{d}Q_v'$，凸台处气体压力取相邻槽两点压力的均值，即 $p = \frac{p_+ + p_0}{2}$，凸台沿轴线方向上的压力差按线性变化，即 $\Delta p = \frac{p_+ - p_0}{B_0B_2} \cdot l'$，因此，可以得到黏滞流态下 B_2 点至 B_0 点的泄漏量为

$$\mathrm{d}Q_v' = \mathrm{d}Q_{i1} + \mathrm{d}Q_{i2} = \left[\frac{\pi rnh's}{\sqrt{1+s^2}}\left(\frac{p_+ + p_0}{2}\right) + \frac{h'^3}{12l'\eta\sqrt{1+s^2}} \cdot \frac{p_+ + p_0}{2} \cdot \frac{(p_+ - p_0)l'}{B_0B_2}\right]\mathrm{d}x \tag{2-67}$$

将$\alpha=\dfrac{B_0B_2}{l'}$代入式（2-67）并整理可得

$$\mathrm{d}Q_v'=\left[\frac{\pi rh's}{\sqrt{1+s^2}}\left(\frac{p_0+p_-}{2}\right)+\frac{h'^3(p_0^2-p_-^2)}{24\alpha l'\eta\sqrt{1+s^2}}\right]\mathrm{d}x \tag{2-68}$$

同理可得，黏滞流态下由B_0点向B_1点的间隙泄漏量为

$$\mathrm{d}Q_v''=\mathrm{d}Q_{01}+\mathrm{d}Q_{02}\left[\frac{\pi rh's}{\sqrt{1+s^2}}\left(\frac{p_0+p_-}{2}\right)+\frac{h'^3(p_0^2-p_-^2)}{24\alpha l'\eta\sqrt{1+s^2}}\right]\mathrm{d}x \tag{2-69}$$

B_0点处气流净泄漏量$\mathrm{d}Q_{lv}''$为流入与流出之差，$\mathrm{d}Q_{lv}''=\mathrm{d}Q_v'-\mathrm{d}Q_v''$。

将式（2-60）～式（2-62）中相邻牵引槽内气体压力p_0、p_-和p_+代入式（2-68）和式（2-69），并积分，得到多槽牵引抽气通道黏滞流态下的泄漏量：

$$Q_{lv}=\frac{2\pi^2r^2nh's}{\gamma}m'_1x+\frac{(2\pi r)^2h'^3\sqrt{1+s^2}}{12\alpha\eta l'\gamma^2}m_1'^2x \tag{2-70}$$

2）牵引通道黏滞流态下抽气量的计算

黏滞流态下，牵引级的抽气量由式（2-25）表达，重写为式（2-71）：

$$Q_{pv}=\frac{u_1+u_2}{2}bhp-\frac{bh^3}{12\eta}\cdot p\cdot\frac{\mathrm{d}p}{\mathrm{d}x} \tag{2-71}$$

将槽宽$b=\dfrac{2\pi r-\gamma l}{\gamma}\sin\varphi$，$\sin\varphi=\dfrac{s}{\sqrt{1+s^2}}$（$s=\tan\varphi$），抽气通道方向牵引速度$u_x=2\pi rn\cos\varphi$，$\cos\varphi=-\dfrac{1}{\sqrt{1+s^2}}$，牵引槽内气体压力$p=m_1'x+p_s$代入式（2-71），整理得到多槽牵引泵黏滞流态下的抽气量计算公式：

$$Q_{pv}=\left[\frac{\pi rnh(2\pi r-\gamma l)s}{\gamma(1+s^2)}-\frac{h^3(2\pi r-\gamma l)s}{12\gamma\eta\sqrt{1+s^2}}m_1'\right]m_1'x \tag{2-72}$$

3）比例系数m_1'的求解

当牵引槽抽气量与槽间泄漏量相等，即$Q_{lv}=Q_{pv}$时，牵引槽净抽气量为零，此时牵引槽有最大压缩比，对应的比例系数为m_1'。

令$Q_{lv}=Q_{pv}$，有

$$\frac{2\pi^2 r^2 nh's}{\gamma}m_1'x+\frac{(2\pi r)^2 h'^3\sqrt{1+s^2}}{12\alpha\eta l'\gamma^2}m_1'^2 x=\left[\frac{\pi rnh(2\pi r-\gamma l)s}{\gamma(1+s^2)}-\frac{h^3(2\pi r-\gamma l)s}{12\gamma\eta\sqrt{1+s^2}}m_1'\right]m_1'x \tag{2-73}$$

可得到比例系数 m_1' 的计算式：

$$m_1'=12\pi rn\eta\alpha\gamma ls^2\frac{\frac{(2\pi r-\gamma l)h}{\sqrt{1+s^2}}-2\pi rh'\sqrt{1+s^2}}{\left(2\pi r\sqrt{1+s^2}\right)^2 h'^3+(2\pi r-\gamma l)h^3\alpha\gamma ls^2} \tag{2-74}$$

4）黏滞流态下多槽牵引泵压缩比的计算

由式（2-59）可知，黏滞流态下牵引通道长度与压力的关系可表示为

$$p=m_1'x+p_s \tag{2-75}$$

由压缩比定义式，可得到黏滞流态下多槽牵引泵最大压缩比：

$$K_v=\frac{p}{p_s}=m_1'\frac{x}{p_s}+1 \tag{2-76}$$

由图 2-3 中几何关系可知，牵引通道长度与牵引筒高度之间的关系为

$$x=Z_v/\sin\varphi \tag{2-77}$$

式中，Z_v 为黏滞流态下牵引通道长度 x 对应的牵引筒高度。

将式（2-77）及 $\sin\varphi=\frac{s}{\sqrt{1+s^2}}$ 代入式（2-76），最大压缩比公式改写为

$$K_v=\frac{p}{p_s}=m_1'\frac{Z_v\sqrt{1+s^2}}{p_s\cdot s}+1 \tag{2-78}$$

2. 抽速计算

由抽速定义式，结合式（2-71）可知黏滞流态下多槽牵引泵抽速为

$$S_v=\frac{Q}{p}=\left(\frac{u_1+u_2}{2}bh-\frac{bh^3}{12\eta}\cdot\frac{\mathrm{d}p}{\mathrm{d}x}\right) \tag{2-79}$$

又 $\mathrm{d}p/\mathrm{d}x=m_1'$，式（2-79）可改写成

$$S_v=bh\left(\frac{u_1+u_2}{2}-\frac{h^2}{12\eta}m_1'\right) \tag{2-80}$$

将 m_1' 的计算式（2-74）代入式（2-80）得到抽速计算式：

$$S_v = bh\left[\frac{u_1+u_2}{2} - \pi rn\alpha\gamma h^2 s^2 \frac{\dfrac{(2\pi r-\gamma l)h}{\sqrt{1+s^2}} - 2\pi rh'\sqrt{1+s^2}}{\left(2\pi r\sqrt{1+s^2}\right)^2 h'^3 + (2\pi r-\gamma l)h^3\alpha\gamma ls^2}\right] \quad (2\text{-}81)$$

将抽气通道方向牵引速度 $u_x = 2\pi rn\cos\varphi$， $\cos\varphi = \dfrac{1}{\sqrt{1+s^2}}$，槽宽 $b = \dfrac{2\pi r-\gamma l}{\gamma}$

$\sin\varphi$， $\sin\varphi = \dfrac{s}{\sqrt{1+s^2}}$ 代入式（2-81），抽速公式变为

$$S_v = (2\pi r-\gamma l)h\frac{s}{\sqrt{1+s^2}}\left[\pi rn\frac{1}{\sqrt{1+s^2}} - \pi rnlh^2 s^2 \frac{\dfrac{(2\pi r-\gamma l)h}{\sqrt{1+s^2}} - 2\pi rh'\sqrt{1+s^2}}{\dfrac{\left(2\pi r\sqrt{1+s^2}\right)^2 h'^3}{\gamma\alpha} + (2\pi r-\gamma l)h^3 ls^2}\right] \quad (2\text{-}82)$$

若忽略式（2-82）中括号内的第二项，抽速公式简化为

$$S_v = (2\pi r-\gamma l)\pi rnh\frac{s}{1+s^2} \quad (2\text{-}83)$$

简化公式（2-83）的计算误差约为 20%。

2.2.4 多槽螺旋式牵引分子泵抽气性能算法改进

现代牵引分子泵单独使用得较少，多作为复合分子泵的牵引级。研究者多年来对筒式牵引级[1-10]以及盘式牵引级开展了研究工作[11-16]，对于改进复合分子泵的结构和性能起到了重要作用。

随着复合分子泵应用领域的扩展和工作压力范围的拓宽，其牵引级入口工作在分子流态下，而牵引级出口常常工作在过渡流态、黏滞流态下[17-21]。由于牵引泵在不同流态下的抽气性能有较大差别，因此，在设计其结构和性能时，单纯采用分子流态或黏滞流态计算模型计算牵引级整段抽气性能，会产生较大误差。

采用逐段流态判别法对牵引分子泵抽气通道的沿程抽气性能进行计算和流态判别，根据不同流动状态，选择对应的计算方法，最终获得较为准确的计算结果。牵引泵计算模型如图 2-4 所示。

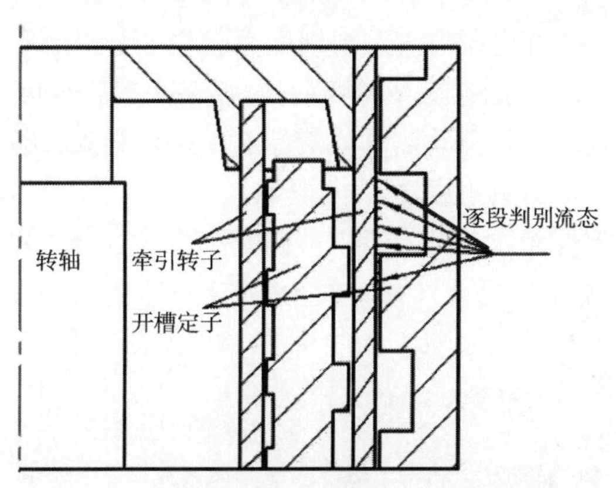

图 2-4　牵引泵结构及逐段流态判别法示意图

具体地，将牵引级整个牵引筒沿长度方向分成 n 段，从泵入口开始计算每一牵引段的抽气性能，并将该段所得出口压力与黏滞流态分界压力（$p_s=\dfrac{6\eta}{\theta h}$）进行比较，以判别该牵引段所处的流动状态，进而选择相应的计算模型，在流态发生变化时，通过计算模型替换，提高计算精度。分段流态判别法计算框图如图 2-5 所示。

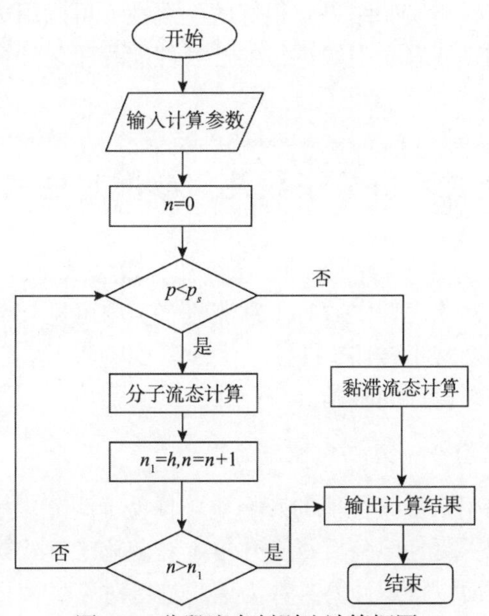

图 2-5　分段流态判别法计算框图

采用 MATLAB 计算语言编制计算程序，输入牵引级结构参数及入口压力值，主程序为 for 循环语句，能够逐段计算抽气性能。各牵引段的入口压力 p 随槽长的增大而逐渐增大，并且逐段与流态判别压力 p_s 进行比较，程序选择相应的计算公式。如果气体仍处于分子流态，在达到一定循环次数后结束循环，输出压缩比。当循环到牵引筒某处时，气体达到了黏滞流态，循环结束，按照黏滞流态的计算模型计算出压缩比，输出给主程序。

以国家重大科学仪器设备开发专项“高速小型复合分子泵的开发和应用”研发的 F-63 型复合分子泵样机为计算原型，分别采用常规近似计算法和分段流态判别法，对复合分子泵牵引级压缩比进行计算，并按照国家标准对牵引级性能进行实验测定，结果如表 2-1 所示。

表 2-1　复合分子泵牵引级最大压缩比计算结果及实验数据

抽气性能参数	近似计算法	分段流态判别法	实验测试结果
K_{max}	7.5×10^6	1.22×10^5	1×10^5

由表 2-1 可知，采用近似计算法得到的最大压缩比 K_{max} 比实验测试结果大一个数量级，存在较大计算误差。采用分段流态判别法得到的 K_{max} 计算值与实验测试结果为同一数量级，与实验结果有很好的一致性，可以用于实际设计、计算。可见，采用分流态判别法对牵引级进行的抽气性能程序化计算，大大提升了计算效率和计算精度。

2.2.5　多槽螺旋式牵引分子泵几何参数对抽气性能的影响

从多槽螺旋式牵引分子泵的抽速、压缩比计算公式（2-52）、式（2-56）（分子流态）以及式（2-82）、式（2-78）（黏滞流态）中可见，牵引分子泵的抽气性能受螺旋槽几何参数及转子转速、被抽气体种类、温度等因素的共同影响，其中，几何参数是牵引分子泵设计的基础。

1. 螺旋升角对牵引分子泵抽气性能的影响

螺旋升角 φ 对牵引泵抽气性能的影响显著且易于调节，是牵引泵设计中需要重点确定的参数。为了更好地分析螺旋升角 φ 对多槽螺旋式筒型牵引分子泵抽气性能的影响规律，下面以特定计算参数为例，进行讨论[22]。

计算参数为：转子半径 $r=45\times10^{-3}$m，转子轴向高度 H=50mm，螺旋槽深 $h=5\times10^{-3}$m，凸台展开宽度 $l=23\times10^{-3}$m，螺旋槽头数 $\gamma=6$，转子转速 n=1000r/s，转子与定子间隙 $h'=0.25\times10^{-3}$m，修正系数 $\alpha=2$。工作环境常温（293K），被抽气体为

空气，空气外黏滞系数为 θ=1.61×10^{-3} s/m，动力黏度系数为 η =1.83×10^{-5} Pa·s，螺旋升角 φ 的选取范围为 5°～70°。

应用不同流态下牵引分子泵抽气性能的计算公式，得到牵引槽螺旋升角与抽速、压缩比关系的计算结果，如表 2-2 所示。

表 2-2　多槽螺旋式牵引分子泵螺旋升角与抽气性能的关系

螺旋升角 φ/（°）	抽速 S/（L/s）		压缩比 K	
	分子流态	黏滞流态	分子流态	黏滞流态
5	6.9	7.4	8.81×10^{9}	46.3
10	13.4	14.6	3.79×10^{6}	24.0
15	19.6	21.3	4.17×10^{4}	16.1
20	25.1	27.4	2827.6	12.1
25	30.0	32.7	478.3	9.6
30	33.9	37.0	133.6	7.8
40	38.7	42.4	23.2	5.5
50	39.0	43.0	6.97	3.9
60	35.1	38.9	2.76	2.6
70	29.3	31.3	1.20	1.2

为直观反映牵引通道螺旋升角 φ 对牵引分子泵抽气性能的影响，采用 Origin 软件对表 2-2 中的数据进行回归，得到如图 2-6 所示的不同流态下螺旋升角对抽气性能的影响曲线。

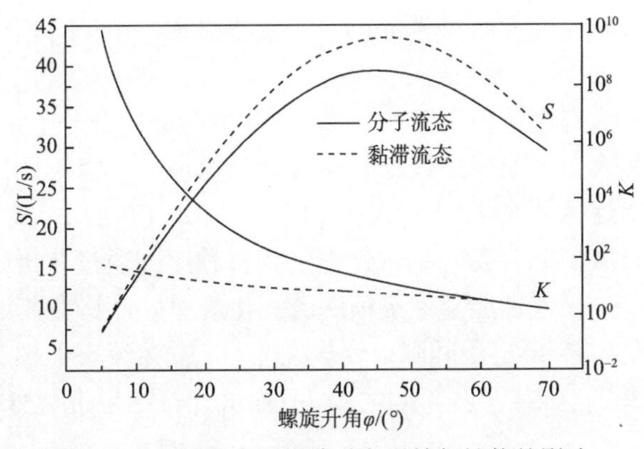

图 2-6　不同流态下螺旋升角对抽气性能的影响

从图 2-6 中可以得出螺旋升角对抽气性能的影响规律。

（1）随螺旋升角的增大，牵引泵抽速均呈先增大后减小的趋势，存在最大抽速，两种流态下抽速变化趋势基本一致。

（2）随螺旋升角的增大，牵引泵压缩比均呈下降趋势，其中，分子流态下牵引泵的压缩比远高于黏滞流态下的压缩比，当螺旋升角小于 30°时，两者的差别尤为明显。

（3）牵引泵设计要兼顾抽速和压缩比。可通过调节牵引槽螺旋升角 φ 值，方便地使压缩比 K 和抽速 S 指标满足设计要求。螺旋升角的选取可以抽气性能中抽速和压缩比曲线的交点为参考。对于本算例，泵抽气性能曲线交点处对应的螺旋升角约为 20°，此时抽速和压缩比指标都较适中。

（4）螺旋升角对压缩比的影响明显。由于现代牵引分子泵往往作为复合分子泵的压缩级来提高分子泵的整体压缩比，因此，从保证压缩比的角度出发，筒式牵引泵抽气通道的设计螺旋升角一般不超过 25°。

（5）现代复合分子泵设计中，为提高牵引级的压缩比，同时又避免增加牵引筒高度，往往采用多段牵引级串联的结构形式。一般而言，牵引级的抽速要比涡轮级抽速小得多，为保证牵引级抽速与涡轮级抽速有效匹配，对于多段牵引级与涡轮级衔接的部分，气体处于分子流态，设计时主要考虑其抽速，因此，螺旋升角应取大值，如果需要可以选择分子流态下抽速极值对应的螺旋升角，这样会在一定程度上牺牲压缩比；对于多段牵引级接近复合分子泵出口的部分，气体接近或处于黏滞流状态，牵引级压缩比会显著减小，此段牵引级的设计应着重考虑其压缩比，因此，螺旋升角应选取小值。

2. 牵引泵螺旋槽深对牵引泵抽气性能的影响

螺旋槽深是影响牵引泵抽气性能的一个重要参数，设计合理的螺旋槽深可以获得较佳的抽气性能[23]。

本节以国家重大科学仪器设备开发专项“高速小型复合分子泵的开发和应用”提供的高速小型复合分子泵牵引级结构参数为计算原型，以不同流态下，牵引通道的抽速、压缩比计算公式（2-52）、式（2-56）和式（2-82）、式（2-78）为计算模型，利用 MATLAB 软件编写抽气性能的计算程序，通过获得的计算结果，分析特定计算条件下，抽气性能随螺旋槽深的变化规律。计算参数如表 2-3 所示。对于特定螺旋升角和转子-定子间隙，分子流态下、黏滞流态下螺旋槽深与压缩比对应值的计算结果如表 2-4、表 2-5 所示。下面就计算结果进行分析与讨论。

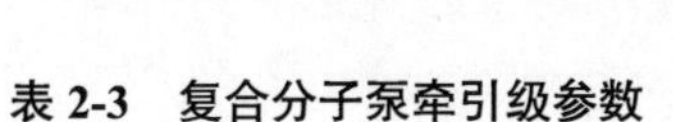

表 2-3　复合分子泵牵引级参数

螺旋槽深 h/mm	转子-定子间隙 h' /mm	螺旋槽头数 γ	转子转速 n/（r/min）	转子外径 d/mm	转子轴向高度 H/mm	螺旋槽宽 b/mm
4～0.8	0.25	9	60000	68	50	6

表 2-4　分子流态下螺旋槽深与压缩比的对应值

h/mm	φ=25°，h' =0.25mm	φ=25°，h' =0.2mm	φ=20°，h' =0.25mm	φ=20°，h' =0.2mm
4	1300.9	1920.2	14162	22442
3.5	2187	3630.1	30405	56020
3	3565.6	6914.8	64647	146240
2.5	5150.6	12157	121600	358410
2	5620.8	16737	165000	666090
1.5	3494.2	13556	114190	649440
1	656.2	3607.1	19800	166270
0.8	159.9	1116.1	4525	46600

表 2-5　黏滞流态下不同螺旋槽深与压缩比的对应值

h/mm	φ=25°，h' =0.25mm	φ=25°，h' =0.2mm	φ=20°，h' =0.25mm	φ=20°，h' =0.2mm
4	9.6	9.92	11.75	12.13
3.5	10.56	10.98	12.97	13.41
3	11.74	12.32	14.46	15.16
2.5	13.17	14.03	16.29	17.33
2	14.85	16.22	18.44	20.12
1.5	16.32	18.84	20.33	23.49
1	14.55	20.16	18.21	25.19
0.8	10.06	17.94	13.06	22.51

1）不同螺旋升角时螺旋槽深对压缩比的影响

螺旋升角分别为 φ=25° 及 φ=20° 时，分子流态下螺旋槽深与压缩比的关系曲线如图 2-7 所示，黏滞流态下，螺旋槽深与压缩比的关系曲线如图 2-8 所示。

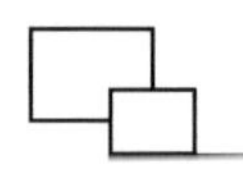

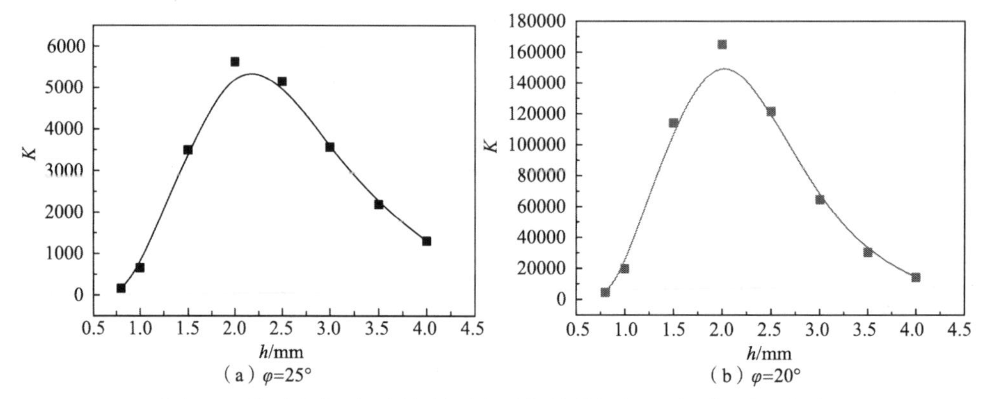

图 2-7 分子流态下不同螺旋升角时螺旋槽深与压缩比的关系曲线

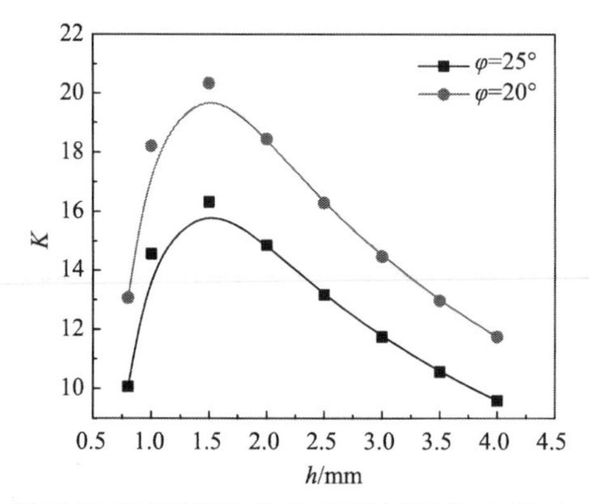

图 2-8 黏滞流态下不同螺旋升角时螺旋槽深与压缩比的关系曲线

由图 2-7、图 2-8 可知，不同螺旋升角时，随着螺旋槽深的减小，压缩比均呈现先增大后减小的特征。螺旋升角为 $\varphi=25°$、$\varphi=20°$ 时，分子流态条件下最大 K 值对应的螺旋槽深分别为 h=2.2mm 和 h=2mm，黏滞流态时，最优螺旋槽深均出现在 h=1.5mm 处，表明黏滞流态时，需要更小的槽深，以获得较高的压缩比。从图 2-7、图 2-8 中可见，较小的螺旋升角有利于牵引级压缩比的提高，其原因在于螺旋升角变小时，抽气通道变长，对气体的压缩作用增强。分子流态下，螺旋升角对压缩比影响明显，螺旋升角由 25°变为 20°时，最大压缩比增加 2 倍左右。因此，合理的螺旋升角和螺旋槽深选取对牵引级获得高压缩比至关重要。

2）不同转子-定子间隙时螺旋槽深对压缩比的影响

分子流态及黏滞流态下，螺旋升角为 $\varphi=25°$，转子-定子间隙分别为 h'=0.25mm、h'=0.2mm 时，螺旋槽深与压缩比的关系曲线如图 2-9 所示。

由图 2-9 可知，转子-定子间隙不同时，随着螺旋槽深的变小，压缩比均呈现先增大后减小的特性，存在最大压缩比。分子流态条件下，转子-定子间隙为 h'=

0.25mm、h'=0.2mm 时，最大压缩比对应的最优螺旋槽深分别为 h=2.3mm 和 h=1.9mm，黏滞流态时，最优螺旋槽深分别为 h=1.5mm 和 h=1.1mm。最优螺旋槽深随转子-定子间隙的减小而减小。间隙减小，有效抑制了间隙泄漏，压缩比明显提高。

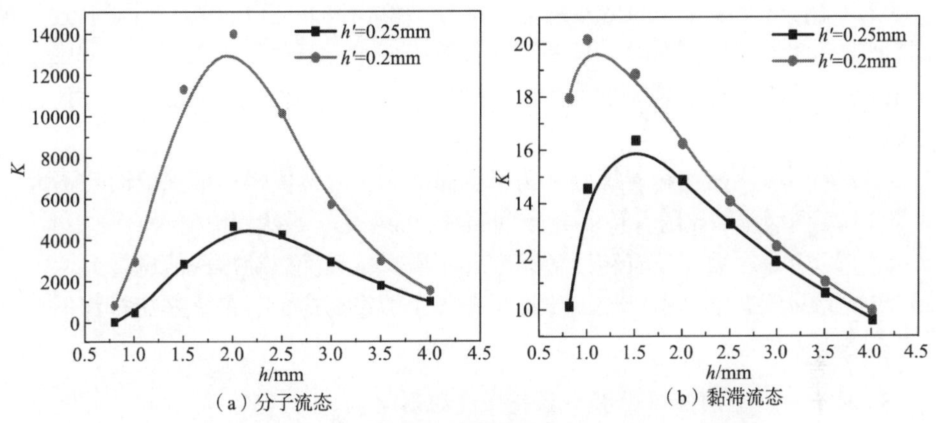

（a）分子流态　（b）黏滞流态

图 2-9　不同转子-定子间隙时螺旋槽深与压缩比的关系曲线

3）不同转子转速时螺旋槽深对压缩比的影响

分子流态及黏滞流态下，螺旋升角为 φ=25°，转子-定子间隙为 h'=0.25mm，转子转速分别为 n=60000r/min 及 n=72000r/min 时，螺旋槽深与压缩比的关系曲线如图 2-10 所示。

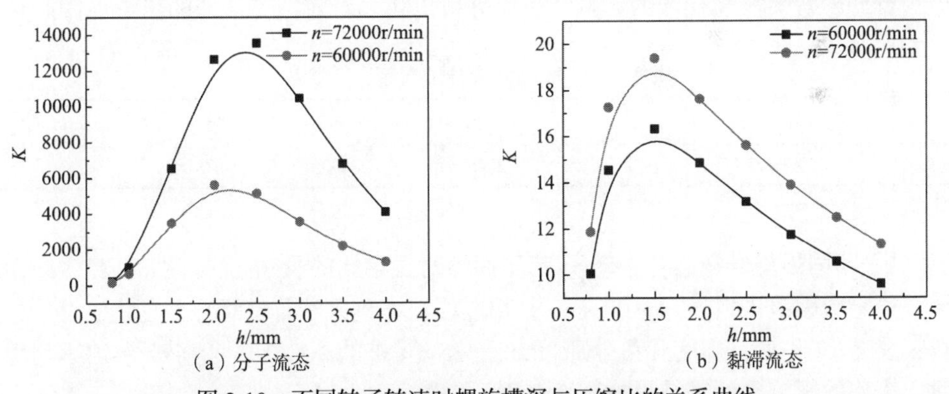

（a）分子流态　（b）黏滞流态

图 2-10　不同转子转速时螺旋槽深与压缩比的关系曲线

由图 2-10 可知，不同转子转速时，随着螺旋槽深的减小，压缩比均呈现先增大后减小的特性，存在最大压缩比。分子流态条件下，转子转速为 n=72000r/min、n=60000r/min 时，最大压缩比对应的最优螺旋槽深分别为 h=2.4mm 和 h=2.1mm。转子转速变大有利于压缩比的提高，同时最优螺旋槽深又适度放宽，可提高牵引级的工作可靠性。黏滞流态时，最优螺旋槽深均出现在 h=1.5mm 处，小于分子流态时的对应值，表明黏滞流态下需要更小的螺旋槽深以保证一定的压缩比。

4）小结

（1）复合分子泵牵引级的压缩比与螺旋升角、转子-定子间隙、转子转速、被抽气体流动状态等因素有关，螺旋槽深是其中一个重要的结构参数。随着螺旋槽深的减小，压缩比均呈现先增大后减小的特性，存在最优螺旋槽深使压缩比达到最大。

（2）牵引级压缩比随着螺旋升角减小而增大，对最优螺旋槽深值影响不大。

（3）牵引级压缩比随着转子-定子间隙减小而增大，最优螺旋槽深值随之减小。

（4）牵引级压缩比随着转子转速增大而增大，最优螺旋槽深值也增大。

（5）黏滞流态下牵引级压缩比远小于分子流态对应值，最优螺旋槽深值比分子流态更小。

3. 转子与定子间隙对牵引泵抽气性能的影响

筒式牵引泵转子-定子间隙对泵性能有决定性影响。设计者既要考虑减小间隙来有效抑制间隙泄漏，又要考虑适当增大间隙以提高工作可靠性[24]。

本节以国家重大科学仪器设备开发专项“高速小型复合分子泵的开发和应用”提供的高速小型复合分子泵牵引级结构参数为计算原型（表 2-6），利用 MATLAB 软件编写抽气性能计算程序，以表 2-6 中各参数为基准，改变其中某个特定参数以观察此参数对压缩性能的影响，进而分析出各参数对抽气性能的影响规律。

表 2-6　F-63 型复合分子泵牵引级参数

h/mm	h' /mm	γ	n/（r/min）	d/mm	H/mm	b/mm
3	0.25	9	72000	68	50	5

1）不同螺旋升角条件下转子-定子间隙对压缩比的影响

给定牵引级入口压力 0.001Pa，采用逐段流态判别法计算程序，在其他设计参数（表 2-6）不变，螺旋升角分别为 20°、25°、30°的条件下，考察转子-定子间隙对压缩比的影响，计算结果如图 2-11 所示。

由图 2-11 可知，对于 φ=20°条件下，随着转子-定子间隙的增大，压缩比几乎单调减小，当间隙小于 0.25mm 时，压缩比维持在较高值，当间隙超过 0.3mm 后，压缩比急速下降。对于 φ=25°条件下，随着转子-定子间隙的增大，压缩比先增大后减小，在间隙小于 0.15mm 时压缩比保持大值，间隙超过 0.15mm 时，压缩比急速下降。对于 φ=30°条件下，转子-定子间隙变化对压缩比影响显著，当间隙大于 0.2mm 后，压缩比处于小值。

对比 φ 为 20°、25°、30°时压缩比随转子-定子间隙的变化关系图可知，螺旋升角越小，压缩比维持大值对应的间隙值越大，分别为 0.25mm、0.15mm、0.05mm。其原因在于螺旋升角减小，导致抽气通道变长，对被抽气体的压缩作用增强，相对于间隙泄漏和抽气通道返流，抽气通道对气体牵引的外摩擦作用占主导地位，因此对牵引转子-定子狭小间隙的严苛要求相对降低。可见，合理设计螺旋升角能够放宽对设计工作间隙的要求，提升牵引泵工作的可靠性。

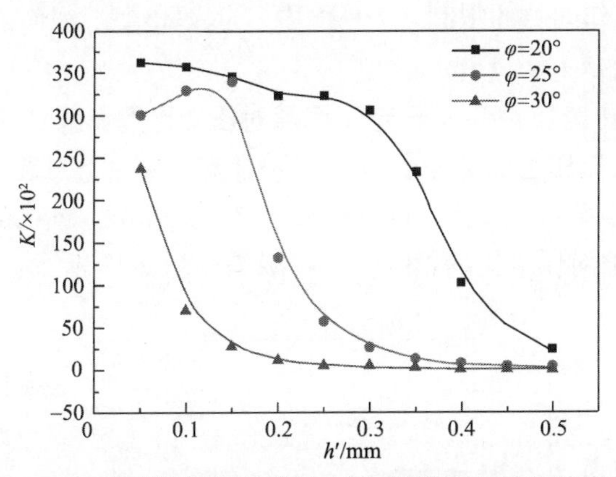

图 2-11 不同螺旋升角时转子-定子间隙对压缩比的影响

2）不同螺旋槽深条件下转子-定子间隙对压缩比的影响

给定牵引级入口压力 0.001Pa，采用逐段流态判别法计算程序，在其他设计参数（表 2-6）不变，螺旋槽深为 2mm、3mm、4mm 条件下，考察转子-定子间隙对压缩比的影响，计算结果如图 2-12 所示。

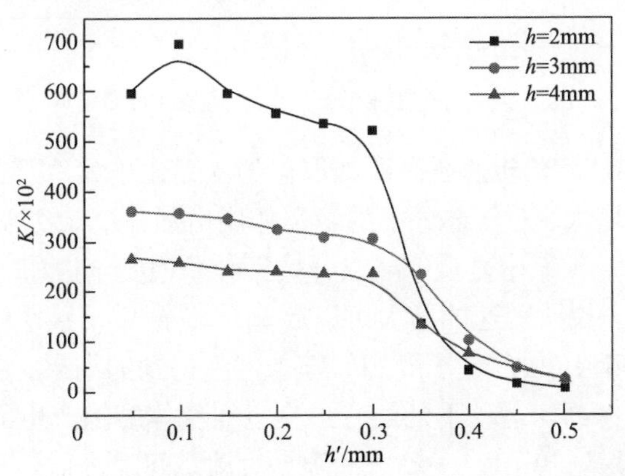

图 2-12 不同螺旋槽深时转子-定子间隙对压缩比的影响

由图 2-12 可知，对于螺旋槽深为 2mm、3mm、4mm 条件下，转子-定子间隙小于 0.3mm 时，压缩比变化不大并保持大值，螺旋槽深小时压缩比更高，此时牵引转子-定子间隙不是影响压缩比的主要因素。当间隙超过 0.3mm 后压缩比下降显著。

在进行牵引级结构设计时，与涡轮级衔接处的螺旋槽深应选大值，以保证较大抽速，使之与涡轮级有很好的抽速匹配。随着气体逐渐压缩，牵引级靠近出口处的槽深应选取小值，以提高牵引级的压缩比。在实际应用中还须考虑牵引级加工、装配条件对工作间隙的限制。本算例中，为保证牵引级压缩性能处于高水平，设计工作间隙不应该大于 0.3mm。

3）不同转子转速条件下转子-定子间隙对压缩比的影响

给定牵引级入口压力 0.001Pa，采用逐段流态判别法计算程序，在其他设计参数（表 2-6）不变，转子转速为 60000r/min、72000r/min、90000r/min 的条件下，考察转子-定子间隙对压缩比的影响，计算结果如图 2-13 所示。

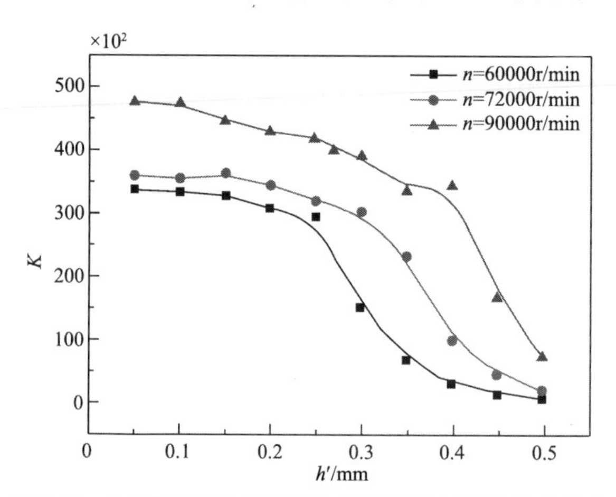

图 2-13　不同转子转速时转子-定子间隙对压缩比的影响

由图 2-13 可知，转子转速越高所能取得的压缩比越大，因为转子转速提升使得牵引筒的线速度增大，对气体分子的牵引作用增强，并有效抑制了气体的返流。随着转子转速增大，压缩比显著下降点开始于转子-定子间隙值分别为 0.25mm、0.3mm、0.4mm 时，说明转速的增大可以放宽对转子-定子狭小间隙的要求。

上述讨论是在牵引转子-定子静态间隙条件下得到的结果，在牵引泵实际设计时，还要考虑转子在高速运动下的离心形变、与气体摩擦产生的热形变等，通过转子形变量计算，得到转子-定子动态间隙，对动态间隙进行合理控制，可以实现抽气性能与工作可靠性的统一。

2.3　盘式牵引泵抽气性能计算

盘式牵引泵（简称盘式泵）是区别于筒式牵引泵的另一种结构形式的牵引分子泵。盘式泵利用高速旋转的动盘与静止的静盘的配合使用，动盘和/或静盘上开有一定型线的牵引槽，通过动盘、静盘相对运动的表面对气体分子的牵引作用，实现被抽气体的定向运动，从而达到抽出气体的目的。根据抽气性能需要，由多个动盘、静盘相间排布组成盘式牵引泵，盘组形式和气体抽出方式如图 2-14 所示。

盘式牵引泵与筒式牵引泵具有相似的牵引抽气机理，但气体抽出过程为气体在盘间折返流动（图 2-14），与筒式牵引泵沿牵引通道连续抽气方式有所不同。盘式泵的这种结构形式，使得被抽气体不再像筒式牵引泵沿转子-定子间隙直接泄漏，盘式泵的泄漏通道长度与其抽气通道长度相当，因此，动盘-静盘间隙可以适当放宽至毫米量级，盘式泵的工作可靠性因工作间隙的放宽而得到大幅提高。盘式泵结构简单、抽速较大，可以单独使用，也常常作为现代复合分子泵的压缩级。

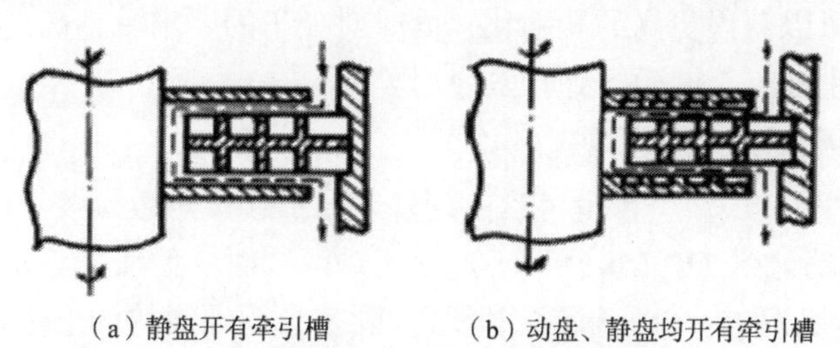

（a）静盘开有牵引槽　　（b）动盘、静盘均开有牵引槽

图 2-14　盘式牵引泵结构组成与抽气形式

2.3.1　牵引盘结构与牵引槽型线

盘式牵引泵工作单元为开有一定型线沟槽的单个圆盘，单盘的牵引型线可以采用圆弧型线、阿基米德螺线、对数螺线、圆形轮廓线等多种形式。

1. 圆弧型线

圆弧型线是采用一定曲率半径的圆弧线作为牵引通道型线，构成牵引槽的表面，如图 2-15 所示。工作过程中，气体分子在牵引盘的牵引运动作用下，由牵引盘外侧向内侧（或由内侧向外侧）做径向迁移，实现抽气。

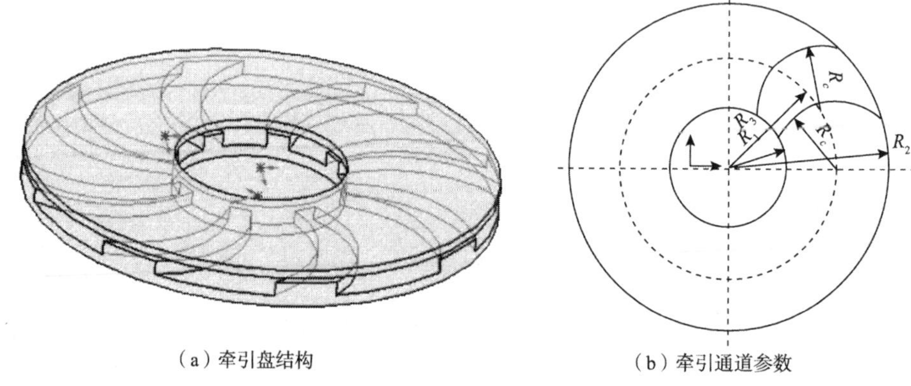

（a）牵引盘结构　　（b）牵引通道参数

图 2-15　圆弧型线盘式牵引泵结构

圆弧型线盘式牵引泵几何参数如图 2-15（b）所示。其中，R_1 为通道内径，是气体流动的入口（或出口）侧；R_2 为通道外径，是气体流动的出口（或入口）侧；而曲率半径为 R_c 的圆弧构成牵引通道的两个壁面，圆弧的曲率中心分布在半径为 R_3 的圆上。R_1、R_2、R_3、R_c 和通道的深度构成圆弧型线盘式牵引泵的抽气通道。圆弧型线曲率中心处的圆半径 R_3，以及圆弧曲率半径 R_c 的大小对抽气通道形状、牵引盘的抽气性能有重要影响。一般而言，圆弧型线通道越长，越有利于对气体的压缩，可以获得更高的压缩比，同时对加工的要求就越高。圆弧型线因其结构简单、易于加工，因而得到较多应用。

2. 阿基米德螺线及对数螺线

与圆弧型线类似，牵引盘也可以由阿基米德螺线及对数螺线等构成牵引通道。

在点 P 沿动射线 OP（极径）等速率运动的同时，射线以等角速度绕极点 O 旋转，点 P 的轨迹称为“阿基米德螺线”。阿基米德螺线的极坐标方程式为

$$r = a + b\theta \tag{2-84}$$

式中，b 为阿基米德螺线系数，表示每旋转 1°时，极径的增大（或减小）量；θ 为极角，表示阿基米德螺线转过的角度；a 为极角为 0 时对应的极径。

式（2-84）中的系数 a、b 决定了螺线的形状和螺线间距。

对数螺线的极坐标方程式为

$$r = a\mathrm{e}^{b\theta} \tag{2-85}$$

式中，a 和 b 为常数；θ 为极角；r 为极径。

由于设计、加工等原因，阿基米德螺线及对数螺线等牵引型线的采用少于圆弧型线。

2.3.2　盘式牵引泵抽气性能的简化算法

参照 2.1 节的牵引泵抽气性能计算方法，以圆弧型线盘式泵为例，确定盘式泵的抽气性能。在忽略相邻槽之间的泄漏后，可用单螺旋槽计算公式进行盘式泵的抽气性能计算[24]。

圆弧型线盘式泵的计算模型如图 2-16 所示。其中，D_1 为牵引盘外径，D_2 为牵引盘内径，R_1、R_2 分别为型线外圆、内圆曲率半径，R_3 为牵引盘圆心与圆弧型线曲率中心之间的距离（圆心距）。

在进行圆弧型线盘式泵设计时，常采用几何中值法，即选取牵引槽长中点处的参数（线速度、抽气面积、弧长等）进行抽气性能计算。该方法实质上是将型线上的参数做线性近似，把抽气槽看成直线槽，能够大大简化计算过程，但这种简化会产生一定的计算误差，当牵引盘直径较大和/或型线曲率半径较小时存在较大计算误差。

为克服几何中值法产生的计算误差，与涡轮分子泵积分计算思想相似，将抽气通道圆弧沿型线方向分成 n 段（当 n 取 2 时即为几何中值法），逐段计算抽气通道压缩比，可以提高圆弧型线盘式泵抽气性能的计算精度。计算程序框图如图 2-17 所示。其他型线也可参照此方法进行计算。

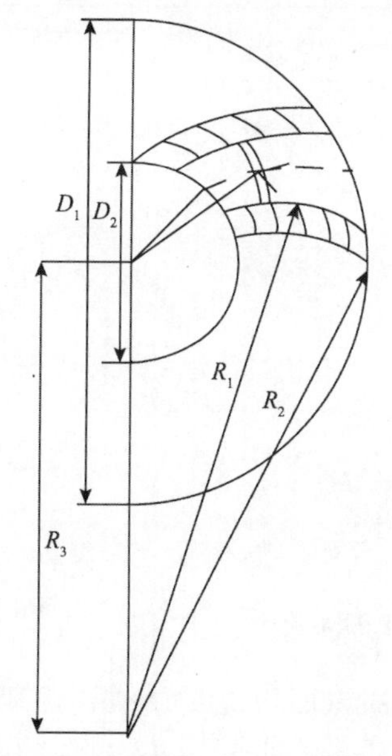

图 2-16　圆弧型线盘式泵计算模型图

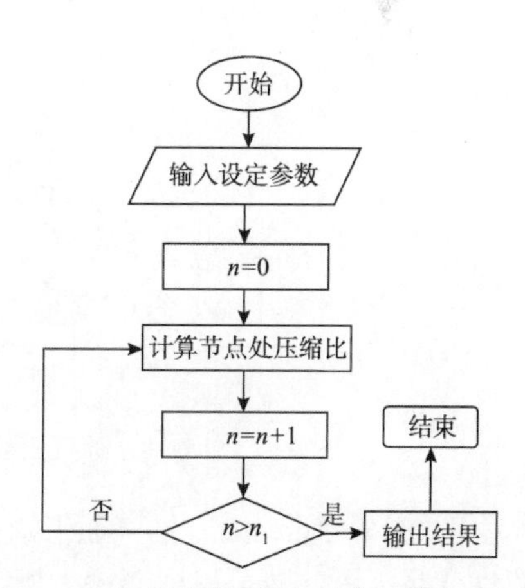

图 2-17　盘式过渡级抽气性能计算程序框图

2.3.3 牵引盘几何参数对抽气性能的影响

盘式牵引泵的几何参数对抽气性能有重要影响。圆弧型线盘式泵结构的主要影响因素有圆弧的曲率半径、牵引盘的内外径、抽气通道槽深、抽气通道槽数等。本节以建立的盘式过渡级的计算模型为基础，计算分析抽气通道槽深、抽气通道槽数、牵引盘内径、牵引盘圆心与圆弧型线曲率中心之间的距离等对盘式泵抽气性能的影响[24]。

1. 抽气通道槽深对抽气性能的影响

本节以国家重大科学仪器设备开发专项“高速小型复合分子泵的开发和应用”提供的高速小型复合分子泵盘式牵引级过渡结构参数为计算原型，以表 2-7 所示的结构参数作为基准，保持其他参数不变，改变抽气通道槽深 h，讨论 h 对盘式泵抽速和压缩比的影响，计算结果如图 2-18 所示。

表 2-7 盘式过渡级结构参数

抽气通道槽数 z/个	牵引盘外径 D_1/mm	牵引盘内径 D_2/mm	型线外圆曲率半径 R_1/mm	型线内圆曲率半径 R_2/mm	圆心距 R_3/mm	抽气通道槽深 h/mm
6	66	40	100	95	80	1

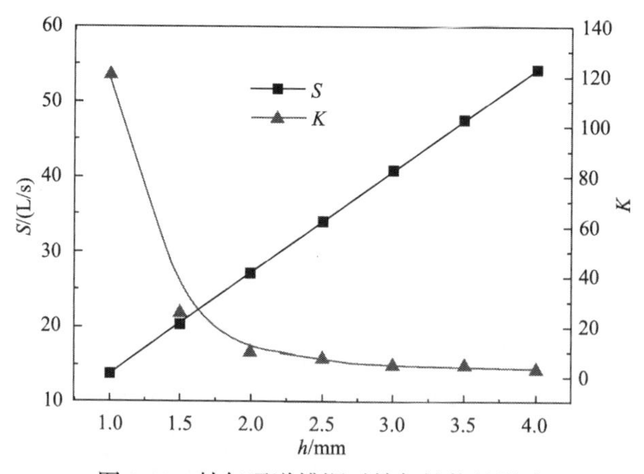

图 2-18 抽气通道槽深对抽气性能的影响

由图 2-18 可知，随着抽气通道槽深的增大（抽气面积变大），抽速逐渐增大，呈线性变化。因此，可以适当增大槽深以提高盘式泵的抽速。随着槽深的增大，压缩比先急速下降，后渐渐趋于平稳，槽深由 1.0mm 变化到 1.5mm 时压缩比变

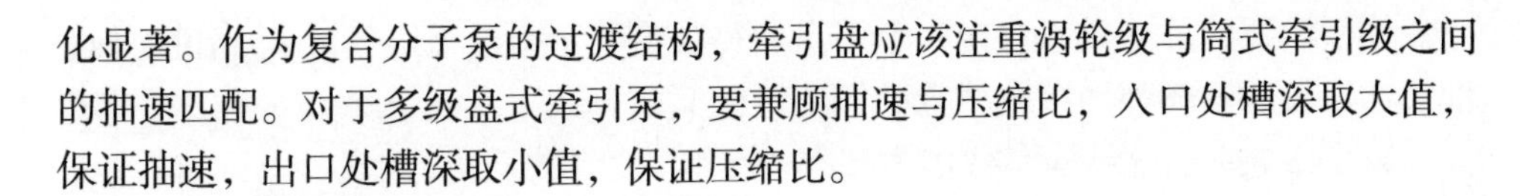

化显著。作为复合分子泵的过渡结构，牵引盘应该注重涡轮级与筒式牵引级之间的抽速匹配。对于多级盘式牵引泵，要兼顾抽速与压缩比，入口处槽深取大值，保证抽速，出口处槽深取小值，保证压缩比。

2. 抽气通道槽数对抽气性能的影响

以表 2-7 所示的结构参数作为基准，保持其他参数不变，改变抽气通道槽数 z，讨论 z 对盘式泵抽速和压缩比的影响，不同抽气通道槽数的盘式泵结构及抽气性能计算结果如图 2-19 所示。

由图 2-19 可知，随着抽气通道槽数的增加，抽速先增大再减小，槽数为 5 个时存在抽速最大值。抽气通道槽数过少时，运动表面对气体的牵引作用减弱，气体沿抽气通道的返流效应增强，引起抽速下降。抽气通道槽数过多时，抽气通道总面积减小，抽速有所下降。抽气通道槽数的改变，并未改变抽气通道的形状，因此压缩比几乎不变，此处不做讨论。

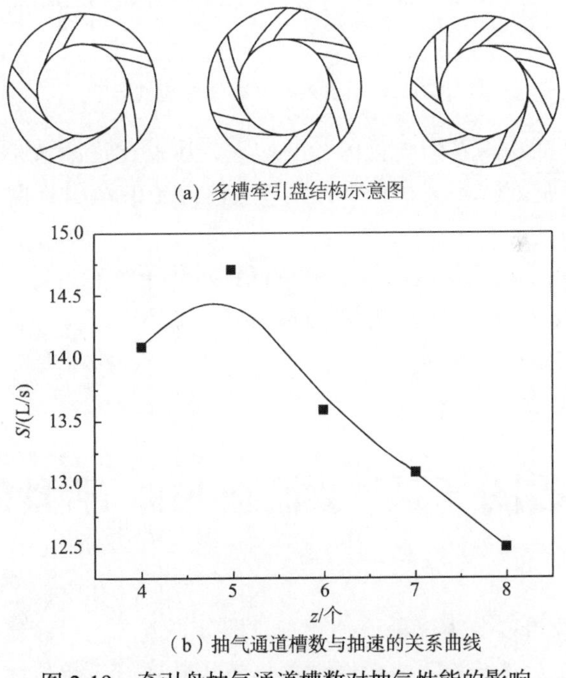

(a) 多槽牵引盘结构示意图

(b) 抽气通道槽数与抽速的关系曲线

图 2-19　牵引盘抽气通道槽数对抽气性能的影响

3. 牵引盘内径对抽气性能的影响

牵引盘直径决定了抽气通道的长短，是影响盘式泵抽气性能的重要参数。牵引盘外径由泵的外形尺寸决定，牵引盘内径决定了牵引通道进气口/排气口面积、抽气通道长度、相邻两级牵引盘的气体过流面积。

以表 2-7 所示的结构参数作为基准，保持其他参数不变，改变牵引盘内径 D_2，讨论 D_2 对盘式泵抽气性能的影响，D_2 与牵引泵压缩比的关系曲线如图 2-20 所示。

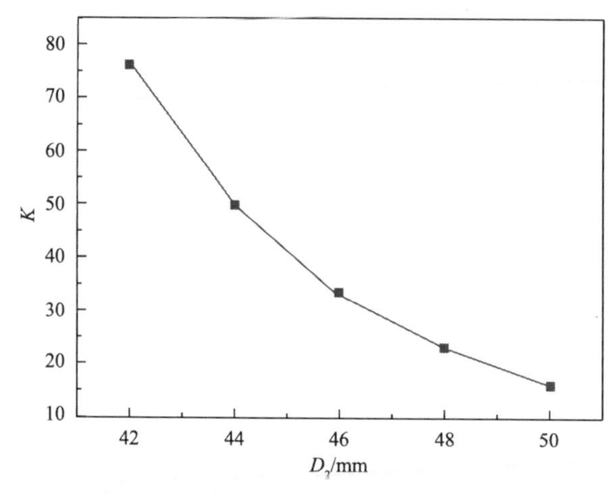

图 2-20 牵引盘内径对抽气性能的影响

由图 2-20 可知，随着牵引盘内径的增大，压缩比逐渐减小。牵引盘内径增大，抽气通道逐渐变短，减小了牵引盘对气体分子的牵引长度，导致盘式泵压缩比下降。

本节关于盘式泵抽气性能的计算分析仅针对分子流态条件。现代复合分子泵中牵引级的工作压力范围已经扩展到过渡流态，牵引分子泵过渡流态下抽气性能的计算在 2.4 节中给出。

2.4 牵引分子泵过渡流态下抽气性能的计算

稀薄气体大致可以分为三种流动状态，即分子流态、过渡流态和黏滞流态。分子泵一般工作在分子流态下，此时，气体分子数密度（单位体积内的气体分子数量）很小，气体分子间的碰撞可以忽略，以气体分子与固体壁面之间的碰撞为主。涡轮分子泵抽气计算时，就是基于分子流态下气体分子与叶列之间的作用关系，得到传输概率的计算结果。

随着分子泵，特别是复合分子泵应用领域和工作条件的不断扩展，复合分子泵牵引级常常工作在过渡流态条件下，甚至逐渐进入黏滞流态范围。此时，气体分子之间、气体分子与器壁之间的碰撞频繁，计算分子泵抽气性能时，除考虑气体分子与器壁的碰撞特性之外，还要考虑气体分子之间的碰撞规律及其与抽气性能的影响关系，这给工作在过渡流区域的牵引分子泵抽气性能的计算带来较大困难。本节介绍过渡流态下牵引分子泵抽气性能的计算方法。

2.4.1　稀薄气体过渡流态的模拟方法

稀薄气体动力学的研究始于 19 世纪的 Maxwell 等，主要开展了低速气体的流动研究[25]。第二次世界大战后，随着空间技术的发展，稀薄气体的高速流动研究进展很快，稀薄气体动力学逐渐成为流体力学中非常重要的研究领域[25]。

对于过渡流态下气体流动的描述，自由分子流动理论和连续介质流动理论均不再适用，需要求解描述稀薄气体流动的控制方程，即 Boltzmann 方程。针对稀薄气体流动 Boltzmann 方程的求解，人们发展了许多方法。解析方法计算烦琐，要做各种简化近似，且经常难以求出解析解。随着计算机技术的快速发展，以及数值求解方法的不断进步，稀薄气体动力学问题渐渐从解析方法转向数值求解方法。牵引分子泵过渡流态下的抽气性能也可采用数值求解方法进行计算[26-28]。

1. 矩方程方法

矩方程方法是利用级数的概念，将气体分子速度设为自变量，把已知的分子速度分布函数展开成级数形式，其中包括一些待定系数，代入 Boltzmann 方程中，可以得到由一组矩方程组成的、用于求解待定系数的封闭方程组。根据一些特定条件，可以通过求解得到待定系数的数值解，从而求解 Boltzmann 方程。矩方程方法让 Boltzmann 方程发展到数值分析上来，但因矩方程方法固有的局限性，其应用并不广泛。其中的主要原因包括：一是预先设定的分子速度分布函数级数展开式不能保证其正确性和完善性，存在不可预测性和随意性；二是速度分布函数级数展开式中待定系数的物理意义不明确，对待定系数求解时，给定解条件的确定带来困难[29]。

2. 计算流体力学方法

计算流体力学（computational fluid dynamics，CFD）方法是黏滞流态下描述流场细节的重要方法，对于工程设计具有足够的精度，但对于过渡流态下气体流动特性的计算并不适用。近年来，研究者通过将滑移边界条件引入 Navier-Stokes 方程的求解中，对接近黏滞流范围的过渡流进行模拟，求解精度得到大幅度提高，可以满足某些工程计算的精度需要[30-34]。

3. 分子动力学方法

Alder 等在质点蒙特卡罗方法的基础上，于 1957 年提出了适用于求解过渡流的分子动力学方法。分子动力学方法对实验粒子方法的改进在于同时跟踪大量分子的运动，并进行分子碰撞的计算。用大量仿真分子运动代替真实气体运动，且认为当两个运动分子间的距离小于一定值时将发生碰撞，碰撞后分子运动速度按经典力学规律计算得到。除初始建立仿真分子速度分布和空间分布时采用随机抽样技术之外，在计算分子运动、分子与壁面边界的相互作用，以及分子与分子之间的互相碰撞时，分子动力学方法完全采用确定论方法。采用这种方法模拟任意一个分子的运动时，都要考虑其余气体分子的运动，以确定该分子是否有可能与其他分子发生碰撞。这使得求解计算量巨大。通常分子动力学方法所用的仿真分子数量不能太多，这限制了该方法的广泛应用[29]。

4.蒙特卡罗直接模拟方法

G. A. Bird 注意到分子动力学方法的主要缺点在于采用了确定论方法判断分子间的碰撞，这种确定论方法既不是蒙特卡罗方法所需要的，又耗费大量计算时间。Bird 提出采用概率论方法分析分子间碰撞问题，建立了蒙特卡罗直接模拟（direct simulation Monte Carlo，DSMC）方法，应用数学方法论证了 DSMC 方法与 Boltzmann 方程的一致性，并首次应用于求解稀薄气体的松弛问题[35]。

DSMC 方法的基本要点是用有限个仿真分子代替真实气体分子，并在计算机中存储仿真分子的位置坐标、速度分量以及内能。仿真分子各参数随仿真分子运动、仿真分子与边界的作用以及仿真分子之间的碰撞而改变，最后通过统计网格内仿真分子的运动状态，实现对真实气体流动问题的模拟。对于定常流动，计算结果是长时间模拟后稳定状态的统计平均值。

DSMC 方法的物理模拟本质，使得 DSMC 方法能够较为容易地引入更真实的计算模型，实现对复杂物理、化学过程的描述与统计分析。DSMC 方法能模拟稀薄气体流动的复杂流场，也能模拟包括热化学非平衡反应以及热辐射等物理化学过程在内的稀薄气体流动问题。这是直接数值求解 Boltzmann 方程方法所不能比拟的。随着 DSMC 方法研究的深入和应用的不断扩大，DSMC 方法已经成为数值求解稀薄气体力学问题的重要方法。

DSMC 方法基于以下三个基本假设。

（1）在分子混沌和气体稀薄的基本假设条件下，只考虑气体分子间的二元碰撞，当时间步长小于分子的平均物理碰撞时间时，分子的运动与分子间碰撞可以解耦。

（2）分子维度远小于分子平均间距，分子间作用力仅在碰撞瞬间起作用，碰撞前后的分子做匀速直线运动；每个模拟粒子代表大量的真实气体分子，在处理粒子间相互碰撞时，碰撞后的速度和能量按照一定的统计规律随机分配。

（3）碰撞后每个粒子的速度、能量等运动状态随机抽样产生，系统的动量和能量保持守恒（等价于假定分子处于混沌状态）。

DSMC 方法程序流程如图 2-21 所示。本节将采用 DSMC 方法，计算过渡流态下牵引泵的抽气性能[36-38]。

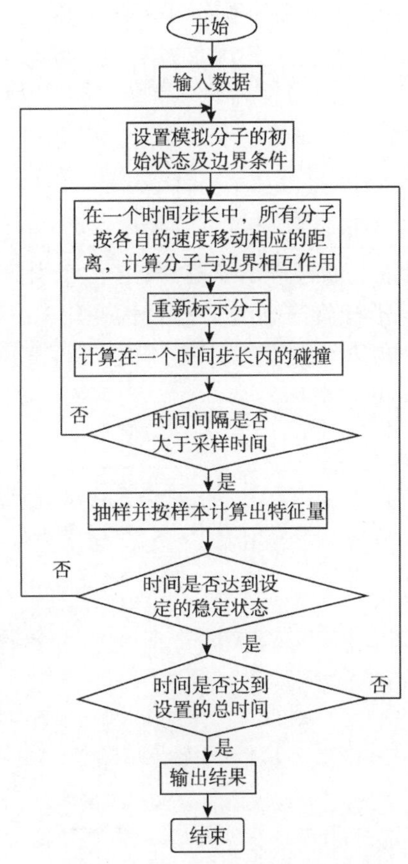

图 2-21　DSMC 方法程序流程图

2.4.2 筒式牵引泵抽气性能的 DSMC

螺旋槽筒式牵引泵结构简单，可以获得很高的压缩比，是国际上复合分子泵压缩级以及高真空直排大气干泵中采用的主要结构形式。牵引泵的抽气性能与抽气通道的几何形状密切相关，因此，其结构优化一直是牵引分子泵设计研究的重点之一。在牵引分子泵的设计和性能计算中，常常计算分子流态及黏滞流态下泵的性能（如 2.2 节、2.3 节所述）。对过渡流态下牵引泵的抽气性能计算，一般采用半经验公式，尚缺乏对过渡流态下抽气通道几何参数与抽气性能关系的系统研究[39]。

筒式牵引泵在圆柱形转子或定子上开有多头螺旋槽，是最常见的一种结构形式。本节以转子开有螺旋槽、定子为光滑筒的牵引分子泵为计算实例，说明 DSMC 方法在牵引分子泵过渡流态下抽气性能计算中的应用，并对计算结果进行分析和讨论。

1. 几何模型

牵引转子结构如图 2-22 所示。转子设计有 6 个牵引槽，其中，R_0 为牵引槽抽气通道入口半径，R_1 为牵引槽抽气通道出口半径，R_M 为转子外半径，R_0 与 R_M、R_1 与 R_M 的关系反映螺旋抽气通道进出口槽深；Z 为牵引筒高度，α 为螺旋通道与转子轴线夹角，螺旋槽深沿螺旋筒高度 Z 按线性变化，α 反映螺旋槽深沿通道变化程度；φ 为牵引通道螺旋升角，螺旋升角影响牵引通道的长度；θ 为螺旋槽开口圆心角，与螺旋通道的宽度密切相关。

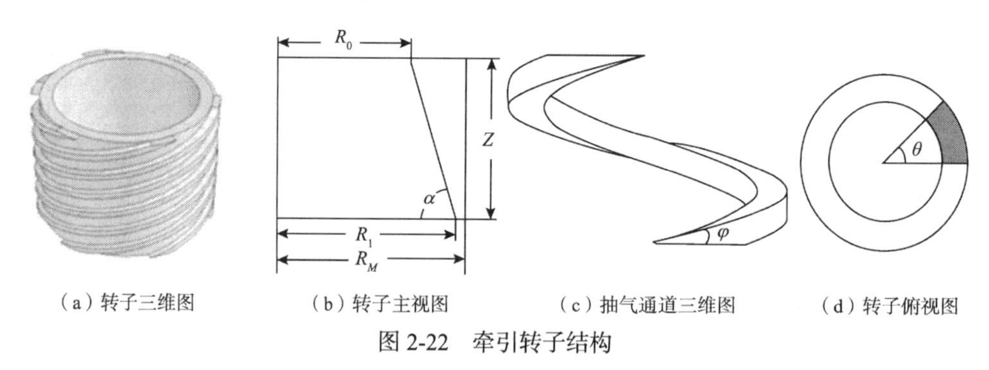

（a）转子三维图　（b）转子主视图　（c）抽气通道三维图　（d）转子俯视图

图 2-22　牵引转子结构

2. 抽气性能的 DSMC 过程

1）计算域网格划分

按照牵引通道锥面倾角 γ 、开口角 β 和高度 z 三个变量来划分单元网格。其中，锥面倾角 γ 的变化范围：$\alpha \sim \pi/2$ 。开口角 β 的变化范围：$0 \sim \theta$。高度 z 的变化范围：$0 \sim Z$。网格划分结果如图 2-23 所示，其中，网格最长边长小于气体分子平均自由程的 1/3。

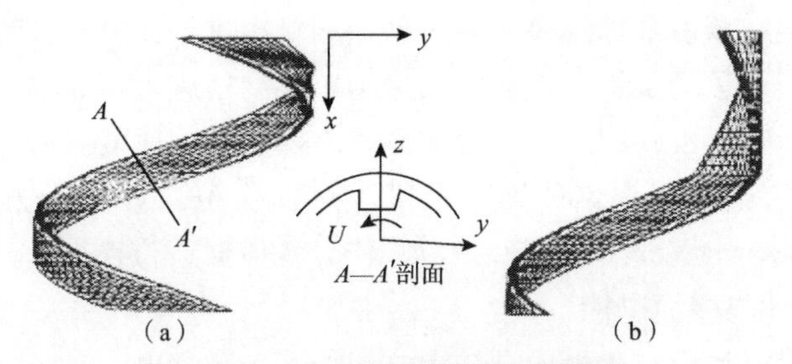

图 2-23　单抽气通道网格划分

螺旋槽通道结构示意如图 2-24 所示。计算域网格参数在直角坐标下可表示为

$$x = r\cos(\beta + \beta') \tag{2-86}$$

$$y = r\sin(\beta + \beta') \tag{2-87}$$

$$z = z \tag{2-88}$$

式中，β 为直角坐标系下牵引通道入口端面开口角；β' 为 z 对应的牵引通道螺旋转角。

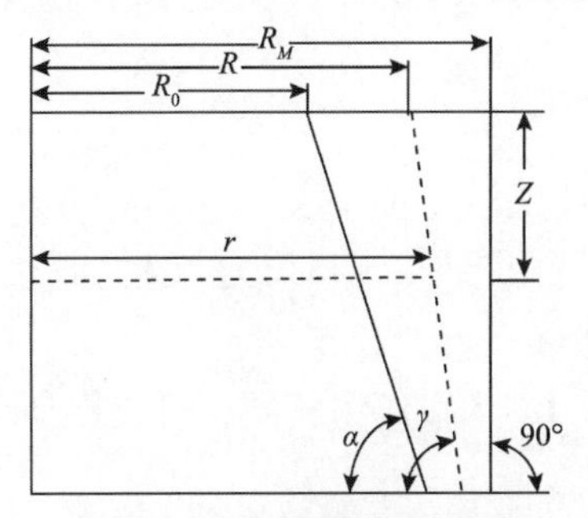

图 2-24　螺旋槽通道示意图

由圆锥与圆柱螺旋线方程可知：

$$r = z/\tan\gamma + R \tag{2-89}$$

$$\beta' = \frac{z}{r\tan\alpha} \tag{2-90}$$

通过网格划分就可以确定分子所在单元格位置、分子碰撞对、碰撞表面元、分子进入通道的位置以及分子反射位置等。

2）气体分子碰撞模型

对气体分子在牵引泵抽气通道内的运动和碰撞进行计算时，时间步长的设计要保证分子在一个运动步长中不会直接穿越单元网格进入相邻单元网格中，同时要考虑气体分子的最可几速率以及分子受牵引携带后的速度。通过计算确定单元网格内部碰撞概率，并根据碰撞模型进行运动模拟。计算实例采用可变软球（variable soft sphere，VSS）碰撞模型对气体分子碰撞进行模拟。

3）边界条件与壁面碰撞

抽气通道入口和出口边界均有气体分子的进入和流出。对于分子的入射，在每次位移后，均调用子程序补充一定数量的分子，并对气体分子在抽气通道入口处的位置和速度进行设置。

固体边界为反射表面，通道内分子在一个时间步长内碰到壁面时，需要对碰撞点、碰撞后反射位置等进行计算。采用数学解析方法/数值方法进行相关碰撞计算，一般而言，采用数学插值或迭代等数值分析方法，可以获得较高的计算精度。

4）初始条件设置

DSMC 程序中设有专门子程序用于设置模拟计算的初始条件，包括气体性质、时间步长、边界、几何参数、网格划分、表面特性、采样周期等。本算例中采用氩气为模拟气体，因氩气为单原子分子，没有振动和旋转，只有三个自由度，可以减少计算量。

5）最大压缩比计算

改变抽气通道入口/出口压力，使得入口/出口处进入与流出分子数相等，保持入口/出口压力不变，此时，牵引通道出口压力与入口压力之比为泵的最大压缩比。

6）最大净正向传输概率及抽速计算

设定牵引通道出口压力与入口压力相同，可以得到牵引泵最大净正向传输概率 w：

$$w = \frac{N_{12} - N_{21}}{N_{\text{inlet}}} \tag{2-91}$$

式中，N_{12} 为从入口通过牵引通道传输到出口的分子数量；N_{21} 为从出口通过牵引通道传输到入口的分子数量；N_{inlet} 为进入牵引通道的分子总数。

牵引筒抽速为

$$S = \frac{(N_{12} - N_{21}) \times F_{\text{num}}}{n \times \Delta T} \times N \quad (2\text{-}92)$$

式中，F_{num} 为每个分子所代表的实际分子数量；n 为分子数密度；ΔT 为时间步长；N 为牵引槽数量。

3. 模拟结果及分析

1）牵引槽抽气通道入口半径 R_0 对抽气性能的影响

采用表 2-8 给出的牵引槽几何参数和转子转速，对于不同的牵引槽抽气通道入口半径 R_0，气体分子通过通道的净正向传输概率（net transmission probability，NTP）变化规律如图 2-25 所示。

表 2-8　牵引槽几何参数及转速（R_0 变化时）

R_1/mm	R_M/mm	Z/mm	n/（r/min）	φ /（°）	N/个
75	80	120	24000	20	6

从图 2-25 中可见，净正向传输概率随 R_0 的增大而下降。其原因可从 R_0 变化对牵引槽抽气通道入口截面的影响（图 2-26）进行分析。

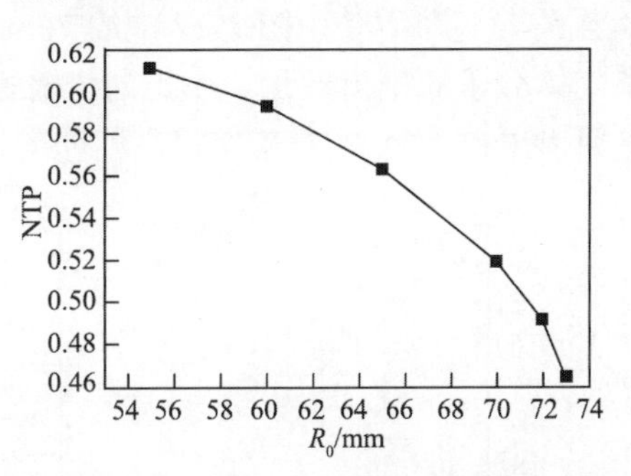

图 2-25　R_0 与净正向传输概率的关系曲线

从图 2-26 中可见，随着 R_0 的增大，牵引槽入口抽气通道截面积不断减小，使气体分子在抽气通道内的传输变得困难。尽管抽气通道截面积减小在一定程度上抑制了气体分子从抽气通道出口向入口方向的反向流动，但分子流入抽气通道入口数量的持续减少是造成牵引槽净正向传输概率减小的主要原因。R_0 的增大一方面导致牵引槽净正向传输概率持续下降，另一方面造成牵引槽抽气通道截面积大幅减小，结果使得牵引泵的抽速更小了。因此，进行结构设计时 R_0 的较小取值（较大的入口截面积）便于分子从入口流向出口，可以有效提高泵的抽速。

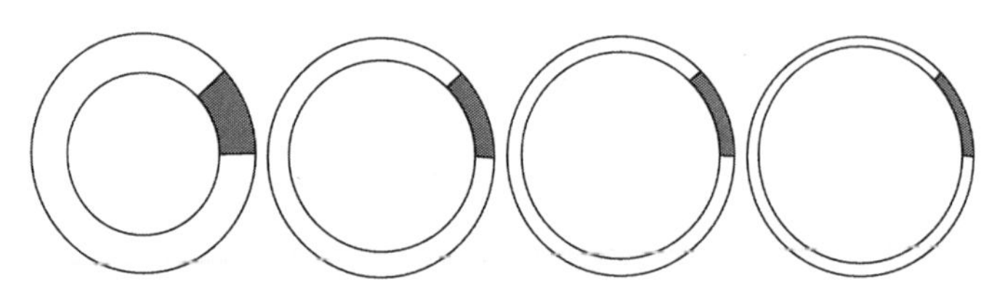

图 2-26　R_0 变化对抽气通道入口截面的影响（从左向右 R_0 依次增大）

2）牵引槽抽气通道出口半径 R_1 对抽气性能的影响

采用表 2-9 给出的牵引槽几何参数和转子转速，牵引槽抽气通道出口半径 R_1 变化对牵引槽净正向传输概率、抽气通道出口截面的影响如图 2-27、图 2-28 所示。

表 2-9　牵引槽几何参数及转速（R_1 变化时）

R_0/mm	R_M/mm	Z/mm	n/（r/min）	φ /（°）	N/个
70	80	120	24000	20	6

由图 2-27 可见，净正向传输概率随 R_1 的增大先增后减，存在最大值。当 R_1 值较小时，R_1 增大，抽气通道出口截面积减小（图 2-28），有利于限制气体分子沿抽气通道向入口的反向流动，此时净正向传输概率持续增大，从而可以提高牵引槽的抽速和压缩比。当 R_1 超过临界值（图 2-27 中的 76mm）时，由于抽气通道出口面积过小，制约了气体分子的排出数量，净正向传输概率开始减小。可见，设计合理的牵引槽抽气通道出口半径 R_1 对于获得高性能的抽气性能至关重要。

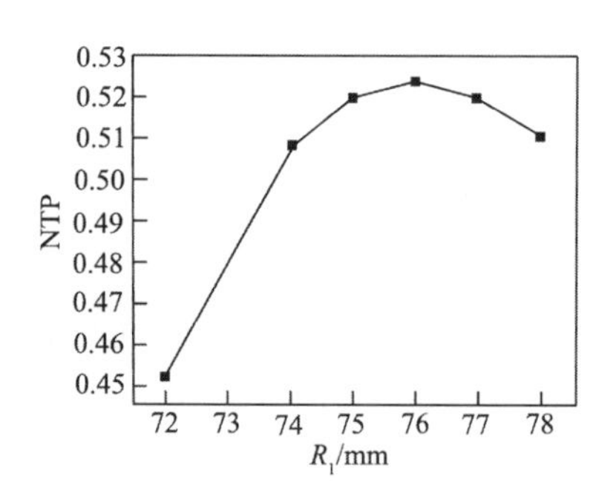

图 2-27　R_1 与净正向传输概率的关系曲线

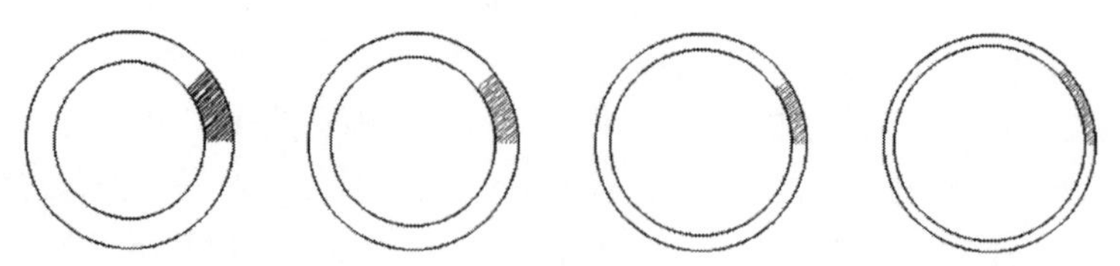

图 2-28　R_1 变化对抽气通道出口截面的影响（从左向右 R_1 依次增大）

3）牵引筒高度 Z 对抽气性能的影响

采用表 2-10 的计算参数，抽气通道净正向传输概率随牵引筒高度 Z 的变化规律如图 2-29 所示。

表 2-10　牵引槽几何参数及转速（Z 变化时）

R_0/mm	R_1/mm	R_M/mm	n/（r/min）	φ /（°）	N/个
70	75	80	24000	20	6

从图 2-29 中可见，牵引筒高度变化时，净正向传输概率在较小范围内波动。当牵引筒高度较小时，抽气通道长度较短，气体返流量较大，净正向传输概率较小；牵引筒高度增大，抽气通道变长，气体返流减弱，净正向传输概率增大；抽气通道长度进一步增大时，长的抽气通道以及小的出口截面会妨碍气体分子的排出，净正向传输概率反而有所降低。总体上看，净正向传输概率变化不大，但长的抽气通道有利于泵压缩比的提高。因此，在进行牵引泵/牵引级设计时，只要结构尺寸许可，应尽量增大牵引筒的高度。现代复合分子泵中，常常采用多级折返式串联筒型牵引级结构，在不增加泵高的前提下，成倍延长了牵引通道的长度，有效提高了泵的压缩比。

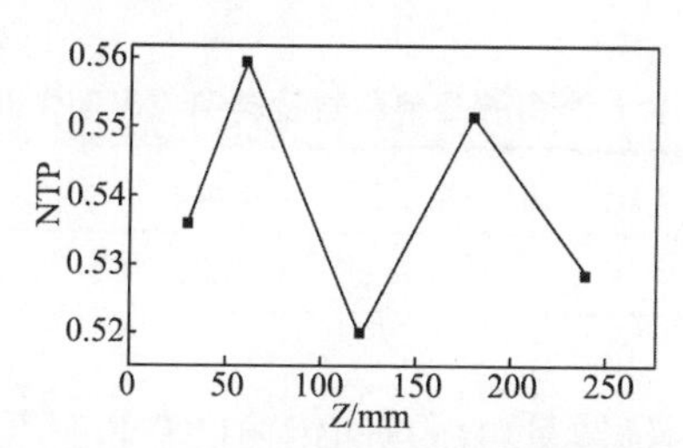

图 2-29　Z 与净正向传输概率的关系曲线

4）螺旋升角 φ 对抽气性能的影响

采用表 2-11 的计算参数，净正向传输概率随螺旋升角 φ 的变化规律如图 2-30 所示。

表 2-11　牵引槽几何参数及转速（φ 变化时）

R_0/mm	R_1/mm	R_M/mm	Z/mm	n/（r/min）	N/个
70	75	80	120	24000	6

由图 2-30 可见，净正向传输概率随 φ 的增大先增大，达到最大值后再减小。螺旋升角小时，抽气通道长度变长，抽气通道出口截面积减小，不利于气体分子

的正向传输；螺旋升角适当增大，抽气通道长度有所减小，抽气通道出口截面积增大，有利于气体分子的正向排出，净正向传输概率相应增大；螺旋升角较大时，抽气通道过短，出口截面积变大，气体分子沿抽气通道的返流增大，且气体分子由牵引通道壁面获得的沿抽气通道方向的传递动量减小，使得净正向传输概率减小。

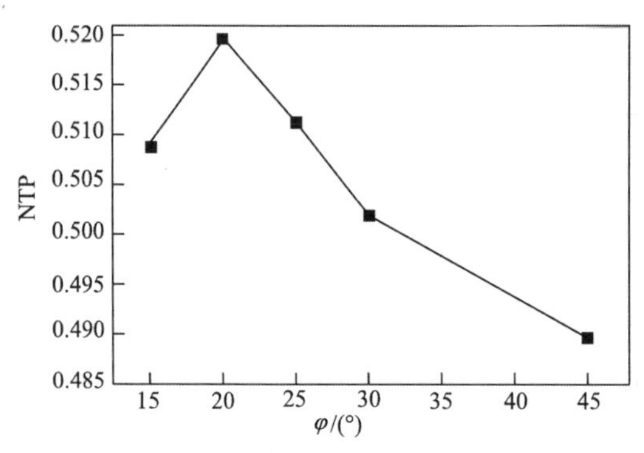

图 2-30　φ 与净正向传输概率的关系曲线

5）牵引槽数量 *N* 对抽气性能的影响

采用表 2-12 的计算参数，净正向传输概率随牵引槽数量 N 的变化规律如图 2-31 所示。

表 2-12　牵引槽几何参数及转速（*N* 变化时）

R_0/mm	R_1/mm	R_M/mm	Z/mm	n/（r/min）	φ /（°）
70	75	80	120	24000	20

由图 2-31 可见，牵引槽数量对净正向传输概率影响不大。牵引槽数量较少时，抽气通道的入口、出口截面均较大，可以获得较大的抽速。抽气通道过少时，牵引通道壁面对气体分子的动量传递有所削弱，此外，牵引槽之间气体分子沿转子-定子间隙的泄漏量变大，对泵的抽速和压缩比均有不利影响。

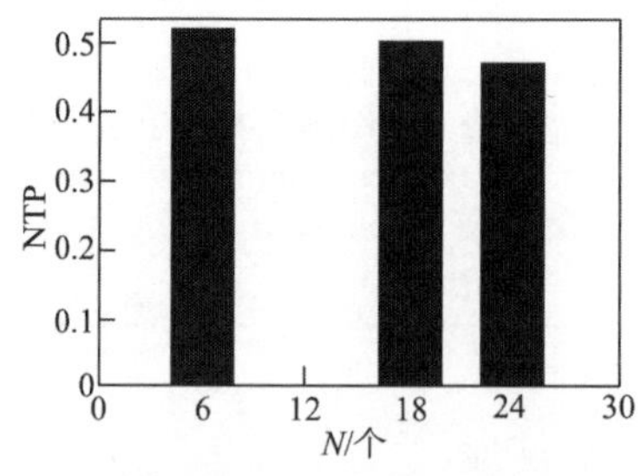

图 2-31　牵引槽数量与净正向传输概率的关系

6）牵引转子转速 *n* 对抽气性能的影响

采用表 2-13 的计算参数，净正向传输概率随牵引转子转速 n 的变化规律如图 2-32 所示。

表 2-13　牵引槽几何参数及转速（*n* 变化时）

R_0/mm	R_1/mm	R_M/mm	Z/mm	φ /（°）	N/个
70	75	80	120	20	6

从图 2-32 中可见，随着牵引转子转速的提高，净正向传输概率持续增大。当牵引转子转速超过一定数值后，牵引通道的净正向传输概率增速开始放缓。当牵引转子转速较低时，牵引通道表面的线速度远低于气体分子热运动速率，动面对气体分子的牵引作用不明显，此时，净正向传输概率较小，牵引槽的抽速不大；牵引转子转速持续提高后，气体分子在转子运动表面上获得较大的牵引速度，动面对气体分子的牵引效率明显提升，有利于气体的排出。

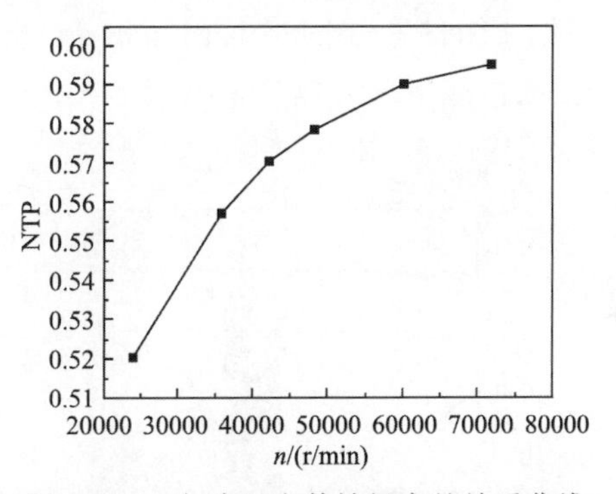

图 2-32　n 与净正向传输概率的关系曲线

7）气体种类对抽气性能的影响

采用表 2-14 的计算参数，气体种类对抽气性能的影响规律如图 2-33 所示。

表 2-14　牵引槽几何参数及转速（筒式牵引泵）

R_0/mm	R_1/mm	R_M/mm	Z/mm	n/（r/min）	φ /（°）	N/个
70	75	80	120	24000	20	6

从图 2-33 中可见，牵引通道的净正向传输概率与被抽气体的种类密切相关，牵引槽对氢气的抽气能力低于氮气和氩气，即牵引泵/牵引级对大分子的抽气能力更强。其原因在于，小分子的热运动速率显著高于大分子的热运动速率，牵引槽

对小分子气体的牵引效果较差，这与涡轮分子泵对氩气等大分子气体的抽气能力较强的原因是一致的。

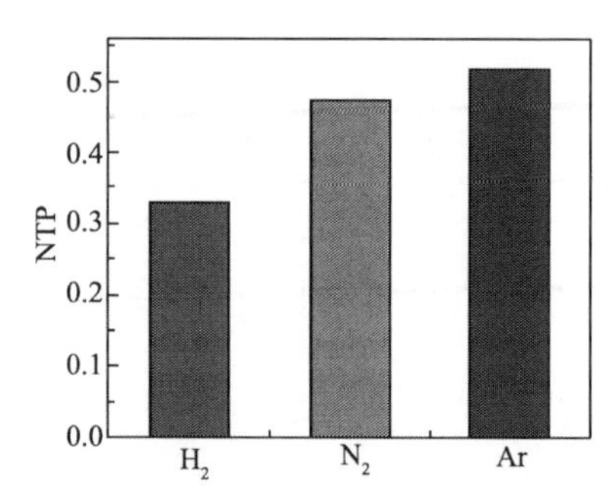

图 2-33　气体种类与净正向传输概率的关系

8）碰撞模型对抽气性能的影响

采用表 2-14 给出的计算参数，模拟计算中采用的碰撞模型对抽气性能的影响，如图 2-34 所示。

从图 2-34 中可见，采用 VHS（variable hard sphere，可变硬球）模型和 VSS 模型获得的不同气体净正向传输概率计算结果相差不大，因此，两种模型在牵引泵/牵引级传输概率的计算中均可采用。

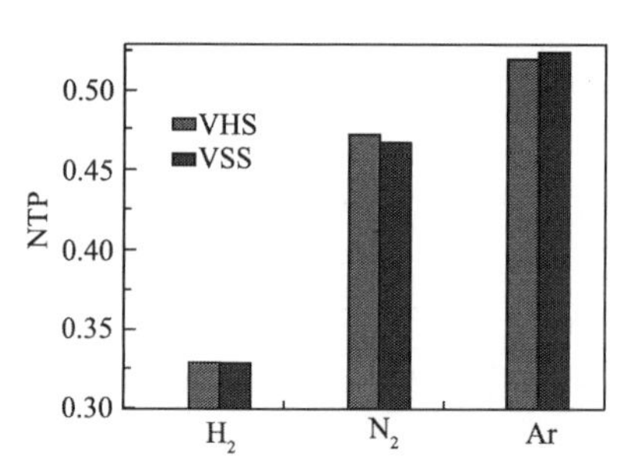

图 2-34　碰撞模型与抽气性能的关系

4. 小结

（1）蒙特卡罗直接模拟方法可以较好地模拟牵引筒三维抽气通道内过渡流态的流动特性，可以用来分析和优化牵引分子泵的抽气性能。

（2）增大抽气通道入口尺寸可以提高筒式牵引泵的抽速，适当的出口尺寸可以减少气体沿抽气通道的返流，保证牵引泵/牵引级的抽速和压缩比。

（3）恰当选择筒式牵引槽的螺旋升角可以提高牵引泵/牵引级的抽速，同时保证牵引泵具有较高的压缩比。

（4）牵引泵/牵引级转子高度对筒式牵引泵/牵引级的抽速影响不大，增大转子高度可以提高泵的压缩比。

2.4.3　盘式牵引泵抽气性能的 DSMC

1. 几何模型

以圆弧型线牵引槽盘式牵引泵为模拟对象。定子开有八个抽气槽，动盘为高速旋转的光滑盘，结构如图 2-35 所示。当动盘沿顺时针方向高速旋转时，气体从牵引槽内侧流向外侧[40]。

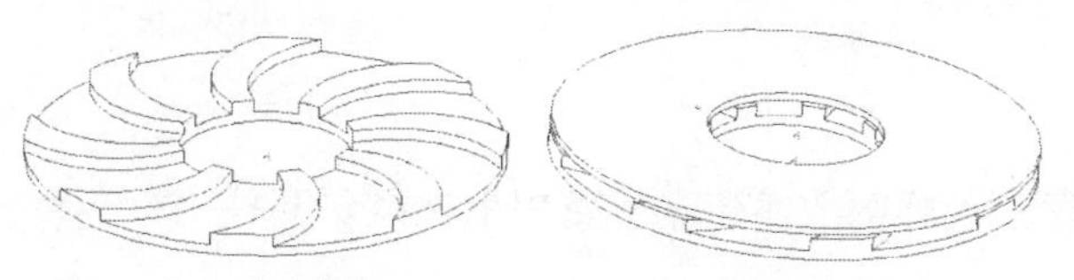

（a）定盘结构　　（b）动盘-定盘组合

图 2-35　盘式牵引泵/牵引级结构

抽气通道由定盘内径圆弧、外径圆弧、抽气通道侧壁圆弧等四段圆弧构成，曲率半径分别为 R_1、R_2、R_c，静盘圆弧通道型线如图 2-36 所示。抽气通道侧壁圆弧的曲率中心处于同一圆周上，该圆半径为 R_3。若要牵引通道侧壁圆弧与牵引盘内、外径圆弧相交构成完整抽气通道，侧壁圆弧曲率半径须满足 $R_c>(R_2-R_1)/2$。牵引通道深度为 H。

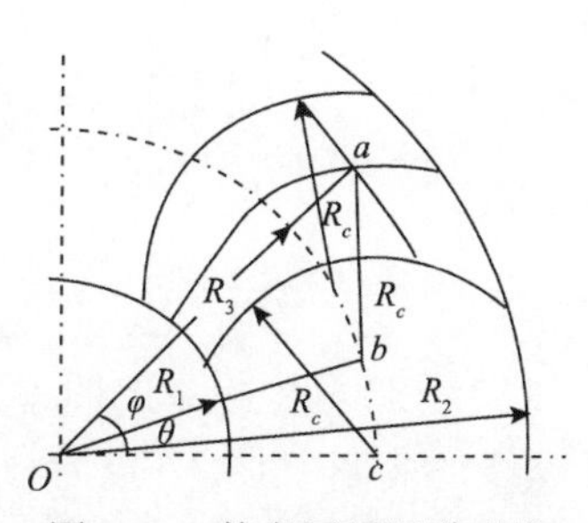

图 2-36　静盘圆弧通道型线

2. 抽气性能的 DSMC 过程

1）计算域网格划分

采用结构化网格对牵引抽气通道计算域进行网格划分。网格按圆柱坐标三变量——曲率半径 r、圆心角 θ、高度 z 均一划分，得到圆柱坐标系下的单元网格，如图 2-37 所示。其中，网格节点曲率半径 r 的变化范围为 $R_1 \sim R_2$，牵引通道内外壁面圆弧曲率中心与牵引盘圆心构成的圆心角设为 30°（对于抽气通道数量为 N 的牵引盘，该圆心角<360°/N），网格节点圆心角 θ 的变化范围为 0～30°，网格节点高度 Z 的变化范围为 0～H。通过计算域划分得到的网格，其最短边边长小于气体分子平均自由程的 1/3。

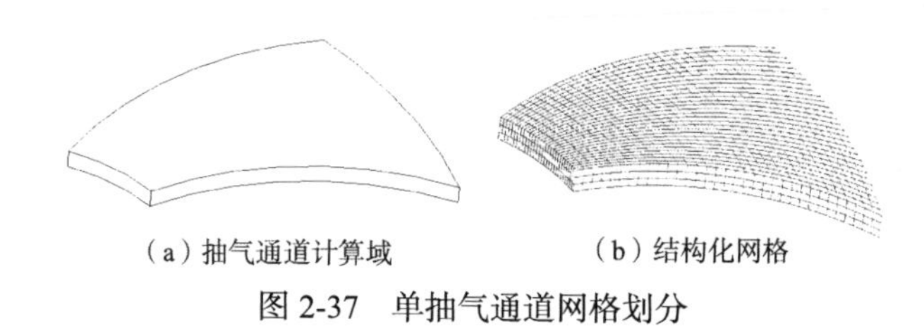

（a）抽气通道计算域　　（b）结构化网格

图 2-37　单抽气通道网格划分

为便于计算，本算例中还建立了直角坐标系。圆柱坐标与直角坐标之间有如下转换关系：

$$\left.\begin{aligned} x &= r\cos(\theta+\varphi) \\ y &= r\sin(\theta+\varphi) \\ z &= z \end{aligned}\right\} \tag{2-93}$$

$$\varphi = \arccos\frac{r^2 + R_3^2 - R_c^2}{2rR_3} \tag{2-94}$$

$$\left.\begin{aligned} r &= \sqrt{x^2+y^2} \\ \theta &= \arccos\frac{x}{r} - \varphi \\ z &= z \end{aligned}\right\} \tag{2-95}$$

式中，r 为网格节点 a（图 2-36）在圆柱坐标下的曲率半径；图 2-36 中 b 点为网格节点 a 所在抽气通道圆弧型线的曲率中心，b 点与牵引盘圆心连线为 bO；θ 为 bO 与 cO 构成的网格节点圆心角；φ 为网格节点 a 与牵引盘圆心连线 aO 同 bO 之间构成的夹角。

2）分子运动与碰撞

分子的运动和碰撞是解耦的，运动后再计算碰撞。

气体分子在盘式牵引抽气通道内运动和碰撞的过程中，时间步长的设定以分子单一运动步长内不会直接穿过一个单元网格为标准。由于盘式分子泵动盘的速度很高，对于分子的定向携带作用明显，时间步长设定时，既考虑分子的最可几速率，也考虑分子受牵引后的速度。在单元格内部进行碰撞对的选取，通过计算得到选取概率，并根据碰撞模型进行求解。本算例中采用了可变硬球（VHS）模型和可变软球（VSS）模型对盘式牵引泵性能进行计算。计算中涉及的计算参数如表 2-15～表 2-17 所示。

表 2-15　被抽气体种类及气体分子量

气体种类	分子量	气体种类	分子量	气体种类	分子量
N_2	28	O_2	32	He	4
H_2	2	Ar	40		

表 2-16　VHS 模型分子直径（273K）

气体种类	直径（$d/10^{-10}$m）	气体种类	直径（$d/10^{-10}$m）	气体种类	直径（$d/10^{-10}$m）
H_2	2.92	N_2	4.17	Ar	4.17
He	2.33	O_2	4.07		

表 2-17　VSS 模型分子直径（273K）

气体种类	直径（$d/10^{-10}$m）	气体种类	直径（$d/10^{-10}$m）	气体种类	直径（$d/10^{-10}$m）
H_2	2.88	N_2	4.11	Ar	4.11
He	2.30	O_2	4.01		

3）分子的进入、溢出以及与固体壁面的碰撞

牵引盘抽气通道的入口和出口均有分子进入，也有分子溢出。气体分子与通道固体壁面存在碰撞。气体分子在盘式牵引通道内的运动过程如图 2-38 所示。

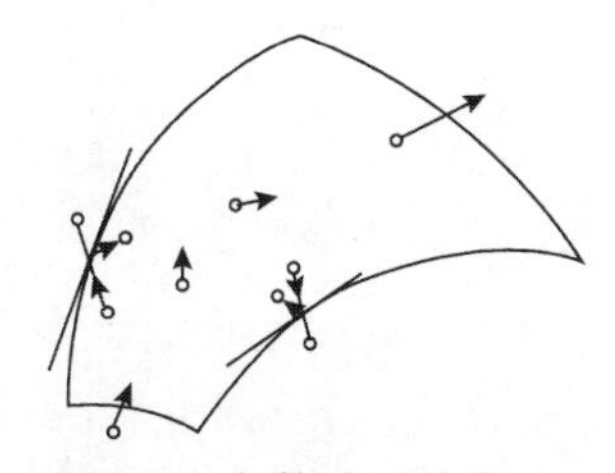

图 2-38　气体分子的进入、溢出以及与固体壁面的碰撞

当入射分子进入抽气通道后，调用子程序 ENTER 补充一定数量的分子，并设置气体分子在牵引通道入口处的位置和速度。当分子的位置处于计算域边界之外时，调用子程序 MOVE，分子视为溢出计算域边界。

若处于牵引通道内的分子在一个时间步长内的运动过程中与固体壁面碰撞，则需要对碰撞点、碰撞后的反射位置等进行计算。气体分子与固体壁面的碰撞问题可以采用数学解析方法或数值方法来计算。数值插值或迭代等数值分析方法可以获

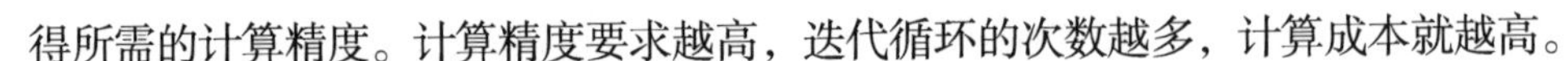

得所需的计算精度。计算精度要求越高，迭代循环的次数越多，计算成本就越高。

（1）碰撞点的数学解析求解。

①气体分子与圆弧牵引壁面的碰撞点。

如图 2-39 所示，入射分子运动方程为

$$y = kx + b \tag{2-96}$$

式中，$k = \dfrac{v_{y_0}}{v_{x_0}}$；$b = y_0 - kx_0$。

牵引壁面圆弧方程为

$$(x - x_1)^2 + (y - y_1)^2 = R_c^2 \tag{2-97}$$

式中，(x_1,y_1)为牵引通道圆弧曲率中心坐标。

联立式（2-96）和式（2-97），分别得到气体分子与下壁面、上壁面的碰撞点坐标：

$$x = \frac{(x_1 - kb) \pm \sqrt{(kb - x_1)^2 - (1 + k^2)(x_1^{\ 2} + b^2 - R_c^{\ 2})}}{1 + k^2} \tag{2-98}$$

$$x = \frac{(ky_1 + x_1 - kb) \pm \sqrt{(kb - ky_1 - x_1)^2 - (1 + k^2)[x_1^{\ 2} + (b - y_1)^2 - R_c^{\ 2}]}}{1 + k^2} \tag{2-99}$$

将 x 值代入 $y = kx + b$ 中，求得碰撞点的 y 坐标值。

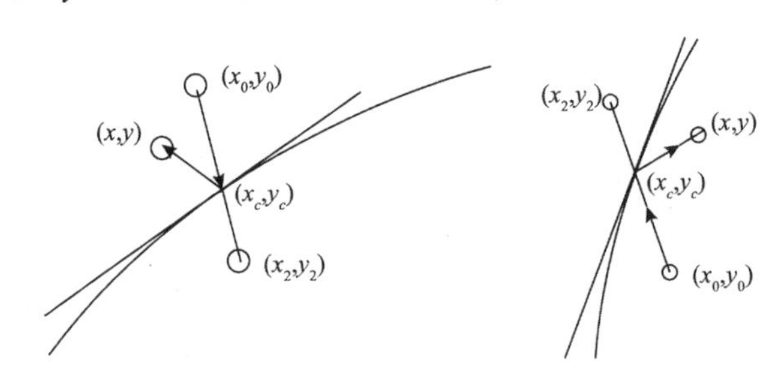

图 2-39　分子与圆弧牵引壁面的碰撞位置

②气体分子反射位置。

如图 2-39 所示，利用对称线，得到反射关系式：

$$
\left.\begin{aligned}
k=\frac{y_c-y_1}{x_c-x_1}=\frac{y-y_2}{x-x_2}\\
\frac{y+y_2}{2}=-\frac{1}{k}\frac{x+x_2}{2}+b
\end{aligned}\right\}\tag{2-100}
$$

式中，(x_1, y_1)为圆弧曲率中心坐标；k 为圆心到碰撞点的直线斜率。

求解式（2-100），得到分子反射后的坐标：

$$
\left.\begin{aligned}
x=\frac{k^2x_2-x_2+2bk-2ky_2}{1+k^2}\\
y=kx+y_2
\end{aligned}\right\}\tag{2-101}
$$

（2）碰撞点的数值求解。

采用最优化直线搜索对分方法，计算分子入射与表面的碰撞点。气体分子与牵引通道下壁面、上壁面碰撞点的求解流程框图如图 2-40、图 2-41 所示。

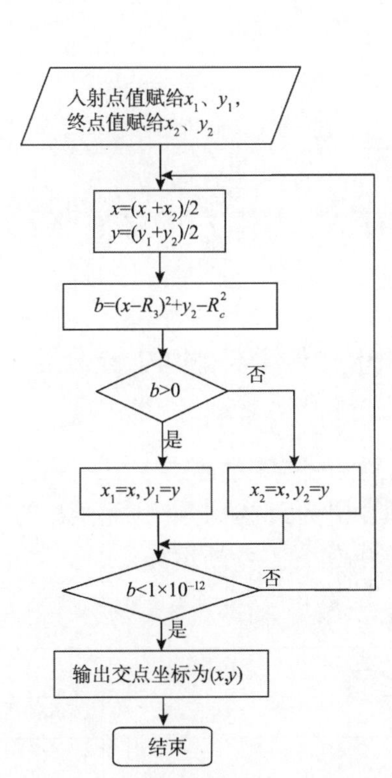

图 2-40　分子与下壁面碰撞点的求解流程图

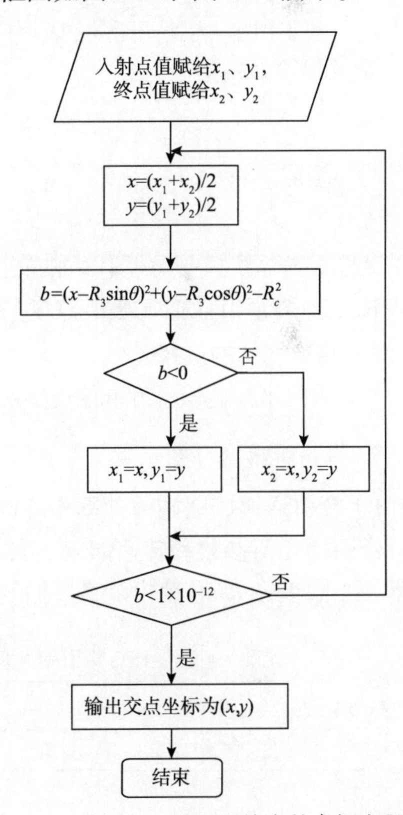

图 2-41　分子与上壁面碰撞点的求解流程图

4）初始数据的设置

采用 DATA 子程序，设置初始数据，包括气体性质、模拟分子性质、时间步长、边界、几何模型、网格划分、表面特性、采样周期等。

5）牵引盘最大压缩比

改变牵引通道出口或入口压力，使入口或出口处进入和溢出的分子数量相等。保持出口或入口压力不变，计算牵引盘在特定出口压力或入口压力状态下的最低入口压力或最高出口压力，牵引通道出口压力与入口压力的比值即为牵引盘的最大压缩比。

6）牵引盘最大抽速

设定牵引盘抽气通道出口和入口处的压力相等，得到牵引盘的抽气系数：

$$E = \frac{N_{\text{ii}} - N_{\text{io}}}{N_{\text{ii}}} \tag{2-102}$$

式中，N_{ii}为牵引通道入口计算周期内进入的分子数量；N_{io}为牵引通道入口计算周期内溢出的分子数量。

牵引盘的抽速（m^3/s）为

$$S = \frac{(N_{\text{ii}} - N_{\text{io}}) \times F_{\text{num}}}{n \times \Delta T} \times N \tag{2-103}$$

式中，F_{num}为每个模拟分子代表的实际分子数量；n 为气体分子数密度；ΔT 为时间步长；N 为牵引盘抽气通道数量。

7）实验气体的选择

为简化模拟，提高求解的稳定性，本算例中模拟的气体采用单原子分子氩气。

3. 模拟结果及分析

1）牵引通道侧壁圆弧曲率中心圆半径 R_3 对抽气效率的影响

牵引槽几何参数和转速如表 2-18 所示，其中 θ 为圆心角，牵引通道侧壁圆弧曲率中心圆半径 R_3 对盘式牵引泵抽气系数的影响如图 2-42 所示。

表 2-18　牵引槽几何参数及转速（R_3 不同时）

R_1/mm	R_2/mm	R_c/mm	H/mm	n/（r/min）	θ/（°）
50	86	58	5	36000	30

从图 2-42 中可见，牵引盘抽气系数随 R_3 的增大而减小，在 R_3=65mm 时，泵的抽气能力为零，R_3 超过该值后，抽气系数变成负值，出现返流。因此，设计合理的 R_3 值对于气体的抽气效率至关重要，较小的曲率半径更有利于气体的抽出。

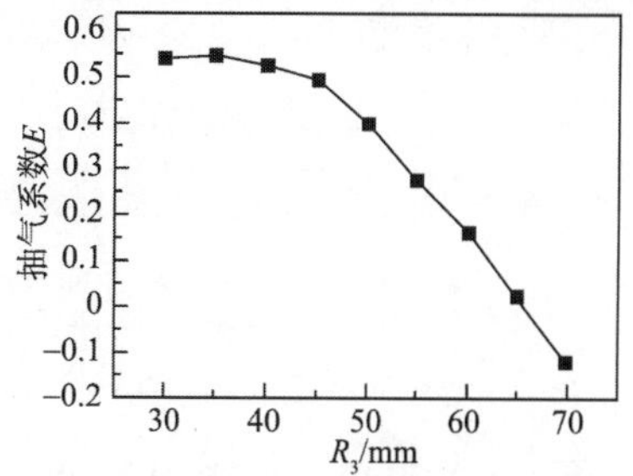

图 2-42 R_3 与抽气系数的关系曲线

R_3 的变化对抽气通道形状的影响如图 2-43 所示。从图 2-43 中可见，随着 R_3 的增大，通道形状发生较大变化。R_3 较小时，抽气通道较长，气体流动方向与动盘周向牵引速度的方向更趋一致，有利于动盘对气体分子沿抽气通道的充分携带与抽出。抽气通道长度随 R_3 的变大而逐渐减小，存在某一中间点（对于本算例 R_3= 65mm），泵在此条件下运行时，气体分子向通道入口、通道出口的传输概率相同，此时泵的抽气效率为零。

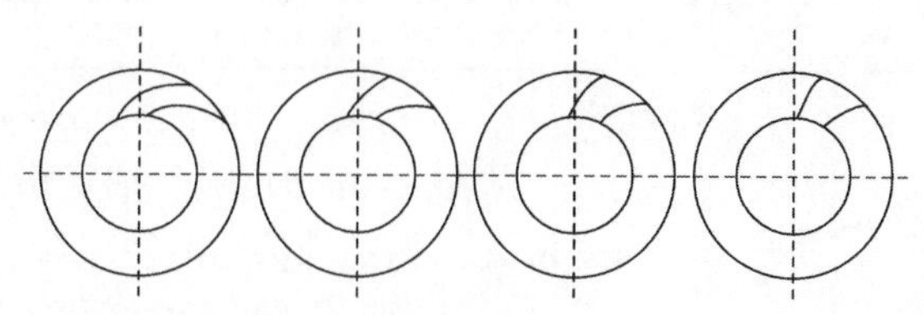

图 2-43 R_3 的变化对抽气通道形状的影响（从左向右 R_3 依次增大）

2）牵引通道侧壁圆弧曲率半径 R_c 对抽气效率的影响

牵引槽几何参数和转速如表 2-19 所示，牵引通道侧壁圆弧曲率半径 R_c 对盘式牵引泵抽气系数的影响如图 2-44 所示。

表 2-19 牵引槽几何参数及转速（R_c 不同时）

R_1/mm	R_2/mm	R_3/mm	H/mm	n/（r/min）	θ/（°）
50	86	40	5	36000	30

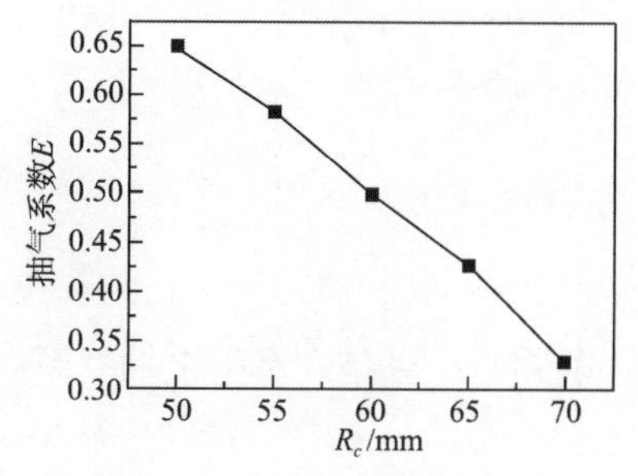

图 2-44 R_c 与抽气系数的关系曲线

从图 2-44 中可见，抽气系数随着 R_c 的增大而减小。其原因在于抽气通道入口法向截面面积随 R_c 的增加而减小，限制了进气分子数量；而出口通道的法向截面面积随 R_c 的增加而增大（图 2-45），增加了气体沿抽气通道的返流量。因此，盘式牵引泵的抽气系数随 R_c 的增大有所减小。

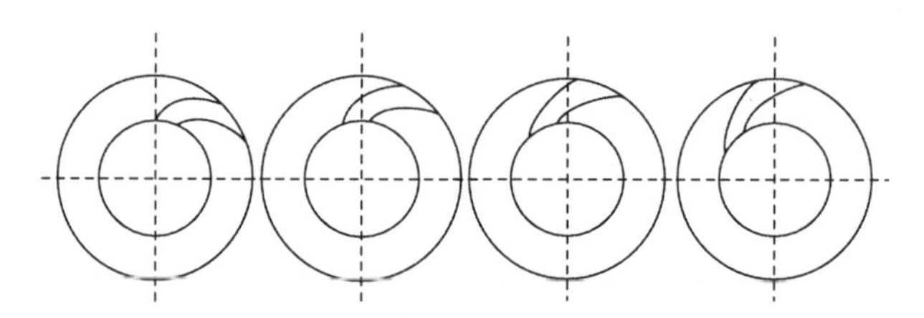

图 2-45　R_c 的变化对抽气通道形状的影响（从左向右 R_c 依次增大）

3）牵引盘内半径 R_1 对抽气效率的影响

牵引槽几何参数和转速如表 2-20 所示，牵引盘内半径 R_1 对盘式牵引泵抽气系数的影响如图 2-46 所示。

表 2-20　牵引槽几何参数及转速（R_1 不同时）

R_2/mm	R_3/mm	R_c/mm	H/mm	n/（r/min）	θ/（°）
86	35	58	5	36000	30

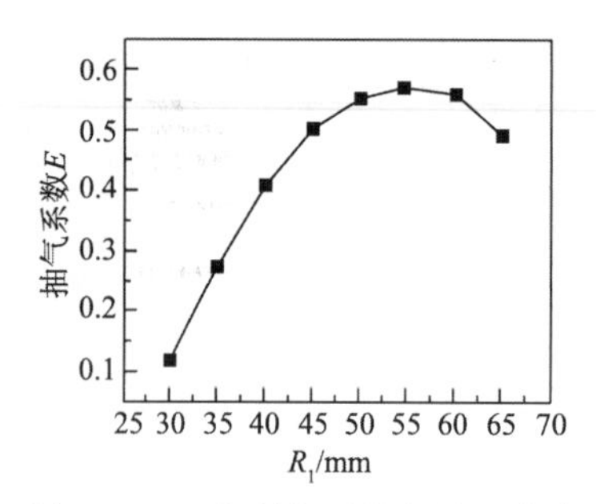

图 2-46　R_1 与抽气系数的关系曲线

从图 2-46 中可见，抽气系数随着 R_1 的增大先增大，达到峰值后有所下降。

抽气通道形状随 R_1 变化的关系如图 2-47 所示。从图 2-47 中可见，抽气通道入口截面面积随 R_1 的增大而增加，同时，牵引盘平均线速度也在增加，从而提高了牵引盘的抽气系数。当 R_1 过大时，由于通道长度显著减小，气体分子沿抽气通道的返流量增加，泵的抽气系数出现下降。

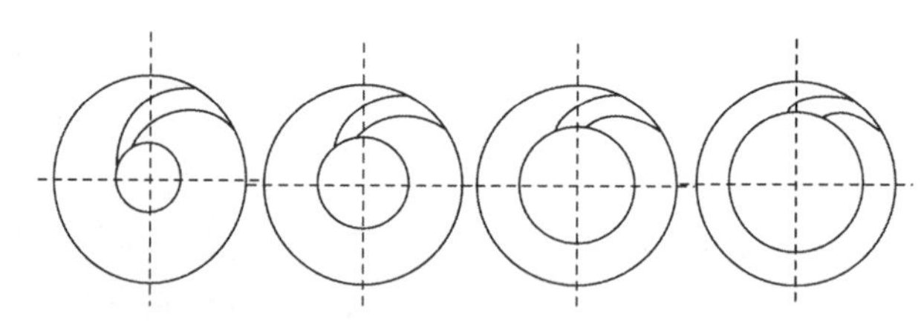

图 2-47　R_1 的变化对抽气通道形状的影响（从左向右 R_1 依次增大）

4）牵引通道深度 H 对抽气效率的影响

牵引槽几何参数和转速如表 2-21 所示，牵引通道深度 H 对盘式牵引泵抽气系数的影响如图 2-48 所示。

表 2-21　牵引槽几何参数及转速（*H*不同时）

R_1/mm	R_2/mm	R_3/mm	R_c/mm	n/（r/min）	θ/（°）
50	86	35	58	36000	30

从图 2-48 中可见，随着牵引通道深度的增大，抽气系数先持续升高，达到峰值后，开始降低。牵引通道深度很小时，气体分子传输空间狭小，输运过程受到限制，此时抽气系数较小。牵引通道深度过大时，气体分子与牵引表面的碰撞比例降低，动面对分子的携带作用减弱，气体分子沿抽气通道的返流量增加，此时牵引通道的抽气系数快速下降。

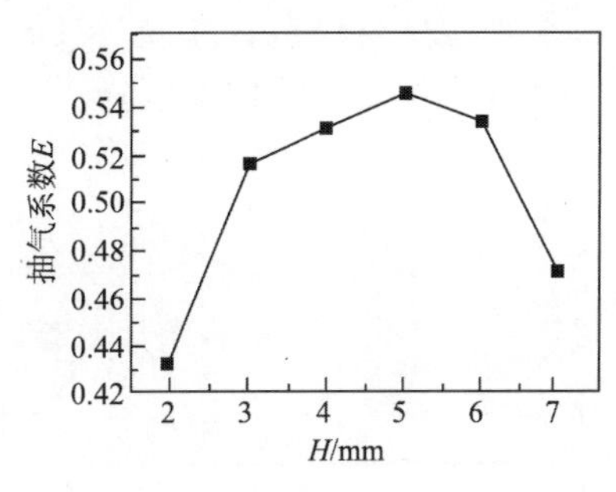

图 2-48　*H* 与抽气系数的关系曲线

5）牵引通道宽度对抽气效率的影响

牵引槽几何参数和转速如表 2-22 所示。

表 2-22　牵引槽几何参数及转速（牵引通道宽度不同时）

R_1/mm	R_2/mm	R_3/mm	R_c/mm	H/mm	n/（r/min）
50	86	35	58	5	36000

由于牵引通道侧壁由两圆弧构成，采用牵引通道内外壁面圆弧曲率中心与牵引盘圆心形成的夹角（图 2-49（a）角 1）作为描述牵引通道宽度的参数（开口角）。牵引通道宽度（开口角）对盘式牵引泵抽气系数的影响如图 2-49（b）所示。从图 2-49（b）中可见，牵引通道的抽气系数随开口角的增大（牵引通道宽度增大）呈先增后减趋势。

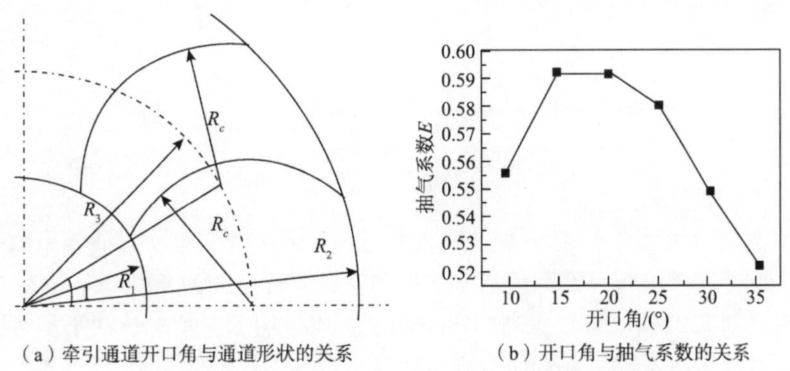

（a）牵引通道开口角与通道形状的关系　　（b）开口角与抽气系数的关系

图 2-49　牵引通道开口角及其与抽气系数的关系曲线

牵引通道开口角对抽气通道形状的影响如图 2-50 所示。从图 2-50 中可见，开口角较小，即牵引通道宽度较窄时，不利于气体分子从抽气通道出口溢出，抽气系数比较小。适当的开口角/适当的牵引通道宽度，使被抽气体输运顺畅，动面对气体的携带能力得到很好发挥，抽气系数达到最大。随着开口角的持续增大，牵引通道变得过宽，动面对气体分子的牵引效率下降，分子沿抽气通道的返流增强，导致抽气系数快速下降。

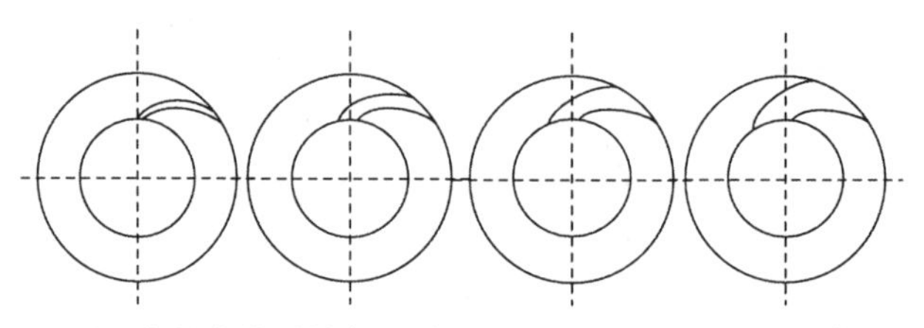

图 2-50　开口角的变化对抽气通道的影响（从左向右开口角依次增大）

6）牵引盘转速 *n* 对抽气效率的影响

牵引槽几何参数如表 2-23 所示，牵引盘转速 *n* 对盘式牵引泵抽气系数的影响如图 2-51 所示。

表 2-23　牵引槽几何参数（牵引盘转速不同时）

R_1/mm	R_2/mm	R_3/mm	R_c/mm	H/mm	θ/（°）
50	86	35	58	5	30

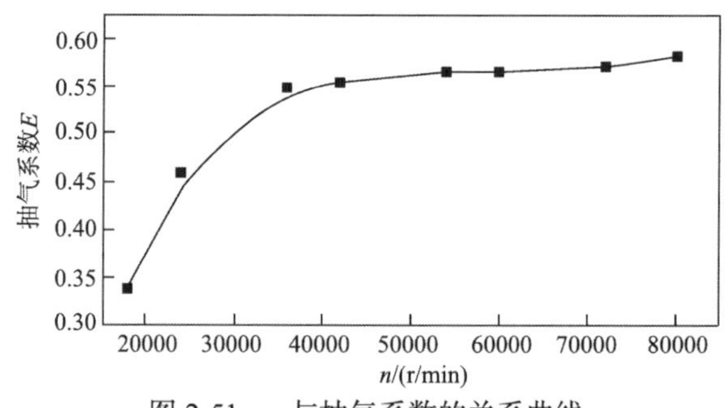

图 2-51　*n* 与抽气系数的关系曲线

从图 2-51 中可见，当牵引盘转速较低时，其转速增加对泵的抽气系数提高作用显著，当转速增加到一定数值后（本算例中对应转速约为 40000r/min），转速的进一步提升对泵的抽气系数提高作用不明显。由于加工、装配、动平衡等因素的限制，牵引盘转速不能过高。应合理设计牵引盘转速，使牵引泵/牵引级工作在较高抽气效率条件下。

7）气体种类对抽气效率的影响

牵引槽几何参数和转速如表 2-24 所示，牵引盘内被抽气体种类对盘式牵引泵抽气系数的影响如图 2-52 所示。

表 2-24　牵引槽几何参数及转速（气体种类不同时）

R_1/mm	R_2/mm	R_3/mm	R_c/mm	H/mm	n/（r/min）	θ/（°）
50	86	35	58	5	36000	30

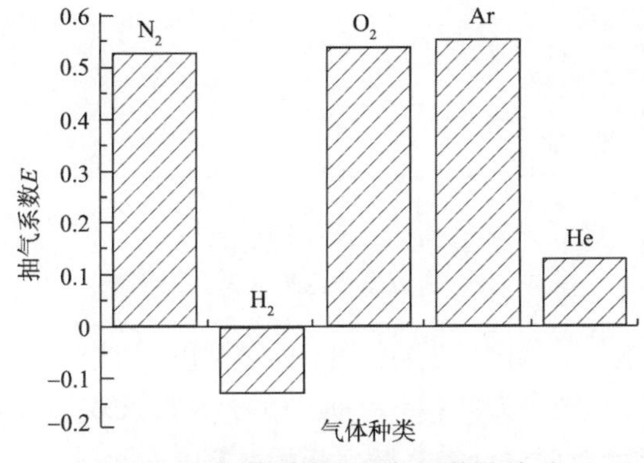

图 2-52　气体种类与抽气系数的关系

从图 2-52 中可见，牵引通道的抽气系数与气体种类密切相关，对于小分子量气体（如氦气、氢气）的抽气能力明显减弱，在给定的牵引通道几何参数和牵引盘转速条件下，牵引泵对氢气已失去抽气能力，氢分子沿抽气通道的返流处于主导地位。由于氢气、氦气分子量小，分子热运动速率大，当运动表面的牵引线速度比气体分子热运动速率低得多时，牵引效率显著下降。若对牵引槽设计不当，甚至会失去对小分子量气体分子的抽出能力。

8）壁面反射模型与抽气系数之间的关系

气体分子和固体壁面之间的能量交换充分程度与壁面反射特性有关，对牵引盘的抽气效率有重要影响。漫反射和镜面反射是气体与固体壁面之间能量交换的两种极限状态。气体与壁面间的真实反射关系介于两者之间，可用适应系数表示。适应系数的取值范围为 0～1，其中，适应系数取值 0 时，表示气体分子为镜面反射，适应系数取值 1 时，表示气体分子为漫反射。

牵引槽几何参数和转速如表 2-24 所示。适应系数与抽气系数的关系如图 2-53 所示。

气体分子作镜面反射时，反射速度只与初始入射速度有关。此时，动盘、静盘与气体分子之间的动量传递作用极弱，牵引盘的抽气系数很小（图 2-53）；漫反射时，气体分子的法向速度和切向速度随机产生，与初始入射速度无关。此时，动盘、静盘对分子的动量传递均发挥重要作用，抽气系数也不高。在特定牵引盘几何参数和转速条件下，存在最佳适应系数，使得抽气系数达到最大。

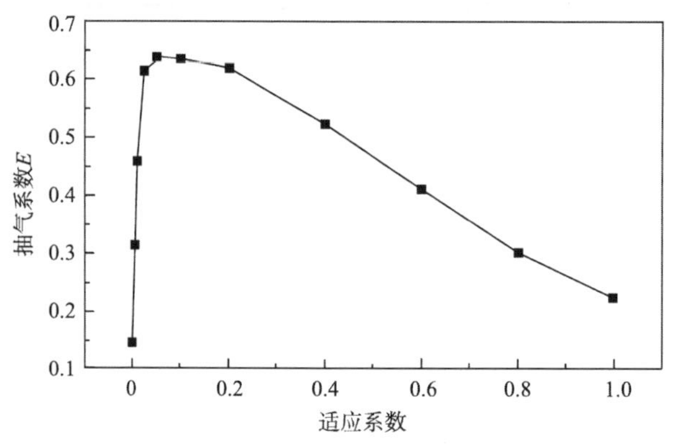

图 2-53　适应系数与抽气系数的关系

适应系数与气体分子和固体壁面间的相互作用密切相关，寻求合适的牵引通道表面形状、表面加工处理方法，对于提高牵引泵抽气效率有重要意义。

9）气体分子碰撞模型与抽气系数之间的关系

牵引盘对被抽气体的抽气效率与气体分子之间的碰撞引起的能量交换充分程度有内在联系。牵引槽几何参数和转速（同表 2-24）条件下，对于不同被抽气体，采用不同碰撞模型得到的抽气系数如图 2-54 所示。

从图 2-54 中可见，采用两种碰撞模型得到的计算结果相差不大，说明两种计算模型均可用于牵引泵抽气性能的计算。

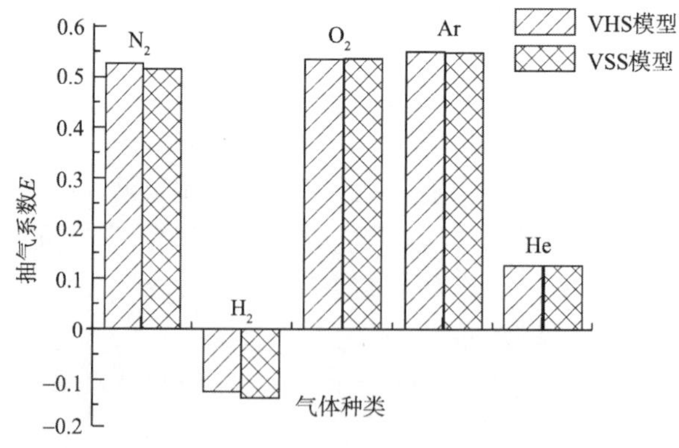

图 2-54　气体分子碰撞模型与抽气系数的关系

10）牵引通道压缩比与抽气系数之间的关系

采用表 2-24 中的计算参数，计算牵引盘对不同气体的压缩比-抽气系数关系。氮气分子量为 28，在空气中占有 78%，氧气分子量为 32，在空气中占有 21%，两者分子量接近，又是空气的主要成分。本算例中，计算了牵引盘对氮气、氧气的压缩比-抽气系数关系，计算结果如图 2-55、图 2-56 所示。

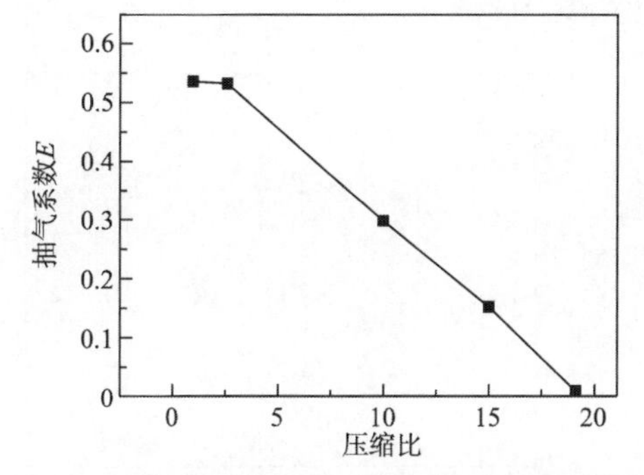

图 2-55　牵引盘对氮气的压缩比-抽气系数曲线

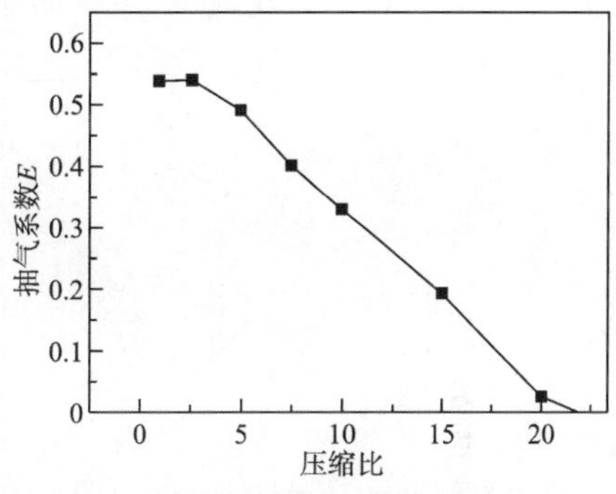

图 2-56　牵引盘对氧气的压缩比-抽气系数曲线

从图 2-55、图 2-56 中可见，牵引盘对氮气、氧气的最大抽气系数分别为 0.54 和 0.55，最大压缩比分别约为 20 和 22。牵引通道对两种气体的抽气效果接近，均有较强的抽出能力。

氩气作为工作气体在真空镀膜等方面有重要应用，用于气体放电等离子体的产生，氩气的分子量为 40，牵引盘对氩气的压缩比-抽气系数关系的计算结果如图 2-57 所示。

从图 2-57 中可见，牵引通道对氩气的最大抽气系数为 0.55，最大压缩比为 25，大于牵引盘对氮气、氧气的最大压缩比。

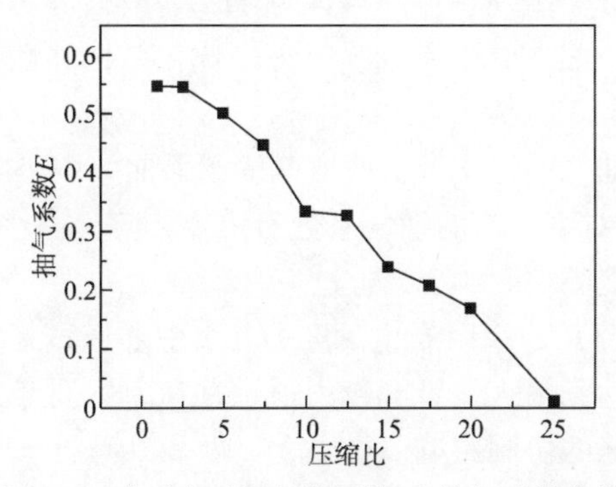

图 2-57 牵引盘对氩气的压缩比-抽气系数曲线

牵引盘对氢气、氦气的压缩比-抽气系数关系的计算结果如图 2-58、图 2-59 所示。从图 2-58、图 2-59 中可见，泵对于氢气、氦气等小分子的抽气能力较低。对于特定牵引盘结构和转子转速的算例，牵引通道对氢气分子的最大抽气系数只有 0.17，最大压缩比只有 1.9。对于以分子泵为主泵的抽气系统，真空室残余气体中氢气占有较大比重。从图 2-59 中可见，牵引盘对氦气的最大抽气系数为 0.32，最大压缩比为 3.5，比牵引盘对氢气的抽气能力略强。

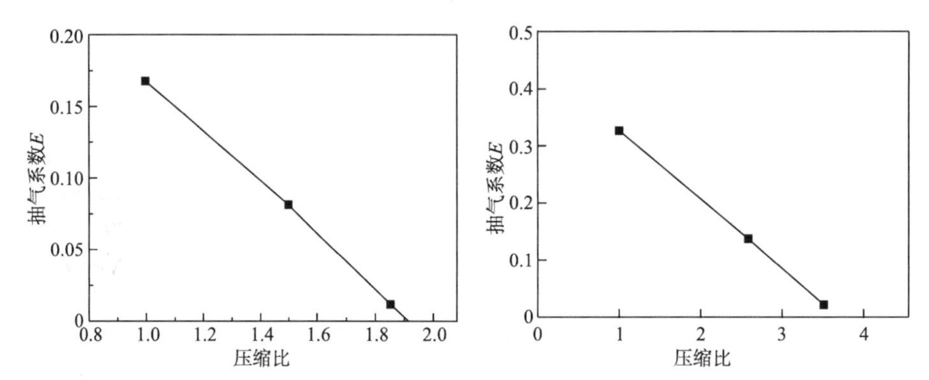

图 2-58 牵引盘对氢气的压缩比-抽气系数曲线 图 2-59 牵引盘对氦气的压缩比-抽气系数曲线

在使用氦质谱检漏仪进行逆流法容器检漏时，就是利用分子泵对氦气抽气能力较小的特性，示踪气体氦气从分子泵出口侧返流进入氦质谱室，通过检测氦气的多少，来判定真空容器漏孔的位置和大小。

4. 小结

算例采用 DSMC 方法，通过对牵引通道的几何建模，初始条件设置，以及气体分子运动过程分析，编写了计算程序，得到了牵引通道几何参数、牵引盘转速、被抽气体种类、气体分子碰撞模型、气体分子反射模型等对盘式牵引泵抽气性能的影响规律，对于分析盘式牵引泵抽气机理、优化结构和性能具有理论指导意义和参考价值。

（1）对于圆弧形抽气通道，牵引通道侧壁圆弧曲率中心圆半径 R_3、牵引通道侧壁圆弧曲率半径 R_c 对牵引槽的抽气系数有重要影响。由小的 R_3、小的 R_c 构成的抽气通道抽气效率更高。

（2）牵引盘内半径 R_1、牵引通道深度 H、牵引通道宽度（开口角）存在最佳取值，使得抽气系数达到最大。计算牵引通道抽速时，要考虑抽气通道入口截面面积及抽气系数对抽速的协同影响。

（3）高的牵引盘转速能提高牵引效率，过高的牵引盘转速对抽气效率的提升作

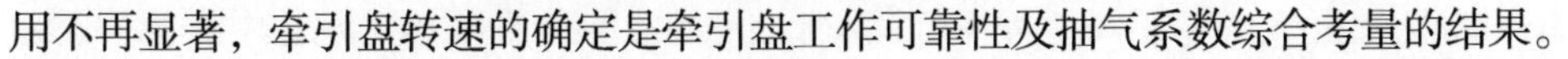

用不再显著，牵引盘转速的确定是牵引盘工作可靠性及抽气系数综合考量的结果。

（4）牵引盘对大分子气体的抽气效率高、压缩比大，对小分子气体的抽气效率低和压缩能力差；气体分子壁面反射条件对牵引通道抽气系数有一定影响，适应系数存在最佳值，使牵引盘的抽气效率最高。

（5）DSMC 方法中采用的 VHS 模型和 VSS 模型对模拟计算结果的影响不大，在实际模拟计算时均可采用。

参考文献

[1] Duval P, Raynaud A, Saulgeot C. The molecular drag pump: Principle, characteristics, and applications [J]. Journal of Vacuum Science & Technology A, 1988, 39(3): 1187-1191.

[2] 王晓冬, 巴德纯, 杨乃恒. 筒式牵引分子泵离心变形理论分析计算及其简化算法[J]. 真空, 1992, 29(1): 8-14.

[3] 王晓冬, 巴德纯, 杨乃恒, 等. 变截面矩形槽牵引分子泵二维抽气理论的研究[J]. 真空, 1992, 29(4): 1-7.

[4] 巴德纯, 杨乃恒, 王晓冬, 等. 两种螺旋通道结构牵引分子泵性能的比较[J]. 真空, 1995, 32(3), 22-25.

[5] 巴德纯, 杨乃恒, 王晓冬, 等. 分子泵中螺旋通道在过渡流和滑流态抽气特性的研究[J]. 真空, 1995, 32(1), 1-5.

[6] 王晓冬, 巴德纯, 杨乃恒. 牵引分子泵抽气通道几何参数优化设计方法的研究[C]. 中国真空学会第五届学术年会, 威海, 1998.

[7] 王晓冬, 巴德纯, 杨乃恒. 变截面矩形槽深牵引分子泵分子流态抽气特性的研究[C]. 辽宁省第三届青年学术年会, 沈阳, 1998.

[8] 王晓冬, 巴德纯, 杨乃恒. 矩形截面槽牵引分子泵分子流态下抽气特性的研究[J]. 真空, 1999, 36(2): 9-11.

[9] Kwon M K, Hwang Y K. An experimental study on the pumping performance of molecular drag pumps [J]. Journal of Mechanical Science & Technology, 2006, 20(9): 1483-1491.

[10] Giors S, Campagna L, Emelli E. New spiral molecular drag stage design for high compression ratio, compact turbomolecular-drag pumps[J]. Journal of Vacuum Science & Technology A, 2010, 28(4): 931.

[11] Tu J Y, Zhu Y, Wang X Z. A new design for the disk-type molecular pump[J]. Journal of Vacuum Science & Technology A, 1990, 8(5), 3870-3873.

[12] 巴德纯, 杨乃恒, 王晓冬. 盘型分子泵 3D 流动的数学模型[J]. 真空, 1998, 35(3): 14-17.

[13] Heo J S, Hwang Y K . Spiral channel flows in a disk-type drag pump[J]. Journal of Vacuum Science & Technology A, 2001, 19(2): 656.

[14] 巴德纯, 刘波, 王晓冬, 等. 盘型分子泵 3D 过渡流特性[J]. 真空科学与技术学报, 2004, 24(1): 11-15.

[15] 储继国. 拖动分子泵的压缩比——工作间隙的自泄漏模型[J]. 真空, 1997, (4): 21-26.
[16] 储继国. 拖动分子泵的抽速[J]. 真空电子技术, 1998, (4): 8-13.
[17] Tsui Y Y, Kung C P, Cheng H P. Modeling of the slip flow in the spiral grooves of a molecular pump [J]. Journal of Vacuum Science & Technology A, 2001, 19(6): 2785.
[18] Bhatti J A, Aijazi M K, Khan A Q. Design characteristics of molecular drag pumps [J]. Vacuum, 2001, 60(1-2): 213-219.
[19] Kim D H, Kwon M K, Huang Y K. A study on the pumping performance of a helical-type molecular drag pump[C]. Rarefied Gas Dynamics: 26th International Symposium, Kyoto, 2008: 1141-1146.
[20] Cheng H P, Jou R Y, Chen F Z, et al. Three-dimensional flow analysis of spiral-grooved turbo booster pump in slip and continuum flow [J]. Journal of Vacuum Science & Technology A, 2000, 18(2): 543-551.
[21] Heo J S, Hwang Y K . Molecular transition and slip flows in the pumping channels of drag pumps [J]. Journal of Vacuum Science & Technology A, 2000, 18(3): 1025.
[22] 王晓冬, 巴德纯, 周亚, 等. 筒式牵引分子泵螺旋升角对抽气性能的影响[C]. 中国真空学会 2014 学术年会, 广州, 2014.
[23] 王晓冬, 张磊, 巴德纯, 等. 复合分子泵牵引级螺旋槽深对压缩比的影响[J]. 东北大学学报(自然科学版), 2016, 37(10): 1437-1440.
[24] 张磊. 高速小型复合分子泵牵引级抽气特性与结构优化研究[D]. 沈阳: 东北大学, 2017.
[25] 樊菁. 稀薄气体动力学: 进展与应用[J]. 力学进展, 2013, 43(2): 185-201.
[26] Hwang Y K, Heo J S. Three-dimensional rarefied flows in rotating helical channels [J]. Journal of Vacuum Science & Technology A, 2001, 19(2): 662-672.
[27] 王晓冬, 巴德纯, 李景舒, 等. 一种牵引分子泵过渡流态抽气性能的计算方法[C]. 中国真空学会 2014 学术年会, 广州, 2014.
[28] 李景舒. 复合分子泵性能计算方法与抽气性能优化的研究[D]. 沈阳: 东北大学, 2015.
[29] 陈伟芳, 吴其芬. Boltzmann 方程求解方法综述[J]. 国防科技大学学报, 1999, 21(1): 4-7.
[30] Cheng H P, Jou R Y, Chen F Z, et al. Flow investigation of Siegbahn vacuum pump by CFD methodology[J]. Vacuum, 1999, 53(1): 227-231.
[31] Cheng H P, Chiang M T. Pumping performance investigation of a turbo booster vacuum pump equipped with spiral-grooved rotor and inner housing by the computational fluids dynamics method [J]. Journal of Vacuum Science & Technology A, 2003, A21(4): 1458-1463.
[32] Giors S, Subba F, Zanino R. Navier-Stokes modeling of a Gaede pump stage in the viscous and transitional flow regimes using slip-flow boundary conditions[J]. Journal of Vacuum Science & Technology A, 2005, 23(2): 336-346.
[33] TsuiÃ Y Y, Jung S P. Analysis of the flow in grooved pumps with specified pressure boundary conditions[J]. Vacuum, 2006, 81(4): 401-410.
[34] Giors S, Colombo E, Inzoli F, et al. Computational fluid dynamic model of a tapered Holweck vacuum pump operating in the viscous and transition regimes. I. Vacuum performance[J]. Journal of Vacuum Science & Technology A, 2006, 24(4): 1584-1591.

[35] Bird G A. Molecular Gas Dynamics [M]. Oxford: Claredon Press, 1976.
[36] Lee Y K, Lee J W. Direct simulation of compression characteristics for a simple drag pump model [J]. Vacuum, 1996, 47(6-8): 807-809.
[37] Heo J S, Hwang Y K. Direct simulation of rarefied gas flows in rotating spiral channels[J]. Journal of Vacuum Science & Technology A, 2002, (20): 906-910.
[38] 王晓冬, 金磊, 钟亮, 等. 螺旋槽式牵引泵过渡流态抽气特性的直接蒙特卡罗模拟[J]. 真空科学与技术学报, 2009, 29(5): 517-521.
[39] 金磊. 螺旋槽式牵引分子泵过渡流态 DSMC 模拟研究[D]. 沈阳: 东北大学, 2007.
[40] 钟亮. 盘型分子泵过渡流态 DSMC 模拟研究[D]. 沈阳: 东北大学, 2006.

第3章

涡轮分子泵

3.1　涡轮分子泵的结构与抽气性能

涡轮分子泵的基本结构有两种：一种是卧式涡轮分子泵，如图 3-1（a）所示；另一种是立式涡轮分子泵，如图 3-1（b）所示。涡轮分子泵规格和型号各不相同，以满足各种需求。

涡轮分子泵的结构如图 3-1 所示。涡轮转子的驱动常由中频电动机或气动马达来实现。涡轮分子泵的抽气组件由多级转子叶列和多级定子叶列相间排列组成，且涡轮动、静叶列的叶片倾角方向相反，涡轮叶列组合方式如图 3-1（c）所示。涡轮分子泵主要工作在分子流态下，具有较高的抽速和压缩比。

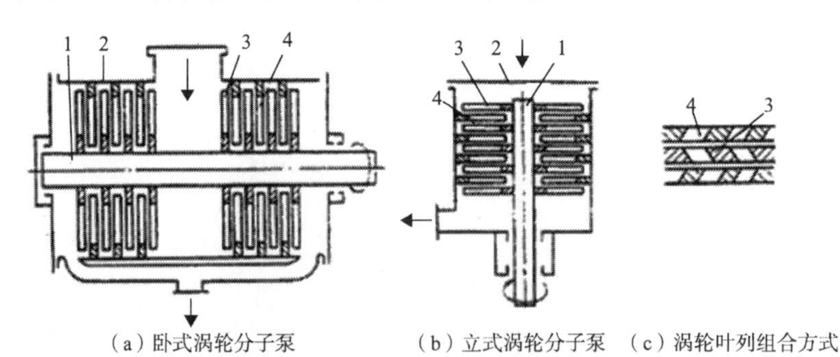

（a）卧式涡轮分子泵　（b）立式涡轮分子泵　（c）涡轮叶列组合方式

图 3-1　涡轮分子泵结构组成及涡轮叶列组合方式

1-主轴；2-泵壳；3-转子叶列；4-定子叶列

涡轮分子泵通常选择不同几何参数的叶列组成高、中、低三个抽气段。其中，高段（泵入口段）以提高抽速为目的选择叶列的几何参数，抽速大、压缩比小，低段（泵出口段）以提高压缩比为目的选择叶列的几何参数，抽速小、压缩比大，而中段是高、低段的过渡阶段，既考虑适当的抽速又兼顾压缩比，使高、低段达到合理匹配，以适应各种应用场合对抽气的要求。

涡轮分子泵组合叶列的安装方式如图 3-2 所示。从图中可见，动叶列与静叶列间、动叶列与泵壳间、静叶列与转轴间均存有间隙。其中，转子叶列与定子叶列间的间隙为 δ_3，转子叶列顶端与泵壳之间的间隙为 δ_2，定子叶列内孔与转轴之间的间隙为 δ_1。

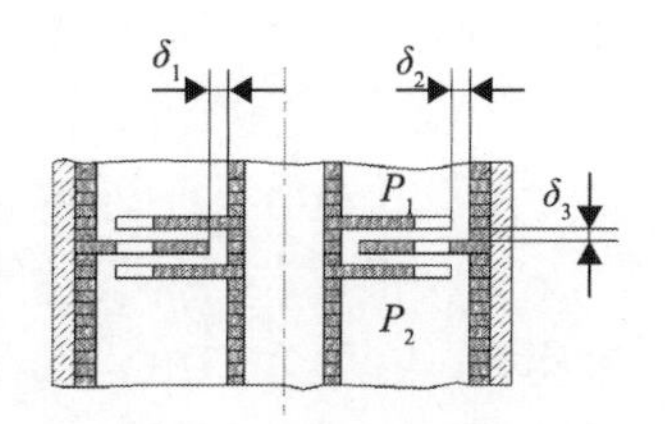

图 3-2　涡轮叶列安装方式

P_1-入口压力；P_2-出口压力

实际的安装间隙由安装条件决定。为防止叶列运转过程中因振动与静叶列相碰，工作叶列外径 D_2 增大时，δ_3 也要增大。当工作叶列外径 D_2=100~200mm 时，δ_3=1～1.2mm；当 D_2=500～700mm 时，δ_3=2～2.5mm。对于 δ_2，可按涡轮叶列径向间隙的环形面积 F_2 与转子叶列的抽气面积 F_p 之比来选取，一般取 $F_2 / F_p = 0.02$，即间隙返流面积为正向抽气面积的 2%。δ_1 可按环形间隙面积 F_1 与定子叶列的抽气面积 F_C 之比来选取，一般取 $F_1 / F_C = 0.004$～0.006。由于涡轮叶列的工作间隙 δ_1、δ_2 和 δ_3 对叶列的抽速和压缩比有较大影响，故在保证工作可靠性的前提下尽量选小值。

涡轮分子泵是一种高速旋转的机械，动叶列的线速度很高，转子的转速一般为 200～1200r/min。这样的转子会因为动平衡不好而引起振动，使轴承很快磨损，涡轮分子泵的寿命也会因此而缩短，所以分子泵动平衡的好坏是涡轮分子泵安全使用的关键所在。根据俄罗斯有关报道，转子许可不平衡质量可由式（3-1）确定：

$$G = 0.107m / n \tag{3-1}$$

式中，m 为转子的质量，g；n 为转子旋转频率，r/s。

涡轮分子泵的轴承装置是泵的关键部件，对于稀油或油脂润滑的球轴承，其支承形式和约束刚度对泵转子系统的固有频率有直接影响，通过设计，要使其固有频率远离分子泵的工作频率。

为了杜绝油蒸气对涡轮分子泵的污染和进一步提高涡轮分子泵的性能，出现了利用空气轴承和磁悬浮轴承的新型涡轮分子泵。这样一来，涡轮分子泵作为清洁的超高真空泵就更加完善了。目前的涡轮分子泵经过烘烤去气可以获得极高真空。

此外，涡轮分子泵对异物进入非常敏感，通常在泵的入口处设置金属过滤网。

涡轮分子泵的电动机和轴承需要冷却，大泵一般采用水冷方式，小泵常采用风冷方式。风冷式泵在油池外设有散热片和风扇。

如图 1-10 所示，单级涡轮叶列的抽气能力与其几何参数以及转速有关，通过计算气体分子通过涡轮叶列的正向传输概率 M_{12}、反向传输概率 M_{21}，来确定单级涡轮叶列的抽速和压缩比。单级涡轮叶列的正、反向传输概率是叶片倾角 α、无量纲参数——节弦比 s_0（a/b）、速度比 c（v/c_p，c_p 为气体分子热运动最可几速率）的函数。一般地，速度比越大，涡轮叶列的压缩比、抽速越高，叶片倾角越大、节弦比越大，抽速越大而压缩比越小。

为获得要求的抽气性能，分子泵设计时，可以通过单级涡轮叶列的合理组合来实现。在泵入口侧，选择叶片倾角、节弦比较大的涡轮叶列组合作为抽气级，保证泵具有较大的抽速，而在泵的出口侧，选择叶片倾角、节弦比较小的涡轮叶列组合作为压缩级，保证泵具有较大的压缩比。设计合理的分子泵涡轮叶列组合方式，可以用较少的级数，获得需要的抽速和压缩比。

3.2 单级涡轮叶列抽气性能的计算模型

3.2.1 涡轮叶列的抽气机理

涡轮分子泵转子叶列沿某一直径的展开如图 3-3 所示，此时单级涡轮叶列简化为叶片彼此平行的二维问题[1]，其中，叶片倾角为 α，叶列节距为 a，叶列弦长为 b。转子叶列将空间分割成空间①和空间②。若涡轮叶列的线速度为 v，为分析方便，取 $v=c_p$，相对于牵引速度 v，气体分子的速度分布由图 3-3（b）和（c）变为如图 3-3（d）和（e）所示的相对速度分布，这使得空间①、②内的气体分子通过涡轮叶列通道的传输概率产生差别。

令图 3-3 中 $A_{1,0}$、$A'_{1,0}$、$A'_{2,0}$、$A_{2,0}$ 之间的叶列通道空间为 K 区。在 $A_{1,0}$—$A'_{1,0}$ 面上任取表面元 dA_1，与 $A_{2,0}$—$A'_{2,0}$ 出口面形成的夹角为 β_1。从图 3-3（a）、（d）中可见，对于从左侧空间①入射到表面元 dA_1 上的气体分子，当其运动方向落在扇形 β_1 空间内时，气体分子可自由地通过叶列通道，而不与涡轮叶列发生碰撞。在 $A_{2,0}$ 和 $A'_{2,0}$ 之间任取表面元 dA_2，入射气体分子的入射角为 β_2，从图 3-3（a）、（e）中可见，任何从右边空间②入射到表面元 dA_2 上的气体分子都不能直接飞过 K 区到达左边的空间①，而至少要与涡轮叶列发生一次碰撞。因此，由空间①向空间②自由飞过 K 区的传输概率大于由空间②向空间①自由飞过 K 区的传输概率，即 $M_{12\text{free}} > M_{21\text{free}}$。

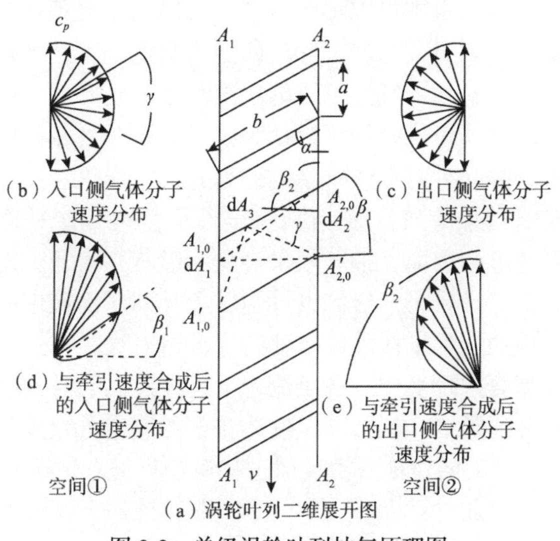

图 3-3　单级涡轮叶列抽气原理图

对于不能直接飞过 K 区的气体分子,则要入射到叶片的上壁 $A_{1,0}$ — $A_{2,0}$ 或下壁 $A'_{1,0}$ — $A'_{2,0}$ 上，这些气体分子将被吸附在壁上停留一段时间后被解吸，各向同性地向 K 区发射。叶片表面上发射气体分子的热运动速率与温度有关。假设叶片表面温度与气体分子温度相同，此时叶片反射的气体分子平均热运动速率与气体分子入射速率相等，均为 c_p。如图 3-3 所示，取 $A_{1,0}$ — $A_{2,0}$ 上表面元 $\mathrm{d}A_3$，使 $\mathrm{d}A_3$ 对 $A_{1,0}$ — $A'_{1,0}$ 面和 $A_{2,0}$ — $A'_{2,0}$ 面的张角均为 γ，则 $\mathrm{d}A_3$ 上解吸的气体分子入射到空间①侧和空间②侧的概率相等。$\mathrm{d}A_3$ 右侧的所有表面元，对空间②侧的张角总是大于对空间①侧的张角，即单元 $\mathrm{d}A_3$ 右侧表面上发射的气体分子飞向空间②侧的分子数比飞向空间①侧的多。反之，单元 $\mathrm{d}A_3$ 左侧表面上发射的气体分子飞向空间①侧的较多。由于 $A_{1,0}$ — $A_{2,0}$ 面上 $\mathrm{d}A_3$ 左侧单元数量少于右侧单元数量，因此由 $A_{1,0}$ — $A_{2,0}$ 面上解吸的气体分子飞向空间②侧的数量要大于飞向空间①侧的数量。对于 $A'_{1,0}$ — $A'_{2,0}$ 面气体分子的发射情况，与 $A_{1,0}$ — $A_{2,0}$ 面的情况正相反，即壁面上解吸的气体分子飞向空间①侧的数量要大于飞向空间②侧的数量。由图 3-3 可见，由于入射气体分子速度分布不同，入射到 $A_{1,0}$ — $A_{2,0}$ 面上的气体分子数量远多于入射到 $A'_{1,0}$ — $A'_{2,0}$ 面上的气体分子数量，因此从涡轮叶片壁面上解吸的气体分子进入空间②侧的分子数要多于进入空间①侧的分子数。实际上，由壁面解吸的气体分子还可能入射到对面的叶片壁上被吸附，然后再解吸，经过多次与壁面的碰撞后飞出空间 K，最终进入空间①侧或空间②侧，这是一个十分复杂的过程。

涡轮定子叶列的抽气机理可以参照转子叶列的工作机理加以分析。当定子叶列两侧均有涡轮转子叶列时，与转子叶列两侧均为定子叶列（自由空间）的情况相似。从涡轮动叶列上解吸的气体分子的速度分布受到叶列牵引速度的影响，此时，相对于涡轮动叶列，定子叶列可以认为以与转子叶列相同的速度及相反的方向运动，因此，涡轮静叶列对气体分子同样具有抽气作用。如果涡轮定子叶列一侧是自由空间（没有转子叶列，即速度比 $c=0$），涡轮定子一侧的入射气体分子与叶列不存在相对速度，因而，抽气效果会受到影响。为充分发挥每一级涡轮叶列的抽气作用，涡轮分子泵第一级应设计为转子叶列，而最末一级也应设计为转子叶列，使涡轮叶列的实际工作条件与理论分析相一致。

分子泵工作在高真空环境中，分子流态下，经过涡轮叶列的气体分子的平均自由程远远大于叶列通道的几何尺寸，气体分子的速率分布遵从麦克斯韦速率分布规律，气体分子与叶列的碰撞及漫反射过程遵守克努森定律（余弦定律）。在上述假设的基础上，可以通过对大量气体分子的跟踪统计，计算得到气体分子在 K 区的传输过程和最后通过涡轮叶列的正、反向传输概率。

若从空间①经叶列通道进入空间②的传输概率为 M_{12}，气体分子从空间②经叶列通道进入空间①的传输概率为 M_{21}，通过上述分析总有 $M_{12}>M_{21}$，这是涡轮叶列线速度对气体分子的动量传递作用的结果，而两者之差反映了单级涡轮叶列的抽气能力。

3.2.2 单级涡轮叶列的抽气性能

假设在图 3-3 中，空间①、②侧气体压力、分子数密度、气体温度、热运动速率、通道面积分别为 p_1、p_2，n_1、n_2，T_1、T_2，c_{p1}、c_{p2}，A_1、A_2，气体分子从空间①侧到空间②侧的传输概率为 M_{12}，从空间②侧到空间①侧的传输概率为 M_{21}，则单位时间内气体分子通过空间①侧单位面积到空间②侧上的净流量为

$$\frac{n_1 c_{p1}}{4} A_1 M_{12} - \frac{n_2 c_{p2}}{4} A_2 M_{21} = \frac{n_1 c_p}{4} A_1 H \qquad (3\text{-}2)$$

式中，H 为涡轮叶列的何氏系数。

一般地，$A_1 = A_2 = A$，$T_1 = T_2$，$p_2 / p_1 = n_2 / n_1$，由式（3-2）可知，何氏系数可表示为

$$H = M_{12} - \frac{p_2}{p_1} M_{21} \tag{3-3}$$

由式（3-3）可计算单级涡轮叶列的压缩比：

$$\frac{p_2}{p_1} = \frac{M_{12}}{M_{21}} - \frac{H}{M_{21}} \tag{3-4}$$

当 $p_1 = p_2$（即 $n_1 = n_2$）时，由式（3-3）得到单级涡轮叶列的最大何氏系数：

$$H_{\max} = M_{12} - M_{21} \tag{3-5}$$

当 $H = 0$（即抽速等于零时），由式（3-4）得到单级涡轮叶列的最大压缩比：

$$K_{\max} = \left(\frac{p_2}{p_1}\right)_{\max} = \frac{M_{12}}{M_{21}} \tag{3-6}$$

单位时间入射到单位面积上的分子数为 $\frac{1}{4}n\bar{v}$，若气体分子净通过涡轮叶列的概率为最大何氏系数 $H_{\max}$，则单位时间通过涡轮叶列的分子数为 $\frac{1}{4}n\bar{v}H_{\max}$，当涡轮叶列抽气通道进出口面积相等且为 A 时，单级涡轮叶列的最大抽速可由式（3-7）求得

$$S_{\max} = \frac{1}{4}n\bar{v}H_{\max}A/n = \frac{1}{4}\bar{v}H_{\max}A \tag{3-7}$$

将气体分子热运动速率计算公式代入式（3-7），最大抽速公式为

$$S_{\max} = \frac{1}{4}\bar{v}H_{\max}A = \frac{1}{4}\sqrt{\frac{8RT}{\pi\mu}}H_{\max}A \tag{3-8}$$

若气体分子摩尔质量单位采用 g/mol，其他参数采用国际单位制，整理式（3-8）得到最大抽速（m^3/s）为

$$S_{\max} = 36.4H_{\max}A\sqrt{\frac{T}{\mu}} \tag{3-9}$$

由式（3-6）、式（3-7）可见，单级涡轮叶列抽气性能的计算归结于对气体分子通过叶列的正、反向传输概率的计算。

气体分子通过涡轮叶列的传输概率 M_{12} 和 M_{21} 与叶列的速度比 c、倾角 α 和节弦比 a/b 有关。通常 M_{12} 和 M_{21} 可用积分方程法、传输矩阵法、角系数法和蒙特

卡罗法求得。这些方法基于相同的理论根据，即从气体分子动理论出发，以麦克斯韦速度分布规律为基础，只是处理方法各不相同。

3.2.3 单级涡轮叶列气体分子传输概率计算方法

1. 积分方程法

积分方程法是研究气体分子的集体运动，把分子的运动范围分成无数个小区域，再全面考虑分子在每个区域里的运动经历，以及各区域之间可能发生的交互作用和运动结果，然后用积分进行累加，求得传输概率。在考虑交互作用时成功地采用了第二类 Fredholm 积分方程。这种方法的特点是：物理概念清晰，数学推导严密，计算结果较精确，用时较少。但物理和数学模型复杂，计算程序较长[2]。

传输概率可以由式（3-10）求出：

$$M_{12}^{c}=m_{12}+\int_{-0.5}^{0.5}m_{x2}u_{x}\mathrm{d}x+\int_{-0.5}^{0.5}m_{y2}u_{y}\mathrm{d}y \tag{3-10}$$

式（3-10）中右边的各项意义如下。

第一项，表示从空间①侧入射的气体分子未经碰撞直接通过叶列到达空间②侧的传输概率。

第二项、第三项分别表示从空间①侧入射的气体分子首先打在叶片不同侧面（以 x 和 y 代表）上反射后，最终达到空间②侧的传输概率。

由于式（3-10）中被积函数复杂，式（3-10）可用数值积分近似求得

$$M_{12}^{c}\approx m_{12}+\sum_{\mu=1}^{k}w_{\mu}m_{x2}\left(x_{\mu}\right)u_{x}\left(x_{\mu}\right)w_{\mu}+\sum_{\mu=1}^{k}w_{k}\left[1-m_{y2}\left(y_{\mu}\right)\right]u_{y}\left(y_{\mu}\right) \tag{3-11}$$

式中，$\mu=1,2,3,\cdots$，w_{μ}、w_{k}为积分常数；m_{12}可以用式（3-12）求出：

$$m_{12}=\frac{1}{2}\sum_{k=0}^{n}c_{k}\left\{\sin\theta_{0}\mathrm{e}^{-c^{2}\cos^{2}\theta_{0}}\left[1+\operatorname{erf}\left(c\sin\theta_{0}\right)\right]-\sin\theta_{1}\mathrm{e}^{-c^{2}\cos^{2}\theta_{1}}\left[1+\operatorname{erf}\left(c\sin\theta_{1}\right)\right]\right\} \tag{3-12}$$

式中，c_k为 Cotes 系数；$\operatorname{erf}(t)=\frac{2}{\sqrt{\pi}}\int_{0}^{t}\mathrm{e}^{-t^{2}}\mathrm{d}t$，为误差函数。

$$\sin\theta_{0}=\frac{s_{k}+\cos\alpha}{\left[\left(s_{k}+\cos\alpha\right)^{2}+\sin^{2}\alpha\right]^{1/2}} \tag{3-13}$$

$$\cos\theta_0 = \frac{\sin\alpha}{\left[\left(s_k + \cos\alpha\right)^2 + \sin^2\alpha\right]^{1/2}} \tag{3-14}$$

$$\cos\theta_1 = \frac{s_k + \cos\alpha - s_0}{\left[\left(s_k + \cos\alpha - s_0\right)^2 + \sin^2\alpha\right]^{1/2}} \tag{3-15}$$

$$\sin\theta_1 = \frac{\sin\alpha}{\left[\left(s_k + \cos\alpha - s_0\right)^2 + \sin^2\alpha\right]^{1/2}} \tag{3-16}$$

式中，

$$s_k = \frac{k}{n} s_0 , \quad k=0, 1, 2, \cdots, n$$

m_{x2} 可以从第二类 Fredholm 积分方程式中求出：

$$m_{x2} + \int_{-0.5}^{0.5} m_{x2} F(x, y) \mathrm{d}y = 1 - D_{x1} \tag{3-17}$$

或写成

$$m_{x2}\left(x_\mu\right) + \sum_{v}^{k} w_v F\left(x_\mu, y_v\right) m_{x2}\left(y_v\right) = 1 - D_{x1}\left(x_\mu\right) \tag{3-18}$$

式中，

$$F\left(x_\mu, y_v\right) = \frac{1}{2}\left\{\frac{s_0^2 \sin^2\alpha}{\left[\left(x_\mu + y_v + s_0\cos\alpha\right)^2 + s_0^2\sin^2\alpha\right]^{3/2}}\right\} \tag{3-19}$$

$$D_{x1}\left(x_\mu\right) = \frac{1}{2}\left\{1 - \frac{x_\mu + 0.5 + s_0\cos\alpha}{\left[\left(x_\mu + y_v + s_0\cos\alpha\right)^2 + s_0^2\sin^2\alpha\right]^{3/2}}\right\} \tag{3-20}$$

式中，$\mu, v=1,2,\cdots,k$。

$u_x(x_\mu)$可以从式（3-21）求出：

$$u_x\left(x_\mu\right) = \sum_{k=0}^{n} c_k \left\{\frac{c}{\sqrt{\pi}} \mathrm{e}^{-c^2} \sin\theta + \mathrm{e}^{-c^2\cos^2\theta}\left(c^2\sin^2\theta + \frac{1}{2}\right)\left[1 + \mathrm{erf}\left(c\sin\theta\right)\right]\right\} \times \cos\theta s_k \sin\alpha / r^2 \tag{3-21}$$

式中，

$$\sin\theta=\frac{s_k+\left(x_\mu+0.5\right)\cos\alpha}{r} \tag{3-22}$$

$$\cos\theta=\frac{\left(x_\mu+0.5\right)\sin\alpha}{r} \tag{3-23}$$

$$r=\left\{\left[s_k+\left(x_\mu+0.5\right)\cos\alpha\right]^2+\left(x_\mu+0.5\right)^2\sin^2\alpha\right\}^{1/2} \tag{3-24}$$

用$-c$代替c，用$\pi-\alpha$代替α，用$-x_\mu$代替x_μ，代入式（3-21），则可得到$u_y(y_\mu)$。

对应特定c、α、s_0，分别对式（3-12）、式（3-17）进行求解，累加求和，即可求到M_{12}^c。如果对应于相同的α和s_0值，代入$-c$值，即可求得气体分子从空间②侧到空间①侧的传输概率。

积分方程法的计算误差主要是数值方法引起的截断误差和计算机有效数字引起的舍入误差，其中舍入误差一般可以忽略不计，而截断误差可以通过把数值积分区间内分点进一步细化而减小计算误差。当积分区间分别分成 10、20、40 和 80 等份进行数值求解时，发现近似解的截断误差小于 0.5%。积分方程法与其他方法相比，具有计算结果精确、计算速度快的优点。

2. 传输矩阵法

对于复杂几何形状叶片，采用积分方程法求解单级叶列传输概率时，积分方程中的被积函数无法用解析式表达，积分方程无法求解。有时积分方程中的被积函数比较复杂，也会致使积分过程收敛速度缓慢。传输矩阵法能克服上述不足[3]。

传输矩阵法是把分子运动范围分成有限个区域，分子在每个区域的运动经历用一个子传输矩阵来表示，用 Neumann 矩阵来考虑各区域间的交互作用，然后对有限多个子传输矩阵进行叠加，求得传输概率。这种方法适用于计算各种复杂形状叶片间气体分子的传输概率。

如果把叶片侧壁面分成n份，把进气入口和排气出口截面分成m份，则可以定义下述几个传输矩阵：

$$\left[P_{A\to B}\right]=\left[P_{A_i\to B_j}\right],\quad i,j=1,2,\cdots,m$$

$$\left[D_{A\to B}\right]=\left[D_{A_i\to B_j}\right],\quad i,j=1,2,\cdots,m$$

$$\left[U_{A\to K}\right]=\left[U_{A_i\to K_j}\right],\quad i=1,2,\cdots,m,j=1,2,\cdots,n$$

$$\left[V_K\right]=\left[V_{K_i\to K_j}\right]=\left[V_{K_j\to K_i}\right],\quad i=1,2,\cdots,m,j=1,2,\cdots,n$$

$$\left[H_{K\to B}\right]=\left[H_{K_i\to B_j}\right],\quad i=1,2,\cdots,m,j=1,2,\cdots,n$$

式中，$[P_{A\to B}]$为进入 A 截面的气体分子能够到达 B 截面的传输概率矩阵；$[P_{A_i\to B_j}]$为从 A_i 单元上发射的气体分子能够到达 B_j 单元的概率；$[D_{A\to B}]$为进入 A 截面的气体分子未经任何碰撞直接到达 B 截面的传输概率矩阵；$[D_{A_i\to B_j}]$为从 A_i 单元发射的气体分子未经任何碰撞直接到达 B_j 单元的概率；$[U_{A\to K}]$为进入 A 截面的气体分子直接与叶片碰撞的传输概率矩阵；$[U_{A_i\to K_j}]$为进入 A_i 单元的气体分子直接与叶片上 K_j 单元碰撞的概率；$[V_K]$为从某一叶片壁面上反射的气体分子能到达另一叶片上的传输概率矩阵；$[V_{K_i\to K_j}]$为从 K_i 单元上反射的气体分子到达 K_j 单元的概率；$[H_{K\to B}]$为从叶片上反射的气体分子能到达截面 B 的传输概率矩阵；$[H_{K_i\to K_j}]$为从 K_i 单元上反射的气体分子到达 B_j 单元的概率。

根据概率叠加原理，气体分子从 A 侧通过叶片通道到达 B 侧的传输概率是气体分子从 A 侧入射后与叶片经过 0 次，或 1 次，…，或 i 次，…，或无数次碰撞后最终到达 B 侧的概率的累加，即

$$\begin{aligned}\left[P_{A\to B}\right]&=\left[D_{A\to B}\right]+\left[U_{A\to K}\right]\left[H_{K\to B}\right]+\left[U_{A\to K}\right]\left[V_K\right]\left[H_{K\to B}\right]+\left[U_{A\to K}\right]\left[V_K\right]\left[V_K\right]\left[H_{K\to B}\right]\\&=\left[D_{A\to B}\right]+\left[U_{A\to K}\right]\left\{\left[I\right]+\left[V_K\right]+\left[V_K\right]^2+\cdots\right\}\left[H_{K\to B}\right]\end{aligned}\tag{3-25}$$

式中，$[I]$为单位矩阵。

令

$$\left[R\right]_m=\left[I\right]+\left[V_K\right]+\left[V_K\right]^2+\cdots+\left[V_K\right]^m\tag{3-26}$$

式（3-26）两侧分别乘以矩阵$[V_K]$，则有

$$\left[V_K\right]\left[R\right]_m=\left[V_K\right]+\left[V_K\right]^2+\cdots+\left[V_K\right]^m+\left[V_K\right]^{m+1}\tag{3-27}$$

式（3-27）两边同时乘单位矩阵，代入$[R]_m$，整理可得

$$\left[R\right]_m\left(\left[I\right]-\left[V_K\right]\right)=\left[I\right]-\left[V_K\right]^{m+1}\tag{3-28}$$

令 $m\to\infty$，则$[V_K]^{m+1}\to 0$，从而可得

$$[R]_{\infty}([I]-[V_K])=[I] \tag{3-29}$$

因此：

$$[R]_{\infty}=[I]+[V_K]+[V_K]^2+\cdots+[V_K]^m+\cdots=([I]-[V_K])^{-1} \tag{3-30}$$

将式（3-30）代入式（3-25）可得

$$[P_{A\to B}]=[D_{A\to B}]+[U_{A\to K}]([I]-[V_K]^{-1})[H_{K\to B}] \tag{3-31}$$

从 A 侧到达 B 侧的传输概率可由式（3-32）计算得到

$$P_{A\to B}=\frac{1}{m}\sum_{i=1}^{m}\sum_{j=1}^{m}([p_{A_j\to B_j}]) \tag{3-32}$$

3. 角系数法

角系数法指用几何学方法求出气体分子能通过叶列的角度占叶列入口总角度的比例值，即传输概率。由于在漫反射模型中假定了气体分子与壁面碰撞后按法线方向反射，这样使计算结果产生了较大的误差[4]。

角系数法由于假定条件显得过于粗糙，所以计算结果偏差较大。

4. 蒙特卡罗法

蒙特卡罗法是在计算机上直接模拟单个分子在叶列通道内的运动经历及其最终结果，在考虑了足够多的分子数量以后，得到从一侧最终到达另一侧的分子数与模拟分子总数之比值，即传输概率。这种方法的特点是：物理和数学模型简单，其计算误差与模拟分子数的开方成反比，若要提高计算精度，可增加模拟次数。但由此也导致费时太长，计算一个传输概率值所需要的时间是积分方程法的 100 倍左右[5]。

蒙特卡罗法的计算误差主要与模拟次数有关，Kruger 曾做过误差分析，在假定蒙特卡罗法的计算结果围绕正确结果按正态分布时，其误差大于 10%的计算结果只占 10.96%。

随着计算机计算能力的快速提升，蒙特卡罗法成为涡轮分子泵叶列抽气性能的主要计算方法。

3.3　蒙特卡罗法对单级涡轮叶列抽气性能的分析

3.3.1　蒙特卡罗法计算模型

1. 漫反射模型

1）气体分子的入射方向

二维平面上麦克斯韦速率和余弦定律可分别表达为

$$f(v)=\left(2/a^2\right)\mathrm{e}^{-v^2/a^2}v \tag{3-33}$$

$$N_u=\int_{-\frac{\pi}{2}}^{\frac{\pi}{2}}\frac{n\overline{v}}{2\pi}\cos\varphi\mathrm{d}\varphi=\frac{n\overline{v}}{\pi} \tag{3-34}$$

气体分子入射至涡轮叶列入口平面上的分子数分布函数为

$$\begin{aligned}\mathrm{d}N_{\theta\to\theta+\mathrm{d}\theta}=&\left[\frac{c}{\sqrt{\pi}}\mathrm{e}^{-c^2}\sin\theta+\mathrm{e}^{-c^2\cos^2\theta}\left(c^2\sin^2\theta+\frac{1}{2}\right)\right.\\&\left.\times\left(1+\frac{2}{\sqrt{\pi}}\int_0^{c\sin\theta}\mathrm{e}^{-t^2}\mathrm{d}t\right)\right]\cos\theta\mathrm{d}\theta\end{aligned} \tag{3-35}$$

当速度比 c 用负值代入式（3-35）时，即可得到气体分子从涡轮叶列反向入射时的分子数分布函数。

式（3-35）满足归一化条件：

$$\int_{-\frac{\pi}{2}}^{\frac{\pi}{2}}\mathrm{d}N_{\theta\to\theta+\mathrm{d}\theta}=1 \tag{3-36}$$

如果考虑某一个气体分子的随机入射，则分子入射角 θ 可以由式（3-37）解得

$$r_1=\int_{-\frac{\pi}{2}}^{\theta}\mathrm{d}N_{\theta\to\theta+\mathrm{d}\theta} \tag{3-37}$$

式中，r_1 为（0，1）区间上均匀分布的随机数。当在计算机上取一随机数时，可用上述方法解出满足上述方程的 θ 值，即求出某一个入射分子的入射角。

2）入射分子的第一次碰撞

取（0，1）区间上的随机数 r_1，令入口位置为 $r_1 s_0$，则气体分子入口位置在（0，1）上均匀分布。

如果入射气体分子与上叶片碰撞，则由图 3-4 有

$$\gamma_1=\alpha+\theta-90° \tag{3-38}$$

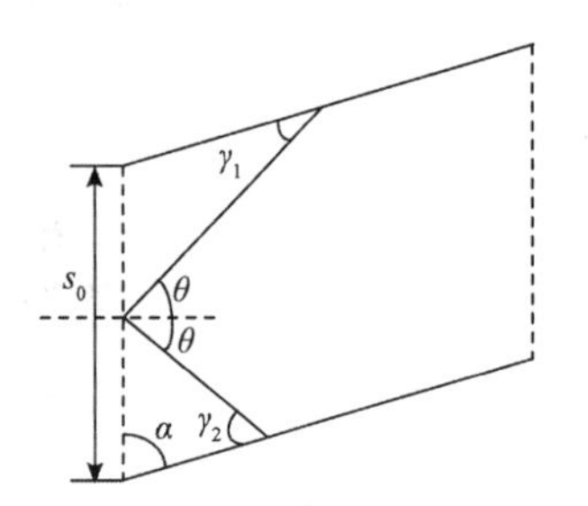

图 3-4　气体分子与涡轮叶片的碰撞位置

由正弦定律：

$$\frac{x_1}{\sin(90°-\theta)}=\frac{r_2 s_0}{\sin(\alpha+\theta-90°)} \tag{3-39}$$

解得

$$x_1=\frac{r_2 s_0}{\sin\alpha\left(\tan\theta-\tan\alpha\right)} \tag{3-40}$$

如果入射分子与下叶片碰撞，则由图 3-4 可见：

$$\gamma_2=90°-\alpha-\theta \tag{3-41}$$

同理：

$$\frac{y_1}{\sin(90°+\theta)}=\frac{(1-r_2)s_0}{\sin(90°-\alpha-\theta)} \tag{3-42}$$

解得

$$y_1=\frac{(r_2-1)s_0}{\sin\alpha\left(\tan\theta-\tan\alpha\right)} \tag{3-43}$$

入射气体分子与涡轮叶片的碰撞关系归纳如下。

（1）当 $\tan\theta=\cot\alpha$ 时，分子直接通过涡轮叶列。

（2）当 $\tan\theta>\cot\alpha$ 时，$x_1=\dfrac{r_2 s_0}{\sin\alpha\left(\tan\theta-\tan\alpha\right)}$。

（3）当 $\tan\theta<\cot\alpha$ 时，$y_1=\dfrac{(r_2-1)s_0}{\sin\alpha\left(\tan\theta-\tan\alpha\right)}$。

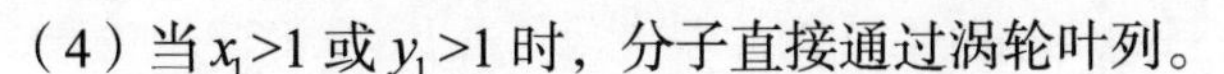

（4）当 $x_1>1$ 或 $y_1>1$ 时，分子直接通过涡轮叶列。

3）气体分子与叶片的第二次及多次碰撞

气体分子入射到叶片上壁面后，再从壁面反射的情形如图 3-5 所示。

气体分子从上壁面以角度 θ 向下壁面反射时，有

$$r_2=\int_{-\frac{\pi}{2}}^{\theta}\frac{1}{2}\cos\theta\mathrm{d}\theta \tag{3-44}$$

$$\theta=\arcsin(2r_3-1) \tag{3-45}$$

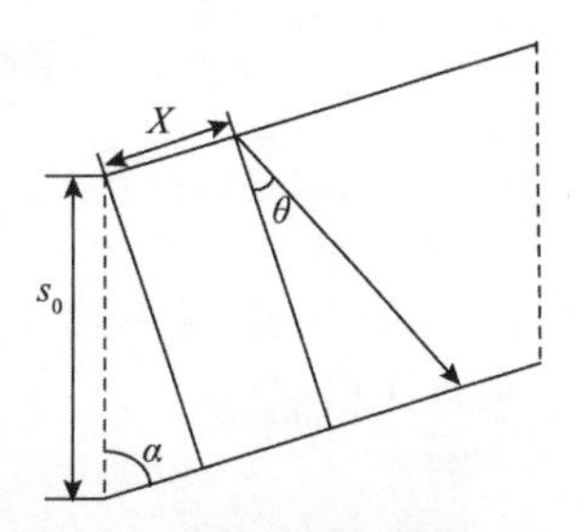

图 3-5　气体分子与涡轮叶片的第二次碰撞位置计算模型

式中，r_3 为（0，1）上的随机数。

由图 3-5 可得气体分子从上壁面反射到下壁面的碰撞位置为

$$y_2=s_0\cos\alpha+x_1+s_0\sin\alpha\tan\theta \tag{3-46}$$

因为

$$\tan\theta=\frac{2r_3-1}{\left[1-(2r_3-1)^2\right]^{1/2}} \tag{3-47}$$

代入式（3-46），则

$$y_2=s_0\cos\alpha+x_1+s_0\sin\alpha\frac{2r_3-1}{\left[1-(2r_3-1)^2\right]^{1/2}} \tag{3-48}$$

同理，气体分子从下壁面反射到上壁面的碰撞位置为

$$x_2=y_1-s_0\cos\alpha-s_0\sin\alpha\frac{2r_3-1}{\left[1-(2r_3-1)^2\right]^{1/2}} \tag{3-49}$$

入射气体分子与涡轮叶片的第二次碰撞关系归纳如下。

（1）如果 $x_2>1$ 或 $y_2>1$，气体分子通过叶列。

（2）如果 $x_2<0$ 或 $y_2<0$，气体分子返回入射口。

（3）如果 $0\leqslant x_2\leqslant1$ 或 $0\leqslant y_2\leqslant1$，气体分子继续碰撞。

4）涡轮叶列对气体分子的传输概率计算

气体分子正向入射涡轮叶列，并通过涡轮叶列到达另一侧的概率可由式（3-50）计算：

$$M_{12} = \frac{N_1}{N} = \frac{\text{漫反射模型下通过叶列的分子数}}{\text{总分子数}} \tag{3-50}$$

若以叶列的速度比 c 的负值代入入射分布函数进行计算，则可求得气体分子从反向入射涡轮叶列，并通过涡轮叶列到达另一侧的传输概率 M_{21}。

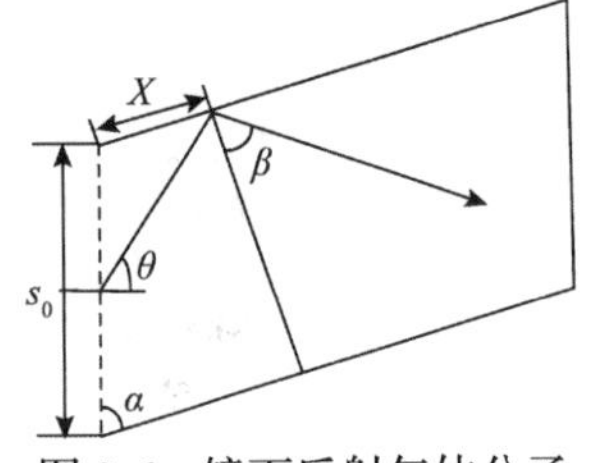

图 3-6　镜面反射气体分子碰撞位置计算模型

2. 镜面反射模型

气体分子的入射条件及第一次碰撞叶片条件与“漫反射模型”部分相同，镜面反射和漫反射的区别发生在与上、下涡轮叶片碰撞后的反射过程。镜面反射气体分子碰撞位置计算模型示意如图 3-6 所示。

气体分子与叶片发生多次碰撞的过程中，气体分子的碰撞位置遵循镜面反射关系。

1）气体分子与上壁面碰撞后反射

反射角为

$$\beta = \pi - \theta - \alpha \tag{3-51}$$

气体分子反射后的位置为

$$y_2 = s_0 \cos\alpha + x_1 + s_0 \sin\alpha / \cos\beta \tag{3-52}$$

将式（3-51）中的 β 代入式（3-52），可得

$$y_2 = s_0 \cos\alpha + x_1 + s_0 \sin\alpha / \cos(\pi - \theta - \alpha) \tag{3-53}$$

2）气体分子与下壁面碰撞后反射

反射角为

$$\beta = \alpha - \theta \tag{3-54}$$

因为

$$x_2 = y_1 - s_0 \cos\alpha - s_0 \sin\alpha / \cos\beta \tag{3-55}$$

将式（3-54）中的 β 代入式（3-55），可得

$$x_2 = y_1 - s_0 \cos\alpha - s_0 \sin\alpha / \cos(\alpha - \theta) \tag{3-56}$$

入射气体分子与涡轮叶片的第二次碰撞关系归纳如下。

（1）如果 $x_2>1$ 或 $y_2>1$，气体分子通过叶列。

（2）如果 $x_2<0$ 或 $y_2<0$，气体分子返回入射口。

（3）如果 $0\leqslant x_2\leqslant 1$ 或 $0\leqslant y_2\leqslant 1$，气体分子继续碰撞。

3）涡轮叶列对气体分子的传输概率计算

气体分子正向入射涡轮叶列，并通过涡轮叶列到达另一侧的概率可由式（3-57）计算：

$$M_{12} = \frac{N_1}{N} = \frac{\text{漫反射模型下通过叶列的分子数}}{\text{总分子数}} \tag{3-57}$$

若以叶列的速度比 c 的负值代入入射分布函数进行计算，则可求得气体分子从反向入射涡轮叶列，并通过涡轮叶列到达另一侧的传输概率 M_{21}。

3. 漫反射与镜面反射组合模型

涡轮叶列传输概率计算模型中，通常选用漫反射模型来描述气体分子与涡轮叶片的碰撞过程。为反映气体分子与涡轮叶片之间的实际碰撞关系，引入适应系数 k。适应系数具有两种表示方法[6]。

1）第一类适应系数

在气体分子反射速度分量中，设漫反射速度占比为 k，则气体分子的速度为

$$u = ku_{\mathrm{d}} + (1-k)u_{\mathrm{s}} \tag{3-58}$$

式中，u_{d} 为气体分子在漫反射中的速度；u_{s} 为气体分子在镜面反射中的速度；u 为气体分子在引入适应系数之后的速度。

设漫反射模型中气体分子与壁面反射后的角度为 β_1，镜面反射模型中气体分子与壁面反射后的角度为 β_2。

在漫反射模型中，气体分子与壁面发生碰撞，反射后：

$$r = \int_{-\frac{\pi}{2}}^{\theta} \frac{1}{2} \cos\beta_1 \mathrm{d}\beta_1 \tag{3-59}$$

式中，r 为（0，1）上的随机数。

在镜面反射模型中，气体分子与上壁面发生碰撞，反射后：

$$\beta_2 = \pi - \theta - \alpha \tag{3-60}$$

在镜面反射模型中，气体分子与下壁面发生碰撞，反射后：

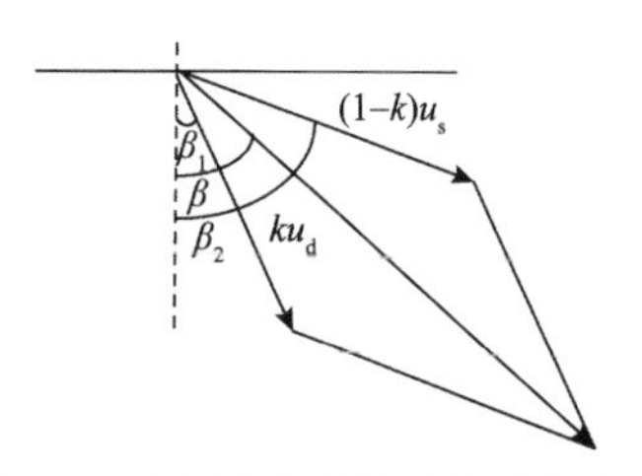

图 3-7　引入适应系数时的反射速度

$$\beta_2 = \alpha - \theta \tag{3-61}$$

式中，θ 为气体分子入射角；α 为涡轮叶片的倾角。

引入适应系数后，反射速度为漫反射速度与镜面反射速度的合成，如图 3-7 所示。

（1）当 $\beta_1 < \beta_2$ 时气体分子的反射角计算。

根据余弦定理有

$$L = \sqrt{(1-k)^2 + k^2 - 2\times(1-k)\times k\times\cos(\pi - \beta_2 + \beta_1)} \tag{3-62}$$

根据正弦定理有

$$\frac{L}{\sin(\pi - \beta_2 + \beta_1)} = \frac{1-k}{\sin\varphi} \tag{3-63}$$

$$\beta = \beta_1 + \varphi \tag{3-64}$$

式中，β 为适应系数为 k 时，气体分子的反射角；L 为合成后分子速度；φ 为漫反射和镜面反射速度方向的夹角。

（2）当 $\beta_1 > \beta_2$ 时气体分子的反射角计算。

根据余弦定理有

$$L = \sqrt{(1-k)^2 + k^2 - 2\times(1-k)\times k\times\cos(\pi - \beta_1 + \beta_2)} \tag{3-65}$$

根据正弦定理有

$$\frac{L}{\sin(\pi - \beta_1 + \beta_2)} = \frac{1-k}{\sin\varphi} \tag{3-66}$$

$$\beta = \beta_1 - \varphi \tag{3-67}$$

式中，β 为适应系数为 k 时，气体分子的反射角。

2）第二类适应系数

第二类适应系数定义为发生漫反射时模拟分子数与模拟分子总数的比值，则适应系数 k 可表示为

$$k = \frac{N_1}{N},\quad 1-k = \frac{N_2}{N} \tag{3-68}$$

式中，N 为模拟分子总数；N_1 为发生漫反射分子的数量；N_2 为发生镜面反射分子的数量。

当适应系数为 k 时，在（0，1）上取随机数 r。

当 $r<k$ 时，气体分子与叶片壁面发生漫反射：

$$r = \int_{-\frac{\pi}{2}}^{\theta} \frac{1}{2}\cos\beta \mathrm{d}\beta \tag{3-69}$$

式中，β 为气体分子的反射角。

当 $r>k$ 时，气体分子与叶片壁面碰撞发生镜面反射。

（1）气体分子与上壁面发生碰撞时，气体分子的反射角 $\beta = \pi - \theta - \alpha$，其中，$\beta$ 为气体分子的反射角；θ 为气体分子的入射角。

（2）气体分子与下壁面发生碰撞时，气体分子的反射角 $\beta = \alpha - \theta$。

3.3.2 涡轮叶列传输概率计算程序

为计算涡轮叶列的传输概率，采用计算机 Fortran 语言编制计算程序。Fortran 语言的最大特性是接近数学公式的自然描述，在计算机里具有很高的执行效率，语法严谨，可以直接对矩阵和复数进行运算，其广泛地应用于数值计算领域，积累了大量高效而可靠的源程序。

输入涡轮叶列计算参数 s_0（节弦比）、α（叶片倾角）、c（速度比）、模拟分子数 M，获得跟踪气体分子的入射角。当 $\tan\theta - \cot\theta = 0$ 时，模拟分子直接通过叶列，记录直接通过涡轮叶列的模拟分子数 NZT，记录通过涡轮叶列的模拟分子总数 NGO，记录跟踪分子数 N；当 $\tan\theta - \cot\theta > 0$ 时，气体分子与上壁面碰撞，计算碰撞位置 X；气体分子继续反射，计算与下壁面的碰撞位置 Y；若 $Y>1$，模拟分子通过叶列，记录通过分子数 NGO，记录跟踪分子数 N；若 $Y<0$，模拟分子返回入口，记录返回分子数 NFW，记录跟踪分子数 N；当 $0<Y<1$ 时，计算与上壁面的碰撞位置 X；当 $\tan\theta - \cot\theta < 0$ 时，气体分子与下壁面碰撞，计算气体分子碰撞位置 Y；气体分子继续反射，计算与上壁面的碰撞位置 X；若 $X>1$，模拟分子通过叶列，记录通过分子数 NGO，记录跟踪分子数 N，若 $X<0$，模拟分子返回入口，记录返回分子数 NFW，记录跟踪分子数 N，当 $0<X<1$ 时，计算与下壁面的碰撞位置 Y。当模拟分子与壁面碰撞时，记录碰撞次数 NSO，当 NSO>20 时，放弃对气体分子的跟踪，补充跟踪分子数。重复上述计算过程，直到 $N=M$，计算传输概率 PM=NGO/N，计算结束，获得传输概率的统计结果。涡轮叶列传输概率计算程序框图如图 3-8 所示。

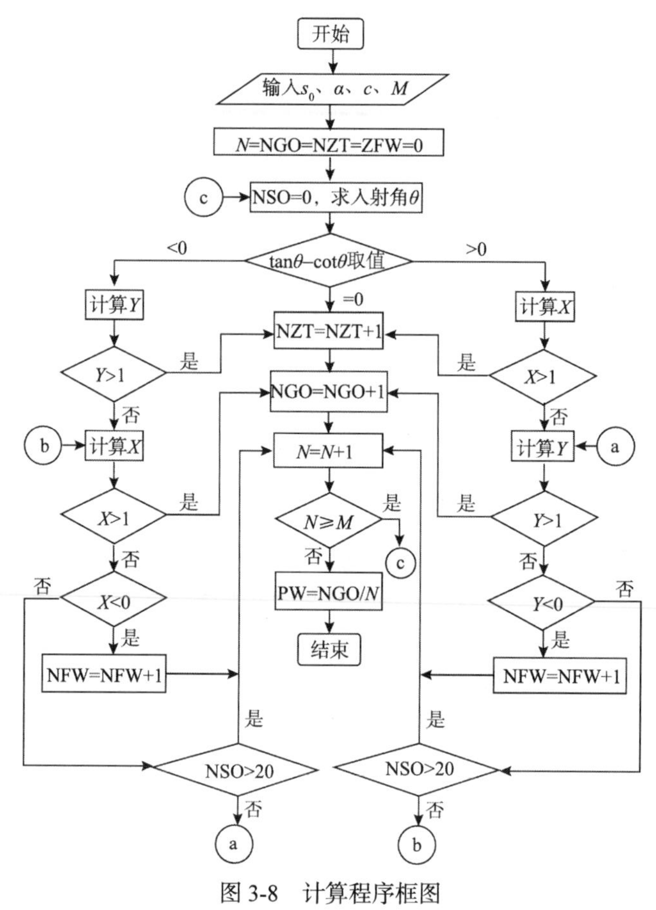

图 3-8　计算程序框图

3.3.3　计算结果及其分析

1. 跟踪分子数对传输概率计算结果的影响

当速度比=1.2，叶片倾角 α=30°，节弦比 a/b=1.2 时，传输概率和跟踪分子数的关系如图 3-9 所示。由图 3-9 中可以看出，随着跟踪分子数的增加，正、反向传输概率和最大何氏系数逐渐趋于稳定，当跟踪分子数到达 10000 时，正、反向传输概率几乎不再发生变化，跟踪分子数为 10000 时和跟踪分子数为 100000 时最大何氏系数的变化率为 1.3126%。综合考虑计算速度和计算误差，在实际的计算过程中，选择跟踪分子数为 10000[7]。

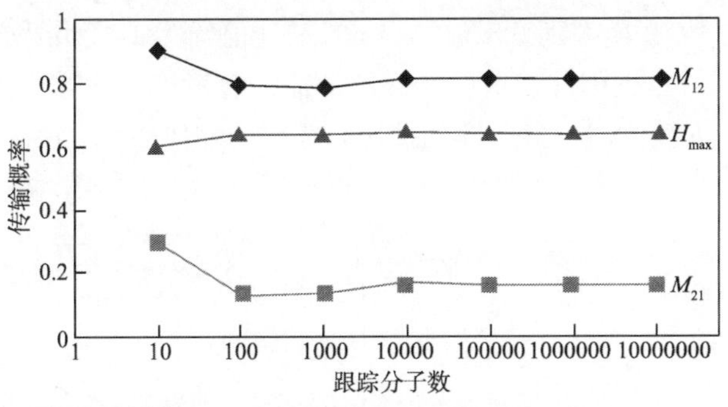

图 3-9　传输概率与跟踪分子数的关系

2. 漫反射模型计算结果及其分析

通过计算获得的涡轮分子泵单级叶列传输概率的部分结果如表 3-1 所示。

表 3-1　单级叶列抽气性能数值表

性能参数	节弦比 a/b								
	0.4	0.6	0.8	1	1.2	1.4	1.6	1.8	2
	α=10°，c=0.2								
M_{12}	0.0565	0.0831	0.1171	0.1714	0.2634	0.3557	0.4314	0.4922	0.5416
M_{21}	0.0344	0.0515	0.0738	0.1104	0.1908	0.2855	0.3668	0.4332	0.4877
H_{max}	0.0221	0.0316	0.0433	0.0610	0.0725	0.0702	0.0645	0.059	0.0538
K_{max}	1.641	1.615	1.588	1.552	1.380	1.246	1.176	1.136	1.110
	α=10°，c=0.4								
M_{12}	0.0715	0.1042	0.1452	0.2081	0.3024	0.3917	0.4638	0.5215	0.5682
M_{21}	0.0269	0.0405	0.0584	0.0872	0.1589	0.2525	0.3355	0.4043	0.4611
H_{max}	0.0446	0.0637	0.0868	0.1209	0.1435	0.1392	0.1283	0.1173	0.1072
K_{max}	2.656	2.572	2.488	2.386	1.903	1.551	1.382	1.290	1.233

根据单级涡轮叶列抽气性能的计算结果，得到涡轮分子泵单级叶列抽速、压缩比与涡轮叶片倾角、节弦比以及速度比的关系曲线。

1）叶列最大压缩比、最大何氏系数与速度比和节弦比的关系

当涡轮叶片倾角α=35°时，最大何氏系数H_{max}、最大压缩比K_{max}与速度比c、节弦比a/b的关系曲线如图 3-10 所示。从图中可见，速度比c增大，最大压缩比H_{max}、最大何氏系数K_{max}均随之增大，说明随着涡轮叶列线速度的增大，叶片壁面对气体分子的牵引作用增强，因此涡轮分子泵的转速一般很高（数万转/分钟），小口径分子泵转速高达 70000～90000 r/min，随着技术进步，分子泵转速还有进一步提高的可能；节弦比a/b增大，H_{max}先增大后减小，在a/b=1～1.4 区间内有最大值，且c从0.2增大到0.8时，a/b的最佳值约为1.2，几乎不变；而K_{max}随a/b的增大总在减小，因此，节弦比设计值需综合考虑涡轮叶列抽速和压缩比的设计需要，在a/b较大时，涡轮叶列抽速较大，压缩比较小，反之，a/b较小时，涡轮叶列抽速较小，压缩比较大。

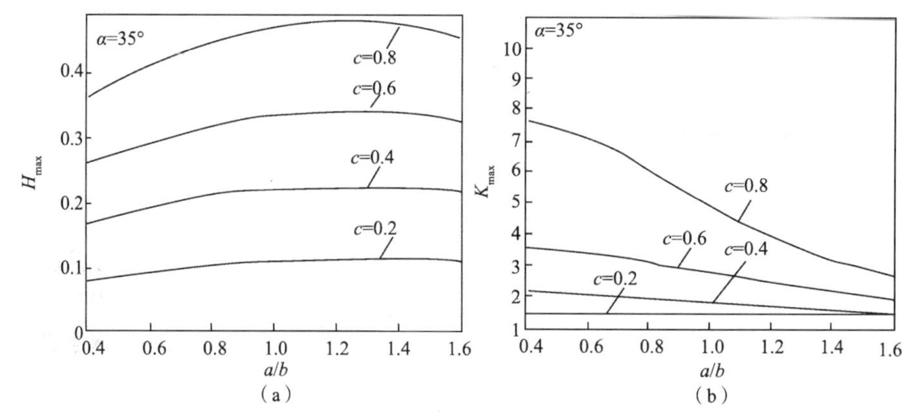

图 3-10　单级涡轮叶列抽气性能与速度比、节弦比的关系

2）叶列最大压缩比、最大何氏系数与叶片倾角和节弦比的关系

当速度比$c=0.6$时，H_{max}、K_{max}与涡轮叶片倾角和节弦比的关系曲线如图3-11所示。从图3-11（a）中可见，H_{max}随a/b增大而增大，H_{max}随叶片倾角增大先增大后减小，在$\alpha=35°\sim40°$区间内，H_{max}有最大值，因此，涡轮叶片倾角设计值不宜超过40°。从图3-11（b）中可见，对于特定叶片倾角，存在最佳a/b值，使得H_{max}达到最大，且最佳a/b值随α的增大而增大。从图3-11（c）中可见，最大压缩比K_{max}随a/b和α的增大而减小。节弦比和叶片倾角要有合适的匹配，a/b过大时，如图中$a/b=1.5$时，小的叶片倾角并不能提高涡轮叶列的压缩比。

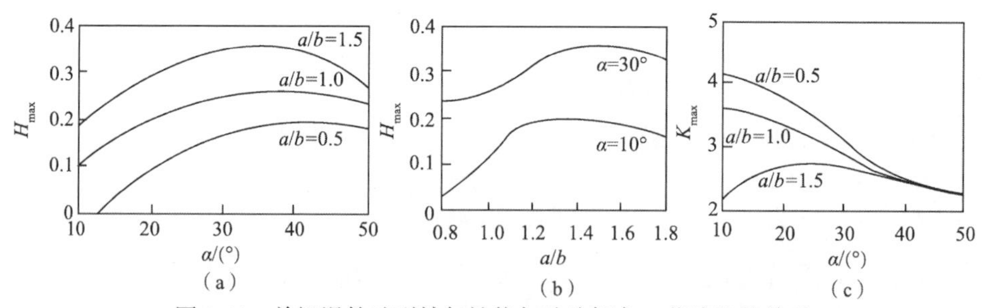

图 3-11　单级涡轮叶列抽气性能与叶片倾角、节弦比的关系

对于涡轮分子泵，在特定的圆周速率$\bar{u}$和气体分子热运动最可几速率下，可

以先确定速度比 c，再选定叶列的几何参数：叶片倾角 α 和节弦比 a/b，就能获得叶列的抽气性能：H_{max} 和 K_{max}。

由气体分子通过涡轮叶列的传输概率计算结果可知，涡轮叶列通道的几何参数、被抽气体的种类和温度对叶列的抽气性能有很大影响。由于技术限制，转子过高的转速将对分子泵的工作可靠性和使用寿命带来挑战，因此，涡轮叶列的速度比不会过高。为达到涡轮分子泵抽气性能的要求，重点应放在合理选择叶列的几何参数上，尽可能用最少的工作叶列数量达到最优的工作状态。例如，泵吸入侧前几级叶列，应具有较大的抽速，因为这些叶列的抽气参数直接决定了泵的抽速，而之后串联的各级叶列应具有较大的压缩比，满足泵总压缩比要求。因此，在设计涡轮分子泵时，单级涡轮叶列的设计原则如下。

（1）为保证工作叶列有较高的传输概率，获得较大的抽速，涡轮叶列的几何参数的选择范围为：叶片倾角 α=35°～40°，节弦比 a/b=1.0～1.4。

（2）为保证工作叶列有足够高的压缩比，其几何参数选择范围为：α=10°～20°，a/b=0.6～0.8。

（3）为提高工作叶列的抽速和压缩比，须提高转子转速。

较小叶片倾角和节弦比的涡轮叶列组成的抽气组合，仅适用于泵体内表面和转子零件表面放气量较小的情况。若放出气体为大分子量气体且放气量较大，各级工作叶列都应采用节弦比较大的开式涡轮叶列结构。

3）叶列最大压缩比、最大何氏系数与速度比和叶片倾角的关系

图 3-12 给出了节弦比 a/b=0.1 时，不同叶片倾角条件下，最大何氏系数 H_{max}、最大压缩比 K_{max} 与速度比 c 的关系曲线。

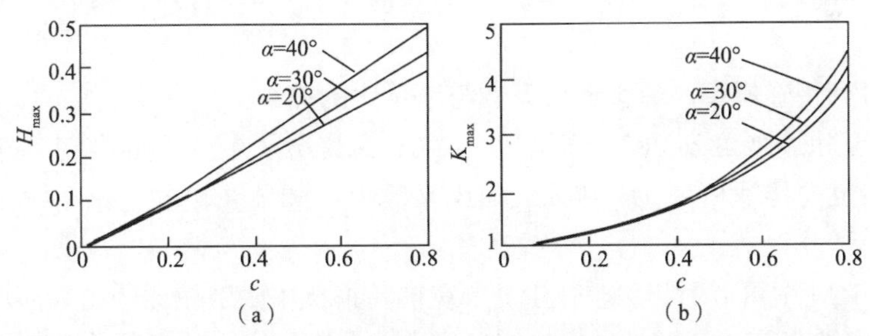

图 3-12　最大何氏系数、最大压缩比与速度比和叶片倾角的关系曲线

从图 3-12 中可见，最大压缩比 K_{max} 随 c 的增大近似呈指数增大，最大何氏系数 H_{max} 随 c 的增大近似呈线性增大（在 c=0～0.8 时，偏差不超过 9%），可写成如下关系式：

$$H_{max} = A_1 c \tag{3-70}$$

式中，A_1 为与 α 和 a/b 有关的常数。

涡轮叶列最大抽速公式为

$$S_{max} = 36.4 H_{max} A \sqrt{\frac{T}{\mu}} = 36.4 A_1 \frac{\bar{u}}{\sqrt{\frac{2RT}{\mu}}} A \sqrt{\frac{T}{\mu}} = \frac{36.4 A_1 \bar{u} A}{(2R)^{1/2}} \tag{3-71}$$

由式（3-71）可见，涡轮叶列的最大抽速与被抽气体的类别、温度无关，即当 $c<0.8$ 时，涡轮叶列对不同温度的各类气体的最大抽速几乎不变。

当压缩比 $K\neq1$ 时，分子泵抽速随被抽气体分子量的变化而变化。由于不同分子量气体从泵进气口到第一工作叶列之间的管道阻力不同，工作抽速有些变化。此外，叶列与泵壳间环形间隙的流导与被抽气体分子量有关，气体分子量小时，被抽气体通过间隙的返流量增大，因而影响到泵的抽速。

被抽气体的分子量越小，分子热运动速率越大，对既定分子泵而言，涡轮叶列的速度比越小，叶列的压缩比越小。因而，一般涡轮分子泵对氢气的压缩比为 10^3～10^4，对氮气的压缩比为 10^8～10^9，对大气体分子（如分子量＝50～100），压缩比可高达 10^{12}～10^{15}。根据分子泵这一工作特点，被抽真空容器中的残余气体往往为轻气体，主要是氢气，而分子量大于 44 的气体几乎不存在。

由式（3-71）可知，被抽气体温度下降对泵的抽速无明显影响，但可以通过提高叶列的速度比而提高泵的压缩比。将泵的抽气部分冷却到液氮温度，可有效提高泵的压缩比，对轻气体的压缩比能够提高 10^2～10^3 倍，同时泵的极限真空度得到提高。

4）叶列传输概率、最大何氏系数与节弦比的关系

（1）当叶片倾角 α=20°，速度比 c=1.0，跟踪分子数为 10000 时，正向传输概率 M_{12}、反向传输概率 M_{21} 和最大何氏系数 H_{max} 随节弦比的变化曲线如图 3-13 所示。

从图 3-13 中可以看出，整体上正、反向传输概率随节弦比的增大而增大。正向传输概率随节弦比的增大呈现先缓慢增大，后剧烈增大的过程，反向传输概率随节弦比的增大也呈现相同的特点。由于正、反向传输概率增大过程中发生突变的拐点位置不同，最大何氏系数呈现先增大后趋于平缓的变化规律。当节弦比小于 1.4 时，正向传输概率增速大于反向传输概率增速，最大何氏系数持续增大。当节弦比大于 1.4 时，正、反向传输概率增速相当，最大何氏系数几乎保持不变。

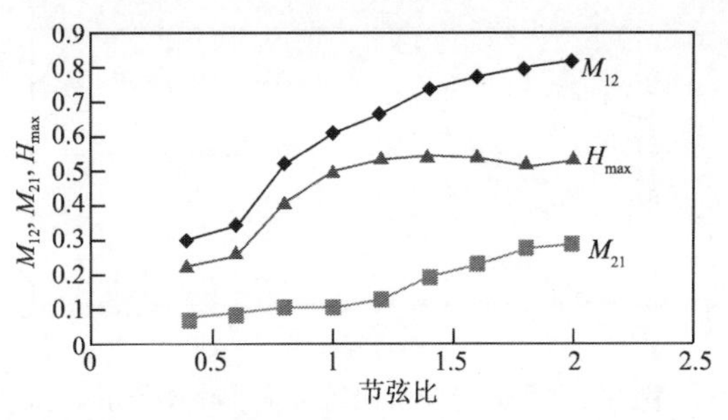

图 3-13　传输概率、最大何氏系数与节弦比的关系（叶片倾角 α=20°，速度比 c=1.0）

节弦比为 1.4 时，最大何氏系数达到最大，但大的节弦比会导致涡轮叶列压缩比的减小。因此，在设计涡轮叶列时，要综合考虑节弦比对正、反向传输概率的影响，得到较优的抽气性能，即抽速和压缩比。

（2）当叶片倾角 α=20°，速度比 c=1.6，跟踪分子数为 10000 时，正向传输概率 M_{12}、反向传输概率 M_{21} 和最大何氏系数 H_{max} 随节弦比的变化曲线如图 3-14 所示。

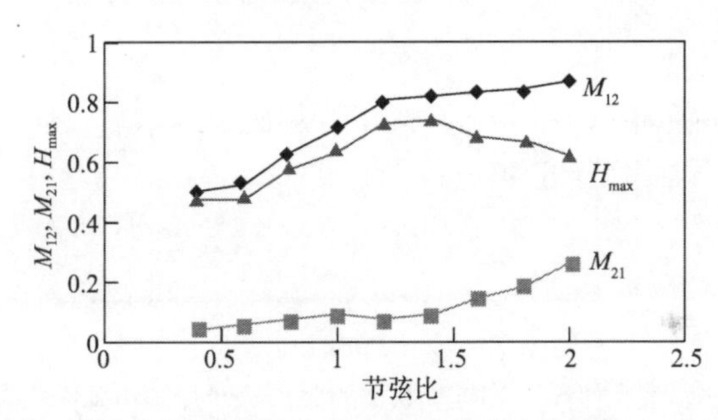

图 3-14　传输概率、最大何氏系数与节弦比的关系（叶片倾角 α=20°，速度比 c=1.6）

从图 3-14 中可以看出，整体上正、反向传输概率随节弦比的增大而增大，最大何氏系数先增大后减小。最大何氏系数在节弦比为 1.3 时达到最大，大于速度比为 1.0 时涡轮叶列的最大何氏系数。可见，速度比影响涡轮叶列的正、反向传输概率和最大何氏系数，速度比增大时，涡轮叶列的抽气能力将提高。

（3）当叶片倾角 α=30°，速度比 c=1.0，跟踪分子数为 10000 时，正向传输概率 M_{12}、反向传输概率 M_{21} 和最大何氏系数 H_{max} 的变化曲线如图 3-15 所示。

从图 3-15 中可以看出，正、反向传输概率随节弦比的增大而增大，最大何氏系数先增大后减小，最大何氏系数在节弦比为 1.4 时达到最大，且大于叶片倾角为 20°时的最大何氏系数。可见，涡轮叶片倾角影响涡轮叶列的正、反向传输概率和最大何氏系数，叶片倾角增大时，最大何氏系数增大，最大何氏系数最大值

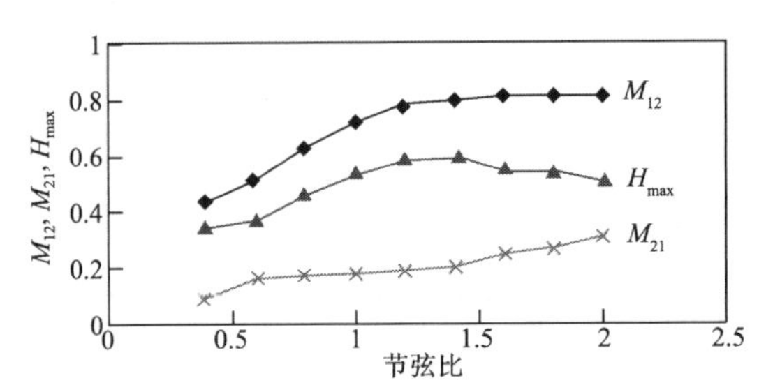

图 3-15　传输概率、最大何氏系数与节弦比的关系（叶片倾角 α=30°，速度比 c=1.0）

对应的节弦比也增大。因此，在选择涡轮级叶列几何参数时，对于接近泵入口的抽气级，叶片倾角、节弦比应取大值，保证泵的抽速；对于接近泵出口侧的压缩级，叶片倾角、节弦比应取小值，以保证泵的压缩比。

（4）当叶片倾角 α=30°，速度比 c=1.6，跟踪分子数为 10000 时，正向传输概率 M_{12}、反向传输概率 M_{21} 和最大何氏系数 H_{max} 随节弦比的变化曲线如图 3-16 所示。

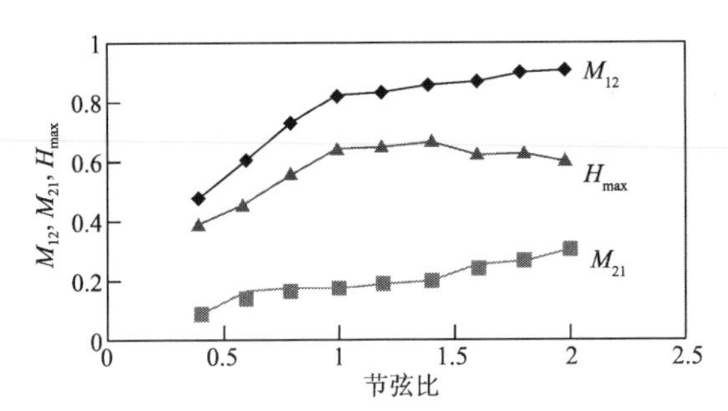

图 3-16　传输概率、最大何氏系数与节弦比的关系（叶片倾角 α=30°，速度比 c=1.6）

从图 3-16 中可以看出，正、反向传输概率随节弦比的增大而增大，最大何氏系数先增大后减小，最大何氏系数在节弦比为 1.4 时达到最大。可见，相比相同叶片倾角条件下，速度比较大的涡轮叶列具有大的何氏系数，有利于提高抽速；相比相同速度比条件下，最佳节弦比不同；在速度比较大时，增大涡轮叶片倾角，对抽速提高效果不显著。

5）叶列传输概率、最大何氏系数与叶片倾角的关系

（1）当速度比 c=1.0，节弦比为 0.8，跟踪分子数为 10000 时，正向传输概率 M_{12}、反向传输概率 M_{21} 及最大何氏系数 H_{max} 随叶片倾角的变化曲线如图 3-17 所示。

从图 3-17 中可以看出，整体上，随着叶片倾角的增大，正向传输概率先增大后减小，反向传输概率持续增大，最大何氏系数先增大后急剧减小。正向传输概率

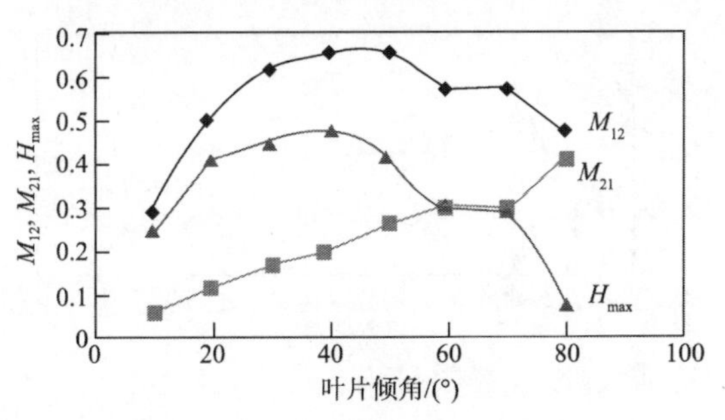

图 3-17 传输概率、最大何氏系数与叶片倾角的关系（速度比 c=1.0，节弦比为 0.8）

在叶片倾角为 50°时达到最大值，最大何氏系数在叶片倾角为 40°时达到最大值。叶片倾角较大或较小时，正、反向传输概率几乎相等，最大何氏系数接近为零，此时，涡轮叶列不具有抽气能力。

（2）当速度比 c=1.0，节弦比为 1.2，跟踪分子数为 10000 时，正向传输概率 M_{12}、反向传输概率 M_{21} 及最大何氏系数 H_{max} 随叶片倾角的变化曲线如图 3-18 所示。

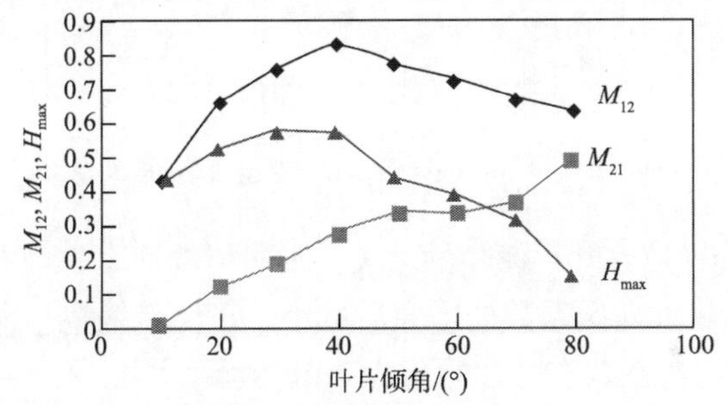

图 3-18 传输概率、最大何氏系数与叶片倾角的关系（速度比 c=1.0，节弦比为 1.2）

从图 3-18 可以看出，随着叶片倾角的增大，正向传输概率先增大后减小，反向传输概率持续增大，最大何氏系数先增大后迅速减小。正向传输概率在叶片倾角为 40°时达到最大，最大何氏系数也在叶片倾角为 40°时达到最大，大于节弦比为 0.8 时的最大何氏系数值。可见，节弦比增大时，有利于提高涡轮叶列的抽速。

（3）当速度比 c=1.6，节弦比为 0.8，跟踪分子数为 10000 时，正向传输概率 M_{12}、反向传输概率 M_{21} 及最大何氏系数 H_{max} 随叶片倾角的变化曲线如图 3-19 所示。

从图 3-19 可知，整体上，随着叶片倾角的增大，正向传输概率先增大后减小，反向传输概率增大，最大何氏系数先增大后减小。正向传输概率在叶片倾角为 30°时达到最大，最大何氏系数在叶片倾角为 30°时达到最大，大于速度比为 1.0 时的最大何氏系数值。说明增加涡轮叶列的速度能提高叶列的抽气能力。

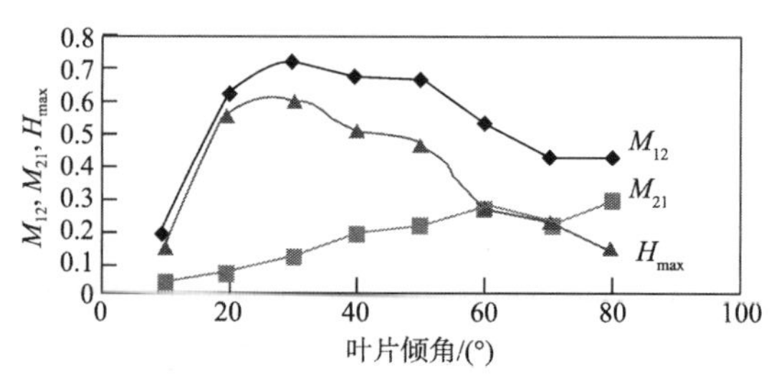

图 3-19　传输概率、最大何氏系数与叶片倾角的关系（速度比 c=1.6，节弦比为 0.8）

（4）当速度比 c=1.6，节弦比为 1.2，跟踪分子数为 10000 时，正向传输概率 M_{12}、反向传输概率 M_{21} 及最大何氏系数 H_{max} 随叶片倾角的变化曲线如图 3-20 所示。

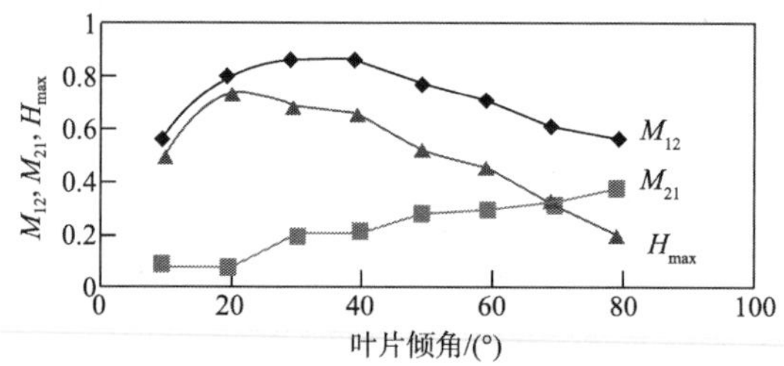

图 3-20　传输概率、最大何氏系数与叶片倾角的关系（速度比 c=1.6，节弦比为 1.2）

从图 3-20 可知，随着叶片倾角的增大，正向传输概率先增大后减小，反向传输概率持续增大，最大何氏系数先增大后减小。正向传输概率在叶片倾角为 35°时达到最大，最大何氏系数在叶片倾角为 20°时达到最大，大于节弦比为 0.8 时的最大何氏系数值。说明提高节弦比可以增大叶列的抽速。

6）叶列传输概率、最大何氏系数与速度比的关系

（1）当节弦比为 0.8，叶片倾角为 20°，跟踪分子数为 10000 时，正向传输概率 M_{12}、反向传输概率 M_{21} 及最大何氏系数 H_{max} 随速度比的变化曲线如图 3-21 所示。

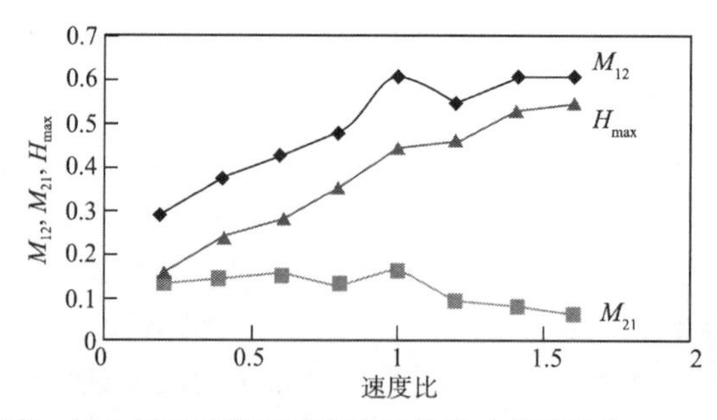

图 3-21　传输概率、最大何氏系数与速度比的关系（节弦比为 0.8，叶片倾角为 20°）

由图 3-21 可以看出，整体上，正向传输概率随速度比的增大而增大，反向传输概率随速度比的增大而减小，最大何氏系数随速度比的增大而增大。

（2）当节弦比为 1.2，叶片倾角为 20°，跟踪分子数为 10000 时，正向传输概率 M_{12}、反向传输概率 M_{21} 和最大何氏系数 H_{max} 随速度比的变化曲线如图 3-22 所示。

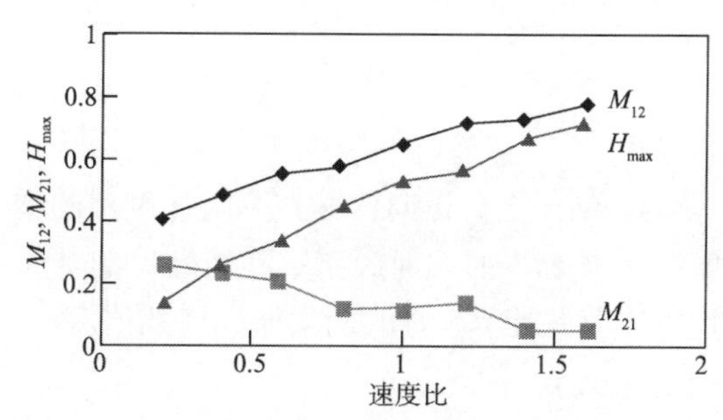

图 3-22　传输概率、最大何氏系数与速度比的关系（节弦比为 1.2，叶片倾角为 20°）

由图 3-22 可以看出，整体上，正向传输概率随速度比的增大而增大，反向传输概率随速度比的增大而减小，最大何氏系数随速度比的增大而增大，最大何氏系数比节弦比为 0.8 时大。

（3）当节弦比为 0.8，叶片倾角为 30°，跟踪分子数为 10000 时，正向传输概率 M_{12}、反向传输概率 M_{21} 和最大何氏系数 H_{max} 随速度比的变化曲线如图 3-23 所示。

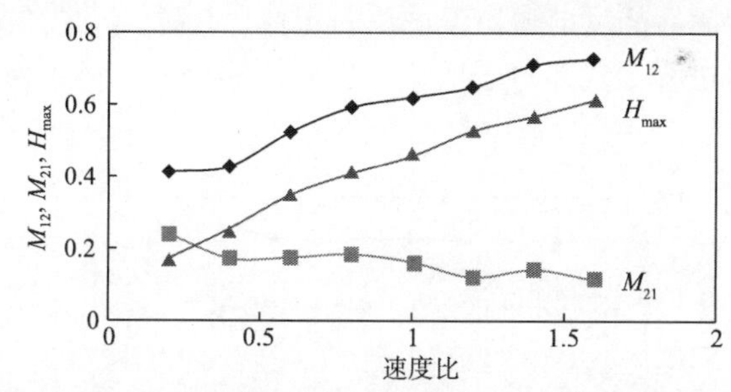

图 3-23　传输概率、最大何氏系数与速度比的关系（节弦比为 0.8，叶片倾角为 30°）

由图 3-23 可以看出，整体上，正向传输概率随速度比的增大而增大，反向传输概率随速度比的增大而减小，最大何氏系数随速度比的增大而增大，最大何氏系数大于相同节弦比、叶片倾角为 20°时的最大何氏系数值。

（4）当节弦比为 1.2，叶片倾角为 30°，跟踪分子数为 10000 时，正向传输概率 M_{12}、反向传输概率 M_{21} 和最大何氏系数 H_{max} 随速度比的变化曲线如图 3-24 所示。

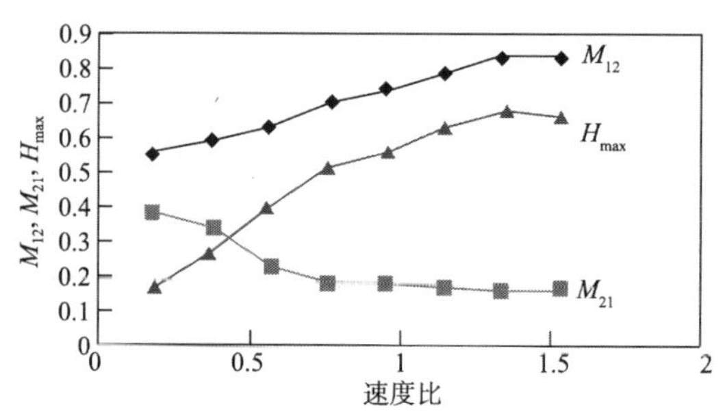

图 3-24 传输概率、最大何氏系数与速度比的关系（节弦比为 1.2，叶片倾角为 30°）

由图 3-24 可以看出，整体上，正向传输概率随速度比的增大而增大，反向传输概率随速度比的增大而减小，最大何氏系数随速度比的增大而增大，最大何氏系数大于相同叶片倾角、节弦比 0.8 时的最大何氏系数值。

3. 镜面反射模型计算结果及其分析

1）叶列传输概率、最大何氏系数与节弦比的关系

（1）当叶片倾角 α=20°，速度比 c=1.0，跟踪分子数为 10000 时，正向传输概率 M_{12}、反向传输概率 M_{21} 和最大何氏系数 H_{max} 随节弦比的变化曲线如图 3-25 所示。

由图 3-25 可以看出，整体上，随着节弦比的增大，正、反向传输概率和最大何氏系数几乎不发生变化，与气体分子发生漫反射的情况是不同的。在漫反射过程中，由于气体分子与壁面碰撞的反射过程遵守余弦定律，而镜面反射过程中，气体分子与壁面碰撞后的反射遵守镜面反射定律，此时，反射角是确定的。因此，节弦比对镜面反射过程中气体分子的正、反向传输概率和最大何氏系数不产生明显影响。

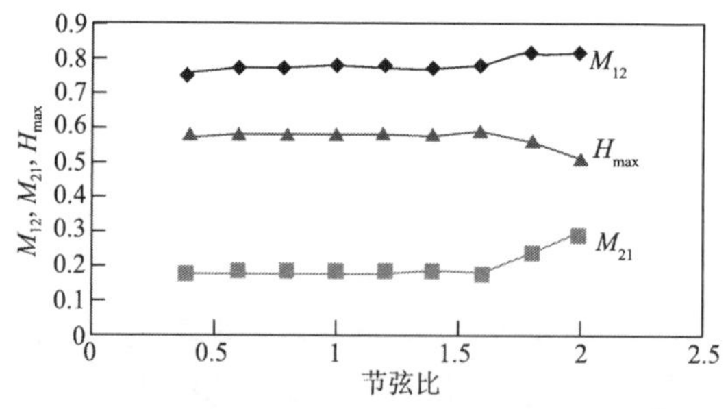

图 3-25 传输概率、最大何氏系数与节弦比的关系（叶片倾角 α=20°，速度比 c=1.0）

（2）当叶片倾角 α=20°，速度比 c=1.6，跟踪分子数为 10000 时，正向传输概率 M_{12}、反向传输概率 M_{21} 和最大何氏系数 H_{max} 随节弦比的变化曲线如图 3-26 所示。

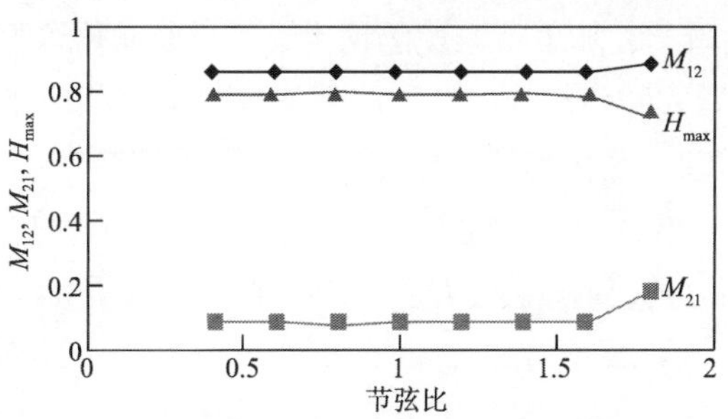

图 3-26 传输概率、最大何氏系数与节弦比的关系（叶片倾角 α=20°，速度比 c=1.6）

由图 3-26 可以看出，整体上，随着节弦比的增大，正、反向传输概率和最大何氏系数几乎不发生变化。当速度比增大时，可提高涡轮叶列的抽气能力。

（3）当叶片倾角 α=30°，速度比 c=1.0，跟踪分子数为 10000 时，正向传输概率 M_{12}、反向传输概率 M_{21} 和最大何氏系数 H_{max} 随节弦比的变化曲线如图 3-27 所示。

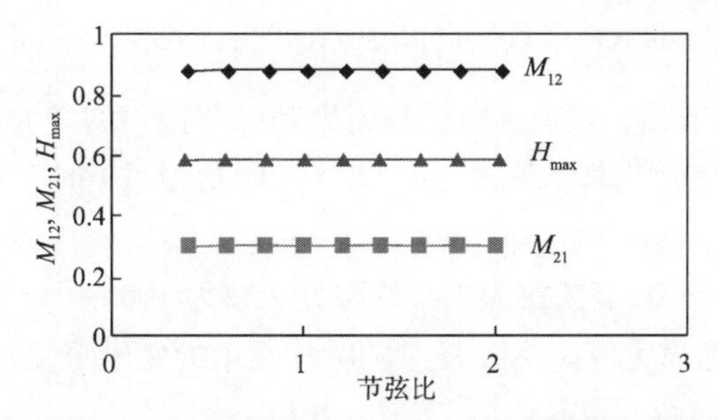

图 3-27 传输概率、最大何氏系数与节弦比的关系（叶片倾角 α=30°，速度比 c=1.0）

由图 3-27 可以看出，随着节弦比的增大，正、反向传输概率和最大何氏系数几乎不发生变化，叶片倾角由 20°增大到 30°时，正、反向传输概率均有增大，对最大何氏系数无明显影响。

（4）当叶片倾角 α=30°，速度比 c=1.6，跟踪分子数为 10000 时，正向传输概率 M_{12}、反向传输概率 M_{21} 和最大何氏系数 H_{max} 随节弦比的变化曲线如图 3-28 所示。

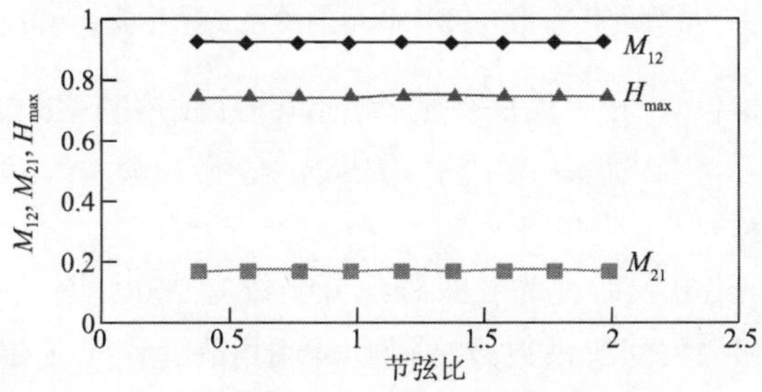

图 3-28 传输概率、最大何氏系数与节弦比的关系（叶片倾角 α=30°，速度比 c=1.6）

由图 3-28 可以看出，随着节弦比的增大，正、反向传输概率和最大何氏系数几乎不发生变化。增大叶列的速度比，叶列的抽气能力相应增强。

2）叶列传输概率、最大何氏系数与叶片倾角的关系

（1）当速度比 c=1.0，节弦比为 0.8，跟踪分子数为 10000 时，正向传输概率 M_{12}、反向传输概率 M_{21} 和最大何氏系数 H_{max} 随叶片倾角的变化曲线如图 3-29 所示。

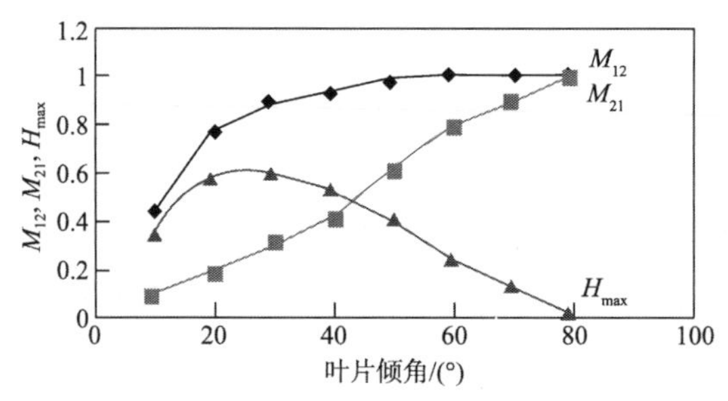

图 3-29 传输概率、最大何氏系数与叶片倾角的关系（速度比 c=1.0，节弦比为 0.8）

由图 3-29 可以看出，正、反向传输概率随叶片倾角的增大而增大，最大何氏系数随叶片倾角的增大先增大后减小，在叶片倾角为 20°时，最大何氏系数达到最大值。

（2）当速度比 c=1.0，节弦比为 1.2，跟踪分子数为 10000 时，正向传输概率 M_{12}、反向传输概率 M_{21} 和最大何氏系数 H_{max} 随叶片倾角的变化曲线如图 3-30 所示。

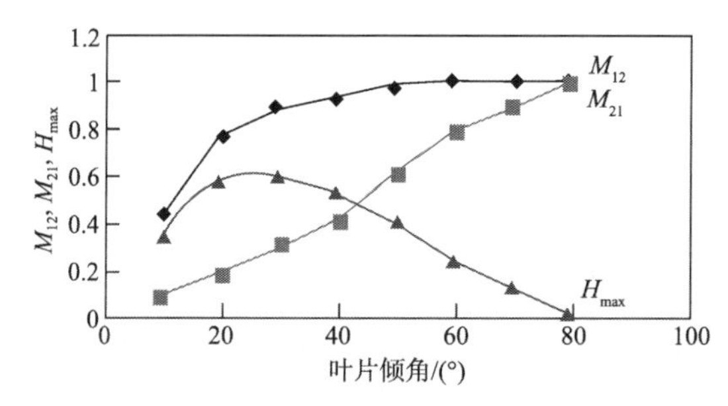

图 3-30 传输概率、最大何氏系数与叶片倾角的关系（速度比 c=1.0，节弦比为 1.2）

由图 3-30 可以看出，正、反向传输概率随叶片倾角的增大而增大，最大何氏系数随叶片倾角的增大先增大后减小，在叶片倾角为 25°时，最大何氏系数达到最大值。

（3）当速度比 c=1.6，节弦比为 0.8，跟踪分子数为 10000 时，正向传输概率 M_{12}、反向传输概率 M_{21} 和最大何氏系数 H_{max} 随叶片倾角的变化曲线如图 3-31 所示。

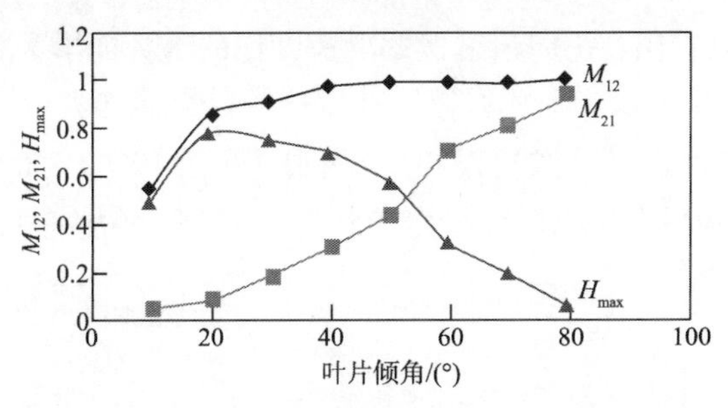

图 3-31 传输概率、最大何氏系数与叶片倾角的关系（速度比 c=1.6，节弦比为 0.8）

由图 3-31 可以看出，正、反向传输概率随叶片倾角的增大而增大，最大何氏系数随叶片倾角的增大先增大后减小，在叶片倾角为 20°时，最大何氏系数达到最大值。

（4）当速度比 c=1.6，节弦比为 1.2，跟踪分子数为 10000 时，正向传输概率 M_{12}、反向传输概率 M_{21} 和最大何氏系数 H_{max} 随叶片倾角的变化曲线如图 3-32 所示。

由图 3-32 可以看出，正、反向传输概率随叶片倾角的增大而增大，最大何氏系数随叶片倾角的增大先增大后减小，在叶片倾角为 20°时，最大何氏系数达到最大值。

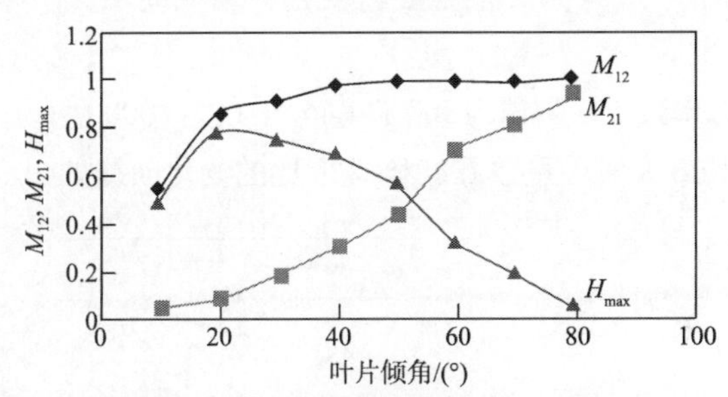

图 3-32 传输概率、最大何氏系数与叶片倾角的关系（速度比 c=1.6，节弦比为 1.2）

3）叶列传输概率、最大何氏系数与速度比的关系

（1）当节弦比为 0.8，叶片倾角为 20°，跟踪分子数为 10000 时，正向传输概率 M_{12}、反向传输概率 M_{21} 和最大何氏系数 H_{max} 随速度比的变化曲线如图 3-33 所示。

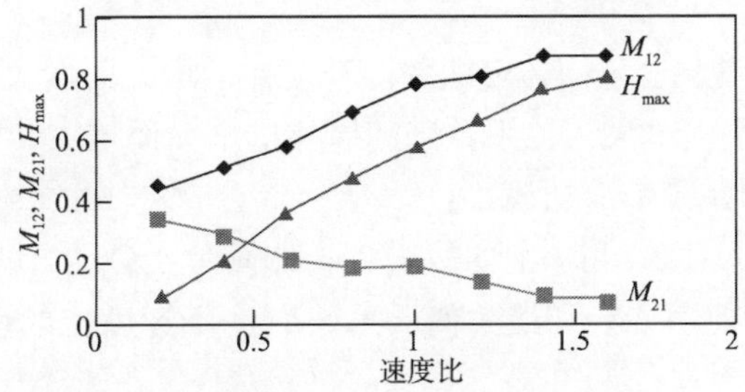

图 3-33 传输概率、最大何氏系数与速度比的关系（节弦比为 0.8，叶片倾角为 20°）

由图 3-33 可以看出，正向传输概率随速度比的增大而增大，反向传输概率随速度比的增大而减小，最大何氏系数随速度比的增大而增大。

（2）当节弦比为1.2，叶片倾角为20°，跟踪分子数为10000时，正向传输概率 M_{12}、反向传输概率 M_{21} 和最大何氏系数 H_{max} 随速度比的变化曲线如图 3-34 所示。

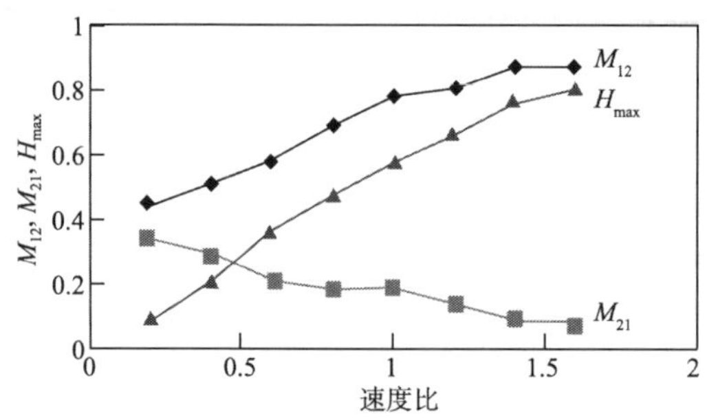

图 3-34　传输概率、最大何氏系数与速度比的关系（节弦比为 1.2，叶片倾角为 20°）

由图 3-34 可以看出，正向传输概率随速度比的增大而增大，反向传输概率随速度比的增大而减小，最大何氏系数随速度比的增大而增大，节弦比变化对最大何氏系数的影响不大。

（3）当节弦比为0.8，叶片倾角为30°，跟踪分子数为10000时，正向传输概率 M_{12}、反向传输概率 M_{21} 和最大何氏系数 H_{max} 随速度比的变化曲线如图 3-35 所示。

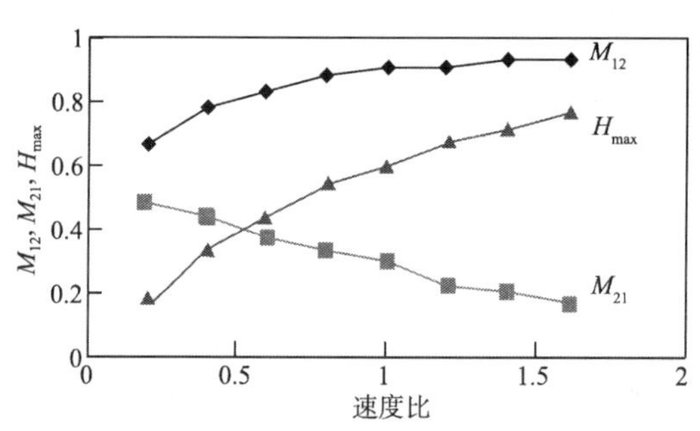

图 3-35　传输概率、最大何氏系数与速度比的关系（节弦比为 0.8，叶片倾角为 30°）

由图 3-35 可以看出，正向传输概率随速度比的增大而增大，反向传输概率随速度比的增大而减小，最大何氏系数随速度比的增大而增大，叶片倾角由 20°增加到 30°时，最大何氏系数有所减小。

（4）当节弦比为 1.2，叶片倾角为 30°，跟踪分子数为 10000 时，正向传输概率 M_{12}、反向传输概率 M_{21} 和最大何氏系数 H_{max} 随速度比的变化曲线如图 3-36 所示。

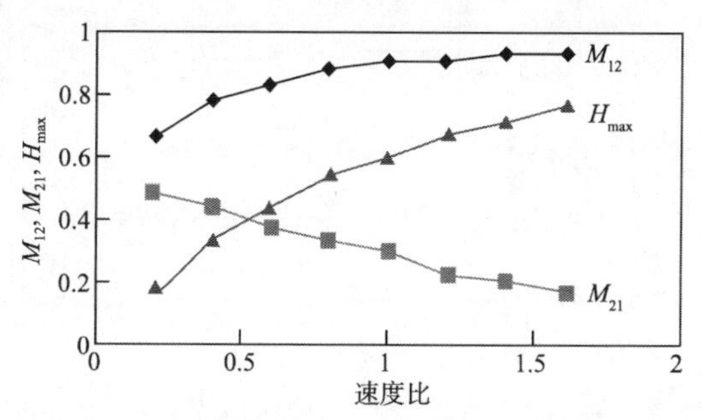

图 3-36　传输概率、最大何氏系数与速度比的关系（节弦比为 1.2，叶片倾角为 30°）

由图 3-36 可以看出，正向传输概率随速度比的增大而增大，反向传输概率随速度比的增大而减小，最大何氏系数随速度比的增大而增大，节弦比由 0.8 变化到 1.2 时，最大何氏系数变化不大。

4. 适应系数对传输概率计算结果的影响

1）第一类适应系数

（1）当 α=20°，a/b=1.2，c=1.0，跟踪分子数为 10000 时，正、反向传输概率和最大何氏系数随适应系数的变化曲线如图 3-37 所示。

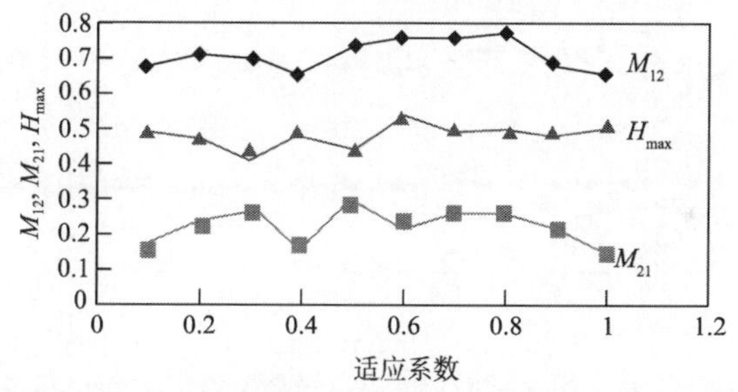

图 3-37　传输概率、最大何氏系数与适应系数的关系（α=20°，a/b=1.2，c=1.0）

由图 3-37 可知，随着适应系数的变化，正、反向传输概率和最大何氏系数出现波动。适应系数为 1 时，即漫反射条件下，正、反向传输概率取得相对较小值，最大何氏系数处于均值附近，最大何氏系数在适应系数为 0.6 时达到最大。可见，适应系数对气体分子通过涡轮叶列的正、反向传输概率和最大何氏系数产生影响。

（2）当 α=20°，a/b=0.8，c=1.0，跟踪分子数为 10000 时，正、反向传输概率和最大何氏系数随适应系数的变化曲线如图 3-38 所示。

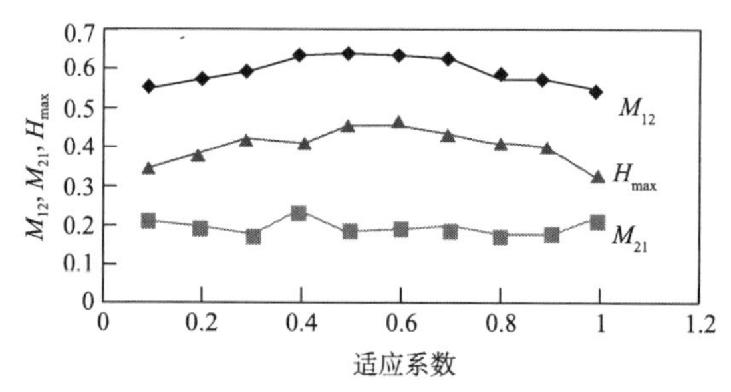

图 3-38　传输概率、最大何氏系数与适应系数的关系（α=20°，a/b=0.8，c=1.0）

由图 3-38 可知，随着适应系数的变化，正、反向传输概率和最大何氏系数都呈现波动的形式，在适应系数为 1 时，正向传输概率取得相对较小值，反向传输概率取得相对较大值，最大何氏系数为最小值。在适应系数为 0.5 时，最大何氏系数达到最大值。节弦比由 1.2 减小到 0.8 时，最大何氏系数有所减小。因此，适当减小节弦比可以增加涡轮叶列的抽速。

（3）当 α=20°，a/b=1.2，c=1.6，跟踪分子数为 10000 时，正向传输概率 M_{12}、反向传输概率 M_{21} 和最大何氏系数 H_{max} 随适应系数的变化曲线如图 3-39 所示。

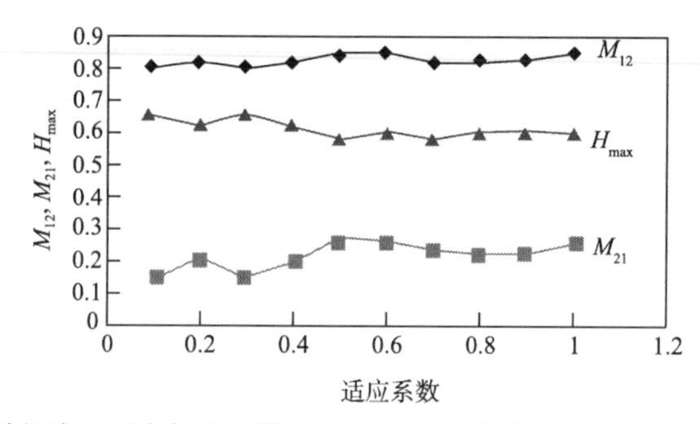

图 3-39　传输概率、最大何氏系数与适应系数的关系（α=20°，a/b=1.2，c=1.6）

由图 3-39 可知，随着适应系数的变化，正、反向传输概率和最大何氏系数都呈现波动的形式，最大何氏系数随适应系数的增大呈现减小的趋势。在适应系数为 1 时，最大何氏系数取得相对较小值。涡轮叶列的速度比从 1.0 增加到 1.6 时，涡轮叶列抽速增大。

（4）当 α=20°，a/b=0.8，c=1.6，跟踪分子数为 10000 时，正向传输概率 M_{12}、反向传输概率 M_{21} 和最大何氏系数 H_{max} 随适应系数的变化曲线如图 3-40 所示。

由图 3-40 可知，随着适应系数的变化，正、反向传输概率和最大何氏系数都呈现波动的形式。

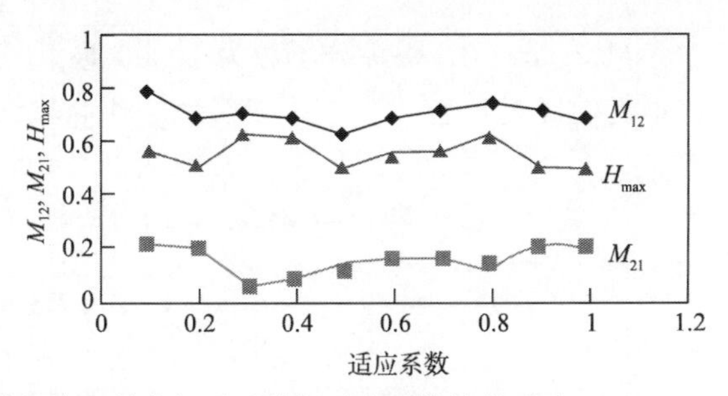

图 3-40　传输概率、最大何氏系数与适应系数的关系（α=20°，a/b=0.8，c=1.6）

2）第二类适应系数

（1）当 α=20°，a/b=1.2，c=1.0，跟踪分子数为 10000 时，正向传输概率 M_{12}、反向传输概率 M_{21} 和最大何氏系数 H_{max} 随适应系数的变化曲线如图 3-41 所示。

由图 3-41 可见，随着适应系数的增大，正向传输概率逐渐减小，反向传输概率整体上先减小后增大。当适应系数为 1 时，最大何氏系数达到最小值。

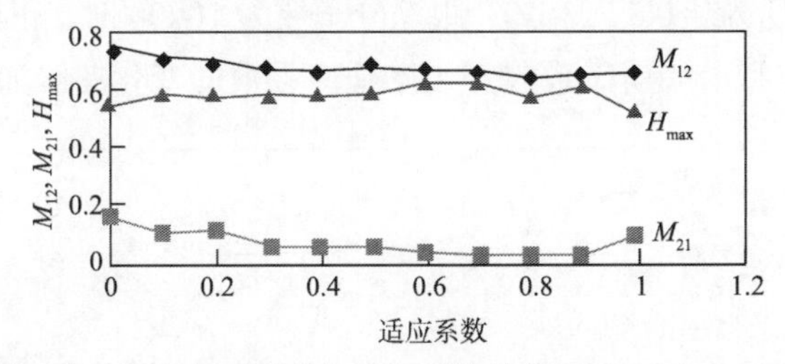

图 3-41　传输概率、最大何氏系数与适应系数的关系（α=20°，a/b=1.2，c=1.0）

（2）当 α=20°，a/b=0.8，c=1.0，跟踪分子数为 10000 时，正向传输概率 M_{12}、反向传输概率 M_{21} 和最大何氏系数 H_{max} 随适应系数的变化曲线如图 3-42 所示。

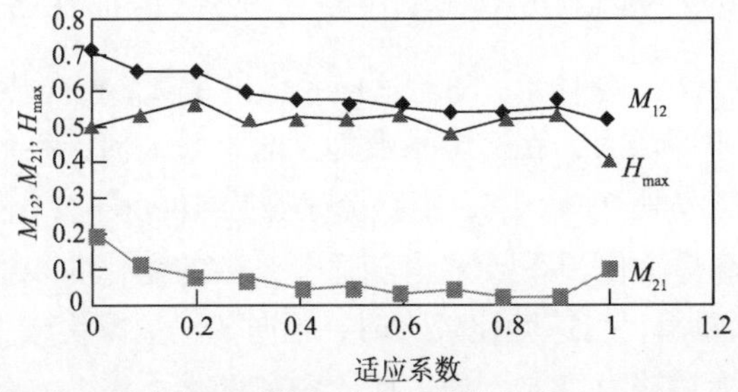

图 3-42　传输概率、最大何氏系数与适应系数的关系（α=20°，a/b=0.8，c=1.0）

由图 3-42 可以看出，整体上，随着适应系数的增大，正向传输概率逐渐减小，反向传输概率先减小后增大。当适应系数为 1 时，最大何氏系数达到最小值。

（3）当 α=30°，a/b=1.2，c=1.0，跟踪分子数为 10000 时，正向传输概率 M_{12}、反向传输概率 M_{21} 和最大何氏系数 H_{max} 随适应系数的变化曲线如图 3-43 所示。

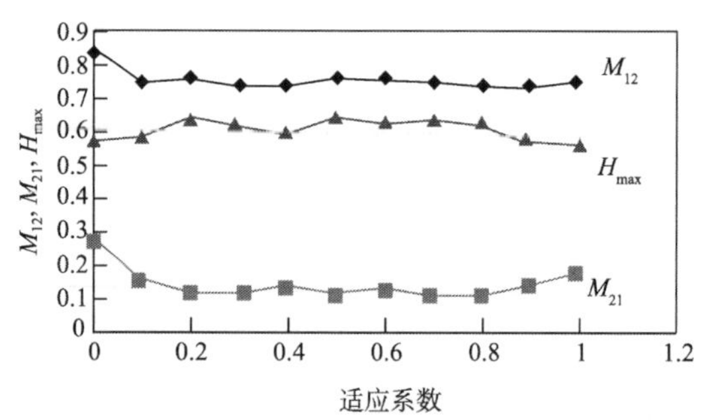

图 3-43　传输概率、最大何氏系数与适应系数的关系（α=30°，a/b=1.2，c=1.0）

由图 3-43 可以看出，整体上，随着适应系数的增大，正向传输概率逐渐减小，反向传输概率先减小后增大，在适应系数为 1 时，最大何氏系数处于最小值。

（4）当 α=30°，a/b=0.8，c=1.0，跟踪分子数为 10000 时，正向传输概率 M_{12}、反向传输概率 M_{21} 和最大何氏系数 H_{max} 随适应系数的变化曲线如图 3-44 所示。

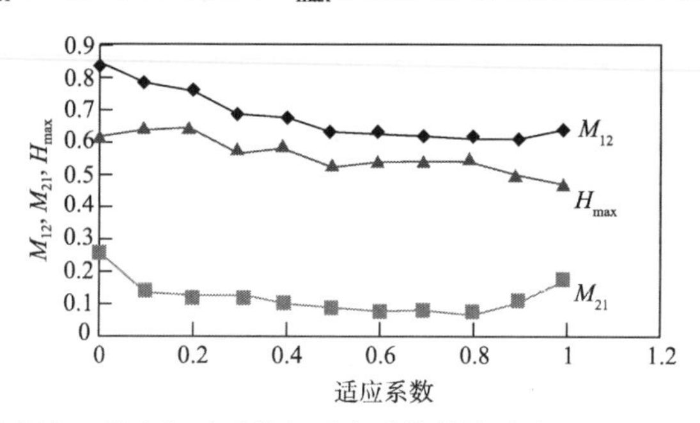

图 3-44　传输概率、最大何氏系数与适应系数的关系（α=30°，a/b=0.8，c=1.0）

由图 3-44 可以看出，整体上，随着适应系数的增大，正向传输概率逐渐减小，反向传输概率先减小后增大，在适应系数为 1 时，最大何氏系数处于最小值。

（5）当 α=20°，a/b=1.2，c=1.6，跟踪分子数为 10000 时，正向传输概率 M_{12}、反向传输概率 M_{21} 和最大何氏系数 H_{max} 随适应系数的变化曲线如图 3-45 所示。

由图 3-45 可以看出，当速度比较大时，正向传输概率缓慢下降，反向传输概率较小，先几乎不变后略有增大，最大何氏系数变化不大。

（6）当 α=20º，a/b=0.8，c=1.6，跟踪分子数为 10000 时，正向传输概率 M_{12}、反向传输概率 M_{21} 和最大何氏系数 H_{max} 随适应系数的变化曲线如图 3-46 所示。

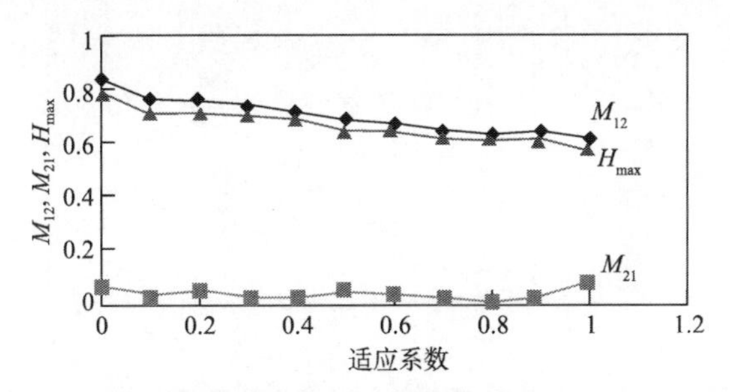

图 3-45　传输概率、最大何氏系数与适应系数的关系（α=20°，a/b=1.2，c=1.6）

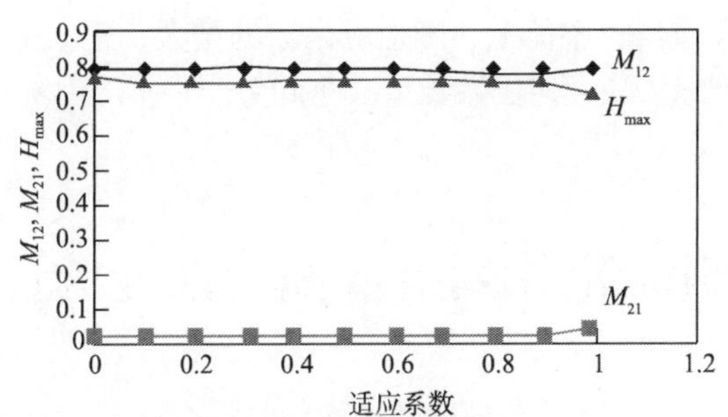

图 3-46　传输概率、最大何氏系数与适应系数的关系（α=20°，a/b=0.8，c=1.6）

由图 3-46 可以看出，随适应系数的增大，正向传输概率几乎不变，反向传输概率先几乎不变后增大，最大何氏系数变化不大，在适应系数为 1 时达到最小值。

（7）当 α=30°，a/b=1.2，c=1.6，跟踪分子数为 10000 时，正向传输概率 M_{12}、反向传输概率 M_{21} 和最大何氏系数 H_{max} 随适应系数的变化曲线如图 3-47 所示。

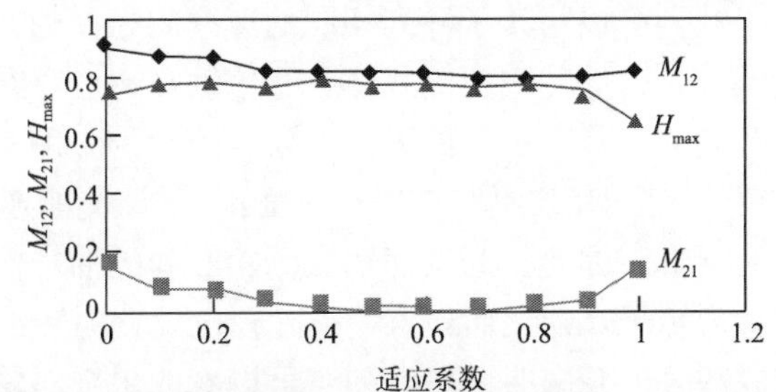

图 3-47　传输概率、最大何氏系数与适应系数的关系（α=30°，a/b=1.2，c=1.6）

由图 3-47 可以看出，随适应系数的增大，整体上正向传输概率缓慢减小，反向传输概率先减小后增大，最大何氏系数减小，在适应系数为 1 时达到最小值。

（8）当 α=30°，a/b=0.8，c=1.6，跟踪分子数为 10000 时，正向传输概率 M_{12}、反向传输概率 M_{21} 和最大何氏系数 H_{max} 随适应系数的变化曲线如图 3-48 所示。

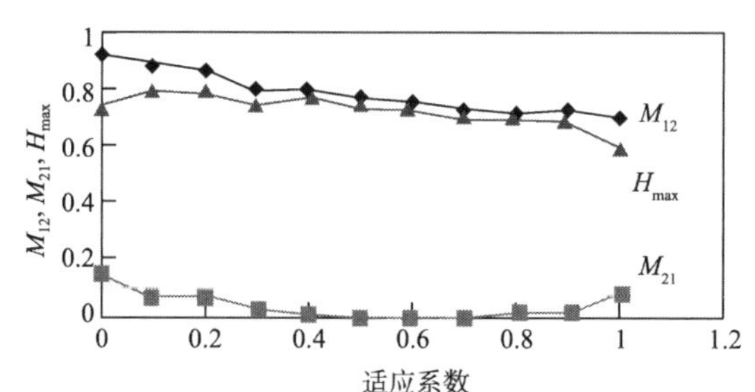

图 3-48　传输概率、最大何氏系数与适应系数的关系（α=30°，a/b=0.8，c=1.6）

由图 3-48 可以看出，整体上，随适应系数的增大，正向传输概率减小，反向传输概率先减小后增大，最大何氏系数呈减小趋势，在适应系数为 1 时达到最小值。

3.4　多级涡轮叶列组合抽气性能的计算模型

涡轮分子泵由多级涡轮叶列串联组成，转子与定子叶列相间排列，相邻涡轮叶列的倾斜方向相反，涡轮叶列的组合方式如图 3-1（c）所示。涡轮分子泵组合叶列的级数主要由分子泵设计压缩比决定，一般有 15～31 级。

对于定子叶列可以用与转子叶列相同的办法进行分析。当定子的两侧均为转子时，本质上和转子叶列的两侧均为定子叶列的情况是相同的。如果由转子叶列观察定子叶列，定子叶列则以与转子叶列相同的速率向相反的方向旋转。对于从动叶列上飞来的气体分子，静叶列两侧气体分子传输概率会存在差别，因此设置在动叶列之间的静叶列同样具有抽气能力。如果定子叶列一侧是自由空间（无转子叶列），即气体分子与定子叶列不存在相对速度$\bar{u}$，则该侧的速度比c=0，此时，静叶列的抽气能力会下降。因此，为发挥每级涡轮叶列的抽气作用，涡轮分子泵第一级叶列通常设置为转子叶列，而最末一级叶列也设置为转子叶列。

由单级叶列组成的分子泵多级涡轮叶列，可以看成单级涡轮分子泵的串联，第一级涡轮叶列的入口为分子泵的入口侧，最末一级涡轮叶列的出口为分子泵的前级侧。涡轮分子泵组合叶列的抽气性能由每个单级涡轮叶列的抽气性能共同决定。

由单级叶列的抽气性能的分析结果可知，叶列的抽气性能与其几何参数密切相关。对于多级叶列组合，在泵的吸入侧，前几级涡轮叶列为泵的抽气级，叶列应选择获得抽速大的形状，压缩比可相应小一些。气体经过抽气级叶列压缩后，压力增大，对下级叶列的抽速要求降低，这时应该选择压缩比高、抽速小的涡轮叶列形状，组成分子泵的压缩级。通过抽气级和压缩级组合方式，使涡轮分子泵在较少涡轮级数的条件下，获得大抽速、高压缩比的抽气性能。

若要提高涡轮叶列的抽速，叶列的几何参数应选 $a/b \geqslant 1.0$，$\alpha = 30° \sim 40°$；若想提高叶列的压缩比，叶列的几何参数应选 $a/b = 0.5$，$\alpha = 10° \sim 20°$。叶列的速度比 c 值越高，叶列的抽气性能越好，但由于叶列受强度及其与气体摩擦生热等限制，c 值不能选得过高，一般 $c \leqslant 1.0$。

从涡轮分子泵入口、出口飞入组合叶列的气体分子，在多级叶列中间经历与叶片壁面多次复杂的碰撞、漫反射过程，最终将从泵入口或出口溢出。气体分子通过组合叶列的正、反向传输概率可用蒙特卡罗法等求得。

对于涡轮分子泵的组合叶列，叶列之间运动的气体分子因受到动叶列的牵引作用，其速率分布不再符合麦克斯韦速率分布规律。但一般认为，按麦克斯韦速率分布规律计算组合叶列中气体分子传输概率带来的误差不大。因此，可将按麦克斯韦速率分布规律得到的单级叶列传输概率计算结果，用于涡轮分子泵串联叶列传输概率的分析与计算，这样使组合叶列传输概率的计算问题得以简化。

涡轮叶列组合叶列传输概率的计算模型如图 3-49 所示。设 P 和 Q 分别为气体分子通过涡轮叶列的正、反向传输概率，且单级涡轮叶列传输概率计算结果对多级组合叶列仍然适用，则多级组合叶列抽气性能的计算问题还是基于组合叶列正、反向传输概率的计算。

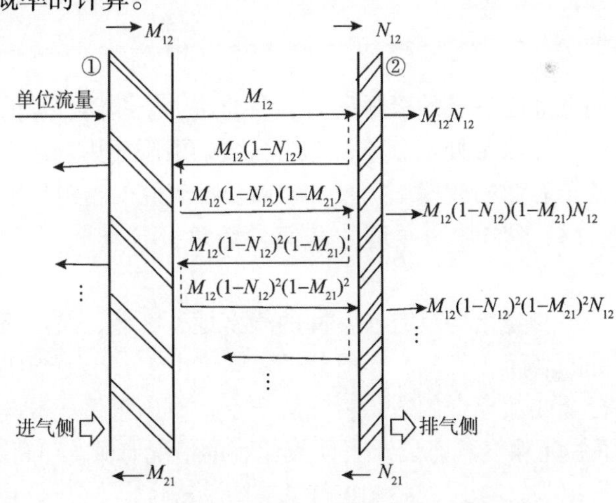

图 3-49　组合叶列传输概率的计算模型

n 级组合叶列的正、反向传输概率可由式（3-72）、式（3-73）近似求得：

$$P_n = \frac{P_{n-1}P_1}{1-(1-P_1)(1-Q_{n-1})} \tag{3-72}$$

$$Q_n = \frac{Q_{n-1}Q_1}{1-(1-P_1)(1-Q_{n-1})} \tag{3-73}$$

式中，P_1、Q_1 为单级叶列正、反向传输概率；P_{n-1}、Q_{n-1} 为 $n-1$ 个叶列组合的正、反向传输概率。

n 级组合叶列的压缩比和何氏系数为

$$K_n = \frac{P_n}{Q_n} = \frac{P_1P_{n-1}}{Q_1Q_{n-1}} \tag{3-74}$$

$$H_n = P_n - Q_n \frac{P_1P_{n-1} - Q_1Q_{n-1}}{1-(1-P_1)(1-Q_{n-1})} \tag{3-75}$$

采用上述近似计算公式计算组合叶列的抽气性能，简易方便，可以满足工程设计中对分子泵抽气性能计算精度的要求。

3.5 涡轮分子泵抽气性能的计算

涡轮分子泵抽气性能有泵的极限压力、泵抽速、压缩比以及前级压力等。

在泵的出口侧气体流动处于分子流态时，泵的极限压力与泵叶列级数、吸入侧泵体内表面及转子表面的放气率、泵抽速以及抽气腔的密封程度有关。

泵的抽速与每级工作叶列通道的几何参数以及工作叶列组合的合理匹配有关。

由于涡轮分子泵自身结构具有非常好的气密性，因此，泵的极限压力主要取决于吸入侧零部件的表面放气率。当前分子泵体多由12Cr18Ni10Ti不锈钢制造，工作叶列多由铝合金或钛合金制造。材料放气率、放出气体成分与零部件表面加工质量、高真空下烘烤除气状态以及表面氧化膜的情况有关。经高真空烘烤除气，不锈钢的平均放气率为 3×10^{-10}～3×10^{-8} $\text{Pa·m}^3/(\text{s·m}^2)$，铝合金和钛合金平均放气率为 2×10^{-7}～5×10^{-7} $\text{Pa·m}^3/(\text{s·m}^2)$。

不考虑泵漏气量，泵所能获得的极限压力（Pa）为

$$p_{\min} = \frac{\sum_{j=1}^{m} F_j q_j}{S} \tag{3-76}$$

式中，F_j为吸入侧第 j 个放气表面的面积，m^2；q_j为某放气表面的放气率，$Pa \cdot m^3/(s \cdot m^2)$；$S$为泵工作抽速，$m^3/s$。

涡轮分子泵的总压缩比为

$$K_t = \frac{p_f}{p_{\min}} = \prod_{i=1}^{n} K_i \tag{3-77}$$

式中，p_f为泵的前级压力，Pa；K_i为第i级工作叶列的压缩比；n为工作叶列的级数。

第一级工作叶列的抽速可由式（3-78）计算：

$$S_{01} = S_1 + u_1 (K_1 - 1) \tag{3-78}$$

式中，u_1为第 1 个径向环形间隙的流导，m^3/s；$u_1(K_1-1)$为经过径向环形间隙返流气体的体积流量，m^3/s，仅被第一级工作叶列抽除；S_1为第一级工作叶列抽除的气体体积流量，m^3/s，由式（3-79）求得：

$$S_1 = S_p + \frac{Q_1}{p_1} \tag{3-79}$$

式中，S_p为泵抽速，m^3/s；Q_1为进气侧的放气量，$Pa \cdot m^3/s$。

类似地，第i级工作叶列的抽速为

$$S_{0i} = S_i + u_i (K_i - 1) \tag{3-80}$$

式中，u_i为第i个径向环形间隙的流导；S_i为第i级工作叶列抽除的气体体积流量，由式（3-81）计算：

$$S_i = \frac{S_{i-1}}{K_{i-1}} + \frac{Q_i}{p_i} \tag{3-81}$$

式中，p_i为第i级工作叶列的进气压力；Q_i为第$i-1$级和第i级工作叶列之间零部件表面的放气量。

第i个径向环形间隙流导u_i的计算公式为

$$u_i = \frac{8}{3} \sqrt{\frac{RT}{2\pi\mu}} \frac{ab^2}{l} \Gamma'' \tag{3-82}$$

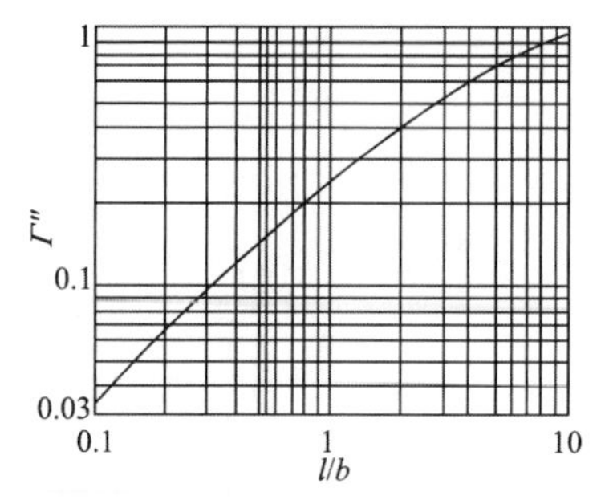

图 3-50　分子流态下 Γ'' 与 l/b 的关系曲线

式中，R 为普适气体常数，8.31J/(mol·K)；T 为被抽气体温度，K；μ 为被抽气体摩尔质量，kg/mol；a 为工作叶列周长，m；b 为径向间隙，m；l 为工作叶列的宽度，m；Γ'' 为与 l/b 有关的系数，由图 3-50 确定。

对于 293K 氮气，u_i(m^3/s)为

$$u_i = 314ab^2\Gamma''/l \qquad (3\text{-}83)$$

考虑被抽气体存在径向环形间隙返流和零部件表面放气时，第 i 级工作叶列的压缩比由式（3-84）计算：

$$K_i = K_{\max gi} - \frac{S_i}{S_{\max i}}\left(K_{\max gi} - 1\right) \qquad (3\text{-}84)$$

式中，$K_{\max gi}$ 为第 i 级工作叶列在有径向环形间隙返流时的最大压缩比，且

$$K_{\max gi} = \frac{S_{\max i}K_{\max i} + u_i\left(K_{\max i} - 1\right)}{S_{\max i} + u_i\left(K_{\max i} - 1\right)} \qquad (3\text{-}85)$$

式中，$S_{\max i}$ 和 $K_{\max i}$ 为第 i 级工作叶列理论最大抽速和最大压缩比，在第 i 级工作叶列的几何参数确定后，可由式（3-6）和式（3-9）求得。

在已知涡轮分子泵抽气通道结构参数和制造材料的条件下，可以按如下计算步骤对涡轮分子泵抽气性能进行校验。

（1）确定泵体和转子、定子工作叶列在吸入侧和叶列之间的表面放气量 Q_1 和 Q_2。

（2）按式（3-76）求泵的极限压力。

（3）选择前级泵，保证涡轮分子泵最后一级工作叶列出口侧气体处于分子流态。

（4）确定工作叶列的数量（转子和定子总数）。

采用式（3-77），从第一级工作叶列开始依次对压缩比进行计算，直到计算到泵前级侧，获得计算抽速为零时（即 $p_{\min}$）的最大压缩比。其中，第一级工作叶列的抽速由进气侧放气量和径向间隙返流决定，则

$$S_{01} = \frac{Q_1}{p_{\min}} + u_1\left(K_1 - 1\right) \qquad (3\text{-}86)$$

第一级工作叶列所建立的压缩比 K_1 由式（3-84）确定。则第 i 级工作叶列入

口侧的压力为

$$p_i = p_{i-1} K_{i-1} \tag{3-87}$$

（5）确定泵的抽气性能。

前级泵抽出的最小气流量 $Q_{\min f}$（此时，分子泵有效抽速为零）由总放气量确定，即

$$Q_{\min f} = Q_1 + \sum_{i=2}^{n} Q_i + Q_{3f} \tag{3-88}$$

式中，Q_{3f} 为涡轮分子泵排气腔（最末级工作叶列出口侧）的放气量。

由连续性方程，前级泵抽气量 $Q_f = Q_{\min f}$ 时，确定分子泵的前级压力 p_f，最后一级工作叶列的压缩比为

$$K_n = \frac{K_{\max gn} S_{\max n}}{S_{\max n} + \left(S_{n+1} - Q_{3f} / p_{n+1}\right)\left(K_{\max gn} - 1\right)} \tag{3-89}$$

式中，$S_{n+1} = Q_{\min f} / p_{n+1}$；$p_{n+1} = p_f$。

对于第 i 级工作叶列，有

$$K_i = \frac{K_{\max gi} S_{\max i}}{S_{\max i} + \left(S_{i+1} - Q_{i+1} / p_{i+1}\right)\left(K_{\max gi} - 1\right)} \tag{3-90}$$

由 K_n 值确定最后一级工作叶列的抽速：

$$S_n = \left(S_{n+1} - Q_{3f} / p_{n+1}\right) K_n \tag{3-91}$$

最后一级工作叶列抽气侧的压力为 $p_n = p_f / K_n$。

按此方法，逐级确定各级参数 K_i、S_i、p_i，泵的实际极限压力 $p_{\min}$ 值，以及泵吸入压力 p_p 与对应泵抽速 S_p 的关系式 $S_p = f\left(p_p\right)$。在特定吸入压力和给定泵抽速下确定泵级数时，第一级工作叶列的抽速为

$$S_{01} = S_p + \frac{Q_1}{p_p} + u_1\left(K_1 - 1\right) \tag{3-92}$$

3.6 涡轮分子泵抽气性能计算方法改进及其软件化

涡轮分子泵的抽气性能由每级涡轮叶列的抽气性能决定，单级叶列抽气性能计算的精度将直接关乎涡轮分子泵抽气性能计算的准确性。因此，对单级叶列性能的计算至关重要。

单级涡轮叶列的抽气性能（抽速、压缩比）与叶列的几何参数（叶片倾角、叶片数量、涡轮高度、叶片厚度等）相关，通过涡轮叶列的正、反向传输概率进行求解。涡轮叶列的正、反向传输概率可归结为叶片倾角、节弦比和速度比三个参数的函数，一般采用蒙特卡罗法等进行统计计算。目前，涡轮叶列正、反向传输概率是对分子流态下二维抽气通道的计算结果。对于特定单级涡轮叶列，在叶片长度方向上各参数可能存在差别。其中，叶片倾角不随叶片长度变化，叶列线速度随叶片长度线性变化，而叶列节弦比沿叶片长度方向一般为非线性变化。因此，涡轮叶列在叶片长度方向不同位置处的抽气能力有所不同，叶片根部抽气能力低于叶片顶部抽气能力，且一般不是随叶片长度增加而线性增加，这给涡轮分子泵抽气性能的计算带来了困难。在分子泵实际设计中，往往采用叶片长度中心处几何参数对应的正、反向传输概率作为抽气性能的计算依据（可称为几何中值法）。几何中值法是将叶片长度方向上涡轮叶列参数的变化做线性近似，其优点是计算简便，但存在一定的计算误差。

随着计算机技术的快速发展，计算速度和数据处理能力不断增强，为涡轮叶列正、反向传输概率计算精度的提高，正、反向传输概率与涡轮叶列参数之间的数据回归和数学近似表达，采用积分均值法和计算机编程计算涡轮分子泵性能奠定了基础。

3.6.1 单级涡轮叶列正、反向传输概率与叶列参数关系的数学表达

目前，单级叶列正、反向传输概率多采用蒙特卡罗法、传输矩阵法、积分方程法等，通过计算机编程计算，并以单级叶列正、反向传输概率数据表的形式给出，如表 3-2 所示，便于工程设计时使用[8]。为直观反映涡轮叶列各参数对正、反向传输概率的影响规律和影响程度，以正、反向传输概率数据表为依据，采用数据回归方法，在叶片倾角 10°～40°、节弦比 0.4～2.0 范围内，建立了单级涡轮

叶列正、反向传输概率与速度比的数学关系式，共 238 个，叶片倾角 α=10° 时如表 3-2 所示。

表 3-2　叶片倾角 α=10° 时涡轮叶列正、反向传输概率与叶列参数的关系式

叶片倾角 α	节弦比 a/b	M_{12}	M_{21}
10°	0.4	$M_{12}=0.04199+0.06445c+0.02571c^2$	$M_{21}=0.04141-0.04053c+0.01326c^2$
	0.5	$M_{12}=0.05198+0.08005c+0.02721c^2$	$M_{21}=0.05165-0.05003c+0.01626c^2$
	0.6	$M_{12}=0.06197+0.09556c+0.02876c^2$	$M_{21}=0.06181-0.05941c+0.0192c^2$
	0.7	$M_{12}=0.0745+0.11688c+0.0265c^2$	$M_{21}=0.07521-0.07193c+0.02304c^2$
	0.8	$M_{12}=0.08704+0.13819c+0.02424c^2$	$M_{21}=0.0886-0.08446c+0.02687c^2$
	0.9	$M_{12}=0.10873+0.16696c+0.01419c^2$	$M_{21}=0.11106-0.10717c+0.0337c^2$
	1	$M_{12}=0.1304+0.1957c+0.0041c^2$	$M_{21}=0.1335-0.1299c+0.0405c^2$
	1.1	$M_{12}=0.1758+0.2021c-0.0028c^2$	$M_{21}=0.1799-0.1585c+0.0436c^2$
	1.2	$M_{12}=0.2212+0.2085c-0.0098c^2$	$M_{21}=0.2262-0.1871c+0.0467c^2$
	1.3	$M_{12}=0.2693+0.2003c-0.0112c^2$	$M_{21}=0.2740-0.1870c+0.0394c^2$
	1.4	$M_{12}=0.3173+0.1921c-0.0125c^2$	$M_{21}=0.3219-0.1870c+0.0320c^2$

以叶片倾角 $\alpha=20°$，节弦比 $a/b=1.2$ 为例，正、反向传输概率与速度比 c 的关系如图 3-51 所示。

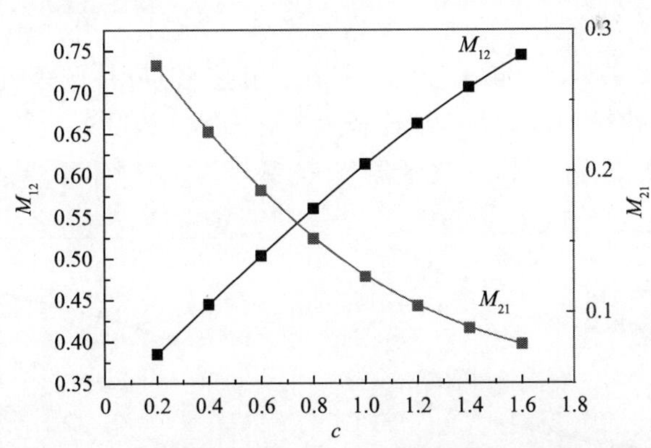

图 3-51　单级涡轮叶列正、反传输概率与速度比关系

从图 3-51 中可见，c 值越高，叶列的正向传输概率越大，反向传输概率越小，抽气性能越好。

通过数据回归得到的描述涡轮叶列正、反向传输概率的数学关系式，为计算机编程计算正、反向传输概率提供了条件，为提高涡轮分子泵抽气性能计算效率和深入研究计算误差奠定了基础。

3.6.2　单级涡轮叶列传输概率的积分均值法

由于涡轮叶列的几何参数是随叶片长度变化的，涡轮叶列的实际抽气能力应是叶片各部分共同作用的结果[8]。为了解涡轮叶列抽气能力随叶片长度的变化，以国家重大科学仪器设备开发专项（项目编号：2013YQ130429）开发的 F-63/55 型涡轮分子泵为计算实例，进行抽气性能计算。泵转速为 60000r/min，各级叶列几何参数如表 3-3 所示。

表 3-3　各级叶列几何参数

级数	叶片倾角/（°）	叶片长度/mm	叶片数量/个	叶列高度/mm	叶片截面厚度/mm
1	40	11.5	16	6	0.8
2、3	30	7.5	24	2	0.8
4～6	20	7.5	36	1.5	0.8

将涡轮叶列沿叶片长度方向等距分成 30 份，利用计算机程序计算得到的抽气性能沿叶片长度方向的分布如图 3-52 所示。其中，r 为叶片各分点到叶片根部的距离与叶片长度之比。由图 3-52 中可知，随着 r 的增加，各级涡轮叶列的最大何氏系数 H_{max} 和最大压缩比 K_{max} 基本呈增加趋势，节弦比、叶片倾角较大时（如第 1 级），最大何氏系数较大、最大压缩比较小，节弦比、叶片倾角较小时（如第 4~6 级），最大何氏系数较小、最大压缩比较大。对于第 1 级叶列，其最大何氏系数和最大压缩比随 r 增加提高明显；对于第 4～6 级叶列，最大何氏系数先快速增加后

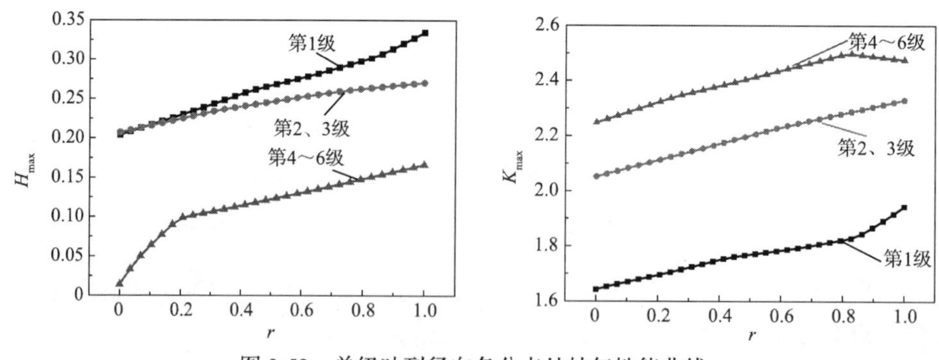

图 3-52　单级叶列径向各分点处抽气性能曲线

增速变缓，最大压缩比则在 r=0.8 时呈饱和状态；总的来看，最大何氏系数 H_{max} 和最大压缩比 K_{max} 随 r 均不是线性变化关系。故采用叶列几何中值处的参数进行涡轮叶列抽气性能计算确实存在一定的误差。因此，应采用对 r 积分的方法（称为积分均值法），来计算涡轮叶列的抽气性能。

分别采用几何中值法和积分均值法对单级涡轮叶列的抽气性能进行了计算，计算结果如表 3-4 所示。由表 3-4 中可知，几何中值法获得的涡轮单级叶列抽气性能计算值均大于积分均值法获得的计算值，第 4～6 级计算值相差较大，几何中值法的 H_{max} 计算值偏大 11%，K_{max} 计算值偏大 6.4%，这与图 3-52 中第 4～6 级抽气性能非线性度较大有关。

表 3-4　单级涡轮叶列抽气性能计算值

计算方法	H_{max}（第 1 级）	K_{max}（第 1 级）	H_{max}（第 2、3 级）	K_{max}（第 2、3 级）	H_{max}（第 4～6 级）	K_{max}（第 4～6 级）
几何中值法	0.2665	1.7690	0.2458	1.7398	0.1220	2.3225
积分均值法	0.2654	1.7672	0.2436	1.7330	0.1099	2.1825

从上述对两种计算方法的对比可知，积分均值法更能反映涡轮叶列的实际工作能力，具有更好的计算精度。计算实例获得的结果表明，现有的近似计算方法会高估涡轮叶列的抽气能力，在分子泵实际设计时，抽气能力往往需要留有一定设计余量。

3.6.3　涡轮分子泵抽气性能计算结果与误差评价

以 F-63/55 型涡轮分子泵设计参数为计算原型，采用几何中值法和积分均值法对涡轮分子泵的抽气性能进行计算，计算结果见表 3-5。F-63/55 型涡轮分子泵抽气性能实验按国家标准展开，实验结果也列于表 3-5 之中[8]。

表 3-5　不同计算方法所得的涡轮分子泵抽气性能值

抽气性能参数	几何中值法	积分均值法	实验值
K_{max}	17104	11900	11280
S_{max}/（L/s）	55.980	55.662	49.796

由表 3-5 可见，采用涡轮叶列几何中值法得到的抽速、压缩比（S_{max}、K_{max}）计算值与实验结果相比偏大，S_{max} 误差为 12.4%，K_{max} 误差达 51.6%；采用涡轮叶

列积分均值法得到的 S_{max} 计算误差为 11.8%，与几何中值法计算结果相近，K_{max} 计算误差为 5.5%，比实验值略大，具有更高的计算精度，计算结果更符合实际。

上述两种方法对涡轮分子泵抽速的计算结果均存在 10%以上的计算误差，与计算组合叶列抽速时未考虑相邻涡轮级间分子返流，以及各级涡轮叶片长度不同对抽速的影响等因素有关。

3.6.4 涡轮分子泵抽气性能计算软件

为提高涡轮分子泵抽气性能计算效率和计算精度，在单级涡轮叶列正、反向传输概率与叶列参数数据回归并形成近似数学表达的基础上，将积分均值法引入涡轮分子泵抽气性能的计算中，通过编制计算机软件，实现对涡轮分子泵抽气性能的程序化设计。涡轮分子泵抽气性能计算程序框图如图 3-53 所示。计算过程中采用积分均值法，根据数据回归得到的二次方程，编写计算单级涡轮叶列抽气性能的子程序，计算子程序框图如图 3-54 所示。

涡轮分子泵抽气性能计算程序采用 MATLAB 编制，通过依次输入分子泵总体设计参数：额定转速（r/min）、被抽气体摩尔质量（kg/mol）、动叶列外径（mm）、静叶列外径（mm）、动叶列级数和静叶列级数；分子泵各级动、静叶列的参数：叶片长度（mm）、叶列高度（mm）、叶片数量、叶片倾角（°）和叶片截面厚度（mm），计算程序便可计算出涡轮分子泵的抽速和压缩比。

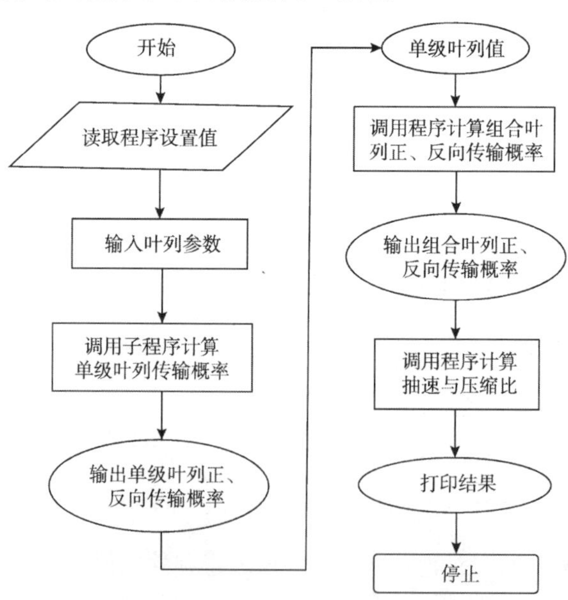

图 3-53　涡轮级抽气性能计算程序框图

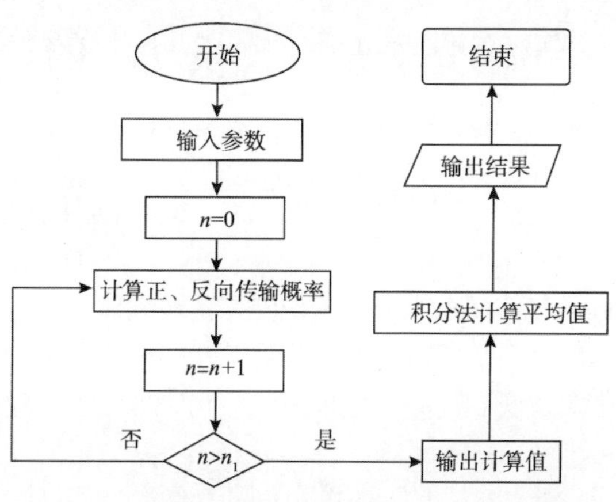

图 3-54　单级涡轮叶列抽气性能计算子程序框图

基于上述计算软件，申报并获批了“涡轮分子泵抽气性能计算软件 V1.0”著作权证书（证书号：0935383）。图 3-55 为软件著作权登记证书扫描件[9]。

中华人民共和国国家版权局

计算机软件著作权登记证书

软件名称：涡轮分子泵抽气性能计算软件
V1.0

著作权人：东北大学

开发完成日期：2014年10月20日

首次发表日期：未发表

权利取得方式：原始取得

权利范围：全部权利

登记号：2015SR048297

根据《计算机软件保护条例》和《计算机软件著作权登记办法》的规定，经中国版权保护中心审核，对以上事项予以登记。

中华人民共和国国家版权局
计算机软件著作权登记专用章

No. 00674658

图 3-55　涡轮分子泵抽气性能计算软件 V1.0 著作权登记证书

3.7 涡轮分子泵电动机功率的计算

涡轮分子泵电动机的功率主要消耗在压缩气体、克服机械损失以及驱动润滑油泵上。

在涡轮分子泵中，气体压缩靠的是工作叶列传输气体分子向高压力方向，以克服各种气流阻力。涡轮分子泵压缩气体时近似于等温压缩，尽管压缩比很大（10^8～10^{10}），但气体的密度非常低（吸入压力为 10^{-10}～10^{-2}Pa），等温压缩气体的压缩功为

$$L_{us} = 2.3\frac{RT}{\mu}\lg\left(\frac{p_f}{p}\right) \tag{3-93}$$

式中，R 为普适气体常数，8.31J/（mol·K）；T 为被压缩气体的温度，K；μ 为气体摩尔质量，kg/mol；p_f 为泵的前级压力，Pa；p 为泵吸入的最低工作压力，Pa。

泵压缩气体消耗的电动机功率 N_H（W）为

$$N_H = mL_{us} \tag{3-94}$$

式中，m 为质量流率，kg/s，$m = S\rho$，S 为泵的抽速，m^3/s，ρ 为气体的密度，kg/m^3:

$$\rho = p\mu/(RT)$$

在涡轮分子泵中采用高精度滚动轴承，泵的机械损失不大，因此机械效率 η_M =0.95～0.97。

采用稀油润滑轴承时，升油油泵运转消耗的电动机功率（W）为

$$N_0 = V_0\left(p_{0f} - p_{01} + \rho_0 gh\right) \tag{3-95}$$

式中，V_0 为油的体积流量，m^3/s；p_{0f} 为油泵的排出压力，Pa；p_{01} 为油泵的吸入压力，Pa；h 为油泵所建立的压头高度，m；ρ_0 为润滑油密度，kg/m^3。

综合上述功率消耗因素，涡轮分子泵电动机功率（W）为

$$N = \left(N_H + N_0\right)/\eta_M \tag{3-96}$$

按公式（3-96）所得的计算功率一般很小，设计者通常根据泵启动时间来确定电动机的功率。由于分子泵转速很高，从静止启动到达额定转速需要较长时间。为缩短泵的惯性启动时间，就需要提高电动机对转子的启动力矩。实际设计时，电动机功率按计算值的 110%～115%选取。

3.8　前级泵的选择

为保证涡轮分子泵工作在分子流态下，前级泵的选择很重要。在涡轮分子泵整个吸入压力范围内，选配前级泵的抽速不应小于涡轮分子泵出口条件（分子流态对应的压力）下要求的抽气能力，使涡轮分子泵的抽气能力得到正常发挥。如果前级泵吸入压力过高，涡轮分子泵工作叶列中间会出现过渡流态或黏滞流态，将显著影响分子泵的抽速和压缩比。

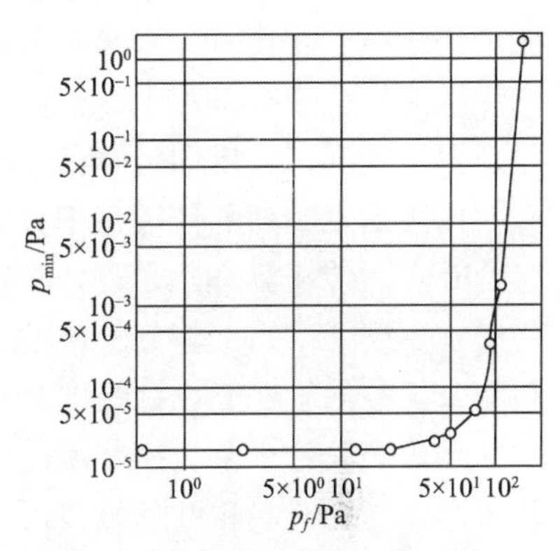

图 3-56　涡轮分子泵前级压力与极限压力的关系曲线

对于抽速为 200L/s 的涡轮分子泵，前级压力 p_f 对泵极限压力 $p_{\min}$ 影响的实验结果如图 3-56 所示。从图 3-56 中可见，当前级压力在从 1.0Pa 变到 20Pa 时，泵的极限压力几乎不受影响，其原因在于，尽管泵最后抽气级中出现气体的过渡流态，但其对泵的整体性能影响并不明显。当前级压力从 65Pa 增加到 130Pa 时，泵的极限压力从 4×10^{-5} 变为 2×10^{-3}Pa。前级压力再从 130Pa 增加到 200Pa 时，泵的极限压力大约增加三个数量级，泵的压缩比从 $K=10^4$ 降到 $K=10^2$，这是由于涡轮分子泵抽气叶列中气体流动状态不再是分子流态，流态的变化决定了涡轮分子泵抽气性能的下降。

理论和实验研究均表明，涡轮分子泵抽速与前级泵吸入压力无关时，对应的前级泵最大吸入压力为 10^{-1}～1.0Pa。即使涡轮分子泵工作在过渡流态下，涡轮分子泵的排气压力或前级泵的吸入压力也应为 65～130Pa。

由于涡轮分子泵在分子流态下的抽速大，在过渡流态和黏滞流态下抽速很小，这就对前级泵提出了较高的要求。而目前，以涡轮分子泵作为主泵的抽气系统中，前级泵多为油封式旋片泵或无油式机械泵（干泵），当吸入压力在 10^{-1}～1.0Pa 时，前级泵的抽速很小，几乎为零。

为使涡轮分子泵排气压力与前级泵吸入压力有很好的匹配，需提高涡轮分子泵的出口压力。在涡轮分子泵排气侧增加牵引级，可以提高分子泵在过渡流态和黏滞流态下的压缩比，提高分子泵出口压力，这成为涡轮分子泵的重要发展方向。

3.9 涡轮分子泵研究方向

涡轮分子泵是目前应用最多的分子泵种类，并在一些领域中代替油扩散泵，成为高真空、超高真空环境获得的主要手段。对涡轮分子泵的理论研究、结构改进和性能优化还有很多工作要做。尤其是作为涡轮叶列抽气性能计算的基础参数，以及涡轮叶列正、反向传输概率的计算[10-15]，还有重要改进空间。

单级涡轮叶列的传输概率计算还是基于简化的二维抽气通道内的统计分析，组合叶列的传输概率也是近似计算。未来，基于单级涡轮和组合叶列三维抽气通道抽气模型[16-18]的气体分子传输过程的计算分析应是一个发展方向[19, 20]，对提高涡轮分子泵抽气性能设计精度会有重要帮助。

随着涡轮分子泵应用领域的扩展，工作流域已经从传统的分子流态延伸到过渡流态[21-23]，对涡轮叶列过渡流态下的抽气性能研究虽有一些[24-26]，但还不够充分。研究者已经将计算范围扩展到全流域[27, 28]。

随着数控加工技术的发展，整体式涡轮转子结构采用得越来越多。对整体转子结构设计与加工工艺的研究也很有必要[29, 30]。

此外，随着应用领域的细化，个性化、为专业应用领域服务的分子泵设计将逐渐成为一种趋势，对分子泵设计理论会提出更高的要求。

[1] Schneider T N, Katsimichas S, Oliveira C R E D, et al. Empirical and numerical calculations in two dimensions for predicting the performance of a single stage turbomolecular pump [J]. Journal of Vacuum Science & Technology A, 1998, 16(1): 175-180.

[2] 屠基元, 杨乃恒. 涡轮分子泵叶列传输几率的计算: 积分方程法[J]. 真空, 1984, 21(5): 3-14.

[3] 屠基元, 杨乃恒. 几率矩阵法计算涡轮分子泵叶列传输几率[J]. 真空, 1986,23(4): 1-9.

[4] 屠基元, 杨乃恒. 现代涡轮分子泵理论的研究[J]. 真空科学与技术学报, 1986, 6(1): 11-20.

[5] Yang N H, Yu L G, Pang S J, et al. Study of the structure and performance of a new type of molecular pump [J]. Journal of Vacuum Science & Technology A, 1987, (4): 2594-2598.

[6] 王晓冬, 张鹏飞, 巴德纯, 等. 反射模型对涡轮分子泵单叶列传输几率的影响[C]. 中国真空学会 2016 学术年会, 昆明, 2016.

[7] 张鹏飞. 基于 Monte-Carlo 方法的气体分子涡轮叶列间传输特性的研究[D]. 沈阳: 东北大学, 2016.

[8] 王晓冬, 张磊, 巴德纯, 等. 涡轮分子泵抽气性能计算的误差分析[J]. 真空科学与技术学报, 2016, 36(4): 432-435.

[9] 东北大学. 涡轮分子泵抽气性能计算软件 V1.0: 中国,2015SR048297[P]. 2015.

[10] Antoniou A G, Valamontes S E, Panos C N, et al. The turbomolecular pump in molecular state[J]. Vacuum, 1995, 46(7): 709-715.

[11] Spagnol M, Cerruti R, Helmer J. Turbomolecular pump design for high pressure operation [J]. Journal of Vacuum Science & Technology A, 1998, 16(3): 1151-1156.

[12] Malyshev O B. Characterization of a turbo-molecular pumps by a minimum of parameters [J]. Vacuum, 2007, 81(6): 752-758.

[13] Wang S , Ninokata H , Merzari E , et al. Numerical study of a single blade row in turbomolecular pump[J]. Vacuum, 2009, 83(8): 1106-1117.

[14] 王晓冬, 巴德纯, 杨乃恒. 涡轮分子泵组合叶列几何参数优化设计方法的研究[J]. 真空, 1999, 36(1): 23-26.

[15] Hsieh F C, Lin P H, Liu D R, et al. Pumping performance analysis on turbo molecular pump [J]. Vacuum, 2012, 86(7): 830-832.

[16] Wang X D, Qi P. Geometric modeling for unitary rotor of TMP by UG NX CAD[J]. Applied Mechanics and Materials, 2009, 16-19: 298-301.

[17] Wang X D, Qi P. Virtual manufacturing of TMP rotor based on UG CAM [C]. The Proceedings of the 9th Vacuum Metallurgy and Surface Engineering Conference, Shenyang, 2009.

[18] 齐鹏. 涡轮分子泵整体转子的 CAD/CAM 研究[D]. 沈阳:东北大学, 2008.

[19] Chang Y W, Jou R Y. Direct simulation of pumping characteristics in a fully 3D model of a single-stage turbomolecular pump [J]. Applied Surface Science, 2001, 169(3): 772-776.

[20] Li Y, Chen X, Guo W, et al. Accurate simulation of turbomolecular pumps with modified algorithm by 3D direct simulation Monte Carlo method [J]. Vacuum, 2014, 109(11): 354-359.

[21] 渠洪波. 涡轮分子泵过渡流抽气特性的研究[D]. 沈阳: 东北大学, 1988.

[22] 孙浩, 孙浩林, 李博, 等. 混合分段算法计算涡轮分子泵的压缩比[J]. 真空科学与技术学报, 2018, 38(8): 663-666.

[23] 马兆骏. 过渡流态下涡轮分子泵抽气性能的算法研究[D]. 沈阳: 东北大学, 2018.

[24] 泽田雅, 徐清发. 轴流分子泵研究(四)——关于单叶轮在过渡流区域内的抽气特性[J]. 真空, 1975, (s1): 80-92.

[25] Heo J S, Hwang Y K. DSMC calculations of blade rows of a turbomolecular pump in the molecular and transition flow regions [J]. Vacuum, 2000, 56(2): 133-142.

[26] Sengil N, Edis F O. Fast cell determination of the DSMC molecules in multi-stage turbo molecular pump design [J]. Computers & Fluids, 2011, 45(1): 202-206.

[27] Sharipov F. Numerical simulation of turbomolecular pump over a wide range of gas rarefaction [J]. Journal of Vacuum Science & Technology A, 2010, 28(6): 1312-1315.

[28] Amoli A , Hosseinalipour S M . A continuum model for pumping performance of turbomolecular pumps in all flow regimes[J]. Vacuum, 2004, 75(4): 361-366.

[29] 陶继忠, 郑越青, 朱建平, 等. 小型涡轮分子泵静叶片设计与成型技术[J]. 真空, 2012, 49(6): 48-50.
[30] 舒行军, 郑越青, 陶继忠. 小型涡轮分子泵动叶片设计与制造技术研究[J]. 真空, 2013, (6): 25-28.

第 4 章

复合分子泵

复合分子泵（图 4-1）由涡轮级和牵引级（筒式牵引级或盘式牵引级）组成，集合了涡轮分子泵抽速大、牵引级压缩比高的优点，在很宽的压力范围内保持了大抽速、高压缩比的优点，是分子泵研制、生产和应用中的重要泵种，在半导体、医药、航空航天、电子信息、光学产业等领域有着广泛应用。

（a）涡轮级-盘式牵引级复合分子泵转子组合

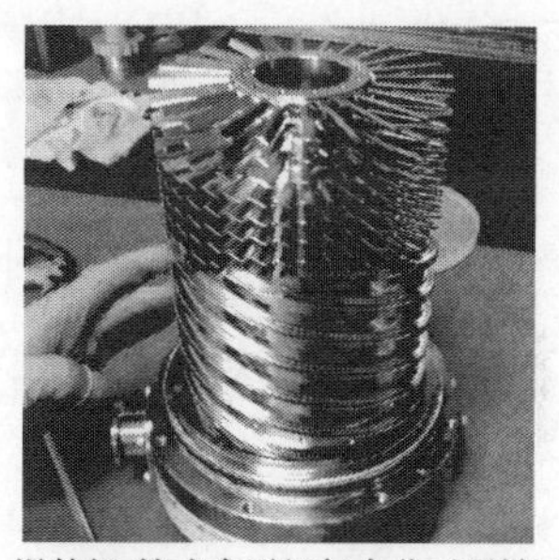
（b）涡轮级-筒式牵引级复合分子泵转子组合

图 4-1　复合分子泵涡轮级和牵引级的两种组合形式

本章围绕复合分子泵的抽气性能与结构优化展开，从复合分子泵涡轮级与牵引级之间的抽气性能匹配分析、过渡结构设计入手，分析复合分子泵涡轮级-筒式牵引级的三种过渡结构——短齿涡轮叶列、牵引盘式和大螺旋牵引槽过渡结构，并对复合分子泵的抽气性能进行计算。为减少复合分子泵中筒式牵引级工作间隙的返流量，分析了牵引级阻挡结构和分段牵引槽结构，对提高复合分子泵的性能进行了探索。

此外，针对真空检漏不同工作压力的实际需要，有多口分流式复合分子泵结构，如图 4-2 所示。

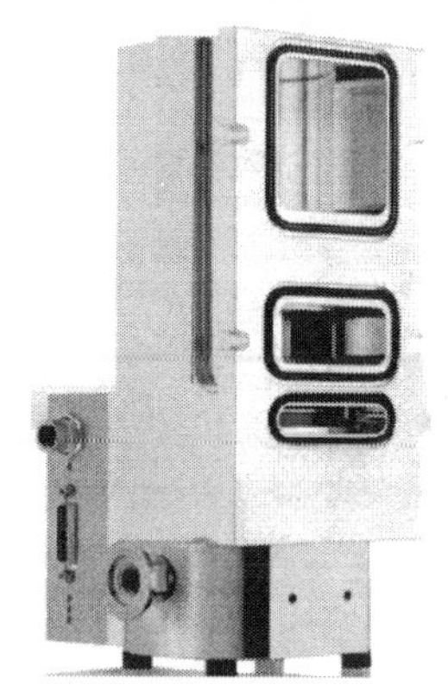

图 4-2　多口分流式复合分子泵

4.1　复合分子泵抽气性能计算模型的程序化

复合分子泵的抽气性能由涡轮级和牵引级几何参数、工作条件等决定。对于涡轮级，采用积分均值法替代几何中值法计算单级涡轮叶列的正、反向传输概率，进而计算涡轮级的抽气性能（第 3 章）；针对抽气通道内可能出现的分子流向黏滞流的流态转变，进而产生计算方法不同造成的计算误差问题，对于筒式牵引级，采用分段流态判别法替代单一流态计算方法，计算筒式牵引级抽气性能；对于盘式牵引级，单盘采用积分均值法，多盘组合采用分段流态判别法，计算盘式牵引级抽气性能，这样可以提高复合分子泵抽气性能的计算精度。

为提高计算效率，便于工程应用，将牵引级抽气性能计算程序与涡轮级抽气性能计算程序组合构成了复合分子泵抽气性能计算软件，申报并获批“复合分子泵抽气性能计算软件 V1.0”著作权证书（证书号：1311823）。图 4-3 为软件著作权登记证书扫描件[1]。

中华人民共和国国家版权局
计算机软件著作权登记证书

著作权人：东北大学

图 4-3　复合分子泵抽气性能计算软件 V1.0 著作权登记证书

4.2　复合分子泵涡轮级-筒式牵引级的级间过渡

复合分子泵按涡轮级与牵引级的组合方式可分为两类：一类是涡轮分子泵与盘式牵引泵的组合[2-5]；另一类是涡轮分子泵与筒式牵引泵的组合[6-8]。

盘式牵引泵由刻以数条一定型线沟槽的平板圆盘和光滑圆盘动、静相间组合成多级串联结构，牵引盘高速旋转对气体分子进行牵引，而达到抽气的目的。相比筒式牵引泵，盘式牵引泵动盘-静盘间隙返流通道长度被有效延长，与抽气通道长度相当，因此，可以适当放宽动盘-静盘间隙，提高盘式牵引泵的工作可靠性。相比于筒式牵引泵，盘式牵引泵具有较大的抽速，易与涡轮级出口段抽速实现匹配。但盘式牵引泵气体分子沿牵引盘由内向外或由外向内传输，为径向抽气，与涡轮级轴向抽气的气流方向不同，两者的抽气方向匹配并不理想。加之，盘式牵引泵抽气过程中，气体分子在串联牵引盘之间做往复折返式输运，抽气效率不高。

筒式牵引泵由开有一定截面形状的多头螺旋槽牵引筒和光滑圆筒组合而成，气体分子在高速运动的壁面作用下，沿螺旋槽由上而下定向运动，达到抽气目的。筒式牵引转子-定子间隙为气体的泄漏通道，比牵引槽长度短很多。为限制被抽气体的间隙泄漏量，筒式牵引转子-定子的设计间隙狭小，加之牵引转子工作过程中的离心形变对加工过程中的动态间隙产生一定影响，给工作可靠性带来一定风险。现代加工、装配技术的提升，以及轻质高强度新材料（如碳纤维材料）的应用，很好地解决了筒式牵引泵工作可靠性的问题。筒式牵引泵结构简单，加工、装配方便，（准）轴向抽气与涡轮级抽气衔接合理，是当前复合分子泵牵引级的主要形式。

在复合分子泵中，由于涡轮级有较大的抽气面积和抽速，压缩比相对较小，而筒式牵引级牵引沟槽入口面积较小，抽速较低，如果没有很好的抽速匹配，涡轮级与牵引级衔接处的气体分子输运效率可能会产生明显下降,致使返流量增大，影响复合分子泵的抽气性能。可见，复合分子泵中，存在涡轮级与牵引级衔接处抽速匹配的问题[9, 10]。

本章提出复合分子泵涡轮级-筒式牵引级级间过渡结构的概念，通过在涡轮级-筒式牵引级衔接处设置短齿涡轮叶列、牵引盘式、大螺旋牵引槽等过渡结构形式，保证涡轮级与牵引级之间的抽速衔接，达到提升复合分子泵抽速和压缩比的目的。

4.2.1 短齿涡轮叶列过渡结构与抽气性能

从分子泵对气体分子的动量传递机理出发，若涡轮叶列与泵体壁面形成的抽气通道中高速运动的表面积为 S_m，由于动面对气体分子具有牵引作用，当涡轮叶列旋转时，其对气体分子的拖动系数可表示为[11]

$$\eta=\frac{S_m}{S}=\frac{b}{2(l+b)} \tag{4-1}$$

式中，S 为抽气通道的总面积；b 为涡轮叶列弦长；l 为涡轮叶片长度。

在实际涡轮分子泵中，涡轮叶片长度 l 远大于涡轮叶列弦长 b，因此涡轮级对气体分子的牵引作用效果不明显，可以忽略不计。涡轮级的抽气作用主要在于，高速运动的涡轮叶列会造成气体通过涡轮叶列时的正、反向传输概率不同，从而使涡轮叶列具有抽气能力。

当涡轮叶片长度较短时，短齿涡轮叶列对气体分子的拖动效果不能忽视。此时，短齿涡轮叶列对被抽气体具有常规涡轮叶列及牵引通道的双重抽出机制。此时，短齿涡轮叶列的压缩比可由式（4-2）和式（4-3）计算得到：

$$K=K_o\cdot \mathrm{e}^{\frac{a\cos\alpha}{l\sqrt{\pi}}\cdot\beta} \tag{4-2}$$

$$\beta=\frac{v_0}{v_p} \tag{4-3}$$

式中，K_o 为不考虑牵引作用时的涡轮叶列压缩比；α 为涡轮叶列的倾角；a 为涡轮叶列节距；v_0 为与抽气通道存在相对运动端面的切线速度；v_p 为气体分子最可几速率。

从式（4-2）、式（4-3）中可知，当涡轮叶片长度较短（短齿涡轮叶片）时，兼具了涡轮分子泵和牵引分子泵的抽气机理和对气体的作用机制。短齿涡轮叶列具有一定的抽速和压缩比，适合作为复合分子泵中涡轮级与筒式牵引级之间的过渡结构，可以克服筒式牵引级抽速小及其与涡轮级抽速失配的问题，使复合分子泵的气体输运更为顺畅，保证了泵的抽气性能。

此处所说的短齿涡轮叶列过渡结构在形式上与涡轮叶列无明显区别，叶片长度小于涡轮级最后一级涡轮叶列叶片长度，大于螺旋槽深，叶片长度与涡轮叶列弦长相当，设置于复合分子泵涡轮级与筒式牵引级之间，形成一种过渡结构形式。

由涡轮级的抽气原理可知，涡轮叶列的抽气性能主要由叶片长度、叶片倾角、叶片数量、叶列高度等因素决定。应用于过渡结构的短齿涡轮叶列，除上述因素外还应考虑其对气体分子的牵引作用，讨论短齿涡轮叶列结构参数对性能的影响。

本节以国家重大科学仪器设备开发专项“高速小型复合分子泵的开发和应用”（项目号：2013YQ130429）研发的 F-63 型复合分子泵样机涡轮级数据为基准，设计的短齿涡轮叶列过渡结构的几何参数如表 4-1 所示。通过计算，分别讨论不同结构参数的短齿涡轮叶列对抽气性能的影响，并提出改善分子泵性能的设计方案。

表 4-1　短齿涡轮叶列过渡结构的几何参数

短叶片长度 l/mm	短叶片高度 h/mm	短叶片数量 z/个	短叶片倾角 α/（°）
5	4	16	30

1. 短叶片高度对单级叶列何氏系数 H 和压缩比 K 的影响

以国家重大科学仪器设备开发专项研制的样机参数为基本计算参数，不改变其他参数值，仅改变短叶片高度，分析短叶片高度对涡轮叶列何氏系数 H 和压缩比 K 的影响，计算结果如图 4-4 所示。

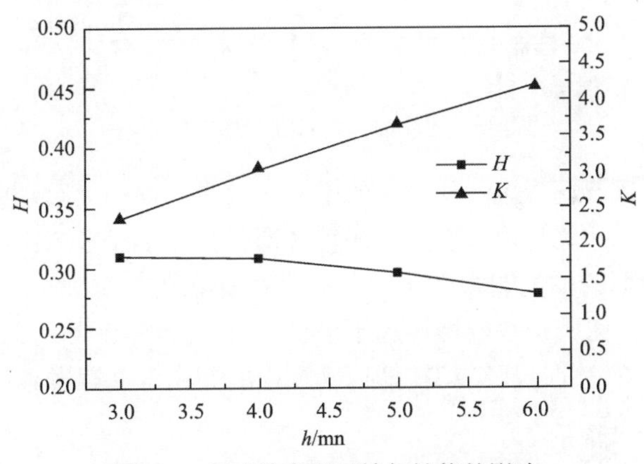

图 4-4　短叶片高度对抽气性能的影响

由图 4-4 可知，随着短叶片高度的增加，单级叶列的何氏系数逐渐减小。因为随着短叶片高度的增加，短齿涡轮叶列的弦长增大，节弦比减小，导致何氏系数变小；随短叶片高度的增加，单级短齿涡轮叶列的压缩比几乎线性增大，原因在于随短叶片高度的增加，节弦比减小，有利于压缩比的提升。此时不能忽略短齿涡轮叶列对气体的牵引作用，增加短叶片高度，相当于增加了牵引通道长度，因此，压缩比增大。

此处短齿涡轮叶列作为复合分子泵的过渡结构，主要解决涡轮级与牵引级衔接处的抽气匹配问题。从结构紧凑性和抽速匹配角度出发，过渡用短齿涡轮叶列结构应选择较小的短叶片。兼顾过渡结构的压缩比，选择 4mm 作为复合分子泵样机短齿涡轮叶列过渡结构的设计高度。

2. 短叶片倾角对单级叶列何氏系数 H 和压缩比 K 的影响

短叶片倾角是影响涡轮叶列抽气性能的另一主要因素，以国家重大科学仪器设备开发专项研制的样机参数为基本计算参数，改变短叶片倾角，得到短叶片倾角对 H 与 K 的影响规律，计算结果如图 4-5 所示。

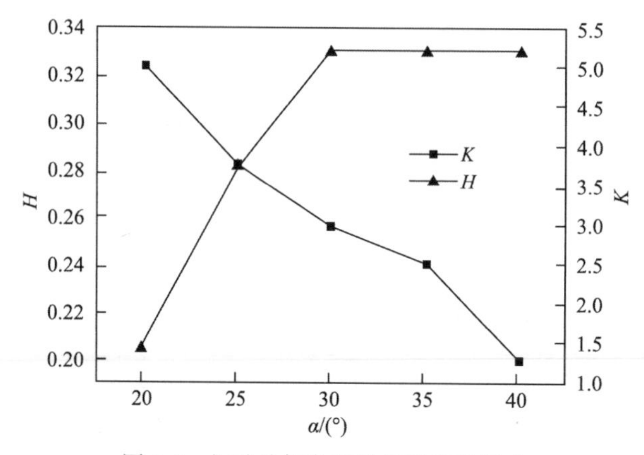

图 4-5 短叶片倾角对抽气性能的影响

由图 4-5 可知，随着短叶片倾角的增大，单级叶列的何氏系数逐渐增大，压缩比逐渐减小。短叶片倾角增大时，涡轮叶列弦长减小、节弦比增大，何氏系数 H 变大，单级叶列的抽气能力增强。当短叶片倾角超过 30°时，气体分子沿抽气通道的返流增加，何氏系数的增幅趋于平稳。

考虑短齿涡轮叶列过渡结构在抽速匹配中的作用，并兼顾其压缩比，短叶片的倾角选择 30°为宜。

3. 短叶片数量对单级叶列何氏系数 H 和压缩比 K 的影响

短叶片数量与抽气性能密切相关，以国家重大科学仪器设备开发专项研制的样机参数为基本设计参数，改变短叶片数量，通过计算得到短叶片数量与 H 和 K 的关系，结果如图 4-6 所示。

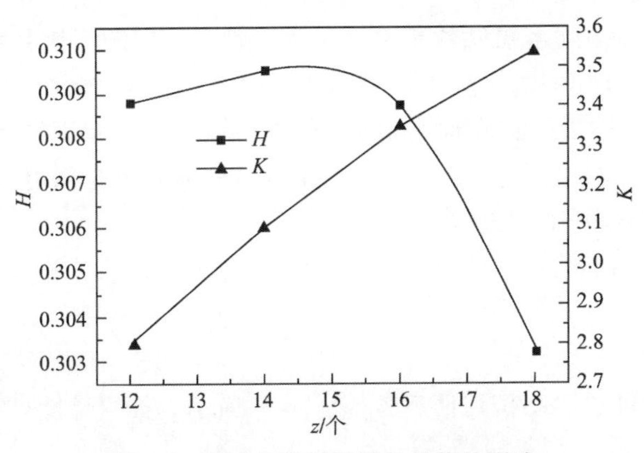

图 4-6　短叶片数量对抽气性能的影响

由图 4-6 可知，随着短叶片数量的增多，单级叶列的何氏系数先缓慢增大后持续减小，在短叶片数量为 15 个左右时存在最大何氏系数，压缩比随短叶片数量增多单调增大。当短叶片数量较少时，被抽气体沿抽气通道的返流加剧，不利于抽气能力的维持。短叶片数量较多时，叶列节距变小，节弦比较小，导致何氏系数减小。随着短叶片数量的增多，节弦比持续减小，单级叶列的压缩比有所增大。

作为过渡结构的短齿涡轮叶列，应以保证涡轮级与牵引级抽速匹配为目标，因此，短叶片数量选择 15 个左右为宜，兼顾短齿涡轮叶列的压缩比，在样机中设计短叶片的数量为 16 个。

4. 短叶片长度对单级叶列何氏系数 H 和压缩比 K 的影响

短叶片长度也是影响抽气性能的一个重要因素。以国家重大科学仪器设备开发专项研制的样机参数为基本设计参数，改变短叶片长度，通过计算得到短叶片长度与 H 和 K 的关系，结果如图 4-7 所示。

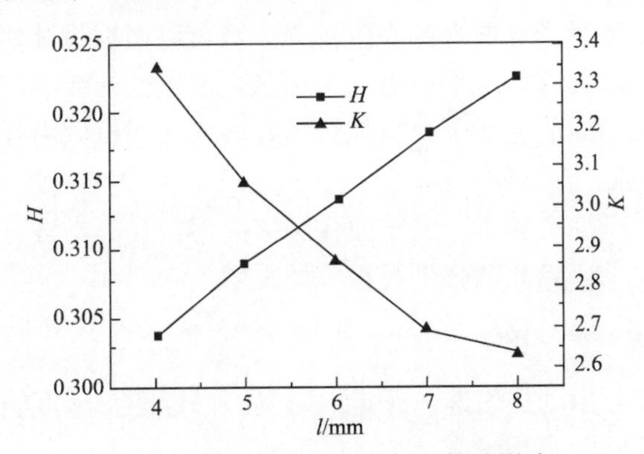

图 4-7　短叶片长度对抽气性能的影响

由图 4-7 可知，随着短叶片长度的增大，单级叶列的何氏系数逐渐增大，抽气能力增强，单级叶列的压缩比则随着短叶片长度的增大逐渐减小。对于短齿涡轮叶列，在短叶片长度逐渐增加的过程中，涡轮分子泵对气体的抽气作用机制逐渐强化，牵引抽气机制弱化，反映在短齿涡轮叶列抽气性能上就是何氏系数增大，压缩比减小。

作为过渡结构的短齿涡轮叶列，应以保证涡轮级与牵引级抽速匹配为目标，因此，短叶片长度选择偏小为宜，兼顾短齿涡轮叶列的压缩比，在样机中设计短叶片长度为 5mm。

短齿涡轮叶列过渡结构几何参数如表 4-1 所示，抽气性能计算结果如表 4-2 所示。

表 4-2 短齿涡轮叶列过渡结构的抽气性能

何氏系数 H	压缩比 K
0.3087	3.05

以一级短齿涡轮叶列过渡结构代替原有涡轮级最后两级叶列，解决复合分子泵涡轮级-筒式牵引级衔接处抽速不匹配的问题，这是一种选择方案。

4.2.2 牵引盘式过渡结构与抽气性能

牵引盘式过渡结构的转盘可以采用圆弧型线、阿基米德螺线或对数螺线。不同型线的加工成本、抽气效果不同，可根据不同需要做出选择[12]。

1. 圆弧型线牵引盘

圆弧型线的曲率半径、曲率圆心位置等参数可以根据设计要求合理选取，进而设计出不同形状的圆弧型线牵引盘。牵引盘上设置的圆弧状凹槽构成多个牵引抽气通道，在高速动面的作用下，气体分子在圆弧状通道内沿径向由内向外或由外向内输运，达到抽气的目的。

圆弧型线牵引盘加工简单，易于改变圆弧曲率半径等参数，来满足对泵抽速和压缩比的设计要求，因此圆弧型线被广泛采用。

2. 阿基米德螺线牵引盘

阿基米德螺线是由动点匀速离开定点时又以一定的角速度绕定点转动形成的运动轨迹，如图 4-8 所示。

阿基米德螺线与圆弧型线相比，相当于变曲率半径的圆弧型线。阿基米德螺

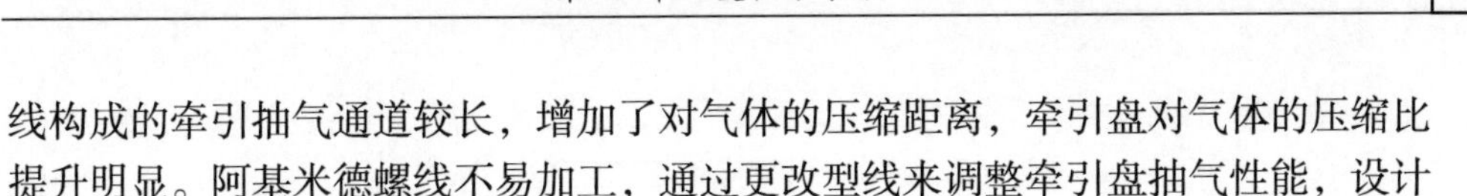

线构成的牵引抽气通道较长，增加了对气体的压缩距离，牵引盘对气体的压缩比提升明显。阿基米德螺线不易加工，通过更改型线来调整牵引盘抽气性能，设计难度大。

3. 对数螺线牵引盘

对数螺线又称等角螺线，螺线的臂距以几何级数递增，如图 4-9 所示。

对数螺线与阿基米德螺线相比，同样能够在牵引盘上获得较长的抽气通道，有利于提高牵引盘的压缩比。对数螺线由内向外延展时，抽气通道的宽度是渐变的，这有利于通过抽气通道几何参数的改变，设计需要的抽气性能。对数螺线不易加工，抽气通道设计难度较大，计算结果精度有待深入分析与评价。

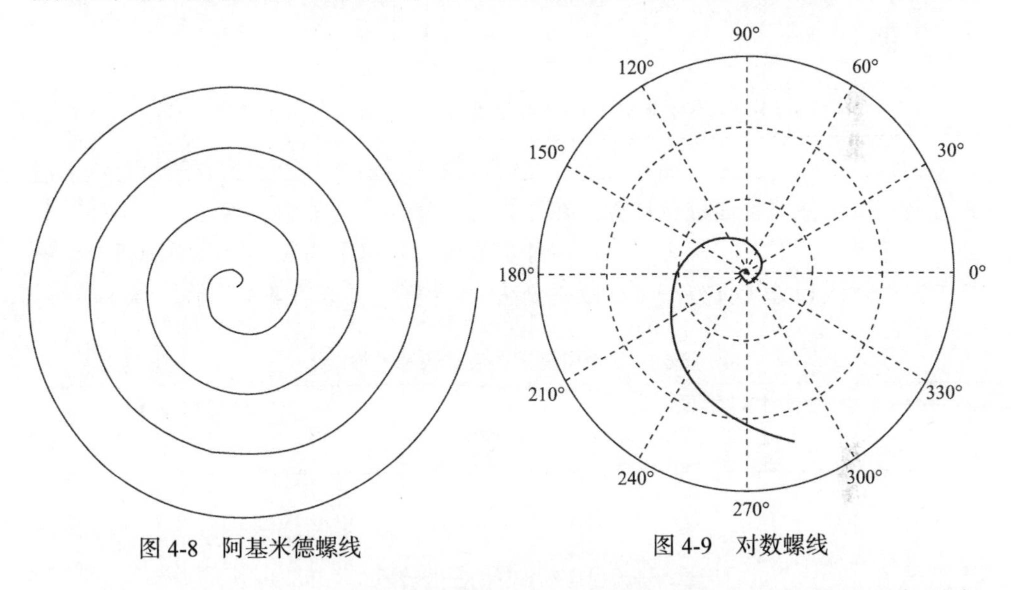

图 4-8　阿基米德螺线　　　　图 4-9　对数螺线

针对国家重大科学仪器设备开发专项“高速小型复合分子泵的开发和应用”,在涡轮级与牵引级之间设计了圆弧型线牵引盘式过渡结构,如图 4-10 所示。由于涡轮级最后一级叶列抽气面积远大于筒式牵引级入口抽气面积，两者在衔接处抽速存在差别。在涡轮级与牵引级衔接处设置牵引盘式过渡结构，利用牵引盘抽速大的特点，可以很好地解决涡轮级与牵引级衔接处抽速不匹配的问题，使被抽气体顺利进入牵引级进行进一步压缩，保证复合分子泵的整体抽气性能处于较优状态。

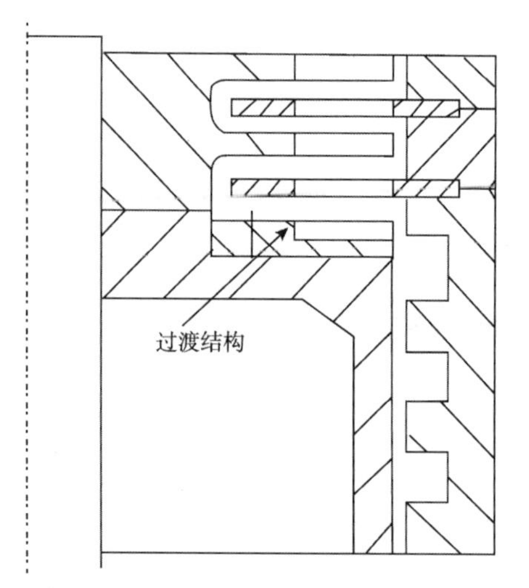

图 4-10　带有圆弧型线牵引盘式过渡级的复合分子泵结构

为计算盘式过渡级的抽气性能，几何参数采用表 2-7 给出的数值，对牵引盘式过渡结构的抽气性能进行计算。在计算时，分别采用了牵引盘几何中点处的参数（线速度、槽宽、槽深等）的近似计算方法（几何中值法）以及沿圆弧牵引槽长方向的逐段积分计算方法（逐段积分法），计算结果如表 4-3 所示。

表 4-3　牵引盘式过渡结构抽气性能

逐段积分法计算抽速/（L/s）	几何中值法计算抽速/（L/s）
13.60	13.60

由计算结果可知，采用几何中值法得到的计算结果与逐段积分法相同。说明对小型复合分子泵牵引盘式过渡结构的抽气性能进行计算时，采用几何中值法这种简化计算方法是可行的。

4.2.3　大螺旋牵引槽过渡结构与抽气性能

图 4-11　大螺旋牵引槽过渡结构

在复合分子泵涡轮级与牵引级衔接处增加一个槽宽与槽深较大的螺旋牵引槽（图 4-11）作为过渡级，大螺旋牵引槽过渡结构具有的较大抽气能力，且抽气方向为轴向，可以保证被抽气体由涡轮级向筒式牵引级的顺畅输运，从而解决涡轮级与牵引级衔接处抽速不匹配的问题[11]。

针对国家重大科学仪器设备开发专项“高速小型复合分子泵的开发和应用”，在涡轮级与牵引级之间设计的大螺旋牵引槽过渡结构参数如表 4-4 所示，抽气性能计算结果如表 4-5 所示。大螺旋牵引槽过渡结构的抽速比样机筒式牵引槽抽速提升了 52%，因此能够很好地解决涡轮级与牵引级衔接处抽速不匹配的问题。

表 4-4 大螺旋牵引槽过渡结构参数

螺旋槽深 h/mm	工作间隙 h' /mm	螺旋槽头数 γ	转子转速 n/（r/min）	转子直径 d/mm	转子轴向高度 H/mm	螺旋槽宽 b/mm
5	0.25	6	72000	68	8	8

表 4-5 大螺旋牵引槽过渡结构的抽气性能

逐段积分法计算抽速 S/（L/s）	压缩比 K
20.1	4.01

4.2.4 三种过渡结构与抽气性能的比较

为解决复合分子泵涡轮级与筒式牵引级衔接处抽速不匹配的问题，提出了三种不同形式的过渡结构。三种过渡结构各有特点：短齿涡轮叶列过渡结构在结构上更接近常规涡轮级叶列设计，能够很好地与样机现有涡轮级匹配，实现被抽气体沿轴向的顺畅迁移，顺利进入牵引级抽气通道；大螺旋牵引槽过渡结构上更接近常规筒式牵引级结构设计，能够很好地与样机现有牵引级匹配，承接涡轮级抽出气体向牵引级抽气通道中的过渡，实现被抽气体沿轴向顺畅迁移；牵引盘式过渡结构兼备抽速大与压缩比高的特点，通过牵引盘上的抽气通道使涡轮级排出的气体沿径向迁移至筒式牵引泵的入口处，要合理设计牵引盘式过渡结构以使之与牵引筒很好地衔接[13]。

以国家重大科学仪器设备开发专项“高速小型复合分子泵的开发和应用”提供的研制样机为基础设计的三种过渡结构的抽气性能如表 4-6 所示。

表 4-6 三种过渡结构的设计高度及抽气性能

过渡结构	转子轴向高度 H/mm	抽速 S/（L/s）	压缩比 K
短齿涡轮叶列	4	21.8	4.25
牵引盘式	5	13.6	121
大螺旋牵引槽	8	20.1	4.01

由表 4-6 可知，短齿涡轮叶列过渡结构紧凑，抽速较大。牵引盘式过渡结构能够提供较大的压缩比。大螺旋牵引槽过渡结构占空间稍大，性能与短齿涡轮叶列过渡结构相差不大。

通过三种过渡结构设计方案的对比，将牵引盘式过渡结构应用于国家重大科学仪器设备开发专项 F-63 型复合分子泵样机之中。对样机进行的性能实验表明，带有牵引盘式过渡结构的复合分子泵抽速有明显提升，压缩比提升了 2 个数量级。

根据 4.1 节的设计思想，申报并获批了实用新型专利“一种带有过渡结构的复合分子泵”（专利号：ZL 2015 2 0244784.2），如图 4-12 所示[14]。

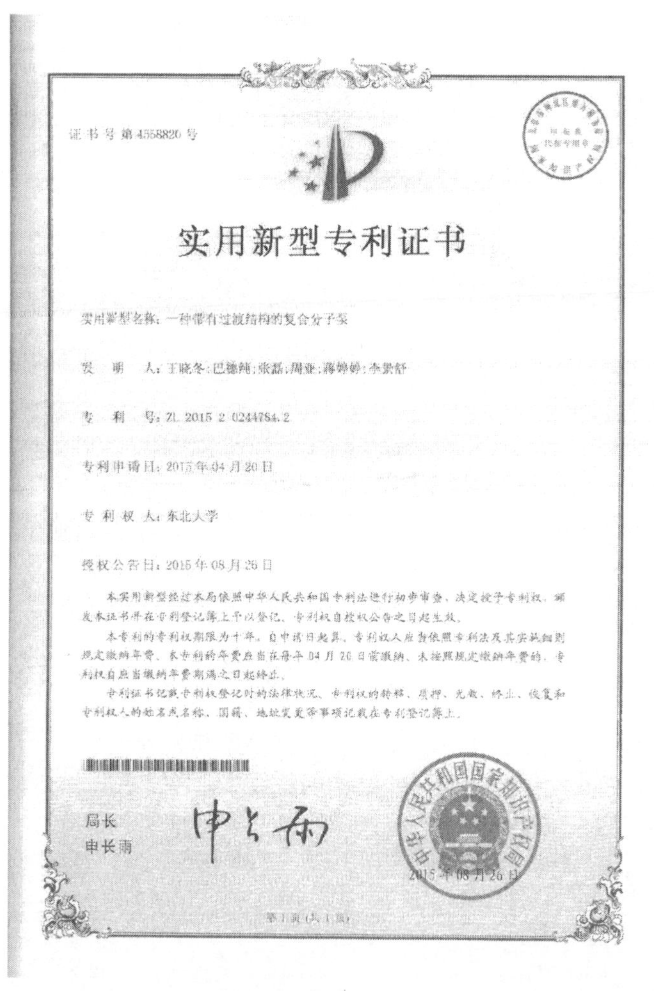
证书号第4558820号

实用新型专利证书

实用新型名称：一种带有过渡结构的复合分子泵

发　明　人：王晓冬;巴德纯;张磊;周亚;蒋婷婷;李景舒

专　利　号：ZL 2015 2 0244784.2

专利申请日：2015年04月20日

专 利 权 人：东北大学

授权公告日：2015年08月26日

本实用新型经过本局依照中华人民共和国专利法进行初步审查，决定授予专利权，颁发本证书并在专利登记簿上予以登记。专利权自授权公告之日起生效。

本专利的专利权期限为十年，自申请日起算。专利权人应当依照专利法及其实施细则规定缴纳年费。本专利的年费应当在每年04月20日前缴纳。未按照规定缴纳年费的，专利权自应当缴纳年费期满之日起终止。

专利证书记载专利权登记时的法律状况。专利权的转移、质押、无效、终止、恢复和专利权人的姓名或名称、国籍、地址变更等事项记载在专利登记簿上。

局长
申长雨

2015年08月26日

第1页(共1页)

图 4-12　一种带有过渡结构的复合分子泵专利证书

4.3　复合分子泵筒式牵引级间隙泄漏的限制

4.3.1　复合分子泵筒式牵引级泄漏通道的阻挡结构

复合分子泵筒式牵引级结构简图如图 4-13 所示。复合分子泵筒式牵引级的转子-定子间隙是被抽气体的泄漏通道。由于筒式牵引级压缩比很高，且气体泄漏通道与螺旋抽气通道相比长度较短，间隙泄漏成为影响复合分子泵抽气性能的主要因素。小的工作间隙是约束筒式牵引级间隙泄漏量、保证复合分子泵抽气性能的基本要素。由复合分子泵工作原理可知，为获得高的抽气效率，复合分子泵必须工作在高速旋转状态下。考虑到转子加工、装配、动平衡精度，以及工作过程中转子的振动、离心形变、热形变等因素，牵引转子-定子间隙不能过小，以保证复合分子泵的工作可靠性[11]。

针对上述问题，作者提出了一种带有阻挡结构的筒式牵引级结构，以减少气体沿间隙的泄漏量，保证复合分子泵安全、高效地工作。带阻挡结构的筒式牵引级结构如图 4-13 所示，在牵引转子筒上增加若干凸起阻挡结构，在牵引槽对应处铣制等量凹槽，凹槽与阻挡结构形成新的转子-定子工作间隙和抽气通道形式。阻挡结构的设置能增加气体间隙泄漏通道的长度、改变气体沿间隙泄漏的输运方向，可在不缩小转子-定子间隙的前提下减少气体沿间隙的泄漏量。

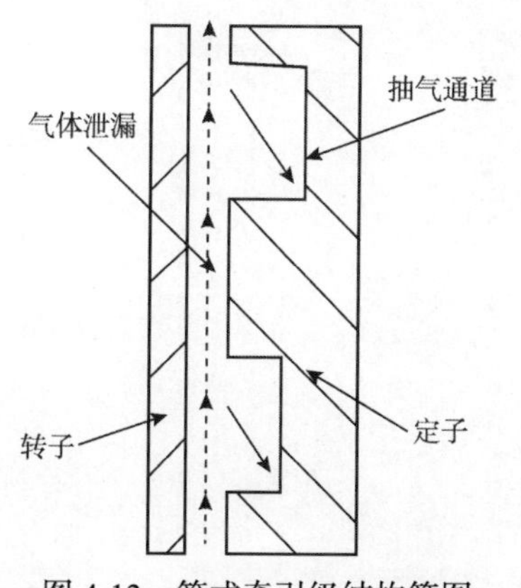

图 4-13　筒式牵引级结构简图

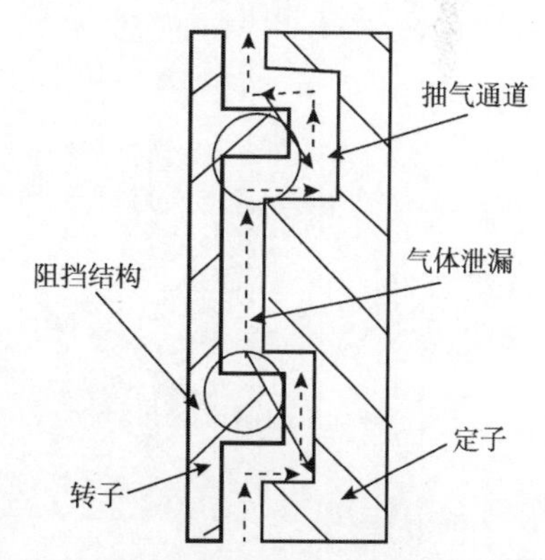

图 4-14　带阻挡结构的筒式牵引级结构简图

通过对比图 4-13 与图 4-14 可知，增加阻挡结构后会减少气体直接沿间隙泄漏，延长返流气体流动的通道，在高速携带作用下会使气体的泄漏量减小。同等运行条件下，由于阻挡结构的存在，可以适当放宽对静态工作间隙的严苛设计要求，从而提升复合分子泵转子系统的工作可靠性。

阻挡结构与凹槽之间的间距可根据气体所处的不同流动状态进行设计。气体从筒式牵引级入口向出口抽出时，气体的流态可能由分子流态逐步过渡到黏滞流态。当气体处于分子流态时，阻挡结构与凹槽之间的设计间隙可略大，当气体处于黏滞流态时，应适当减小两者的设计间隙。

依据设置阻挡结构、减少间隙泄漏、提高复合分子泵性能的设计思想，申报并获批了实用新型专利“一种能够减少牵引级间隙返流的复合分子泵”（专利号：ZL 2015 2 1005245.X），专利证书如图 4-15 所示[15]。

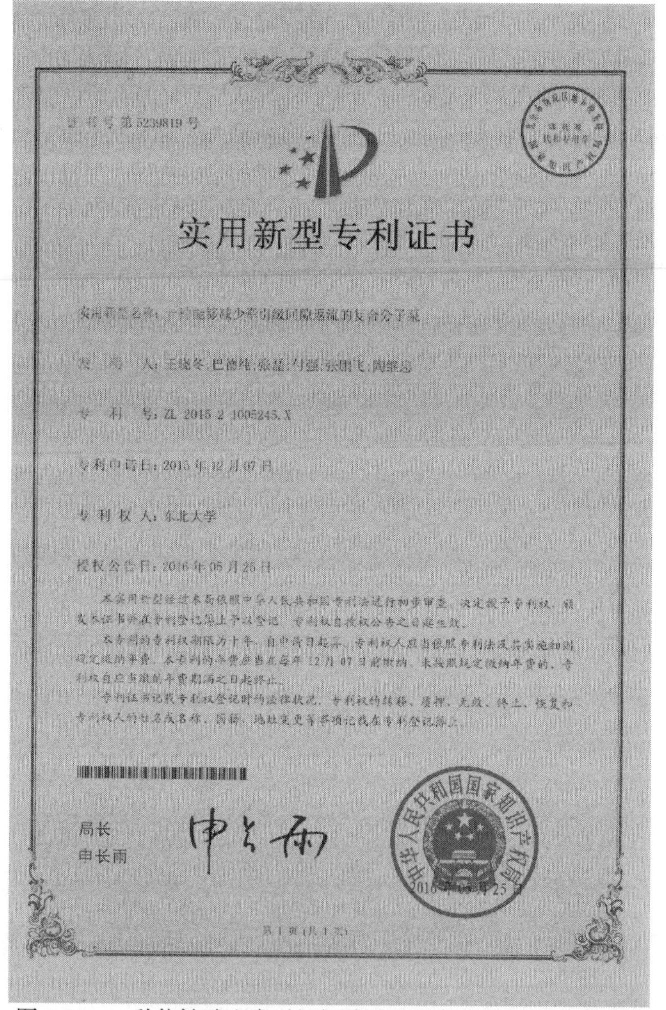

证书号第5239819号

实用新型专利证书

实用新型名称：一种能够减少牵引级间隙返流的复合分子泵

发 明 人：王晓冬；巴德纯；张磊；付强；张[illegible]飞；陶继忠

专 利 号：ZL 2015 2 1005245.X

专利申请日：2015年12月07日

专利权人：东北大学

授权公告日：2016年05月25日

本实用新型经过本局依照中华人民共和国专利法进行初步审查，决定授予专利权，颁发本证书并在专利登记簿上予以登记。专利权自授权公告之日起生效。

本专利的专利权期限为十年，自申请日起算。专利权人应当依照专利法及其实施细则规定缴纳年费。本专利的年费应当在每年12月07日前缴纳。未按照规定缴纳年费的，专利权自应当缴纳的年费期满之日起终止。

专利证书记载专利权登记时的法律状况。专利权的转移、质押、无效、终止、恢复和专利权人的姓名或名称、国籍、地址变更等事项记载在专利登记簿上。

局长
申长雨

中华人民共和国国家知识产权局
2016年05月25日

第1页（共1页）

图 4-15　一种能够减少牵引级间隙返流的复合分子泵专利证书

4.3.2　复合分子泵筒式牵引级分段式螺旋槽结构

研究表明，牵引级螺旋槽几何参数与抽气性能密切相关。螺旋槽截面尺寸越大，牵引级抽速越大、压缩比越小，反之，螺旋槽截面尺寸越小，牵引级抽速越小、压缩比越大。较小的螺旋升角以及合理的转子-定子间隙能在很大程度上提升压缩比。牵引级的设计既要考虑与涡轮级抽速的匹配，也要使牵引级压缩比处于较高水平，即在牵引级结构设计时，应综合考量对气体的抽速及压缩比。因此，从螺旋槽入口至螺旋槽出口整个抽气通道的几何参数，如螺旋槽深、螺旋槽宽、螺旋槽头数、螺旋升角等应逐渐改变，以满足牵引抽气通道不同位置处对螺旋槽几何参数的要求，使牵引级抽气性能处于最佳状态。筒式牵引级合理的结构设计应为：螺旋槽宽、螺旋槽深、螺旋升角逐渐变小，螺旋槽头数逐渐增加。目前，牵引级都采用整体转子结构，将牵引通道设计成几何参数逐渐变化的形式，在加工时存在一定困难。因此，复合分子泵实际产品中，一般只改变螺旋槽深，但这样不能保证牵引级处于最优抽气状态，牵引级抽气性能还有一定提升空间。为此，提出分段式转子结构，以解决上述问题。

1. 带阻挡凸台的分段式螺旋槽结构

分段式螺旋槽结构如图 4-16 所示。在分段结构之间开有隔离凹槽，并在凹槽中附加阻挡结构，可以减少气体沿工作间隙的泄漏。分段式牵引级每段结构的设计规则为：牵引级入口处选择较大螺旋槽宽、螺旋槽深（可变槽深）和螺旋升角的牵引槽结构，保证牵引级入口处有较大的相对抽速。之后各段牵引结构逐步减小螺旋槽宽、螺旋槽深和螺旋升角等几何参数，并逐级增加螺旋槽数量，以逐渐提升对气体的压缩性能。将牵引筒分段是在阻挡结构设计思想的基础上，对筒式牵引结构的进一步设计改进，可有效改善复合分子泵的抽气性能。

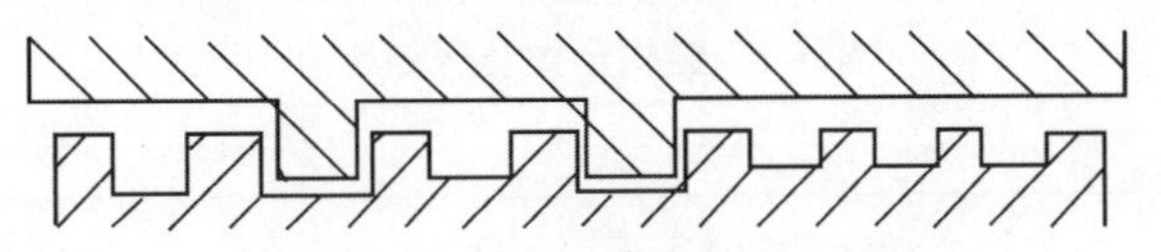

图 4-16　分段式螺旋槽结构示意图

2. 正、反向组合的分段式螺旋槽结构

牵引筒分段结构能够适应被抽气体不同流态（分子流、过渡流和黏滞流）对牵引槽结构设计的需要，并配合设置阻挡结构，能够很好地提升牵引级的压缩性能。为进一步改进分段式牵引级的抽气性能，在原光滑阻挡结构上适当增加长度，并设置与相邻各段牵引级旋向相反的螺旋槽结构，构成筒式牵引级分段式结构，如图 4-17（a）所示。分段式结构在阻挡结构形式上进行拓展，在阻挡间隙泄漏的基础上，使阻挡结构增加了抽气能力，有利于复合分子泵性能的进一步改进。

将牵引定子和转子沿轴向展开，如图 4-17（b）所示。牵引筒由入口至出口的牵引结构（包括反向螺旋槽结构）的螺旋升角、螺旋槽深、螺旋槽宽等几何参数逐渐变小，螺旋槽头数逐渐增多。阻挡结构带有反向螺旋槽的分段式牵引结构设计，能够大幅度提升复合分子泵的压缩比，也可适当放宽对牵引级工作间隙设计的苛刻要求，保证高的抽气性能与高的工作可靠性相统一。

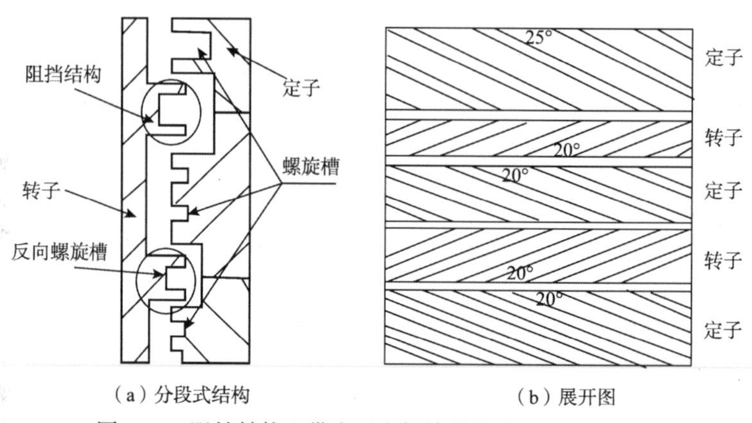

（a）分段式结构　　（b）展开图

图 4-17　阻挡结构上带有反向螺旋槽的分段式牵引结构

3. 分段式螺旋槽对性能的影响

以国家重大科学仪器设备开发专项研发的 F-63 型复合分子泵为计算原型，将原型牵引级做成三段设计，计算参数如表 4-7 所示。不考虑阻挡结构对间隙泄漏的限制效应，单纯讨论螺旋槽结构参数变化对抽气性能的影响，分别计算了原型机和分段结构牵引级的压缩比，计算结果如表 4-7 所示。

表 4-7　结构参数及压缩比值

分段	h'/mm	b/mm	h/mm	φ/（°）	H/mm	n/（r/min）	K
转子 1	0.25	6	4	25	25	72000	
定子	0.25	6	3	20	10	72000	34.4×10^3
转子 2	0.25	5	2	20	15	72000	
原型	0.25	6	3	20	50	72000	31.7×10^3

注：h'为转子-定子间隙；b 为螺旋槽宽；h 为螺旋槽深；φ 为螺旋升角；H 为转子/定子高度；n 为转子转速。

转子分段加工时入口处以提升抽速为主，设置较大的螺旋槽宽、螺旋槽深、螺旋升角，之后几段的螺旋槽宽、螺旋槽深、螺旋升角逐渐减小，以提升牵引级的压缩比。由表 4-7 给出的计算结果可知，在未考虑阻挡结构对间隙泄漏影响时，分段式螺旋槽牵引结构通过改变各段螺旋参数就提升了牵引级的压缩比，就本算例而言，牵引筒压缩比提升了 8.5%。可以预期，进一步优化分段组合结构，可提升筒式牵引级复合分子泵压缩比。

基于分段式螺旋槽结构提升复合分子泵性能的设计思想，作者申报并获批了发明专利“一种采用分段式结构牵引级的复合分子泵”（专利号：ZL 2016 1 0482808.7），专利证书如图 4-18 所示[16]。

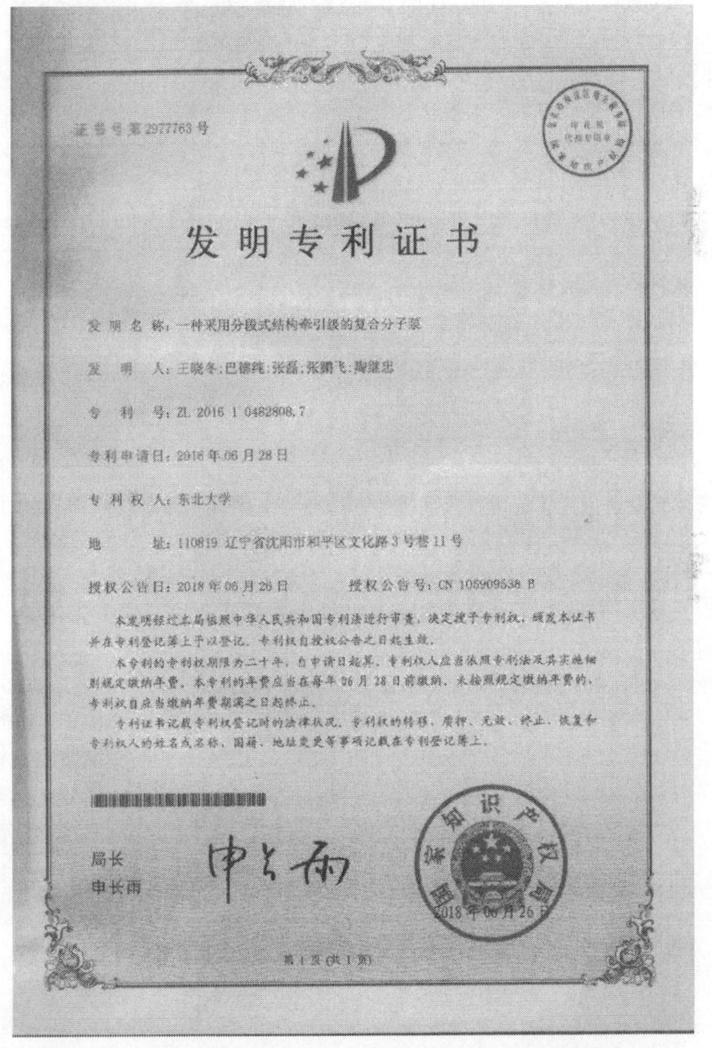
证书号第2977763号

发明专利证书

发明名称：一种采用分段式结构牵引级的复合分子泵

发明人：王晓冬；巴德纯；张磊；张鹏飞；陶继忠

专利号：ZL 2016 1 0482808.7

专利申请日：2016 年 06 月 28 日

专利权人：东北大学

地址：110819 辽宁省沈阳市和平区文化路 3 号巷 11 号

授权公告日：2018 年 06 月 26 日　　授权公告号：CN 105909538 B

本发明经过本局依照中华人民共和国专利法进行审查，决定授予专利权，颁发本证书并在专利登记簿上予以登记。专利权自授权公告之日起生效。

本专利的专利权期限为二十年，自申请日起算。专利权人应当依照专利法及其实施细则规定缴纳年费。本专利的年费应当在每年 06 月 28 日前缴纳。未按照规定缴纳年费的，专利权自应当缴纳年费期满之日起终止。

专利证书记载专利权登记时的法律状况。专利权的转移、质押、无效、终止、恢复和专利权人的姓名或名称、国籍、地址变更等事项记载在专利登记簿上。

局长
申长雨

2018 年 06 月 26 日

第 1 页（共 1 页）

图 4-18　一种采用分段式结构牵引级的复合分子泵发明专利证书

参考文献

[1] 东北大学. 复合分子泵抽气性能计算软件 V1.0: 中国, 2016SR133206[P]. 2016.

[2] Qun L, Wang X Z, Zhu Y, et al. Design of disk molecular pumps for hybrid molecular pumps [J]. Journal of Vacuum Science & Technology A, 1993, 11(2): 426-431.

[3] Levi G. Combination of turbo molecular pumping stages and molecular drag stages [J]. Journal of Vacuum Science & Technology A, 1992, 10(4): 2619-2622.

[4] Ba D C, Yang N H, Wang X D. The helical channel pumping mechanism of compound pump [J]. Vacuum, 1990, 147(7-9): 2067-2069.

[5] Ba D C, Yang N H, Wang X D. Characteristics and structure of a new type of hybrid molecular pump [J]. IL VUOTO (Italy), 1990, 10(2): 265-268.

[6] Chu J G. A new hybrid molecular pump with large throughput [J]. Journal of Vacuum Science & Technology A, 1988, 6(3): 1202-1204.

[7] 王晓冬. 新型螺旋槽式复合分子泵的研究[D]. 沈阳:东北大学, 1990.

[8] Ba D C, Yang N H, Wang X D, et al. Pumping performance of a new type of hybrid molecular pump[J]. Journal of Vacuum Science & Technology A, 1992, 10(5): 3352-3355.

[9] 于鲁光. 新型复合式分子泵的结构与性能研究[D]. 沈阳: 东北大学, 1986.

[10] 王晓冬, 巴德纯, 杨乃恒, 等. 新型复合分子泵的结构设计理论研究[J]. 真空, 1993, 30(3): 26-31.

[11] 张磊. 高速小型复合分子泵牵引级抽气特性与结构优化研究[D]. 沈阳: 东北大学, 2017.

[12] 王晓冬, 张磊, 巴德纯, 等. 盘式过渡结构对复合分子泵抽气性能的影响[C]. 中国真空学会 2016 学术年会, 昆明, 2016.

[13] 张鹏飞, 王晓冬, 张磊, 等. 复合分子泵抽气特性算法改进与结构优化[J]. 真空, 2018, 55(3): 1-5.

[14] 东北大学. 一种带有过渡结构的复合分子泵: 中国, ZL 2015 2 0244784. 2[P]. 2015.

[15] 东北大学. 一种能够减少牵引级间隙返流的复合分子泵: 中国, ZL 2015 2 1005245. X [P]. 2016.

[16] 东北大学. 一种采用分段式结构牵引级的复合分子泵: 中国, ZL 2016 1 0482808. 7[P]. 2018.

第 5 章

复合分子泵结构的参数化设计

在分子泵结构设计时，一般是依据分子泵主要抽气性能设计参数（抽速、压缩比），基于基本设计规则和设计经验，先预选涡轮级、牵引级几何参数，然后采用涡轮叶列正、反向传输概率数据表格（由蒙特卡罗法等方法计算得到），对单级、多级涡轮叶列抽速和压缩比进行计算；牵引级抽气性能（分子流态、黏滞流态下）可采用解析方法计算得到，过渡流态下的抽气性能可采用蒙特卡罗直接模拟法等方法进行计算。通过将分子泵抽气性能计算结果与设计参数进行对比，确认预选结构参数能否达到设计要求。如果预选结构参数达不到设计要求，则需重新选择几何参数，进行性能计算并与设计指标进行对比，直到满足设计要求。

这种预选结构、再行验算的设计方式，由于计算过程中涉及的计算参数多、计算方法烦琐，且往往需要多次修改几何参数才能确定设计的几何参数，计算重复性大，设计效率低，很难达到最优设计结果。

分子泵抽气性能与涡轮级涡轮叶列、牵引级牵引筒和牵引盘的几何结构密切相关，而分子泵抽气单元的结构又具有明确的相似性，因此，特别适合采用参数化设计的方法来提高分子泵的设计效率，并实现性能优化。

参数化设计也称为尺寸驱动设计，即通过对建模中的关键尺寸参数进行定义，使之成为可以进行任意调整的变量化参数，在设计中对已经定义好的变量化参数赋予不同值，借助计算机辅助设计（computer aided design，CAD）软件完成模型的驱动[1-3]。

采用 CAD 方法对产品进行开发时，产品模型的构建速度决定着整个产品开发的效率。在产品开发初期，零件形状和尺寸具有一定的不确定性，需在装配、性能计算之后才能确定，因此希望零件模型易于修改。而参数化设计方法正好满足这一设计要求。参数化设计中，通过对模型的一些参数进行定义，赋予参数不同值，就可得到不同大小和形状的零部件模型。参数化设计技术的应用使产品模型的生成、修改速度大幅度提高，因此参数化设计技术在产品的系列化设计、相似设计及专用 CAD 系统开发方面具有重要应用价值[4-7]。

近年来，随着计算机技术的发展，CAD/CAE（computer aided engineering，计算机辅助工程）技术被广泛应用于机械设计领域[8-11]。同时，参数化设计理论也得到了不断完善，为分子泵的设计提供了新的思路[12-14]。

参数化设计原理如图 5-1 所示。通常以 CAD 软件作为设计平台，使用 VB（Visual Basic）、C++等程序语言，对 CAD 软件进行二次开发，获得特定需求的参数化设计程序，已经成为 CAD 技术发展的一个重要方向。近年来，CAD 和 CAE 技术广泛地应用到真空工程领域，使真空设备的设计、制造及生产效率得到大幅度提高。参数化设计方法适于应用到几何结构相似的分子泵设计之中。

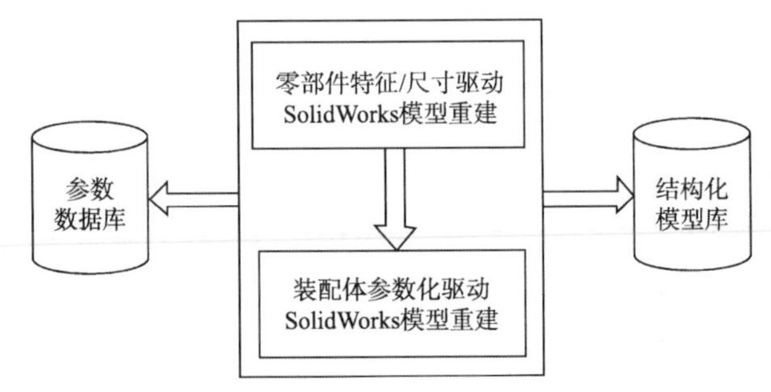

图 5-1　参数化设计原理图

本章以 2013 年国家重大科学仪器设备开发专项“高速小型复合分子泵的开发和应用”开发的高速小型复合分子泵为设计对象，以复合分子泵设计和性能计算为理论基础，以 SolidWorks 为二次开发平台，采用 Visual Basic 6.0 为开发工具，开展复合分子泵参数化设计软件开发，实现复合分子泵性能分析、结构参数化建模等设计目标，对提高分子泵设计效率、性能优化和新产品开发等具有重要应用价值。

5.1　复合分子泵的结构设计方法

5.1.1　复合分子泵结构与性能指标

复合分子泵由涡轮级和牵引级组成，有两种基本组合方式，即涡轮级-筒式牵引级复合分子泵、涡轮级-盘式牵引级复合分子泵。与涡轮级-盘式牵引级的组合方式不同，涡轮级-筒式牵引级复合分子泵结构如图 5-2 所示。

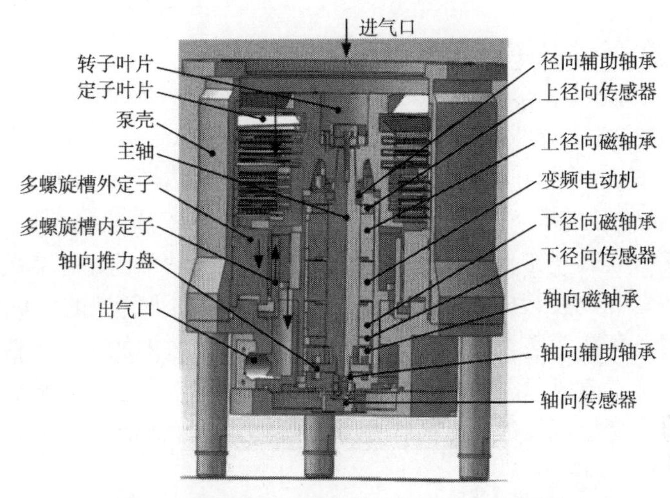

图 5-2　涡轮级-筒式牵引级复合分子泵结构剖视图

涡轮级-筒式牵引级复合分子泵具有很多优点。

（1）筒式牵引级的抽气方向为轴向，与涡轮级抽气方向一致，较盘式牵引级（径向抽气）与涡轮级的匹配关系更合理。

（2）筒式牵引级螺旋槽形状简单、易于加工、对气体的压缩比大，易于通过修改螺旋槽的形状来改变牵引级的抽气性能。

（3）筒式牵引级转子筒内、外两侧均可设置牵引抽气通道，例如，国家重大科学仪器设备开发专项开发的小型复合分子泵做成了三级牵引结构，可以大幅度缩短牵引级的轴向高度。

复合分子泵的性能指标包括抽速、压缩比、极限真空、启动时间等，与涡轮叶列、牵引筒/牵引盘的几何参数、电动机功率、转速密切相关。对于复合分子泵既定抽气性能设计参数，可以参照设计手册或现有产品，选定泵的入口法兰尺寸、转子转速等基本参数。一般地，涡轮转子叶列的外径与泵入口法兰内径尺寸相当。若两者的比值表示为 $f = D_1 / D$（f=1.1～1.2），遵循大泵取大值、小泵选小值的原则确定涡轮级叶列外径。牵引级转子外径可参照涡轮级尺寸确定。复合分子泵的高度由涡轮级、牵引级高度以及分子泵整体结构等决定。分子泵转子转速越高，越有利于泵的抽速和压缩比的提高，但其也受到转子机械强度、转子与气体摩擦生热以及转子系统固有频率、模态等因素的限制。在确定转子与定子间静态装配间隙时，要考虑高速运动条件下转子的振动幅度、转子离心形变、转子与气体摩擦的热形变等对复合分子泵动态工作间隙的影响，保证工作可靠性与抽气性能的统一。

5.1.2 涡轮级结构设计与参数计算

涡轮级转子按结构可分为单叶列串联组合式转子和整体式转子两大类。单叶列串联组合式转子是由单级加工的涡轮动叶列（图 5-3（a））和静叶列（图 5-3（b））通过串联的形式组合成的一个整体转子，具有易于加工的特点，但转子需要严格的动平衡，且转子维修重新组装后要再进行精密动平衡，才能重新工作；整体转子将所有动叶列设计成为一个整体，具有很好的动平衡性能，工作安全可靠。尽管整体式转子加工工艺复杂、加工成本较高，但在数控加工技术快速发展的今天，整体式转子逐渐成为涡轮分子泵/复合分子泵涡轮级的主流形式，国家重大科学仪器设备开发专项开发的复合分子泵采用整体式转子设计与加工方法（图 5-4）。

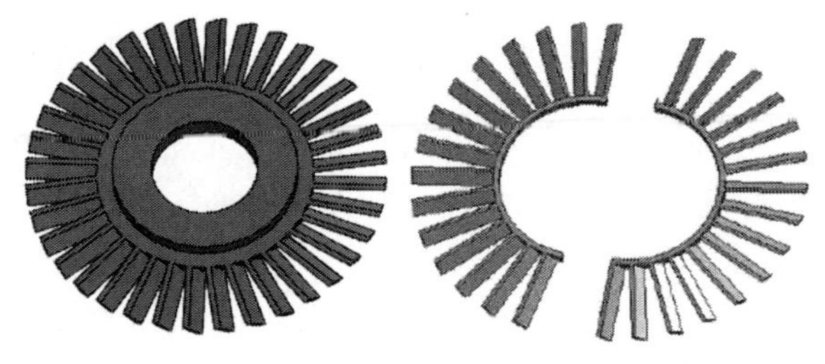

（a）动叶列　　（b）静叶列

图 5-3　动、静叶列结构图

涡轮叶列有开式和闭式两种结构形式。其中，开式叶片数少（节弦比较大）、抽气面积大，抽速较高；闭式叶片数多（节弦比较小），压缩比较大。复合分子泵中的涡轮级主要用来提高泵的抽速，转子叶列多选择开式结构。涡轮静叶列整体加工后对半分割（图 5-3（b）），通过定位，成对装配。

根据抽气性能要求，合理选择涡轮叶列形状和几何尺寸是参数化设计的基础。一般地，可将多级涡轮叶列分为抽气段、过渡段和压缩段三个部分，各部分采用不同的几何参数，实现涡轮级性能的优化，每部分也可采用相同的几何参数，以减少叶列加工变量。泵进气口侧为抽气段，叶片倾角 α 和节弦比 a/b 取大值，如取 a/b=1.0～1.4，α=30°～40°，设计成长叶片（图 5-4 中入口侧前几级），保证涡轮级的抽气面积和抽速。涡轮级排气口侧为压缩段，叶片倾角 α 和节弦比 a/b 取小值，如取 a/b=0.6～0.8，α=10°～20°，采用短叶片设计，以提高涡轮级的出口压力，满足与牵引级的压力和抽速匹配。过渡段的涡轮叶列几何参数取值介于抽气段和压缩段几何参数数值之间，实现抽气段与压缩段之间的抽气性能过渡。

为便于抽气性能计算，提高计算效率，对单级涡轮叶列抽气性能进行数据回归，得到涡轮叶列正、反向传输概率与速度比、节弦比、叶片倾角的关系方程。编制计算程序，计算选定单级叶列参数的抽气性能，以及涡轮级组合叶列的抽气性能。

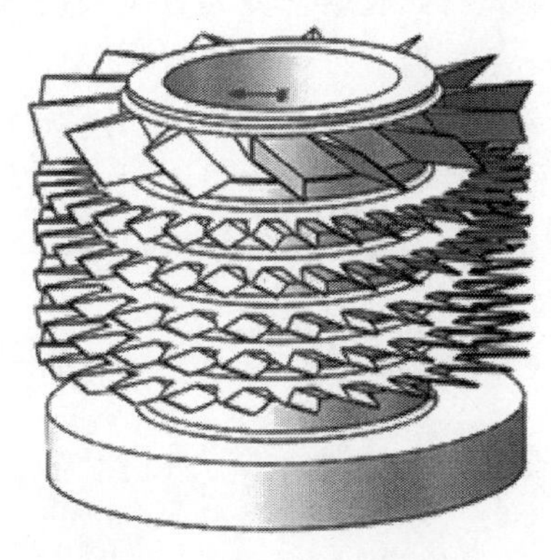

图 5-4　整体式转子结构图

1. 涡轮叶片根部直径

涡轮级的最大抽速 $S_{\max}$ 主要取决于分子泵整体的最大何氏系数 $H_{\max}$ 和叶列的有效抽气面积 F。有效抽气面积由叶片环形面积 $F_{D_1-d_1}$ 与叶列端面面积 F_ε 之差得到：

$$F = F_{D_1-d_1} - F_\varepsilon \tag{5-1}$$

$$F_{D_1-d_1} = \frac{\pi}{4}\left(D_1^2 - d_1^2\right) \tag{5-2}$$

$$F_\varepsilon = \frac{1}{2}ze\left(D_1 - d_1\right) \tag{5-3}$$

式中，D_1 为叶片顶圆直径；d_1 为叶片根圆直径；e 为叶片端面宽度；z 为叶列叶片数量。

涡轮级最大抽速与涡轮叶片根部直径的关系为

$$S_{\max} = 36.4H_{\max}F\sqrt{\frac{T}{M}} = 36.4H_{\max}\left[\frac{\pi}{4}\left(D_1^2 - d_1^2\right) - \frac{1}{2}ze\left(D_1 - d_1\right)\right]\sqrt{\frac{T}{M}} \tag{5-4}$$

式中，T 为被抽气体热力学湿度；M 为被抽气体摩尔质量。

考虑涡轮叶列间隙返流、泵口处管道及保护网流动阻力等因素对泵抽速的影响，并忽略叶列端面面积对抽速的影响，若泵设计抽速设定为计算抽速的 70%，因此，抽速计算公式可简化为

$$S = 0.7S_{\max} = 0.7\times36.4H_{\max}F\sqrt{\frac{T}{M}} = 0.7\times36.4H_{\max}\left[\frac{\pi}{4}\left(D_1^2 - d_1^2\right)\right]\sqrt{\frac{T}{M}} \tag{5-5}$$

将涡轮级计算参数代入式（5-5），可通过反求试算得到抽气段叶片根部直径。一般而言，抽气段、过渡段、压缩段采用不同长度的涡轮叶片，可根据抽气段抽速、压缩比以及气体流动连续性方程求得过渡段对应的抽速要求，进而得到过渡段叶片根部直径。采用同样方法可以计算得到压缩段叶片根部直径。

2. 叶列几何尺寸

涡轮叶列沿直径 d 处的展开图如图 5-5 所示。涡轮叶列尺寸之间有如下关系：

$$L = \pi d \tag{5-6}$$

$$L = z(a + e) \tag{5-7}$$

$$t = e \cdot \sin\alpha \tag{5-8}$$

$$h = b \cdot \sin\alpha \tag{5-9}$$

式中，L 为叶片展开周长；a 为节距；b 为弦长；t 为叶片厚度；h 为涡轮高度；α 为叶片倾角。

叶片厚度 t 设计要考虑叶片长度、叶片数量以及结构强度等因素。通常泵入口抽气段，选择叶片厚长而数量少的涡轮叶片结构形式，压缩段则选择叶片短薄而数量多的涡轮叶列结构形式。对于特定涡轮外径尺寸、叶片长度、叶片厚度，选定每级叶片倾角、节弦比后，叶列的其他几何尺寸参数可由式（5-6）～式（5-9）求得，其中，叶片数量须为整数。因此，计算得到的叶片数量需要圆整。将圆整后的叶片数量代入相关尺寸计算关系式，重新计算节距及节弦比等参数的实际数值。

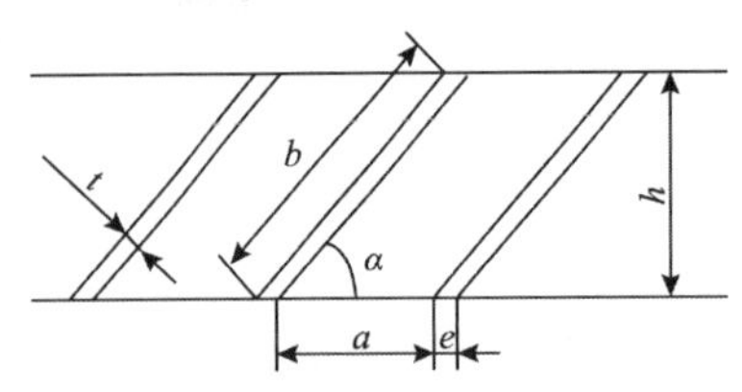

图 5-5　涡轮叶列展开图及几何参数

3. 涡轮级叶列级数

涡轮分子泵/复合分子泵涡轮级的抽气性能与叶列级数有关。抽速随叶列级数的增加很快达到饱和，再增加叶列级数的目的主要是提高压缩比。因此，叶列总级数主要由压缩比设计指标决定。

复合分子泵涡轮级的主要作用是实现分子泵要求的抽速设计指标，压缩比指标主要靠牵引级来完成。所以涡轮级结构设计时，在满足抽速要求的前提下，应尽量减少叶列级数，以缩短泵的高度。涡轮级设计时，可通过跟踪何氏系数随级数增加的变化情况来确定涡轮级叶列级数，即当级数增加时，若何氏系数不再增加或增加很少，则该何氏系数对应的级数即涡轮级的设计叶列级数。

5.1.3　筒式牵引级结构设计与参数计算

复合分子泵牵引级可分为筒式牵引级和盘式牵引级两种基本结构形式。其中，筒式牵引级更为常见，其螺旋槽结构简化模型如图 5-6 所示。

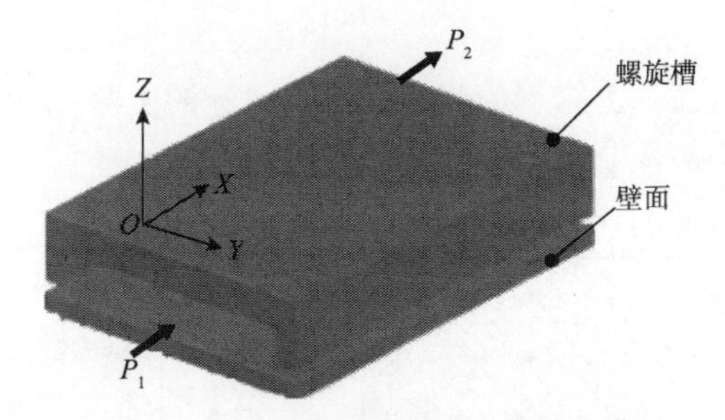

图 5-6　筒式牵引级螺旋槽结构简化模型

牵引级的抽气性能由螺旋槽运动速度（转子转速）、气体物理属性、螺旋槽宽、螺旋槽深、螺旋槽长及转子-定子间隙等参数决定。由于牵引级主要用于提高复合分子泵的压缩比，对牵引通道几何参数的设计最为重要。常常采用多螺旋、变槽深（入口至出口，槽深由深至浅变化）、筒式牵引级分段式螺旋槽（转子两侧设有定子）的设计方案，可以减小螺旋槽间泄漏、提高牵引级压缩比、缩短牵引级高度。牵引转子设计为光滑筒，有利于转子筒高速运转条件下的平衡与稳定工作，定子采用多螺旋槽结构。国家重大科学仪器设备开发专项开发的高速小型复合分子泵牵引级采用双转子光滑牵引筒、三段螺旋槽定子结构，其定子牵引筒结构如图 5-7 所示。

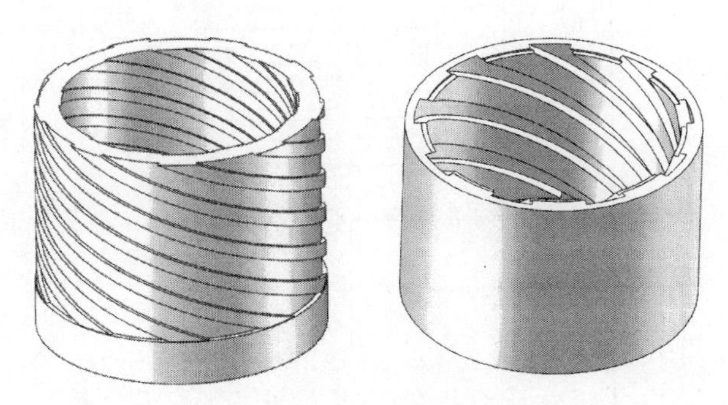

图 5-7　定子牵引筒结构图

1. 螺旋槽几何参数

筒式牵引级分段式螺旋槽结构图及几何参数如图 5-8 所示。各几何参数之间有如下关系式：

$$b=\left(\frac{2\pi r-\gamma l}{\gamma}\right)\sin\varphi \tag{5-10}$$

$$b'=l\tan\varphi \tag{5-11}$$

式中，b 为螺旋槽宽度；r 为牵引筒半径；γ 为螺旋槽头数；l 为凸台端面宽度；φ 为螺旋升角；b'为螺旋槽凸台横截面宽度。

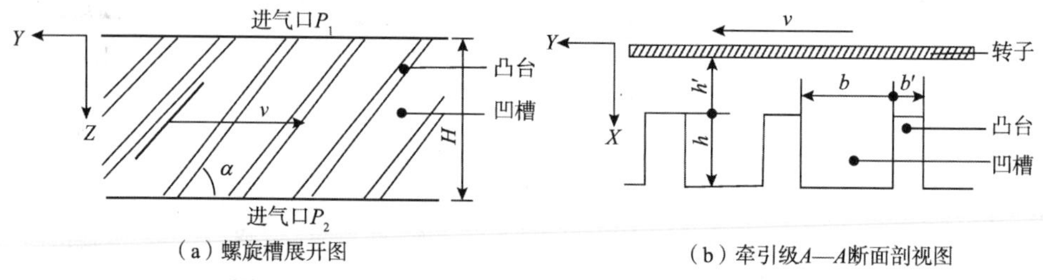

图 5-8　筒式牵引级分段式螺旋槽结构图及几何参数

2. 转子-定子间隙

复合分子泵涡轮叶列、牵引级转子-定子间隙对泵的性能有很大影响。如图 5-9

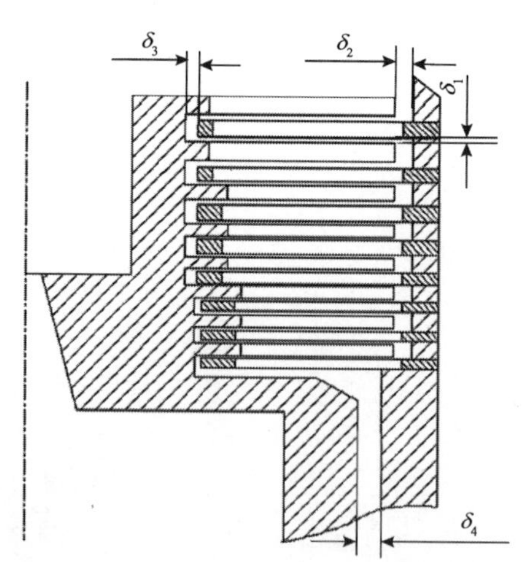

图 5-9　复合分子泵转子-定子间隙示意图

所示，复合分子泵工作间隙主要包括涡轮级动叶列与静叶列间轴向间隙 δ_1、动叶列外圆周与泵壳体间的径向间隙 δ_2、静叶列外圆周与动叶列内径间的径向间隙 δ_3、牵引级定子与转子之间的径向间隙 δ_4 四部分。

从设计角度，在保证安全运转的前提下，小的转子-定子间隙可以有效抑制被抽气体沿间隙的返流，提高泵的抽速和压缩比。转子在高速旋转时受离心作用、与气体摩擦温升膨胀、不平衡振动等因素共同影响，使得转子-定子间的动态工作间隙比静态装配间隙更小，过小的间隙设计可能会引发泵运转中的安全事故。因此，必须合理地设计转子-定子间隙。

为防止转子与定子因振动、形变等因素产生干涉，当转子外径 D 增大时，各间隙设计要相应增大。当转子外径 D=60～80mm 时，通常取 δ_1=0.2～0.4mm；当 D=80～100mm 时，取 δ_1=0.4～0.8mm；当 D=100～200mm 时，取 δ_1=1～1.2mm；当 D=500～700mm 时，取 δ_1=2～2.5mm。其他间隙相应增大。

5.1.4　复合分子泵的支承、润滑、冷却

1. 支承方式

复合分子泵为超高速旋转精密机械，轴承与复合分子泵的寿命密切相关。目前使用的轴承主要有两种：高速陶瓷球轴承和磁悬浮轴承。高速陶瓷球轴承（图 5-10）性能优良，与钢制滚珠相比，陶瓷滚珠耐腐蚀、密度小、重量轻，转动时对外圈的离心作用比较小，温度变化引起的热胀冷缩量小，且弹性模量大，故不易产生形变，适于高速旋转。在良好润滑条件下，高速陶瓷球轴承亦不会出

图 5-10　高速陶瓷球轴承

现微冷焊接现象，稳定性高。磁悬浮轴承由定子和转子两部分组成，其中定子和转子均由一定厚度的硅钢片构成，定子上缠绕电磁线圈，并给绕组通电以产生电磁力，将转轴悬浮在磁场中（图 5-11）。磁悬浮轴承按结构形式可分为径向轴承和轴向轴承两种结构，如图 5-12 所示。磁悬浮轴承转轴与支承之间无机械接触和摩擦，可以使转速达到很高，无须润滑，无油污染等问题，噪声、振动比较小。随着技术的提高及不断完善，磁悬浮轴承在分子泵上的应用越来越普遍。

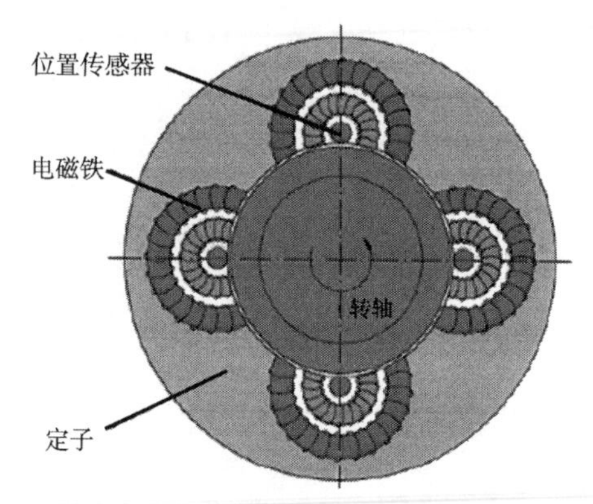

图 5-11　磁悬浮轴承工作原理示意图

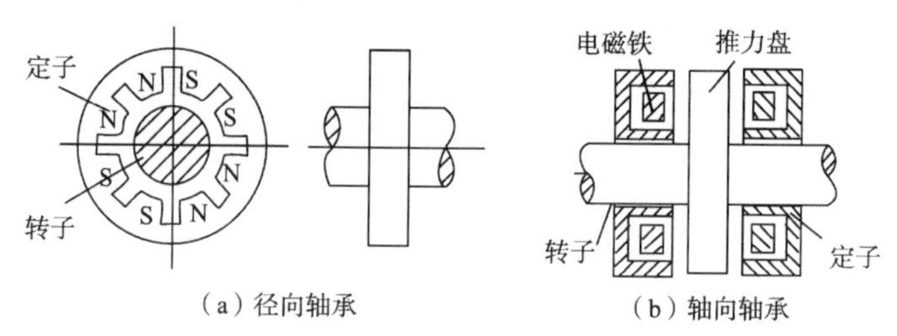

图 5-12　磁悬浮轴承结构

2. 润滑方式

球轴承需要很好的润滑，以保证分子泵稳定可靠运转。球轴承的润滑有两种主要方式：稀油润滑和油脂润滑。采用稀油润滑的立式分子泵只能垂直安装，通常采用结构简单、工作可靠的倒锥式润滑系统，依靠泵轴高速旋转，将油池中的润滑油吸入中空的主轴内并通过轴承处的小孔喷出，润滑轴承。小泵可采用油脂润滑，可以任意角度安装。

3. 冷却方式

分子泵的电动机需要冷却。冷却方式有水冷和风冷两种。大抽速泵一般采用水冷，小抽速泵一般采用风冷（强制风冷或自然风冷）。通过温度传感器测定电动机温度，超过设定温度时，进行停泵保护。

5.2　复合分子泵参数化建模

基于复合分子泵主要零部件涡轮动叶列、涡轮静叶列、轴、定/转子牵引筒、泵壳、底座等具有结构相似性，采用参数化建模方法，可以大大提高复合分子泵的结构设计效率。

5.2.1　复合分子泵零部件参数化建模流程

基于 SolidWorks 开发平台，采用程序驱动建模和尺寸驱动建模相结合的方法，对复合分子泵主要零部件进行参数化模型构建。

在进行零部件的参数化设计时，第一，对零部件的造型特征进行分析，并确定零部件建模的先后顺序；第二，在 SolidWorks 软件环境下完成模型的构建，并在建模之前启动 SolidWorks 软件的宏录制功能，通过建模得到宏文件；第三，对进行尺寸驱动的零部件进行属性及驱动参数、从动参数的设置，将模型另存为模板；第四，对于进行程序驱动的零部件，需将宏录制的 VBA 代码编译为 VB 应用程序、运行程序，即可得到三维造型；第五，把编译好的 VB 应用程序中的关键尺寸用未知数来替代，以完成参数化设计应用程序的编译，即可通过修改未知数来实现零部件的参数化设计[15-17]。尺寸驱动和程序驱动的参数化建模流程如图 5-13、图 5-14 所示。

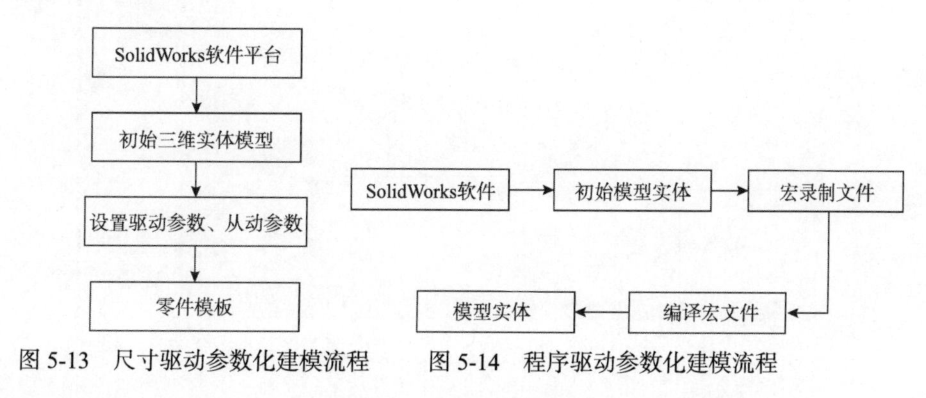

图 5-13　尺寸驱动参数化建模流程　　图 5-14　程序驱动参数化建模流程

5.2.2 尺寸驱动零部件模型库构建

对于尺寸驱动的零部件，需要构建各个零部件模板，形成模型库，包含零件模型和装配体模型两部分。

1. 零件模型

明确零件的结构特点、尺寸特征、结合形式以及驱动参数和从动参数，并用公式或其他形式表示约束关系。以国家重大科学仪器设备开发专项开发的复合分子泵中转子牵引筒、涡轮静叶列为例说明零部件模型库的构建[18]。

1）转子牵引筒

复合分子泵样机采用光滑圆筒作为牵引转子，结构简单，可通过拉伸和倒角完成转子牵引筒几何建模。结构尺寸由牵引筒内径、外径、高度、厚度等组成。将牵引筒内、外径和牵引筒高度作为驱动参数，将牵引筒厚度作为从动参数。

第一步：绘制牵引筒草图。牵引筒草图平面选择与涡轮动叶列配合面相平行的前视基准面。完成牵引筒模型草图（图 5-15）后，进行变量名的设置：51.4mm 对应外径 D_1，48mm 对应内径 D_2，作为驱动参数。

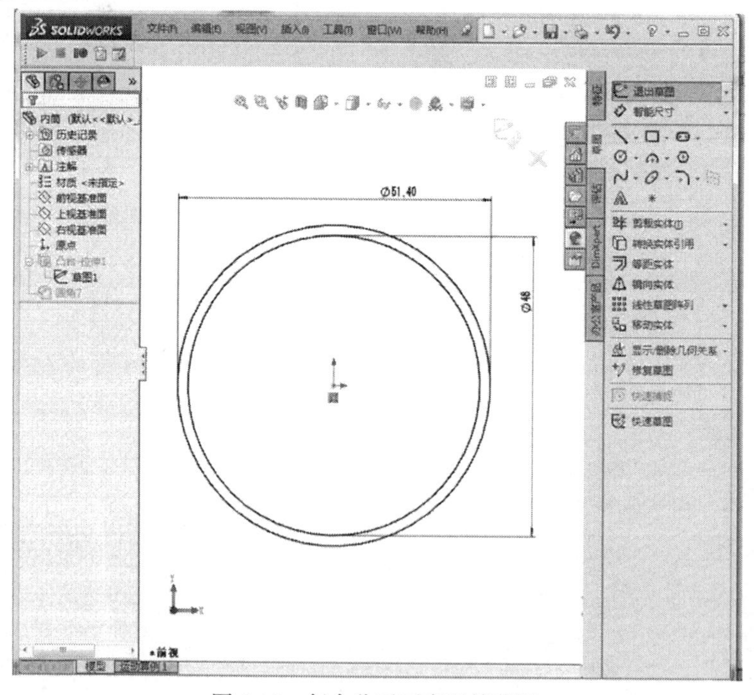

图 5-15　复合分子泵牵引筒草图

第二步：创建拉伸特征。拉伸长度为 50mm（图 5-16），进行驱动参数设置。

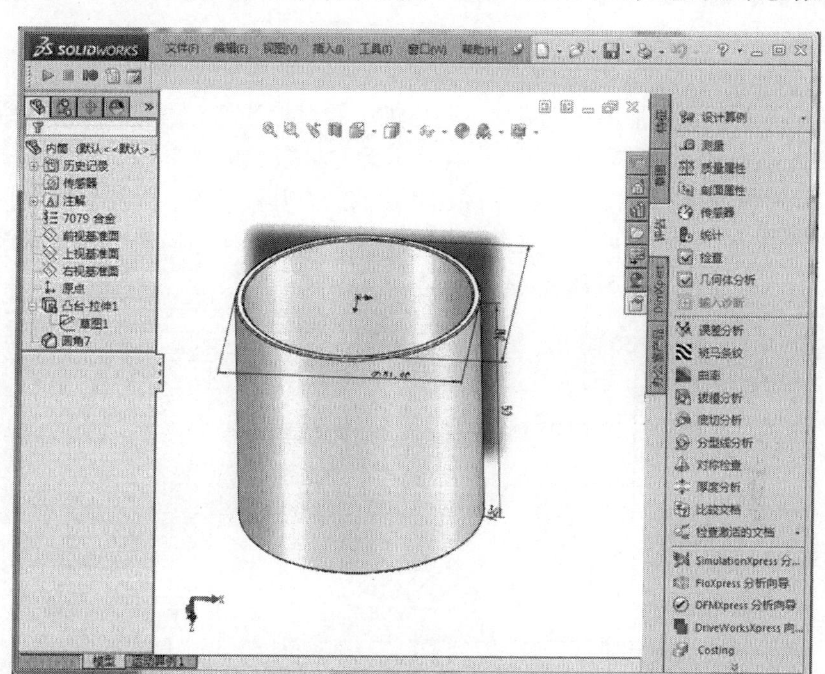

图 5-16　牵引筒拉伸特征

第三步：创建倒角特征。先完成拉伸等基本特征，再进行倒角。在完成牵引筒模型的构建及相关应用程序接口（application programming interface，API）程序语句编写后，需对模型的一些基本信息进行编辑。

第四步：添加自定义属性。如图 5-17 所示，在文件自定义属性窗口中完成信息编辑。

摘要信息　摘要　自定义　配置特定　材料明细表数量：-无-　编辑清单(E)

	属性名称	类型	数值 / 文字表达	评估的值
1	名称	文字	转子牵引内筒	转子牵引内筒
2	材料	文字	"SW-Material@内筒.SLDPRT"	7079 合金
3	质量	文字	"SW-Mass@内筒.SLDPRT"	0.036
4	内径	文字	"D2@草图1@内筒.SLDPRT"	46
5	外径	文字	"D1@草图1@内筒.SLDPRT"	51.40
6	筒高	文字	"D1@凸台-拉伸1@内筒.SLDPRT"	50
7	倒角	文字	"D1@圆角7@内筒.SLDPRT"	0.30
8	设计	文字		
9	审核	文字		
10	标准审查	文字		
11	工艺审查	文字		
12	批准	文字		
13	日期	文字	2015.3	2015.3
14	校核	文字		
15	主管设计	文字		

确定　取消　帮助(H)

图 5-17　自定义属性窗口

第五步：保存设置信息，将零件另存为零件模型。通过修改主驱动参数，就可得到新的模型。

2）涡轮静叶列

样机涡轮静叶列采用扭制成形，整体加工后对半分割。涡轮静叶列模型主要通过凸台-拉伸、切除-拉伸、阵列等操作来建立，模型形状主要由叶片数量、叶片几何尺寸等决定。取叶片端部厚度、叶片数量、叶片长度、叶片倾角为驱动参数，叶列内径、端面宽度、叶列高度为从动参数。参照牵引筒模型构建步骤，涡轮静叶列三维模型如图 5-18 所示。

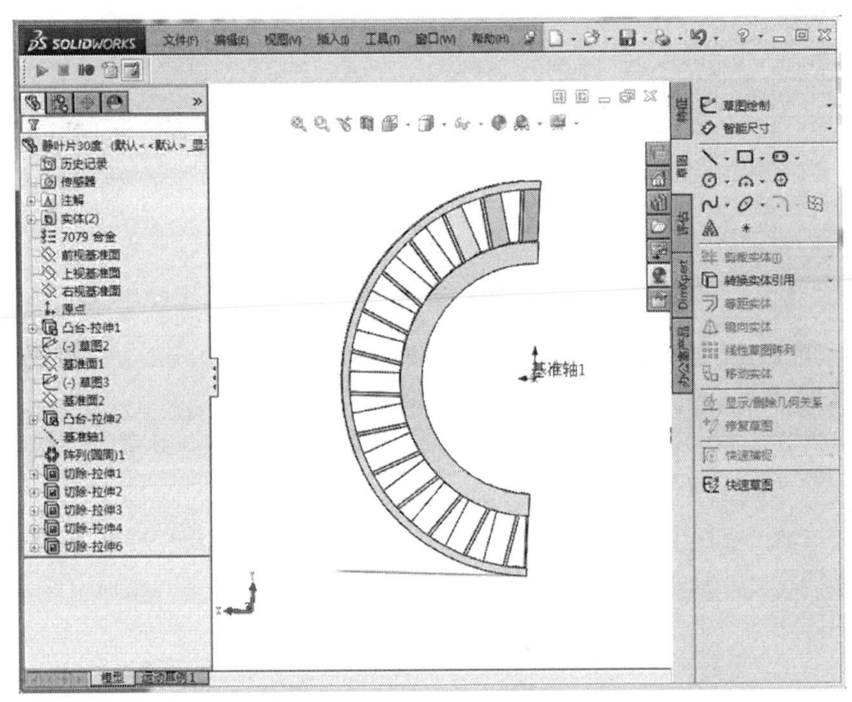

图 5-18　涡轮静叶列三维模型

2. 装配体模型

零件参数化建模完成后，进行零部件的装配。装配技术主要分为两类：一类是通过分析各零部件的配合关系，建立重合、锁定、同轴等配合关系，完成自动装配；另一类是利用布局草图结合基准面完成自动装配[18]。

配合关系装配法的优点在于装配体无须进行参数化驱动设计，无须编写 API 程序语句。所有零部件完成参数化设计后，直接通过模型更新得到新的装配体。

装配体零件之间必须严格遵守装配关系，某一个零部件参数化驱动建模出现差错，会导致整个装配体模型重建失败[19]。

布局草图结合基准面自动化装配法的优点在于，组成各装配体的零部件之间的位置联系不密切，当某个零部件的参数化驱动建模过程出现问题时，对整体装配影响较小。需要编写 API 程序驱动代码，实现装配体的参数化驱动[20]。

分子泵的装配体所包含的零部件主要包括泵转子系统（主轴、涡轮转子、牵引转子、轴承等）、底座组件、泵壳、涡轮静叶列、牵引定子、电动机等。根据分子泵的结构特点，采用上述两种装配方式相结合的方法，分别完成各部件的装配，对于配合关系明确的部件采用配合关系装配法，如底座组件等；对于结构比较复杂、配合关系又不太好分析的零部件采用布局草图结合基准面自动化装配法，如涡轮静叶列的装配等，最后实现分子泵整体装配。

涡轮静叶列的装配采用布局草图结合基准面自动化装配法完成。绘制局部草图，在上视基准面上过涡轮静叶列几何体中心绘制一条虚线，并在该线上绘制一点，使该点到涡轮静叶列几何中心点 1 的距离为 $d_1-\delta_3$（图 5-19）。同样在转子系统上绘制草图，并在草图上绘制点 2，该点到中心轴线的距离为 $D_1+\delta_3$。通过两基

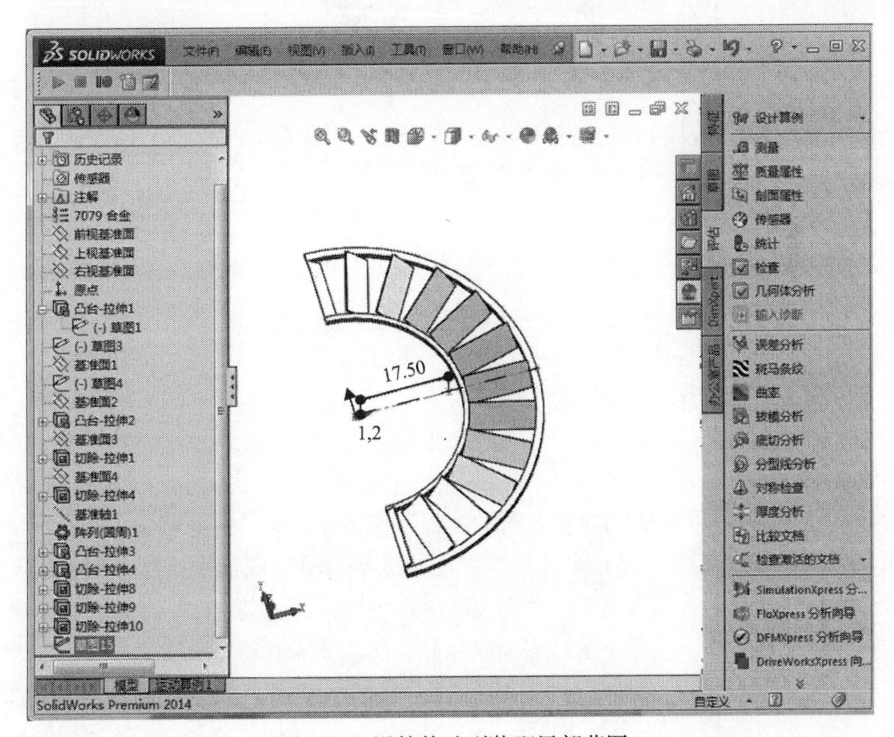

图 5-19　涡轮静叶列装配局部草图

准面及两点重合，即可准确获得涡轮静叶列在转子系统中的位置。点 1、点 2 到中心线的距离即尺寸驱动参数，参数名分别为 D_1、D_2。

内外牵引筒的装配采用配合关系装配法完成。在涡轮静叶列、牵引筒装配完成之后（图 5-20）要进行属性自定义。最后需将各部分完成的装配体另存为装配体模型。

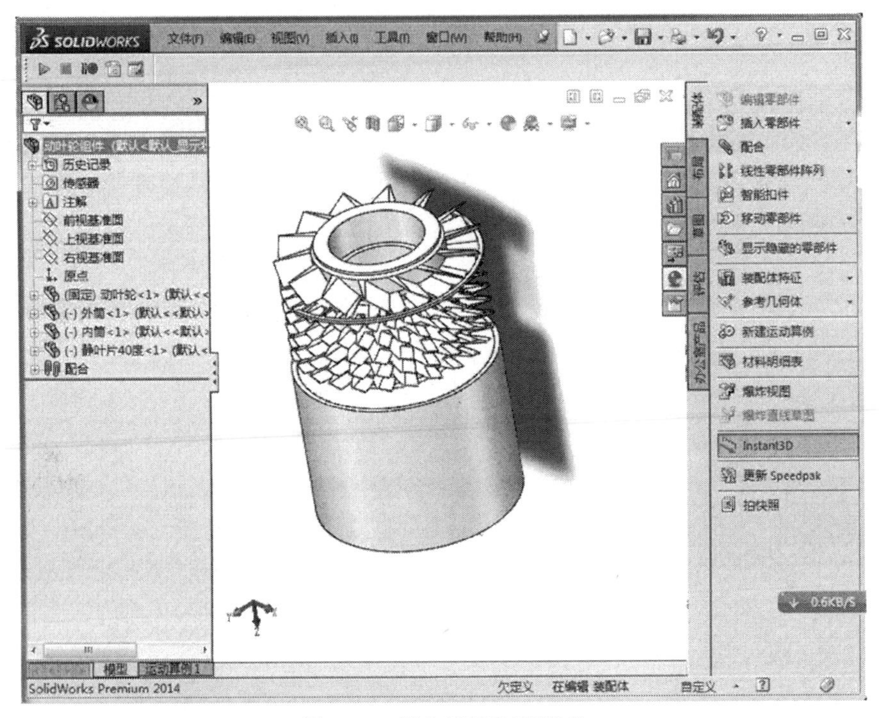

图 5-20　部分零件装配模型

5.2.3　程序驱动零部件建模

程序驱动建模方法是通过编写零部件整个建模过程程序，实现复杂零部件三维模型的参数化建模方法。程序驱动建模方法的编程工作量非常大，效率较低。利用宏录制技术可以降低编程难度并提高设计效率。对国家重大科学仪器设备开发专项开发的复合分子泵样机进行参数化建模，程序编写的牵引级定子模型如图 5-21 所示[18]。

首先打开宏录制工具条，运行宏录制命令，然后按先基本特征后辅助特征的顺序完成所要创建零部件的三维模型，再利用宏停止命令结束宏录制。打开宏文件可查看 VBA 代码，利用运行按钮对代码进行调试。将调试好的代码复制到相关零部件建模按钮的事件中。编写 Visual Basic 6.0 程序代码，调用 SolidWorks 接口函数 API，分析宏文件确定关键参数，并将关键参数设置为变量，通过 VB 界面来控制变量的实际值。

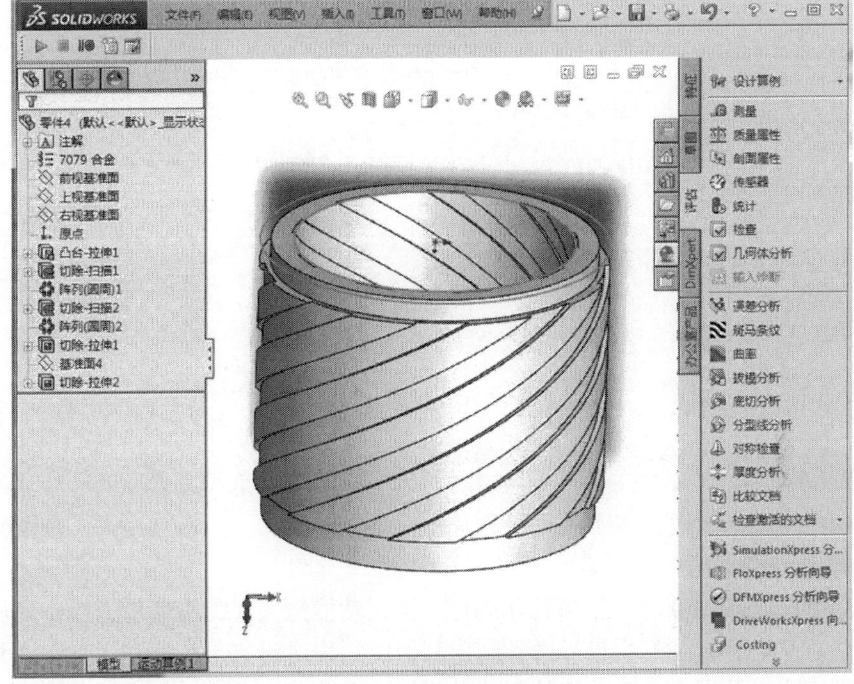

图 5-21　牵引级定子模型

5.3　复合分子泵参数化设计软件

5.3.1　SolidWorks 软件的二次开发流程

随着计算机软、硬件的快速发展，CAD 通用设计平台几乎涵盖了整个制造行业。SolidWorks 作为一款非常优秀的三维造型软件，具有全参数化造型特征、钣金设计、曲面设计、装配处理及实体模型的测量与分析等功能，全面支持对象链接与嵌入（object linking and embedding，OLE）和 COM（component，组件）技术，提供 API 函数，为用户提供功能强大的二次开发平台[21]。基于 SolidWorks 软件的二次开发系统组成如图 5-22 所示。

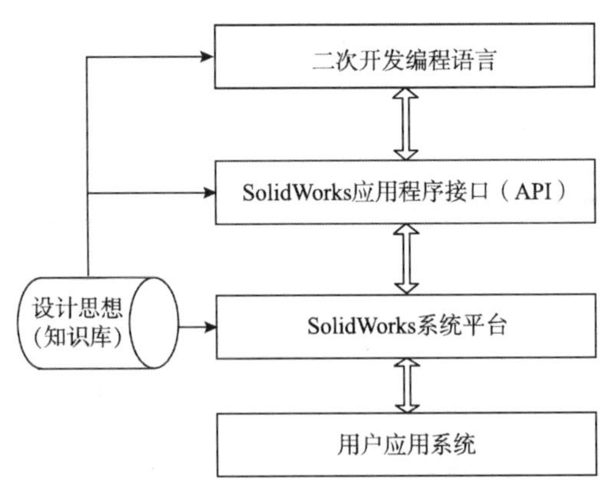

图 5-22　基于 SolidWorks 软件的二次开发系统组成

1. SolidWorks 二次开发工具

SolidWorks 支持 OLE 技术和 COM 技术，使 API 与第三方软件的链接成为可能。因此支持上述两种技术的程序语言，如 VB、VBA、C、VC++等，都可作为 SolidWorks 的二次开发工具。

Visual Basic 6.0 是一款可视化编程工具，功能强大、结构简单、操作界面简便易懂。从设计新型的用户界面到利用其他应用程序对象，从处理文字图像到使用数据库，从开发个人或小组使用工具到大型企业应用系统，甚至通过因特网遍布全球的分布式应用程序，都可在 Visual Basic 6.0 的相应工具中获取。

复合分子泵参数化设计软件最终以应用程序的形式安装使用，通过人机交互界面输入设计参数，通过控件执行后台程序完成泵的参数化结构设计、抽气性能计算及三维建模等功能。VB 基于窗口的可视化组件特性，通过控件属性窗口或编写代码为界面图形对象设置属性，开发简便快捷，将其确定为复合分子泵参数化设计软件的二次开发工具。

2. SolidWorks 二次开发方式

SolidWorks 有两种常用的二次开发方式：一种是基于 OLE 技术的进程外组件程序的开发，编译生成.exe 可执行文件；另一种是基于 COM 技术的进程内组件程序的开发，即用户程序以插件的形式嵌入基础软件平台中安装使用[22]。由于插件程序与 SolidWorks 在同一进程空间中运行，插件程序可能导致系统软件的不稳定，而相对独立的应用程序与 SolidWorks 系统程序在不同空间中运行，不会对 SolidWorks 运行产生影响。为保证开发软件系统运行的稳定性，选择开发独立的应用程序，来提高复合分子泵参数化设计的稳定性和运行效率。

3. SolidWorks 二次开发步骤

采用 VB 程序语言对 CAD 软件平台 SolidWorks 进行二次开发，开发流程图如图 5-23 所示。

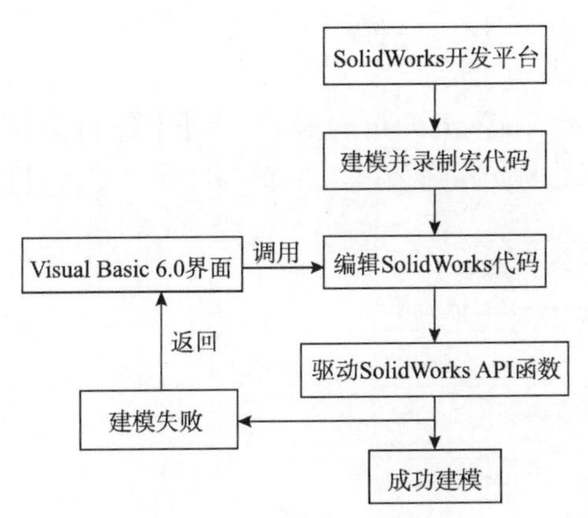

图 5-23　SolidWorks 二次开发流程图

复合分子泵参数化设计软件开发的具体步骤如下。

（1）启动 Visual Basic 6.0 软件，新建工程窗口，选择“标准 exe”，进入 Visual Basic 6.0 集成开发环境。

（2）添加 SolidWorks 2014 三个类型库：SolidWorks 2014 type library、SolidWorks 2014 constant type library 和 SolidWorks 2014 exposed type libraries for add-in use。

（3）由工具箱向窗口内添加控件，通过属性窗口修改控件属性，获得用户操作界面。

（4）编写控件或窗口代码。修改 SolidWorks 宏录制功能获得的 VBA 代码，供程序运行时调用。

（5）浏览对象，查看 SolidWorks API 对象及数组的传递方式。

（6）编译后保存*.frm 窗口和*.vbp 项目文件，再编译独立应用可执行文件*.exe。发布应用程序，获得程序安装包，供不同计算机之间共享使用。

5.3.2　SolidWorks 应用程序接口

SolidWorks 应用程序接口 API 是为方便 SolidWorks 二次开发提供的应用程序

接口。API 函数的模型为多层结构，每层又包含很多对象（Object），每个对象都有各自的类型、属性和方法[22, 23]。

1. SolidWorks API 对象

API 模型结构图如图 5-24 所示。其中，SldWorks 为顶层对象，其余默认为子对象。API 提供所有对象及其方法和属性，开发者可根据需求编辑对象及其方法和属性，以实现生成圆、拉伸实体、零部件建模及装配等所有 SolidWorks 软件涵盖的功能。顶层对象 SldWorks 可对其他子对象进行直接或间接访问，实现 SolidWorks 中的添加菜单、删除菜单、生成、打开、零部件建模等操作。

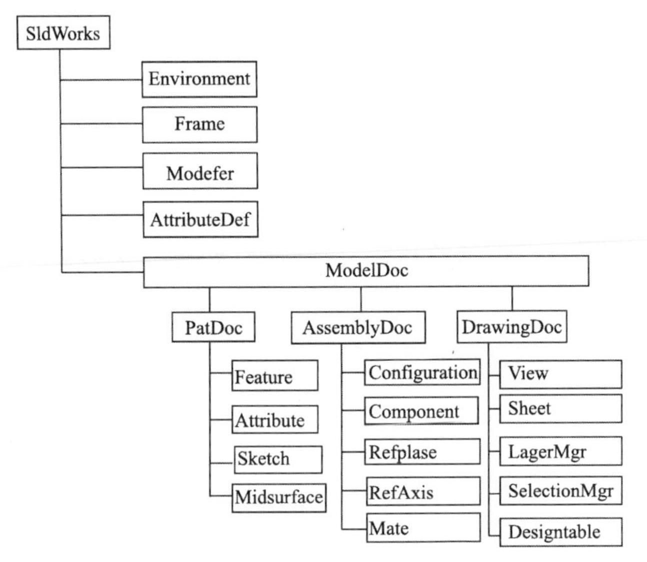

图 5-24　SolidWorks API 模型结构图

复合分子泵参数化设计软件开发时用到 API 函数主要包括以下几种。

Environment：可对 SolidWorks 开发环境进行设置，对文本和几何关系进行分析，并且生成相应的代码符号。

Frame：可对 SolidWorks 菜单进行编辑。

Modefer：对装配关系进行检测，以发现干涉问题。

AttributeDef：二次开发时用于生成开发所需的附加数据。

ModelDoc：是 SldWorks 的子对象，又是文本对象的父对象。其中，PartDoc 对象实现零件建模的相关操作，如创建特征等；AssemblyDoc 对象包含了与装配相关的操作，如装配约束的控制等；DrawingDoc 对象可实现工程图文件中的相关

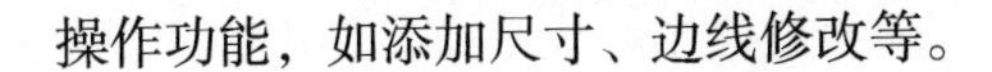

操作功能，如添加尺寸、边线修改等。

2. SolidWorks API 对象的调用

SolidWorks API 对象的调用是指对 SolidWorks 的事件、方法以及其他功能函数的调用，对象的调用有一定的顺序和方法。

1）连接 SolidWorks 软件

SolidWorks 应用程序对象 SldWorks 是调用 API 功能函数的顶层，它提供了所有对象的连接接口。要实现 API 功能调用，须先对顶层对象进行声明和实例化。

2）SolidWorks 工作环境

SolidWorks 工作环境指当前 CAD 处于零件、装配体等活动的工作状态。对 SldWorks 对象进行声明和实例化之后，激活当前工作环境。

3）其他 SolidWorks API 功能的调用

在对顶层对象和工作环境对象进行声明和实例化之后，可对 API 其他功能接口程序，如事件、属性、方法等进行调用。

4）程序参数的传递

在对 SolidWorks API 函数进行调用时，通过传递参数设置，实现预定的属性和方法。

5.3.3 SolidWorks 二次开发中的关键技术

1. OLE 技术

SolidWorks 二次开发提供了 OLE 技术，是实现 Windows 应用程序互相使用和操作的一项自动化技术，用于独立应用程序（*.exe）的开发[24]。OLE 技术将不同的对象在*.exe 内自由共享，为软件之间的通信创造了条件，使不同应用软件之间的交互变为可能。

2. ActiveX 自动化技术

Windows 公司推出的软件之间进行控制和通信的 ActiveX 自动化技术，用于实现软件信息/功能与其他软件之间进行的不对等控制[25]。控制过程分为三个对象：用户程序（采用 VB 编写的程序代码）、执行程序（三维建模软件 SolidWorks）及 ActiveX 自动化技术。ActiveX 自动化技术将用户程序和执行程序相连接，并完成用户程序对执行程序的控制。

3. 参数化设计技术

基于 CAD 绘图软件实现的零件参数化设计方法，主要有程序驱动建模法和尺寸驱动建模法两种。

1）程序驱动建模法

编写程序代码，并利用程序驱动 CAD 软件完成模型的构建，适用于设计参数多且参数之间制约关系比较复杂的模型。优点是整个模型构建的过程完全利用程序代码来实现，无须构建模型库文件。

2）尺寸驱动建模法

在现有模型库的基础上，通过对关键尺寸的修改并与已定义好的拓扑约束相结合，实现产品模型的重建。与程序驱动建模法相较，尺寸驱动建模法具有程序运行快、对程序员编程能力要求低的优点。

4. 宏录制技术

"宏"是一种可按照预定规则更新或替换文本、模型或数据的 Windows 功能技术。在 SolidWorks 软件环境下，"宏"是一种操作命令，可以利用宏录制技术，将 SolidWorks 建模、仿真等相关操作录制下来进行预定义，再由宏控制重新执行建模、仿真等相关操作。

在 SolidWorks 环境中，宏录制的程序代码为基于 VB 语言发展而来的 VBA 语言。可通过编辑、修改宏录制的 VBA 代码，获得用于调用 SolidWorks API 函数的 VB 代码。将编辑后的 VB 程序复制到 Visual Basic 6.0 人机交互窗口后台保存，完成宏录制。

5. 数据库访问技术

数据库（database，DB）是存储在计算机辅助存储器中的有组织、可共享的相关数据的集合。通过数据库管理系统，可对数据库中的数据进行访问、查询、分析和添加。

采用 VB 程序语言进行 CAD 二次开发时，其内嵌有访问数据（Data）控件。可以在无须编写代码的情况下，利用 Data 控件对数据进行访问。首先，要将 Data 控件添加到窗口上；其次，添加、绑定输入控件，以对数据表中的数据进行修改；再次，添加 New 和 Delete 命令按钮，以实现对数据的添加和删除等功能；最后，对控件的属性进行定义，完成数据库的访问。

5.3.4　参数化设计软件结构与功能

1. 软件开发目标与开发环境

1）开发目标

复合分子泵参数化设计软件是针对复合分子泵结构快速建模和抽气性能优化的需求，在复合分子泵设计理论研究的基础上，开发的复合分子泵设计平台。根据复合分子泵的结构特点，确定如下参数化设计软件开发目标。

（1）能够实现复合分子泵的结构设计。可通过在人机交互界面上输入设计技术参数，自行调用后台已编译好的代码，通过程序计算主要零部件的结构参数。

（2）能够实现复合分子泵的性能计算。对参数化设计软件设计的复合分子泵进行性能计算。

（3）具有复合分子泵零部件三维模型参数化设计功能。基于对 SolidWorks 进行二次开发的技术，采用尺寸驱动和程序驱动相结合的方式，实现复合分子泵的快速建模。

（4）能够建立简洁的人机交互界面，完成复合分子泵参数化设计软件开发。采用进程外组件程序开发方式与 SolidWorks 二次开发集成，最终实现结构参数设计、性能计算和零部件参数化三维建模三大功能。

2）开发环境

软件开发环境主要包括硬件环境和软件环境两部分。

硬件环境：内存 4GB 及以上，建议 64 位中央处理器，至少 64 位独立显卡，显卡内存 512MB 以上，分辨率 1024×768 以上。

软件环境：采用 Windows7/8 等计算机操作系统，程序设计软件 Visual Basic 6.0，三维绘图软件 SolidWorks 2010 及以上更高版本，Access 2010 数据库等。

2. 软件系统总体架构及工作流程

1）软件系统总体架构

由软件系统功能要求可知，系统主要包含结构设计、性能计算、零部件参数化三维建模三大功能模块[18]。系统结构框架如图 5-25 所示。

结构设计模块：将复合分子泵设计过程以代码的形式来表达，结合人机交互界面和程序计算，得到复合分子泵的结构参数，实现复合分子泵的快速设计。

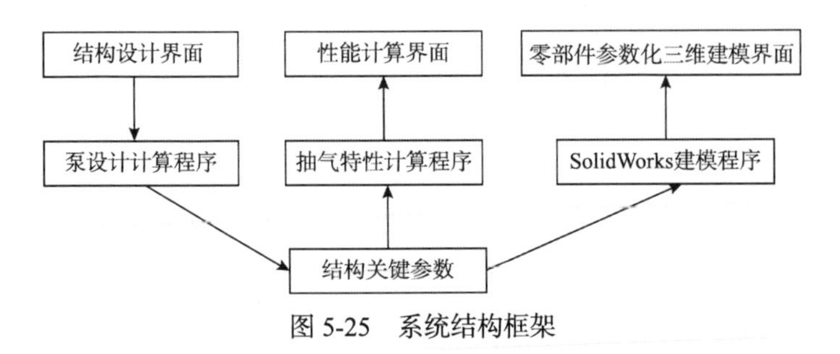

图 5-25　系统结构框架

性能计算模块：将复合分子泵性能计算理论编写为程序代码，实现复合分子泵的性能计算。

零部件参数化三维建模模块：基于 SolidWorks 软件的二次开发，编制参数化设计源代码，通过人机交互界面对 SolidWorks 进行控制，实现零部件参数化建模及自动装配。

2）软件系统工作流程

复合分子泵参数化设计软件系统包括的结构设计、性能计算和三维建模三个模块是相互独立的。同时，结构设计模块获得的结构参数又可被性能计算模块和三维建模模块引用。

复合分子泵参数化设计软件系统工作流程如图 5-26 所示。结构设计模块建立在对复合分子泵结构设计理论研究的基础之上，采用 Visual Basic 6.0 编写结构设计程序，实现复合分子泵的快速设计。性能计算模块既可以调用结构设计模块得到的结构参数，计算复合分子泵的抽气性能，也可以输入现有复合分子泵的几何

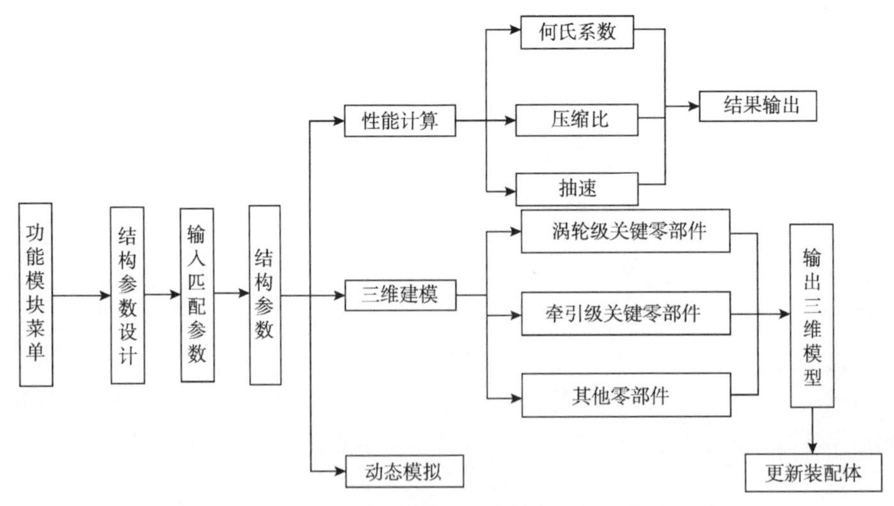

图 5-26　复合分子泵参数化设计软件系统工作流程图

参数，校验泵的抽气性能。三维建模模块采用程序驱动建模/尺寸驱动建模方式进行参数化建模，泵零部件只涉及尺寸改变时，采用尺寸驱动建模法建模，对涡轮动、静叶列几何参数、叶片数量、涡轮叶列级数以及牵引筒螺旋槽头数有变化的零部件采用程序驱动建模法建模。

5.3.5　参数化设计软件开发与应用实例

利用 VB 开发工具对 SolidWorks 建模平台进行二次开发，结合界面设计技术、参数化设计技术、宏录制技术、CAD 二次开发技术，以及复合分子泵结构设计、性能计算、三维建模方法与流程，开发复合分子泵参数化设计软件系统[18]。

将开发的参数化设计软件程序文件、工程文件等通过压缩打包的形式放于安装包内，通过“加载并启动 Package&Deployment 向导”“安装软件包”等步骤，创建复合分子泵参数化设计软件运行程序，支持 Windows 系统，且仅限于系统已装有 SolidWorks 和 Visual Basic 6.0 软件的用户使用。

本节以国家重大科学仪器设备开发专项开发的复合分子泵为参数化设计模型，验证参数化设计软件运行的可靠性、计算的准确性、三维建模的适用性，为复合分子泵及相关设计领域参数化设计软件的开发和应用积累经验，为进一步完善复合分子泵参数化设计技术奠定基础。国家重大科学仪器设备开发专项开发的复合分子泵技术参数如表 5-1 所示。依据表 5-1 的技术参数，应用参数化设计软件开展设计。

表 5-1　复合分子泵技术参数

技术参数	参数值
抽速 S/（L/s）	≥55
压缩比（N_2）	10^9
极限压强 P/Pa	$<10^{-6}$

1. 参数化设计软件操作流程

1）启动参数化设计应用程序

由系统启动界面加载数据，进入系统主界面。启动界面是系统运行并加载数据的界面（图 5-27（a）），数据加载完成后进入系统界面（图 5-27（b））。单击“进入系统”按钮即可进入复合分子泵参数化设计主界面，单击“退出”按钮，即可退出参数化设计软件。

软件系统主界面是复合分子泵参数化设计软件的人机交互界面，主菜单栏包括三个子菜单（图 5-28）。“项目”子菜单下“智能设计”选项包括结构设计、性能计算、三维建模三个模块（图 5-29），用于实现复合分子泵参数化设计功能。

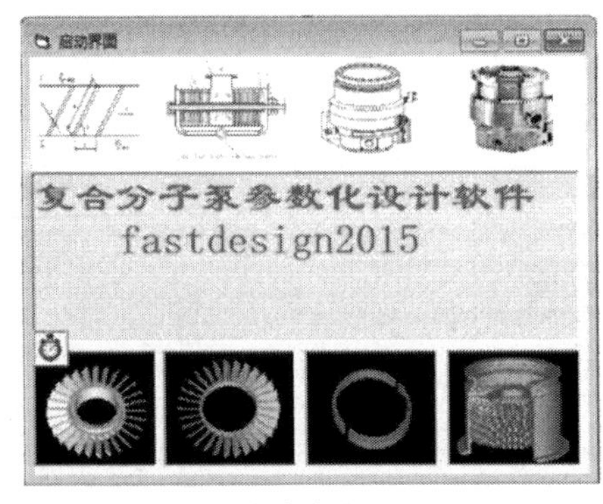

（a）启动界面　　（b）系统界面

图 5-27　软件系统启动界面与系统界面

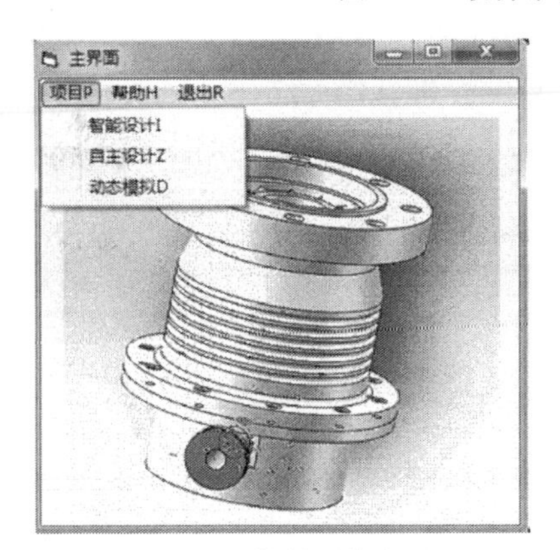

图 5-28　软件系统主界面

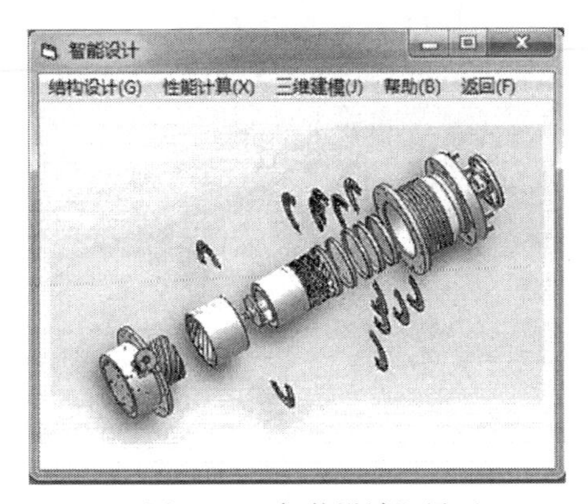

图 5-29　“智能设计”界面

2）复合分子泵结构设计

结构设计是参数化设计软件的前处理模块。通过结构设计，获得泵零部件的主要几何尺寸，并将尺寸传递到性能计算模块和三维建模模块，进行泵的性能计算和三维建模。

（1）设计参数输入/确定。

在“结构设计”窗口内输入设计参数：抽速、压缩比和极限压强，调用数据库数据确定泵入口直径和泵转速：63mm 和 60000r/min（图 5-30（a））。

（2）涡轮分子泵/复合分子泵涡轮级结构参数设计。

基于分子泵基本设计参数，运行后台程序进行涡轮级主要零部件的结构参数计算；设计软件给出三种结构设计方案，作为结构设计的初步结果：叶片倾角、节弦比、级数、叶片厚、叶列高等（图 5-30（b））。

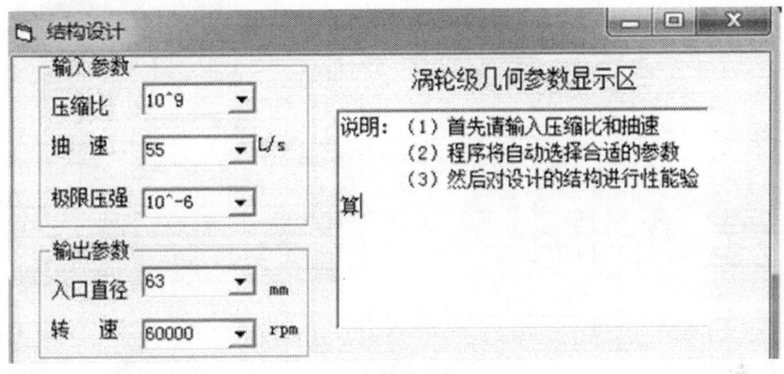

（a）参数输入窗口

第一种方案

	叶片倾角	节弦比	级数	叶片厚	叶列高
抽气级	40	.9	2	.6	6
过渡级	30	.8	4	.6	2
压缩级	20	.6	6	.3	1.5

第二种方案

	叶片倾角	节弦比	级数	叶片厚	叶列高
抽气级	35	1	2	.7	6
过渡级	30	.8	4	.7	2
压缩级	25	.7	6	.3	1.5

第三种方案

	叶片倾角	节弦比	级数	叶片厚	叶列高
抽气级	40	1	2	.7	6
压缩级	30	.7	4	.6	2
过渡级	25	.6	6	.3	1.5

修正（X）　帮助　返回

（b）设计方案窗口

图 5-30　涡轮级参数初始设计方案

1rpm=1r/min

圆整涡轮叶片数量时，涡轮叶列节弦比与初始设计方案选择时有所差别。通过参数修正界面，修正涡轮叶列节距或节弦比数值，修正后的数据如图 5-31 所示。

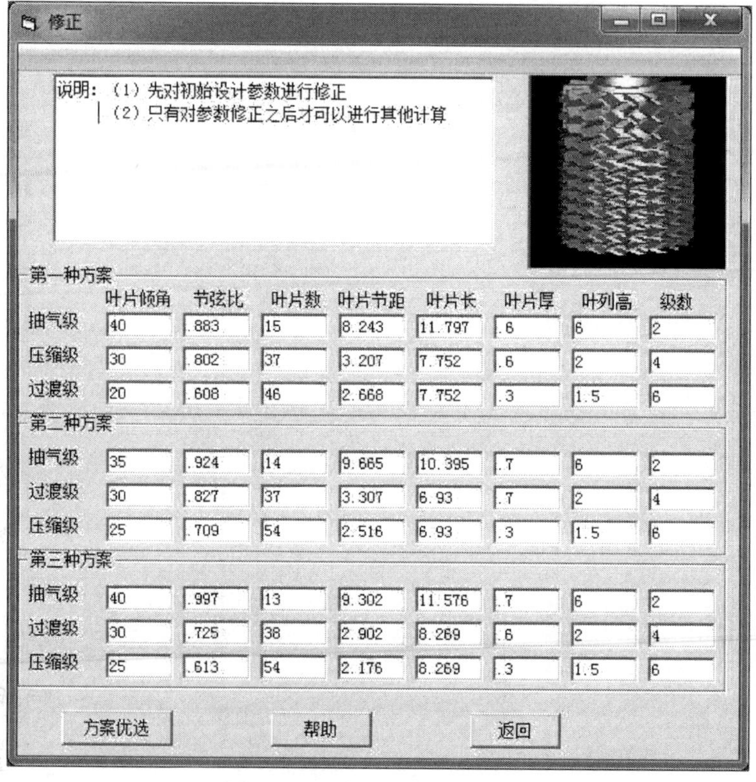

图 5-31　涡轮级结构参数修正

对于软件系统给出的涡轮级三种结构设计方案，在进行方案筛选时，分别对三种设计方案进行抽气性能计算，并对计算结果进行分析以确定较优方案。涡轮级的抽气性能需满足整泵性能指标要求。对于涡轮分子泵结构设计，需确认涡轮级的抽速和压缩比计算结果满足设计参数指标要求。对于复合分子泵涡轮级结构设计，涡轮级抽速应满足整泵性能指标中对抽速的要求。在涡轮组合叶列抽速级数相同的前提下，压缩比大的设计方案作为结构设计优选方案。算例中，涡轮级结构设计选择方案一（图 5-32）。

（3）牵引级结构参数设计。

完成涡轮级结构设计后，进行牵引级结构设计。复合分子泵的压缩比主要取决于牵引级抽气性能，涡轮级及牵引级总压缩比应满足整泵压缩比指标要求。算例采用筒式三级螺旋牵引槽设计方案，本着抽气通道逐渐减小（压缩比逐渐增大）的设计理念，完成牵引级结构设计，结果如图 5-33 所示。

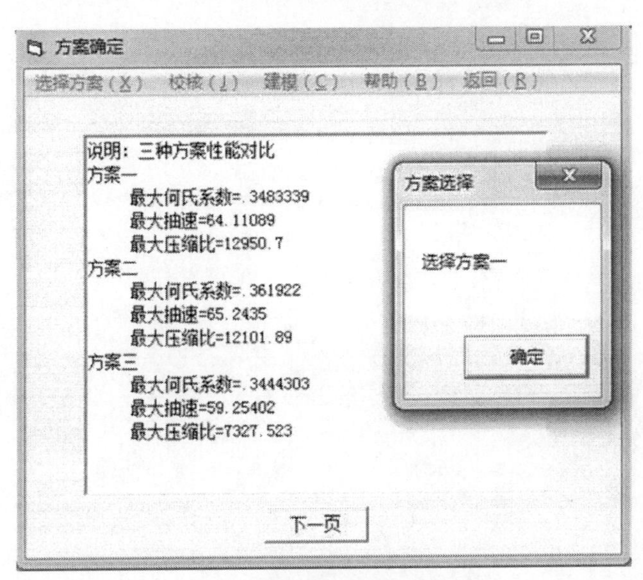

图 5-32　涡轮级结构参数设计方案

图 5-33　牵引级结构设计界面

（4）整泵抽气性能校验。

完成牵引级设计之后，需对整泵抽气性能进行校验，判断结构设计获得的抽气性能是否满足复合分子泵抽气性能设计指标要求。若计算结果满足设计要求，系统会弹出“整体泵的设计满足要求”的提示窗口（图 5-34）；反之则返回上一级界面对牵引级重新进行结构设计。

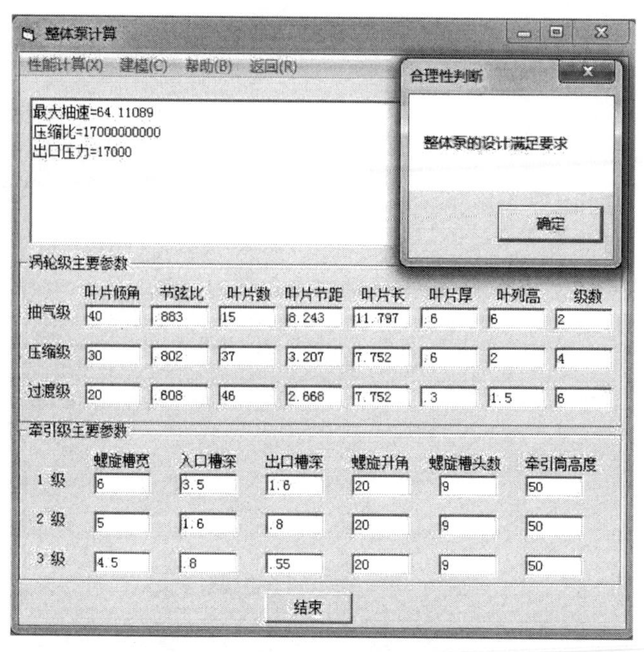

图 5-34 整泵抽气性能校验界面

3）复合分子泵零部件的三维建模

完成复合分子泵结构设计及抽气性能校验后，进入三维建模界面，对泵主要零部件进行三维建模（图 5-35）。

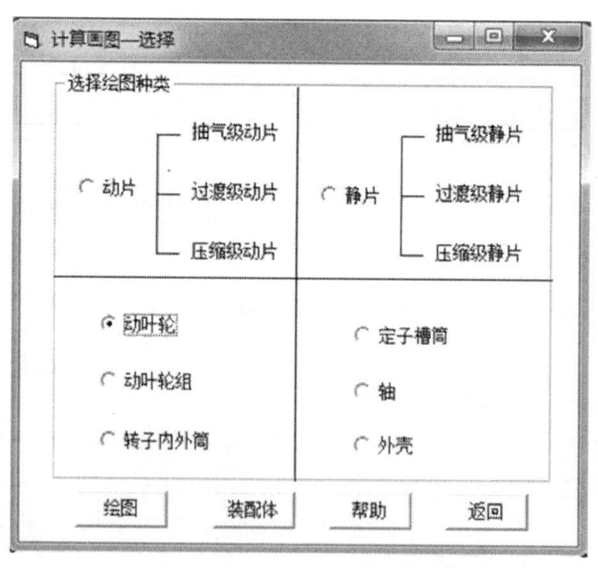

图 5-35 复合分子泵三维建模窗口

零部件三维建模模块是参数化设计软件系统的核心模块，通过 API 函数控制 SolidWorks 软件完成零部件建模及装配。在三维建模窗口中选择建模对象，单击“绘图”按钮，对选择对象进行参数化建模。

涡轮动叶列建模：在建模模块中，选择“动片”单选按钮，单击“绘图”按钮，进入涡轮动叶列三维建模界面，建模所需的主要参数在界面上自动显示，如图 5-36（a）所示。用户也可根据需要，手动修改涡轮动叶列几何参数，在三维建模功能下完成零部件的建模工作。单击“开始绘图”按钮，启动 SolidWorks 软件，进行涡轮动叶列模型绘制，得到的涡轮动叶列模型如图 5-36（b）所示。采用同样方法得到的涡轮静叶列参数化模型，如图 5-37 所示。零部件模型构建完成后自动保存，为零部件的装配做准备。

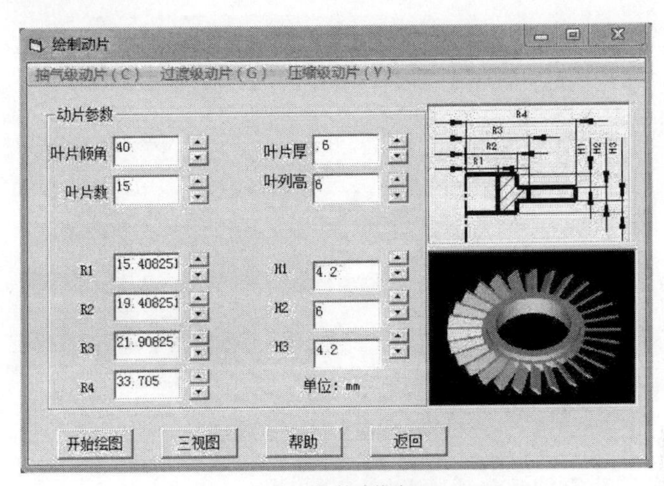

（a）软件建模窗口

（b）涡轮动叶列三维模型

图 5-36　涡轮动叶列三维建模

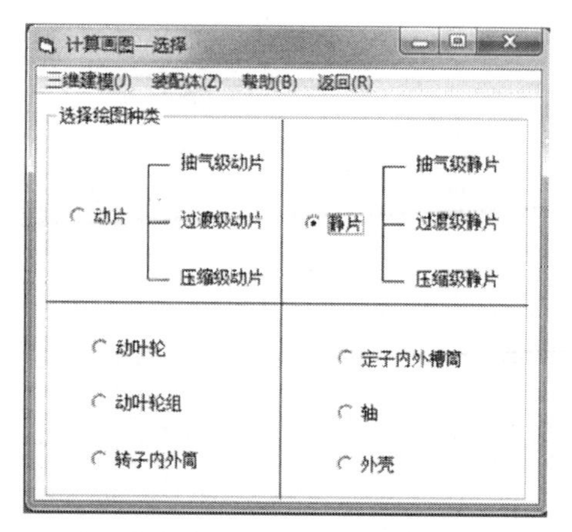

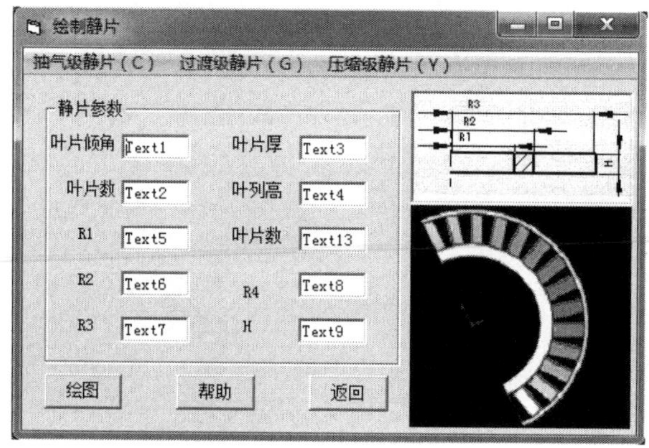

图 5-37　涡轮静叶列三维建模

4）复合分子泵零部件自动装配

将三维零部件模型在 SolidWorks 装配体环境中添加装配约束关系，完成复合分子泵整体模型的装配，如图 5-38 所示。

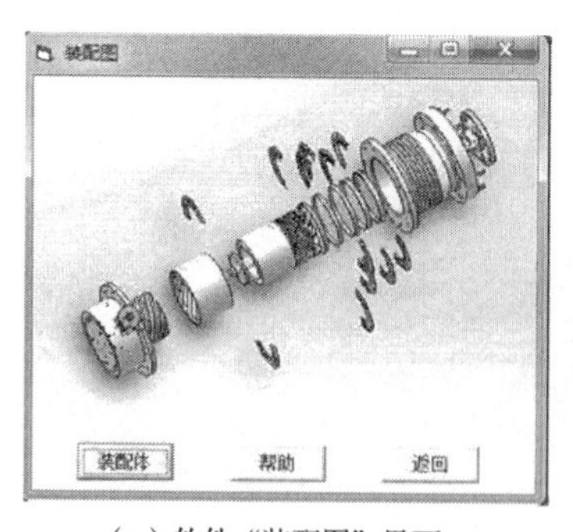

（a）软件“装配图”界面

（b）装配体模型

图 5-38　复合分子泵装配

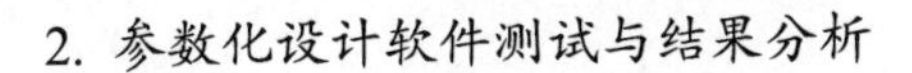

2. 参数化设计软件测试与结果分析

通过对比国家重大科学仪器设备开发专项开发的复合分子泵样机结构参数和抽气性能指标，分析复合分子泵参数化设计软件的适用性，为软件改进和完善提供依据。

1）涡轮级设计参数及抽气性能对比

国家重大科学仪器设备开发专项开发的复合分子泵样机以及复合分子泵参数化设计软件设计的涡轮级叶列几何参数如表 5-2、表 5-3 所示。

表 5-2　国家重大科学仪器设备开发专项开发的复合分子泵样机涡轮级叶片几何参数

叶片级数及种类	叶片长度/mm	叶列高度/mm	叶片数量/个	叶片倾角/（°）	叶片厚度/mm
1 级动叶列	11.5	6	16	40	0.8
2 级静叶列	11.5	3	30	26	0.3
3 级动叶列	7.5	2	24	30	0.8
4 级静叶列	11.5	3	30	26	0.3
5 级动叶列	7.5	2	24	30	0.8
6 级静叶列	11.5	3	30	26	0.3
7 级动叶列	7.5	1.5	36	20	0.8
8 级静叶列	8.5	1.5	34	17	0.3
9 级动叶列	7.5	1.5	36	20	0.8
10 级静叶列	8.5	1.5	34	17	0.3
11 级动叶列	7.5	1.5	36	20	0.8
12 级静叶列	8.5	1.5	34	17	0.3

表 5-3　复合分子泵参数化设计软件设计的涡轮级叶列几何参数

叶片级数及种类	叶片长度/mm	叶列高度/mm	叶片数量/个	叶片倾角/（°）	叶片厚度/mm
1 级动叶列	11.797	6	15	40	0.8
2 级静叶列	11.621	3	28	26	0.3
3 级动叶列	7.752	2	37	30	0.8
4 级静叶列	11.621	3	28	26	0.3
5 级动叶列	7.752	2	37	30	0.8

续表

叶片级数及种类	叶片长度/mm	叶列高度/mm	叶片数量/个	叶片倾角/（°）	叶片厚度/mm
6级静叶列	11.621	3	28	26	0.3
7级动叶列	7.752	1.5	46	20	0.8
8级静叶列	8.432	1.5	36	15	0.3
9级动叶列	7.752	1.5	46	20	0.8
10级静叶列	8.432	1.5	36	15	0.3
11级动叶列	7.752	1.5	46	20	0.8
12级静叶列	8.432	1.5	36	15	0.3

国家重大科学仪器设备开发专项开发的复合分子泵样机（即实物样机）及参数化设计软件设计的复合分子泵涡轮级抽气性能计算结果见表5-4。由表5-4可见，国家重大科学仪器设备开发专项开发的复合分子泵涡轮级、参数化设计软件设计的复合分子泵涡轮级的最大抽速均能满足复合分子泵抽速设计指标要求，并且参数化设计软件设计的涡轮级抽气性能优于国家重大科学仪器设备开发专项开发的复合分子泵涡轮级抽气性能。

表5-4　实物样机及参数化设计软件计算的涡轮级抽气性能

	最大何氏系数 H_{max}	最大压缩比 K_{max}	最大抽速 S_{max}/（L/s）
实物样机	0.2904	1.19×10^3	55.6621
参数化设计软件	0.3483	1.30×10^3	64.1109

2）牵引级设计参数及抽气性能对比

国家重大科学仪器设备开发专项开发的复合分子泵样机以及复合分子泵参数化设计软件设计的牵引级几何参数如表5-5、表5-6所示。

表5-5　国家重大科学仪器设备开发专项开发的复合分子泵样机牵引级几何参数

设计参数	取值	备注
第一级牵引槽宽	5～7mm	6mm
第一级牵引槽深	1.8～4.0mm	变槽深
螺旋升角	20°	
第二级牵引槽宽	4～6mm	5mm
第二级牵引槽深	0.8～1.2mm	变槽深

续表

设计参数	取值	备注
螺旋升角	20°	
第三级牵引槽宽	4～5mm	4.4mm
第三级牵引槽深	0.8～1.2mm	变槽深
螺旋升角	20°	

表 5-6　复合分子泵参数化设计软件设计的牵引级几何参数

设计参数	取值	备注
第一级牵引槽宽	5～7mm	6mm
第一级牵引槽深	1.6～3.5mm	变槽深
螺旋升角	20°	
第二级牵引槽宽	4～6mm	5mm
第二级牵引槽深	0.8～1.6mm	变槽深
螺旋升角	20°	
第三级牵引槽宽	4～5mm	4.5mm
第三级牵引槽深	0.55～0.8mm	变槽深
螺旋升角	20°	

国家重大科学仪器设备开发专项开发的复合分子泵样机及参数化设计软件设计的复合分子泵牵引级抽气性能计算结果见表 5-7。由表 5-7 可见，国家重大科学仪器设备开发专项开发的复合分子泵、参数化设计软件设计的复合分子泵的牵引级抽气性能均能满足复合分子泵设计指标要求，并且参数化设计软件设计的复合分子泵牵引级抽气性能优于国家重大科学仪器设备开发专项开发的复合分子泵牵引级抽气性能。

表 5-7　实物样机及参数化设计软件设计的复合分子泵牵引级抽气性能

	最大压缩比 K_{max}	最大抽速 S_{max} /（L/s）
实物样机	1.54×10^9	55.6621
参数化设计软件	1.70×10^9	64.1109

[1] 孟祥旭. 参数化设计模型的研究与实现[D]. 北京：中国科学院计算技术研究所, 1998.

[2] 戴春来.参数化设计理论的研究[D]. 南京：南京航空航天大学, 2002.

[3] Geng J P, Cui H B, Liu X Y. Parametric design and automatic adjustment technique of engineering drawing based on SolidWorks[J]. Advanced Materials Research, 2013, 706-708(2): 1958-1962.

[4] Anantha R, Kramer G A, Crawford R H. Assembly modelling by geometric constraint satisfaction[J]. Computer Aided Design, 1996, 28(9): 707-722.

[5] Jayaram S, Connacher H I, Lyons K. Virtual assembly using virtual reality techniques [J]. Computer Aided Design, 1997, 29(8): 575-584.

[6] Jung E S, Kee D. A man-machine interface model with improved visibility and reach functions[J]. Computers & Industrial Engineering, 1996, 30(3): 475-486.

[7] Prince P, Ryan R G, Mincer T. Common API: Using Visual Basic to communicate between engineering design and analytical software tools [J]. ASEE Annual Conference and Exposition Conference Proceedings, 2005, 18: 1939-1951.

[8] 成基华, 范玉青, 袁国平, 等. CAD/CAM 开发平台及其发展趋势[J]. 计算机辅助设计与图形学学报, 2000,(2): 16-19.

[9] 李咏红. CAD 二次开发方法研究与实现[D]. 成都：电子科技大学, 2004.

[10] 詹国宁. 基于通用 CAD 的系列产品专用 CAD 系统研究与开发[D]. 武汉：华中科技大学, 2005.

[11] Wang Q H, Li J R, Gong H Q. A CAD-linked virtual assembly environment[J]. International Journal of Production Research, 2006, 44(3): 467-486.

[12] 钟亮, 王晓冬, 巴德纯. 涡轮分子泵参数化设计软件[J]. 真空, 2004, 41(2): 14-17.

[13] Hablanian M H. Engineering aspects of turbo molecular pump design [J]. Vacuum, 2008, 82 (1): 61-65.

[14] 张鹏飞, 蒋婷婷, 王晓冬, 等. 高速小型复合分子泵参数化设计研究[C]. 第 12 届国际真空冶金与表面工程学术会议, 沈阳, 2015.

[15] 车军, 朱传敏, 李秀丽, 等. 基于尺寸驱动参数化的产品结构设计系统研究[J]. 电力机械, 2006, 27(6): 77-79.

[16] 张湘跃. 采用 VB 对 SolidWorks 二次开发的海洋平台三维建模[D]. 天津：天津大学, 2006.

[17] Omar A R, Harding J A, Popplewell K. Design for customer satisfaction: An information modelling approach[J]. Integrated Manufacturing Systems, 1999, 10(4): 199-209.

[18] 蒋婷婷. 高速小型复合分子泵参数化设计研究[D]. 沈阳：东北大学, 2015.

[19] 赵元新, 刘英, 李海滨, 等. 应用 SolidWorks 二次开发技术实现虚拟装配系统的开发[J]. 林业机械与木工设备, 2006, (4): 28-30.

[20] 叶修梓, 陈超祥. SolidWorks®高级教程: 二次开发与 API[M]. 北京: 机械工业出版社, 2007: 1-6.

[21] 杜明侠, 吴鲁纪, 李刚. 基于 SolidWorks 的三维 CAD 系统二次开发方法[J]. 华北水利水电大学学报(自然科学版), 2003, 24(2): 59-61.

[22] 邢启恩. SolidWorks API 二次开发的应用——模型文件的自定义属性设置[J]. CAD/CAM 与制造业信息化, 2002, (8): 53-56.

[23] 刘俊杰, 仲梁维. 基于 VBA 编程与 SolidWorks API 的工程图自动化[J]. 精密制造与自动化, 2008, (3): 47-50.

[24] 严竹生. SolidWorks 二次开发关键技术研究[J]. 信息科技, 2006, 13(21): 146-148.

[25] 盛忠起, 赵立杰, 刘永贤. 基于 ActiveX 技术用面向对象方法进行 AutoCAD 二次开发[J]. 电脑开发与应用, 2000, (4): 24-26.

第 6 章

复合分子泵转子系统动力学分析

分子泵是一种应用于高真空和超高真空领域的动量传输式真空泵，具有抽速大、压缩比高、可以获得清洁真空等优点。作为一种高速旋转机械，分子泵转子转速可达 20000～90000 r/min，如此高的转速是分子泵获得良好抽气性能的基本条件。同时，由于转子质量不平衡等会产生与转速同频的激振力，进而引起转子沿旋转方向的振动（又称为涡动），不可避免地带来分子泵的振动及转子系统稳定性等动力学问题。

为了提高复合分子泵的抽气性能，除适当提高泵的工作转速外，还要从结构上降低气体的返流量。气体的返流量主要来自复合分子泵转子、定子之间的间隙，因此，复合分子泵转子的运动间隙往往被设计得很小（小于 1mm 或更小）。高速旋转条件下，如果转子系统的运行稳定性存在风险，很可能引起转子与定子之间的碰撞，从而引起零件损坏，甚至导致整泵的报废。对于高速小型复合分子泵，涡轮动片与静片、牵引转子与定子间的更小间隙，加剧了上述问题的破坏强度以及解决的难度。

国内小型复合分子泵虽然已有产品问世，但其工作可靠性等指标相对国外产品还有一定差距，应用于高端检漏仪、质谱仪上的高速小型复合分子泵仍以进口为主。造成国产分子泵与国外高性能分子泵差距的原因有诸多方面，其中，对小型复合分子泵转子动力学方面的研究较少，也是制约国产高性能复合分子泵研发以及进入高端应用领域的一个重要原因。

转子系统振动和稳定性是影响复合分子泵运行可靠性的主要方面，需要进行深入分析，并采取措施提高其工作可靠性。为了提高小型复合分子泵等精密高速旋转机械的综合性能，对其转子系统进行全面的动力学分析十分必要，这也是发达国家提高产品设计质量、降低实验成本以及提高设计效率的通用方法。因此，讨论复合分子泵，特别是国内急需的高速小型复合分子泵转子系统的动力学特性具有重要的理论意义和实用价值。

本章以国家重大科学仪器设备开发专项开发的 FF-63/80 型复合分子泵转子系统为研究对象，采用模拟仿真的方法对其转子系统的动力学特性进行考察。应用 SolidWorks 软件建立转子系统的三维几何模型，动力学特性计算则由 ANSYS Workbench 有限元分析软件完成，主要内容包括如下几项。

（1）使用模态分析模块，得到转子系统固有频率，进而计算出转子系统的临界转速。

（2）使用谐响应分析模块，讨论常见的轴向力、转矩对转子系统稳定性以及较高压力对动叶列可靠性的影响规律。

（3）使用瞬态分析模块，讨论加速度对转子系统稳定性的影响规律。

6.1　转子动力学及其在分子泵研究中的应用

转子动力学是一门揭示旋转机械动力学特性的学科。越来越高的使用要求使高速化、轻型化与精密化成为旋转机械的发展趋势，转子动力学在分子泵工作可靠性分析中占有重要地位。

分子泵转子动力学的研究可大致分为 2000 年之前以及 2000 年至今两个研究阶段。

1985 年，东北工学院刘玉岱用传递矩阵法计算并得到了涡轮分子泵的 1 阶和 2 阶临界转速，这也是国内最早的有关分子泵转子动力学研究的文献[1]。1987 年，中国科学院北京科学仪器厂的左汉华用 WD-73 型动平衡仪，对涡轮分子泵的强迫振动强度和相位进行测量，进而计算出转子不平衡质量的大小和相位，并采用加重法对其进行了动平衡实验[2]。1990 年，清华大学的黄迪南等采用影响系数法，对国产 FB110 型涡轮分子泵进行了整机动平衡分析，使泵不平衡响应降低到原来的 1/10[3]。1989 年，李新生等采用 Riccati 传递矩阵法，对涡轮分子泵的振动问题进行了数值计算[4]。1993 年，合肥工业大学的胡焕林和李志远通过理论分析和实验证明了真空泵的振源主要来自运动部件的不平衡惯性力，泵的振动特点是整体振动，可以通过动力学分析和动平衡的方法进行降振[5]。

20 世纪 90 年代后期，磁悬浮轴承在分子泵上得到推广[6,7]，随着微电子、薄膜、核电等领域对高真空环境需求的日益增加，一定程度上刺激了分子泵的发展，同时，对分子泵性能和稳定性的要求也越来越高。受这些因素影响，2000 年之后，有关分子泵转子动力学的研究也逐渐多了起来[8]。

2001 年，武汉科技大学的任德高通过分析有关临界转速的基本概念和影响因素，提出了一种简单有效地计算真空泵临界转速的经验公式，可以对真空泵的临界转速进行快速的估计[9]。2007 年，东北大学的孙妍运用 ANSYS 软件，对国产 FB1500 型涡轮分子泵的涡轮转子系统进行了模拟分析，获得了该泵前 15 阶临界转速以及模态振型[10]，模态分析结果表明：该泵运行在 5、6 阶固有频率之间，但未完全满足柔性转子安全设计要求，仍然存在安全隐患，进而提出了改进转轴惯性矩和轴承支承位置的方法来提高转子系统的固有频率，以确保分子泵能够更可靠地安全运行。2009 年，台湾清华大学的 Chiang 等采用传递矩阵法和 ANSYS 软件，对小型复合分子泵的转子-轴承系统进行了动力学特性分析，得到了与该泵实际测试结果十分吻合的前五阶模态数据，并且发现该泵运行在 51600 r/min 时，非常接近 2 阶临界转速，可能会引起泵底部轴承的失效，需采取措施进行预防[11]。2009 年，哈尔滨工业大学的王彦涛对分子泵磁悬浮轴承的模态特性进行了分析，采用 ANSYS 软件有限元模拟仿真的方法，得到了分子泵在单自由度和五自由度磁悬浮轴承支承作用下前四阶模态和振型等信息，之后又通过锤击测振实验，对上述结果进行了验证[12]。

2011 年，台湾勤益科技大学的 Hsu 等采用数值模拟方法，计算了涡轮分子泵转子-轴承系统的模态特性，计算结果与实验相符，并找到了临界转速与轴承支承刚度之间的关系[13]。同年，台湾清华大学的 Zhang 和 Dong，通过研究发现陀螺效应是引起磁悬浮涡轮分子泵振动的主要原因，并相应地提出了一种交叉反馈的主动控制方法，实时监测和调节磁悬浮轴承的支承刚度，起到了显著降低泵振动的作用[14]。

2013～2014 年，四川大学的华海宇等和刘雨等为探究动叶列对临界转速的影响，利用传递矩阵法计算出了轴系的临界转速，并在此基础上利用 SolidWorks Simulation 软件，对动叶列的共振频率进行了研究，分析结果表明，单个动叶列的共振频率远高于轴系临界速度，因此不会在运转过程中发生共振[15, 16]。2013 年，张剀等在抽速为 2000L/s 的磁悬浮分子泵研制过程中，遇到了复杂振动问题，经分析是由机电耦合作用引起的，进而有针对性地设计了基于传递函数相位整形方法的控制器，使分子泵平稳加速至 24000r/min 的额定工作转速[17]。

2015 年，陈乃玉等使用 SolidWorks Simulation 软件，对经传递矩阵法简化处理过的涡轮分子泵轴系组件进行了模态分析，用以寻找解决临界转速与设计工作转速冲突的最优方案[18]。2014 年，中国工程物理研究院的刘阳以高速小型复合分子泵为研究对象，讨论了黏弹性阻尼器力学特性对转子-轴承系统动态特性的影响，提出了一种减小转子系统振幅的途径，对分子泵支承的设计具有理论指导意义[19]。

总体来说，对于高速旋转的分子泵，其动力学特性方面的研究是必不可少的。从近年来的研究动态可以看出，随着分子泵的广泛应用，这方面的研究正逐年增多。可以预见，作为关键技术之一的动力学特性分析，也一定会继续成为分子泵领域的热点研究内容。

6.2 复合分子泵转子系统结构分析与几何建模

复合分子泵自 20 世纪 70 年代被发明以来，因其具有大抽速、高压缩比、高可靠性的优点，很快被广泛应用于高真空、超高真空领域，模拟仿真方法的引入也推动了其发展。

几何建模是模拟仿真的基础，本节结合研究对象，以几何建模为核心，介绍几何建模过程，为后续的动力学特性分析做准备。

6.2.1 复合分子泵转子系统结构

作为模拟仿真的前处理过程，几何模型建立的合理性影响计算结果准确性与可靠性。因此，建模前需对研究对象的结构进行深入分析。

筒式复合分子泵结构如图 6-1 所示，由具有抽气作用的涡轮-牵引筒（抽气组件）和驱动泵运动的芯轴组件等组成。抽气组件主要包括涡轮动、静叶列以及内、外牵引筒等，应满足抽气能力要求；芯轴组件主要由主轴、内部驱动电动机以及轴承等组成，提供复合分子泵转子驱动力，保障运动部件稳定工作。

为了使转子系统的结构分析更具有针对性，以国家重大科学仪器设备开发专项研发的 FF-63/80 型复合分子泵转子系统作为分析对象，重点分析其零部件特点以及它们的装配关系，为几何建模做准备。

图 6-2 为 FF-63/80 型复合分子泵转子系统的装配图，由永磁轴承、整体涡轮转子、内/外牵引筒、主轴和陶瓷球轴承组成，采用冷装/热装方式过盈装配成一个整体。

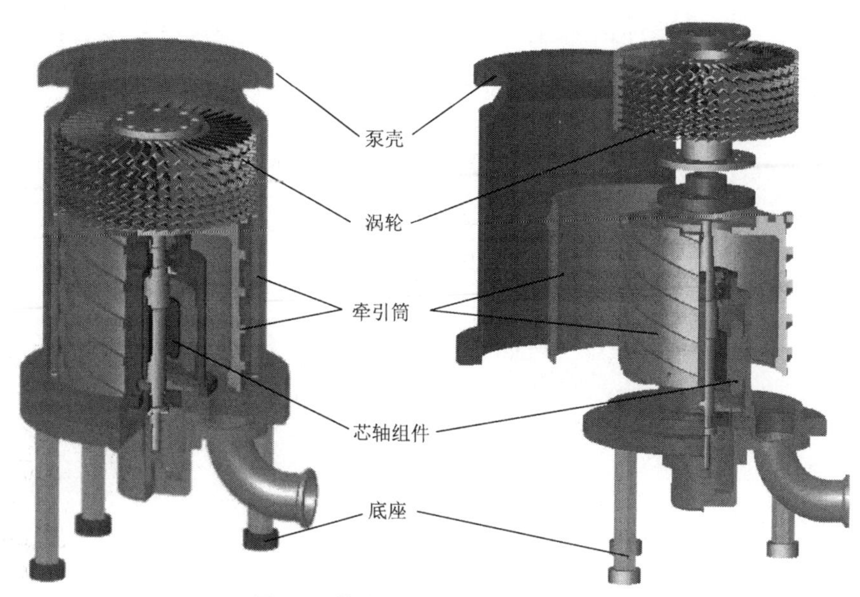

图 6-1　筒式复合分子泵结构示意图

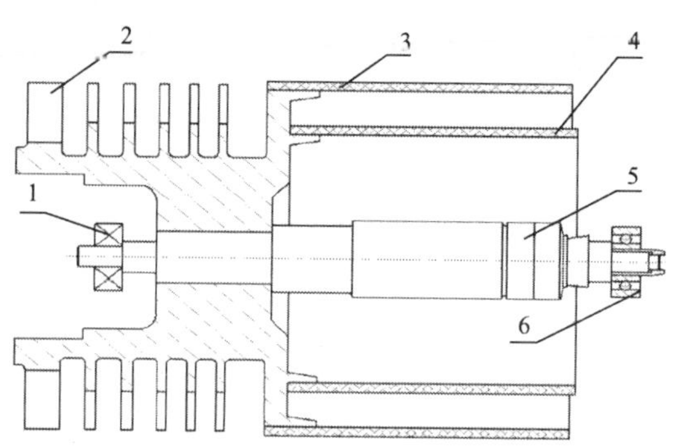

图 6-2　FF-63/80 型复合分子泵转子系统装配图

1-永磁轴承；2-整体涡轮转子；3-外牵引筒；4-内牵引筒；5-主轴；6-陶瓷球轴承

整体涡轮转子由多级（共 6 级）具有不同几何参数的动叶列串联而成，采用整体加工工艺，结构如图 6-3 所示。涡轮转子上端面及下部侧面分别开有多个螺纹孔，通过配重方式调节涡轮级以及整个转子系统的动平衡。

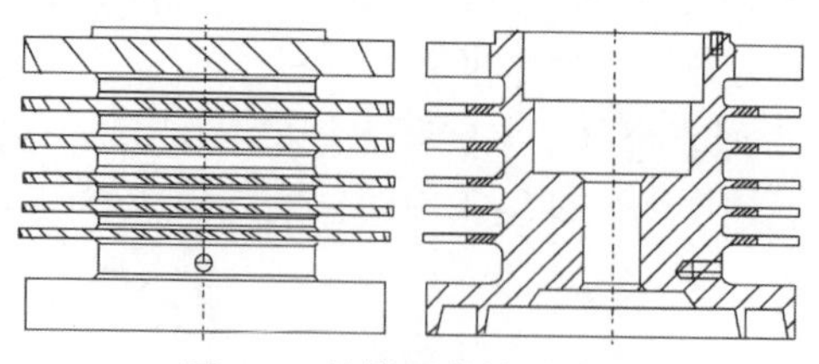

图 6-3　整体涡轮转子结构

图 6-4 为 FF-63/80 型复合分子泵主轴组件的二维图，共由 6 个零件装配而成。上、下半轴为中空阶梯轴，以减轻主轴自重，两者通过螺纹连接；上半轴外表面安装有磁环，磁环外侧包覆碳纤维层以固定磁环，构成分子泵内置驱动电动机转子；输油锥安装在下半轴的底部，为陶瓷球轴承提供润滑和冷却。复杂的主轴结构不仅会影响几何建模，还会影响整个转子系统的动力学特性。

除整体涡轮转子和主轴组件外，组成复合分子泵转子系统的零部件还包括轴承和牵引筒。动力学特性分析中，轴承的几何模型及其支承作用往往被其他功能替代，而牵引筒是简单的光筒结构，在此不再对二者进行分析。

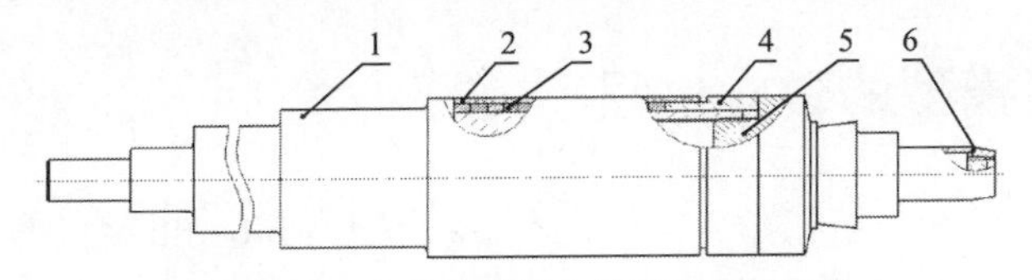

图 6-4　FF-63/80 型复合分子泵主轴组件

1-上半轴；2-碳纤维层；3-磁环；4-压套；5-下半轴；6-输油锥

6.2.2　建模准备

建立研究对象几何模型不只是为了展示转子系统的结构特点，更是为动力学特性分析做准备。

作为几何模型建立的工具，建模软件的图形处理能力直接关系到建模的准确性和效率，同时，还要考虑到模型本身的特点及其与分析软件的兼容性问题。

表 6-1 列出了五款国际上主流的“基于特征的参数化实体造型”的建模软件，它们均具有强大的图形处理能力、丰富的数据接口和良好的兼容性，用户群体涵盖了各类企业、高校和科研院所，在国内外市场上占据着优势[20, 21]。由表 6-1 可以看出，尽管它们都能实现建模功能，但它们在操作性、界面效果等方面仍有着各自的特点。

表 6-1　五款常用的几何建模软件

软件	产品定位	操作性	界面	用户群体	用户数量	备注
Autodesk Inventor	中端	较易	友好	中小型单位	较少	
SolidWorks	中端	较易	友好	大中型单位	最多	国内使用较多
CATIA	高端	中等	一般	大型单位	较多	曲面设计较优
Pro/E	高端	中等	友好	大中型单位	较多	模具设计较优
UG	高端	较难	一般	大型单位	一般	指导加工较强

SolidWorks（版本为 2013）作为一款成熟的中端建模软件，综合性能优异。相对于表 6-1 中的其他四款软件，SolidWorks 继承和发展了 Pro/E 强大的建模功能，内核优化更好，造型能力强于 Autodesk Inventor，在操作性和界面效果上超越了 CATIA 和 UG。除此之外，SolidWorks 还是首款基于 Windows 系统开发的建模软件，也是世界上装机量最大、用户数量最多的三维造型软件[22]。因此，选择 SolidWorks 作为复合分子泵转子系统几何建模软件。SolidWorks 与分析软件之间直接建有数据接口，能够做到与分析软件图形文件的无缝衔接，这也是选择 SolidWorks 的原因之一。

6.2.3 几何模型的建立过程

基于前面的结构分析与准备工作，本节将展示 FF-63/80 型复合分子泵转子系统几何模型的建立过程[23]。

1. 整体涡轮转子几何模型的建立

整体涡轮转子是复合分子泵转子系统中结构比较复杂的零件，应按照动力学几何模型的建立原则，对其进行适当简化，主要包括以下两个方面。

（1）忽略真实结构中的倒角、圆角以及调节动平衡的螺纹孔。

（2）按照质量等效原则，将沿叶片长度方向非等厚度的涡轮叶片截面（等腰梯形截面）等效成等厚度的矩形截面，保证等效前后涡轮叶片质量和转动惯量等影响动力学特性的参数保持不变，这样处理还可以降低网格划分难度，提高网格划分质量。

为了保证模型与真实结构尽可能接近，不再对其他细节进行处理，最终建立的整体涡轮转子几何模型如图 6-5 所示。

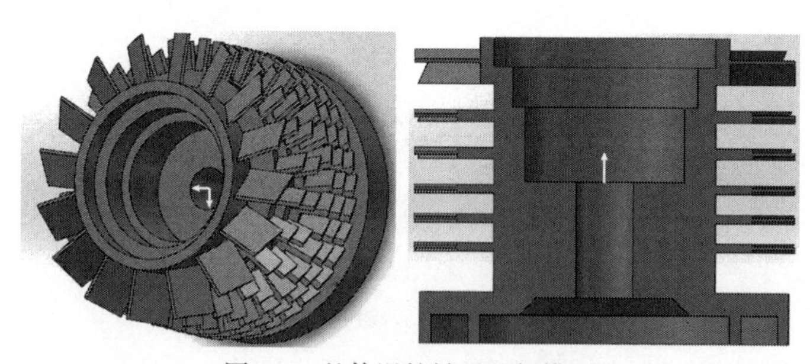

图 6-5　整体涡轮转子几何模型

2. 主轴组件几何模型的建立

主轴组件结构的复杂性在于它是由多种零件装配而成的，对其进行简化处理时主要考虑到不同零件间密度的差别，如下所述。

（1）上半轴、下半轴的材料是相同的，真实结构中二者是通过螺纹连接在一起的，将二者简化为整体的阶梯轴，并简化倒角、斜面等细节。

（2）压套和输油锥两个零件的尺寸和质量相对于阶梯轴要小得多，因此将二者简化为阶梯轴的一部分，这样就可以将上述四个零件简化为统一的整体，为了与其他零件进行区分，将其命名为主轴。

（3）将堆积在一起的磁环简化成一个同尺寸的磁环。

经过上述处理，主轴组件原来的 6 种零件被简化成主轴、磁环和碳纤维层 3 个零件，对它们分别建模后装配在一起，得到主轴组件的动力学几何模型，如图 6-6 所示。

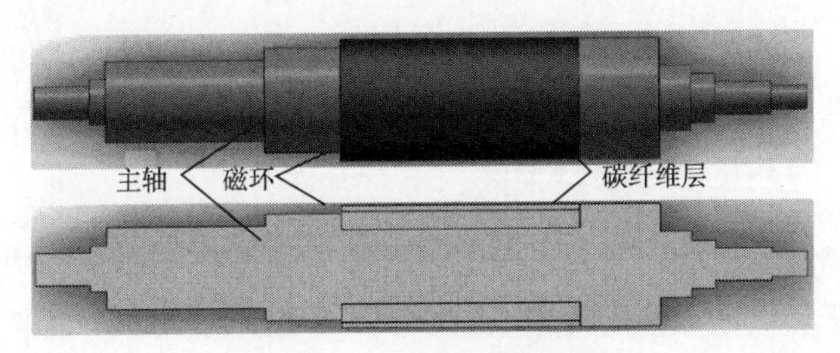

图 6-6　主轴组件几何模型

3. 牵引筒几何模型的建立

由于 FF-63/80 型复合分子泵采用了螺旋牵引筒固定、光滑牵引转子筒相配的结构形式，牵引筒是复合分子泵转子系统中最简单的结构，内、外牵引筒的区别只在于它们的外形尺寸，如图 6-7 所示。

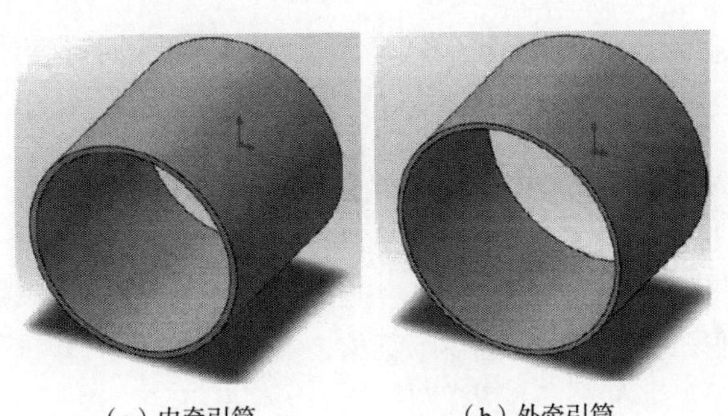

（a）内牵引筒　　（b）外牵引筒

图 6-7　牵引筒几何模型

4. 转子系统装配几何模型的建立

在对转子系统零部件进行建模的基础上，将零部件按照连接关系装配在一起，组成转子系统的几何模型，如图 6-8 所示。

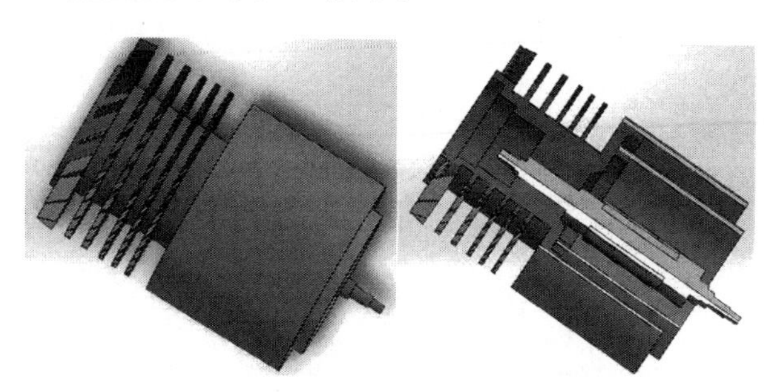

图 6-8　复合分子泵转子系统装配几何模型

6.3　复合分子泵转子系统模态分析

采用模拟仿真的方法，对复合分子泵转子系统进行模态分析[24]，得到其动力学特性计算结果，进而考察和评估其转子动力学性能及其影响因素，并有针对性地提出模型优化和改进的建议与措施。

本节采用国家重大科学仪器设备开发专项开发的复合分子泵样机，其转子系统技术条件如下。

（1）工作转速为 60000r/min。

（2）叶片最大形变量<0.05mm。

（3）转子最大振幅<0.05mm。

（4）临界转速 2<工作转速/2。

（5）临界转速 3>工作转速×2。

这五个条件均与转子系统的动力学特性相关，也是评估其动力学特性的指标。

6.3.1　分析软件的选取与分析内容

ANSYS 系列软件是目前国际上主流的大型通用有限元分析软件之一，由美国的 ANSYS 公司开发，分析范围覆盖了结构、流体、电磁场、声场、热及多物理场耦合等多个领域，极强的分析能力使其广泛应用于机械、电子、土木工程、石油化工、地矿资源、航空航天、核工业等工程实际中。

图 6-9 给出了 Workbench 软件从建模到模型处理、有限元求解，再到对原模型进行优化的整个流程，也直观地反映了其集成化、模块化、参数化、流程化等特点[25]。

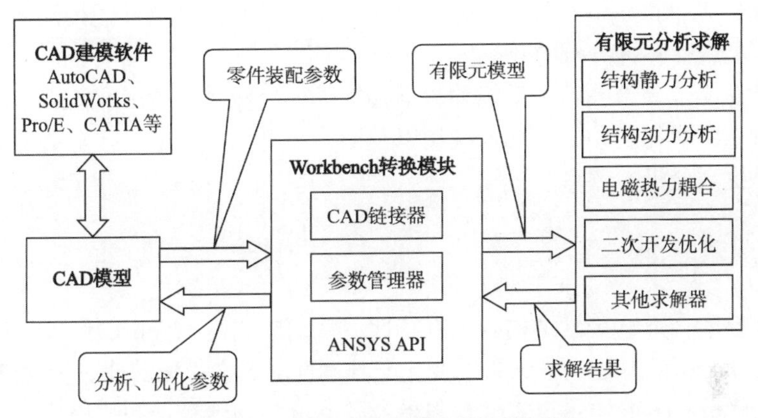

图 6-9 Workbench 协同仿真计算框图

总的来说，Workbench 为仿真模拟与设计优化提供了强大可靠的协作平台，大幅度提高了仿真与设计的通用性和效率，在提高产品设计质量、缩短设计周期、节约成本方面发挥着越来越重要的作用。

6.3.2 模型前处理

经典 ANSYS 将分析过程归纳为模型前处理、计算求解与结果后处理三个环节。Workbench 模块化与流程化的特点继承并发展了该思想，将模型前处理的各项内容“包装”成组件的形式，这些组件既可以单独使用，又可以很方便地与分析模块进行数据共享与传递[23]。

图 6-10 用一组例子展示了 Workbench 前处理组件与分析模块之间数据传递与

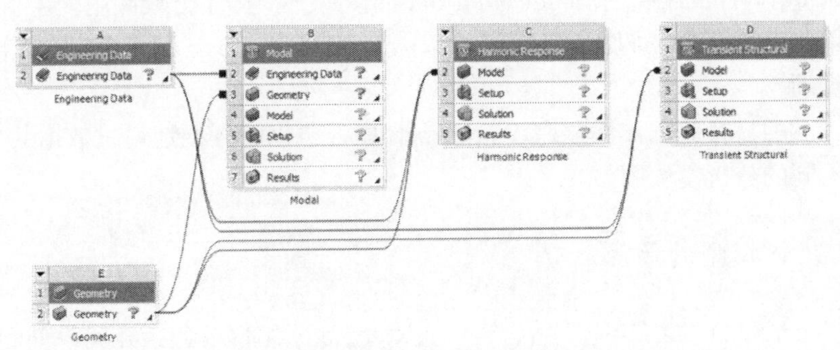

图 6-10 Workbench 前处理组件与分析模块的数据传递与共享图

共享的关系。其中，A、E 分别为工程数据（Engineering Data，又称材料参数）组件和几何模型（Geometry）组件，B、C、D 是三个具有计算功能的分析模块，线条代表的是数据传递的“导线”。可以看出，前处理数据能够传递到不同的分析模块中，这是 Workbench 模型前处理模块的一个显著特点，这样的设计大大提高了对同一模型进行多种分析的效率。

本章对复合分子泵转子系统动力学特性进行分析时，利用前处理组件具有通用性的特点，对材料参数、几何模型以及网格、支承、约束、接触关系等进行统一设置，提高分析的效率。

1. 材料参数

材料性能会影响机械结构的固有特性，从而影响模态分析的结果。模态分析作为动力学分析的基础，其结果的变化与准确性必然会影响其他分析内容。

动力学分析需确定每个零件材料参数：密度、弹性模量和泊松比。对于用于分析的模型样机，转子系统零件的材料参数如表 6-2 所示。

表 6-2　零件的材料参数

零件	材料类型	密度/（kg/m^3）	弹性模量/GPa	泊松比
涡轮	7475 硬铝合金	2770	71	0.33
主轴	铝镁合金	2690	70	0.33
磁环	钕铁硼	7500	160	0.24
碳纤维层	碳纤维	1750	235	0.34
牵引筒	碳纤维	1750	235	0.34

材料参数被添加到 Workbench 的材料库中，被转子系统的几何模型调用。Workbench 材料库的编辑由 Engineering Data 组件实现，为了方便调用，这个前处理步骤采用单独的组件，如图 6-11 所示。双击 Engineering Data 组件即可进入图 6-12 所示的界面。

编辑后的材料数据被保存在 Workbench 中，可以很方便地通过数据共享方式传递到不同的分析模块中。

2. 几何模型的导入

Engineering Data 编辑完成后，再设置 Geometry 组件，包括几何模型的建立、

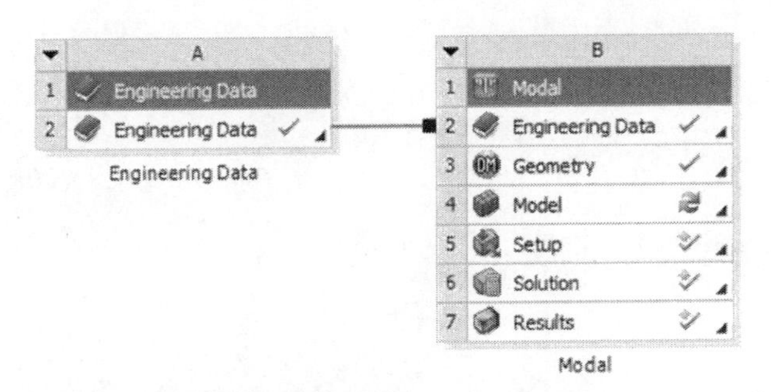

图 6-11　Engineering Data 组件截图

Properties of Outline Row 8: Trubo/2770/71/0.33

	A	B	C
1	Property	Value	Unit
2	Density	2770	kg m^-3
3	Isotropic Elasticity		
4	Derive from	Young's Mo...	
5	Young's Modulus	7.1E+10	Pa
6	Poisson's Ratio	0.33	
7	Bulk Modulus	6.9608E+10	Pa
8	Shear Modulus	2.6692E+10	Pa

图 6-12　材料参数编辑界面截图

导入与修改等。SolidWorks 与 Workbench 采用相同的几何模型处理内核，且 SolidWorks 的建模功能较 Workbench 更为强大与方便。算例采用 SolidWorks 软件建立复合分子泵转子系统的零件以及装配体几何模型，再导入 Workbench 中。

几何模型导入的方法主要有两种：一种是直接在 Geometry 选项处右击，选择 Import Geometry，找到几何模型文件；另一种是双击 Geometry 选项打开 Geometry 组件，进入 DesignModeler 界面，在 File 菜单中选择 Import External Geometry File，进而在弹出的对话框中选定几何模型文件。前一种方法简便快捷，后一种方法则更加直观。算例采用 DesignModeler 菜单导入转子模型，如图 6-13 所示。为了保证导入模型与原几何模型完全一致，还需要对导入模型进行全面检查，主要检查零件的种类与数量及零件间的相对位置关系等。

3. 其他前处理设置

几何模型导入后，利用 Modal 组件对模型进行下一步处理。

1）材料参数的调用

双击打开图 6-11 中 B 模块的 Modal 组件，进入模型处理的界面（图 6-14）。窗口的左侧是设计树和设置菜单，右侧是模型的三维图形和信息提示。

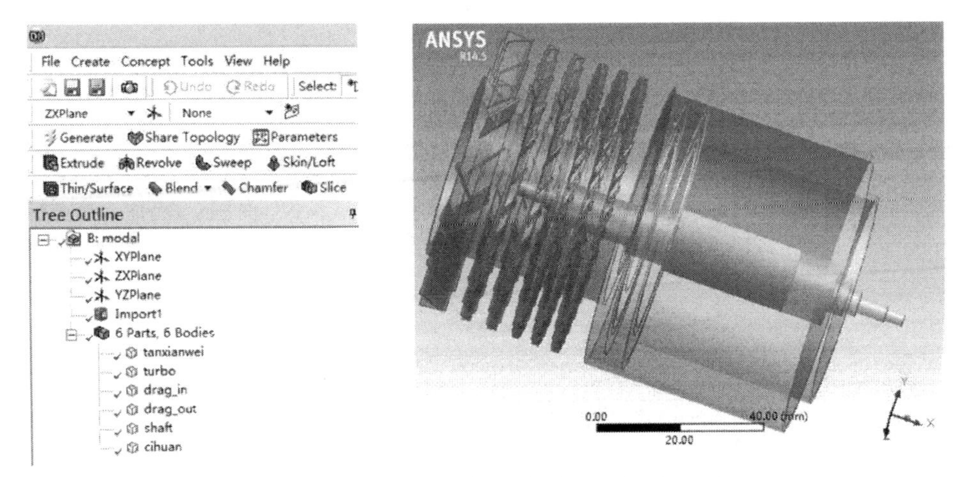

图 6-13　DesignModeler 菜单与导入后的转子模型截图

调用材料参数时需要打开图 6-14 所示设计树的第一项，即 Geometry，其分支已经显示了之前导入模型的各零件名称。以整体涡轮转子为例，在 turbo 下拉菜单 Details of “turbo” → Material → Assignment 中，选择对应的材料参数，完成对涡轮材料参数的调用。

添加完材料的零件不仅具有几何尺寸，也具有质量、转动惯量等物理参数，可以通过如图 6-15 所示的各个零件对应的 Details 菜单进行查询。

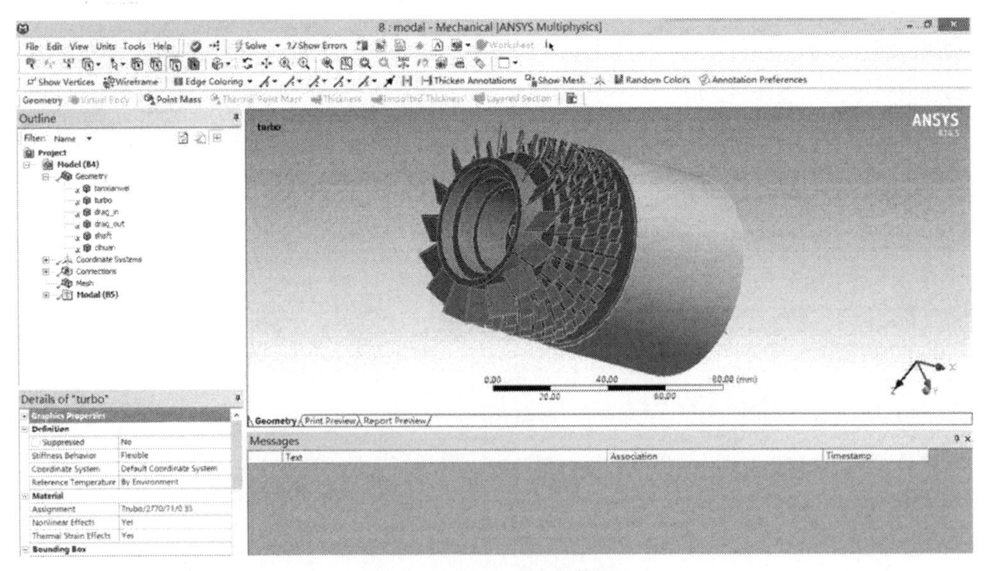

图 6-14　Modal 界面截图

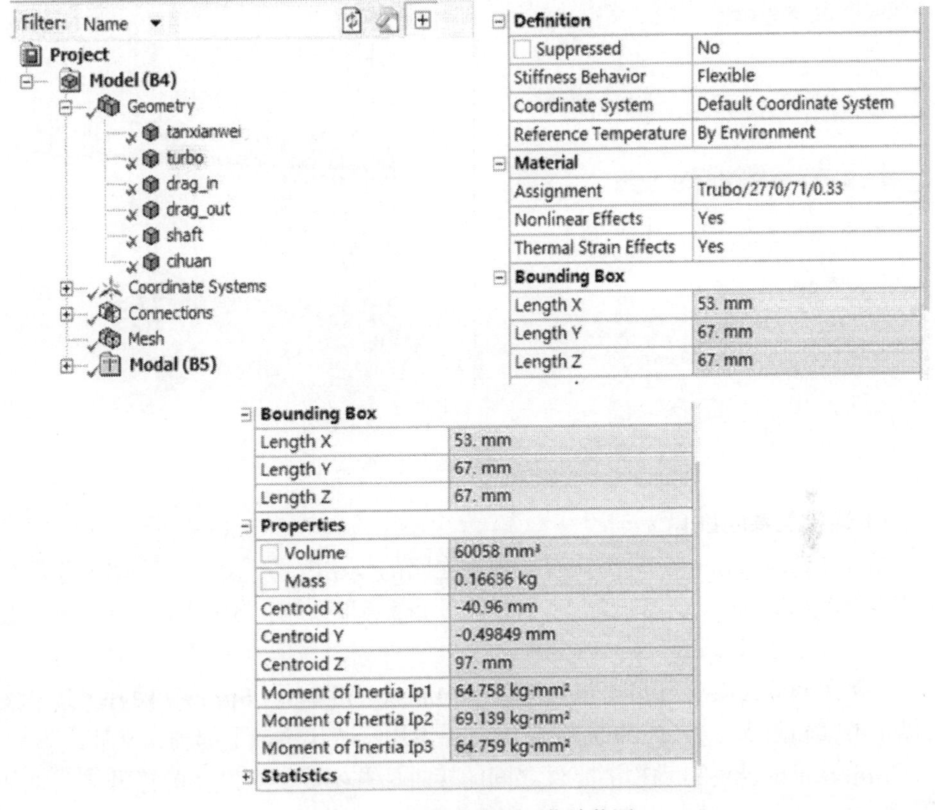

图 6-15　材料参数调用菜单截图

2）坐标系的建立

坐标系（Coordinate Systems）作为尺寸与位置设置的基准，是分析软件一个非常重要的概念，合理运用坐标系，不仅可以保证参数设置的准确性，还能显著提高模型处理的效率。Workbench 中的坐标系主要分成三大类：第一类是系统默认的整体坐标系（Global Coordinate System）；第二类是研究人员根据需要自行定义的用户坐标系；第三类是导入外部数据（如 CAD 模型）中的坐标系。

算例在系统默认的整体坐标系的基础上，自定义了以主轴右端面为原点的用户坐标系：在设计树的 Coordinate Systems 选项处右击，选择 Insert → Coordinate System 选项，插入用户坐标系，命名为 right face。对 right face 坐标系进行参数设置，主要包括：选择坐标类型（笛卡儿坐标系（Cartesian）或圆柱坐标系（Cylindrical）），算例选择 Cartesian；选择基准点，执行 Origin → Geometry 操作，在 Geometry 中选择主轴的右端面；调整与原坐标系的关系，目的是让不同坐标系间三个轴的方向分别对应。设置菜单和设置完成的坐标系如图 6-16 所示。

Details of "right face"

Definition	
Type	Cartesian
Coordinate System	Program Controlled
Origin	
Define By	Geometry Selection
Geometry	Apply / Cancel
Origin X	40.952 mm
Origin Y	-0.49845 mm
Origin Z	97. mm
Principal Axis	
Axis	X
Define By	Global X Axis
Orientation About Principal Axis	
Axis	Y
Define By	Default

图 6-16　坐标系设置截图

3）连接关系的设置

连接（Connections）常用来模拟零件之间的作用效果，对于装配体，零件之间的连接关系起着传递运动和载荷的作用，进而影响形变、应力等计算结果，还会影响计算模型求解过程中的收敛性。

算例用到的连接关系主要包括接触（Contact）和弹簧（Spring）两种。其中接触用于考察和限定零件之间的相对位置，弹簧用于替代主轴下部轴承支承。

Workbench 能够自动检测零件之间的接触面并生成一套默认的接触关系（又称接触对）。对于简单的模型和模拟类型，这些默认的接触对基本满足计算要求，但对于较复杂的模型和分析，这些接触对则还需要根据实际情况进行调整，调整的内容主要包括接触类型和接触面的选取两个方面。

表 6-3 给出了 Workbench 可供选择的五种接触类型。其中 Bonded 和 No Separation 是线性接触，也是最常用的两个接触类型，前者不允许存在法向间隙，后者允许切向滑移。复合分子泵转子系统各零件装配后一起旋转，无相对运动，因此选择 Bonded 接触关系。

表 6-3　常用接触类型

接触类型	迭代次数	法向特性	切向特性
Bonded	1	No Gaps	No Sliding
No Separation	1	No Gaps	Sliding Allowed
Frictionless	Multiple	Gaps Allowed	Sliding Allowed
Rough	Multiple	Gaps Allowed	No Sliding
Frictional	Multiple	Gaps Allowed	Sliding Allowed

接触面选取的原则是“全面、完整”，全面指需要将两个零件间所有接触的面找全，完整指的是接触面轮廓的完整性。以主轴和磁环为例，二者相互接触的面有三个，分别位于磁环的上、下两个端面和内圆柱面，轮廓形状分别为圆环和圆柱，建立了二者的接触关系，如图 6-17 所示。

Details of "Contact Region 6"

Scope	
Scoping Method	Geometry Selection
Contact	3 Faces
Target	3 Faces
Contact Bodies	shaft
Target Bodies	cihuan
Definition	
Type	Bonded
Scope Mode	Automatic
Behavior	Program Controlled
Trim Contact	Program Controlled
Trim Tolerance	0.37092 mm

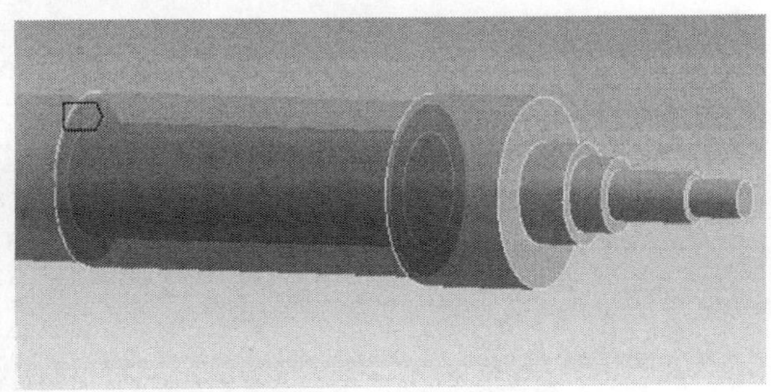

图 6-17　接触设置截图

用弹簧替代轴承的支承作用，是结构分析中常用的处理方式。设置内容包括支承刚度、弹簧位置以及弹簧数量。

支承刚度需要经过多次调整才能得到，依据算例样机实际情况，轴承支承刚度 K=55N/mm。

利用建立的 right face 坐标系，可以精确设置弹簧的位置坐标。弹簧类型选择 Body-Ground，并将弹簧活动端（Mobile）添加在主轴的表面上，模拟轴承内圈，将弹簧的参考端（Reference）固定，模拟轴承外圈。

对于周向均匀受力的支承，同时考虑支承刚度以及求解效率，弹簧数量通常选择 4 的倍数并均匀布置在轴的表面上。经多次试算，算例样机支承弹簧的数量确定为 4 根。弹簧设置过程及添加完成结果如图 6-18 所示。

Details of "right"

Definition	
Type	Longitudinal
Spring Behavior	Both (Linear)
Longitudinal Stiffness	55. N/mm
Longitudinal Damping	0. N·s/mm
Preload	None
Suppressed	No
Spring Length	25. mm

Scope	
Scope	Body-Ground
Reference	
Coordinate System	right face
Reference X Coordinate	-8.5 mm
Reference Y Coordinate	5. mm
Reference Z Coordinate	25. mm
Reference Location	Click to Change
Behavior	Rigid
Pinball Region	All
Mobile	
Scoping Method	Geometry Selection
Scope	1 Face
Body	shaft
Coordinate System	right face
Mobile X Coordinate	-8.5 mm
Mobile Y Coordinate	5. mm
Mobile Z Coordinate	0. mm

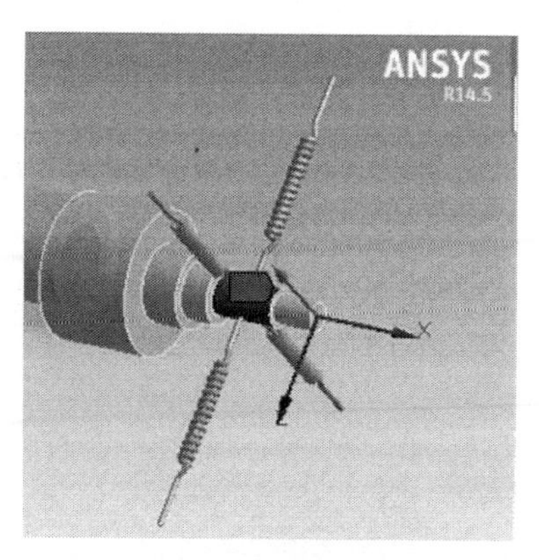

图 6-18　弹簧设置截图

4）网格划分

通过网格划分，将实体模型离散成有限元模型。网格质量会影响求解结果的精度，也会影响计算的收敛性和效率。

Workbench 中网格的划分由 Mesh 组件完成。Mesh 选项的 Details 菜单中包含了多项设置内容，其中，Defaults → Physics Preference 用以设置网格类型，有 Mechanical、CFD、Explicit 等类型可供选择。转子动力学分析为结构分析的一种方法，故选择 Mechanical。

Sizing 用于设置网格的尺寸，其中 Relevance Center 和 Span Angle Center 用于设置网格之间的关联性，算例样机分析计算时，均设置为 Medium；Element Size 用来控制整个模型网格尺寸的大小，采用默认设置；Initial Size Seed 用于控制每个零件初始网格的大小，选择 Part，即根据每个零件的特点分别划分各自的网格；Smoothing 和 Transition 用以控制网格的平滑度和单元增长速率，分别设置为 Medium 和 Slow，可以提高网格的质量。

结构分析对网格的要求并不严格，不同设置对网格质量以及计算结果的影响有限，故采用默认设置即可。复合分子泵样机转子模型网格划分设置和转子系统的网格模型如图 6-19 所示，共划分了 198454 个节点，72653 个单元，网格的平均质量为 0.723。

5）约束与支承的添加

为保证转子系统稳定运行，必须对其进行适当的限制，在 Workbench 中即指对转子系统模型的约束和支承。约束和支承对转子系统的模态、稳态和瞬态特性计算结果均有显著影响。

约束在计算模型中起到限制转子运动自由度的作用，添加在主轴下部轴承所在的轴段，约束类型为 Displacement（位移约束），限制 X 方向（轴向）的运动，放开

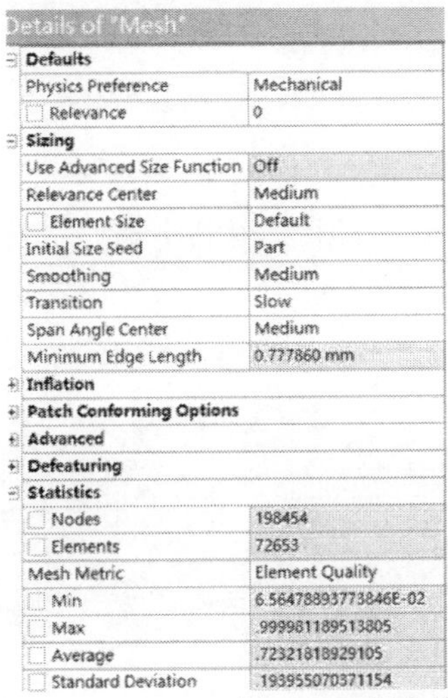

Details of "Mesh"

Details of "Mesh"	
Defaults	
Physics Preference	Mechanical
Relevance	0
Sizing	
Use Advanced Size Function	Off
Relevance Center	Medium
Element Size	Default
Initial Size Seed	Part
Smoothing	Medium
Transition	Slow
Span Angle Center	Medium
Minimum Edge Length	0.777860 mm
Inflation	
Patch Conforming Options	
Advanced	
Defeaturing	
Statistics	
Nodes	198454
Elements	72653
Mesh Metric	Element Quality
Min	6.56478893773846E-02
Max	.999981189513805
Average	.72321818929105
Standard Deviation	.193955070371154

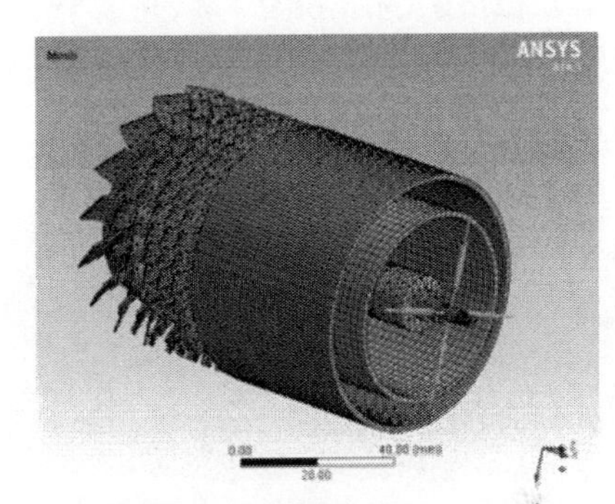

图 6-19 复合分子泵转子系统网格划分截图

Y、*Z* 方向（径向）的运动，模拟主轴在球轴承约束下，不发生轴向移动，允许微量径向移动。位移约束与弹簧设置相结合，替代球轴承对主轴的支承和限制作用。

为了模拟复合分子泵转子系统上永磁轴承的支承，在轴承对应位置添加弹性面支承 Elastic Support，均匀地作用在整个圆柱面上，支承刚度设置为 $1N/mm^3$。加载完的主轴约束与支承如图 6-20 所示。

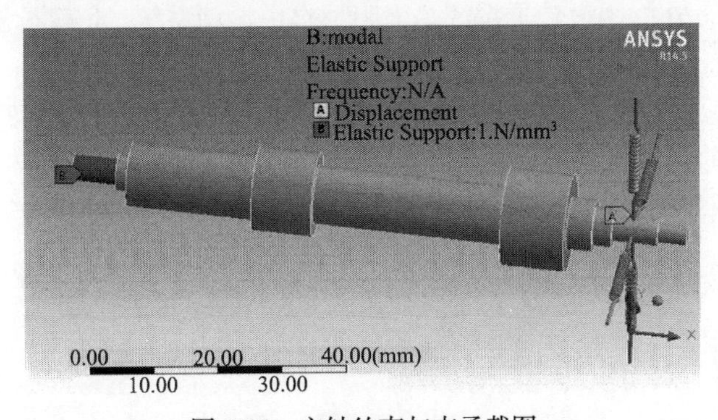

图 6-20 主轴约束与支承截图

6.3.3 复合分子泵转子系统模态分析方法

模态分析是一种广泛用于提取研究对象固有特性的分析方法。对于机械结构，模态通常指其本身的振动特性，包括固有频率以及对应的振型等。在动力学研究领域，模态分析是动力学分析的最基本内容，同时也是其他动力学特性分析的前提和基础。

1. 模态分析的实现

Workbench 中的 Modal 模块可实现对转子系统的模态特性分析。将转子系统的计算模型导入 Modal 模块中，如图 6-21 所示。

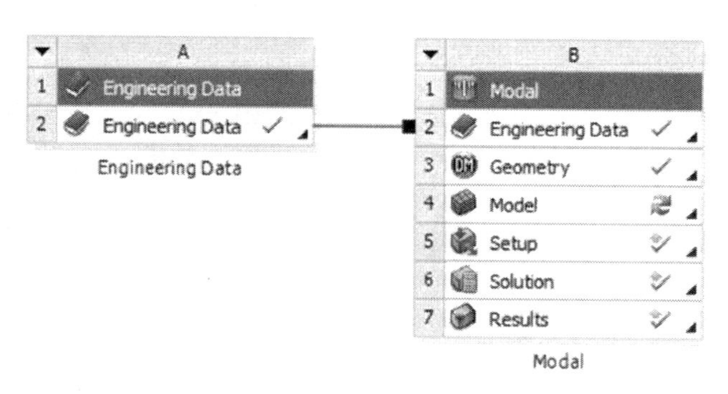

图 6-21 模态分析模块截图

通过 Modal 模块中第 4 项 Model 进入模态分析界面，如图 6-22 所示。Analysis Settings → Options 选项下，Max Modes to Find 设定提取模态的阶数（算例分析中设置为 12 阶）。Limit Search to Range 是提取模态的频率范围，算例分析中采用默认设置 No。模态分析假定转子系统是无阻尼自由振动系统，求解器 Solver Controls 选项下的 Damped 阻尼控制开关设置为 No；求解器类型 Solver Type 选项用于设置求解方法，包括的四种求解方法列于表 6-4 之中。对于结构复杂程度一般的计算模型，采用不同的求解方法得到的模态结果十分接近。复合分子泵转子系统算例的结构复杂程度中等、结构对称、材料和支承刚度等参数均匀且固定，此处设置为

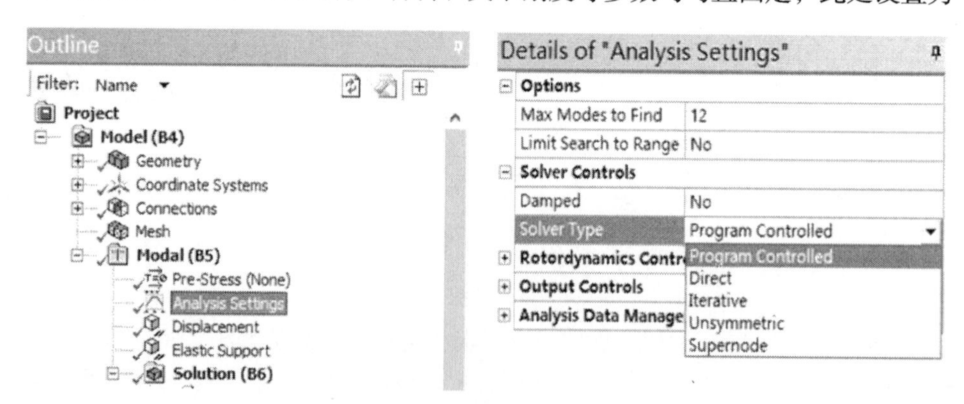

图 6-22 模态分析界面截图

表 6-4 模态分析求解方法

方法	方法特点/适用范围	计算时间	备注
Direct	基本方法，适合结构简单、计算单元量较小模型的求解	最短	计算精度一般
Iterative	基本方法，通用性强，适合较大、较复杂模型的求解	中等	应用范围最广
Unsymmetric	特殊方法，适用于质量和刚度矩阵为非对称问题的求解	中等	适用于一般问题
Supernode	特殊方法，通用性较强，计算精度最高	最长	计算速度慢

Program Controlled（程序默认求解方法），由计算模块根据需要确定计算方法，使模态计算结果的准确度和效率达到最佳。Rotordynamics Controls、Output Controls、Analysis Data Management 等是关于结果输出控制的设置，不影响计算的准确性和精度，采用默认设置。

为了能够同时获取转子系统的固有频率和振型信息，在 Solution 菜单中添加 Total Deformation 选项，单击 Solve 按钮进行求解计算。

2. 模态特性计算结果及其分析

1）固有频率

计算得到转子系统的模态信息，其中固有频率计算结果如图 6-23 所示。固有频率在 2.457Hz、111.6Hz、340.4Hz、1604Hz 和 3142Hz①附近呈明显的阶梯分布。

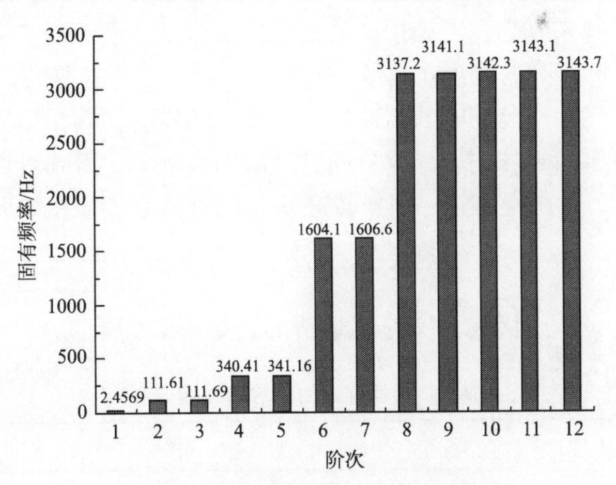

图 6-23 固有频率分布柱状图

① 此数据为对图 6-23 中数据进行近似后得到的结果。

模块在运算时考虑了被分析对象的刚体作用，刚体模态值较小，甚至接近 0，因此也常称作 0 阶模态，算例中得到的 2.457Hz 频率值即刚体模态或 0 阶模态。由于模块在运算时考虑了相位，同一频率值附近可能出现若干个高度十分接近的矩形柱。图 6-23 所示的计算结果符合模态分析固有频率的分布特点。其中，111.6Hz 和 340.4Hz 频率值在研制样机测试中得到证实。复合分子泵样机转子系统的 5 阶固有频率计算结果如表 6-5 所示[23]。

表 6-5　固有频率与模态阶次对照表

模态阶次	固有频率/Hz
0	2.457
1	111.6
2	340.4
3	1604
4	3142

2）临界转速

对于旋转机械，当其转速达到某些特定值时，转子会出现剧烈的“弓状回旋运动”，进而引起严重的转子振动和噪声，这种现象即共振，引起共振的转速常称作临界转速。由于制造、装配以及使用条件的限制，旋转机械转子或多或少都会存在不平衡质量，这些不平衡质量加剧了共振引起的破坏作用。随着旋转机械的工作转速设计得越来越高，准确预测共振发生的时机，进而提前采取措施进行预防和调节，以尽可能减弱或消除其带来的不良后果是十分必要的。

复合分子泵作为一种精密的高速旋转机械，同样面临共振问题，而对其转子系统进行模态分析的目的之一，就是通过提取固有频率，得到其可能发生共振的临界转速。由动力学理论可知，临界转速 n_e 与固有频率 f_c 存在如下关系：

$$n_e = 60 f_c \tag{6-1}$$

结合表 6-5，各阶固有频率对应的临界转速如表 6-6 所示。

表 6-6　固有频率与临界转速对照表

参数	模态阶次			
	1	2	3	4
固有频率/Hz	111.6	340.4	1604	3142
临界转速/（r/min）	6696	20424	96240	188520

复合分子泵转子系统的额定工作转速为 60000r/min，因此在加速至额定工作转速或减速停机过程中，必然会经过 6696r/min 和 20424r/min 这两阶临界转速，即存在共振风险。根据技术要求，转子系统稳定工作需满足临界转速 2<30000r/min，且临界转速 3>120000r/min。计算结果表明，临界转速 2 满足技术要求，而临界转速 3 未满足。因此，无论从减弱或避免共振可能带来的不良影响的角度，还是从转子系统稳定工作的角度，采取措施改善转子系统的临界转速特性都是必要的，具体可以从以下几个方面加以考虑。

（1）临界转速与固有频率一样，都是由转子系统的特性决定的，因此可以从系统结构、材料等方面进行优化和改善。

（2）严格规范转子系统零部件的加工与装配环节，做好转子系统的动平衡。

（3）优化转子系统的支承和润滑条件，从而改善转子系统的刚度。

3）主振型分析

通过对模块参数的设置，可以得到任意频率值对应的振型，但通常情况下对特殊频率值（固有频率）下的振型进行讨论更有意义，固有频率相对应的振型又常称为主振型。

图 6-24 为 Workbench Modal 模块生成的转子系统主振型云图，图 6-24（a）、（b）分别代表固有频率为 111.6Hz 和 340.4Hz 时的主振型，左图和右图则代表同一阶次不同相位的主振型。从图 6-24 中可见，1 阶主振型最大形变位于涡轮级第一级动叶列处，最小形变位于底部轴承位置。2 阶主振型最大形变位于牵引筒底部，最小形变位于涡轮与主轴连接的轴段。图 6-24 中对振型做了归一化处理，振型位移表示的是每个节点相对于其他节点的运动情况，为相对量。

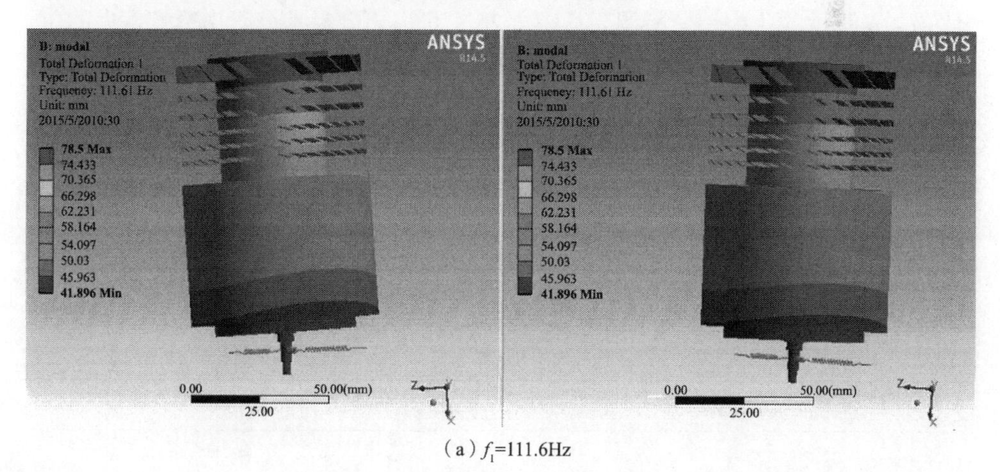

（a）f_1=111.6Hz

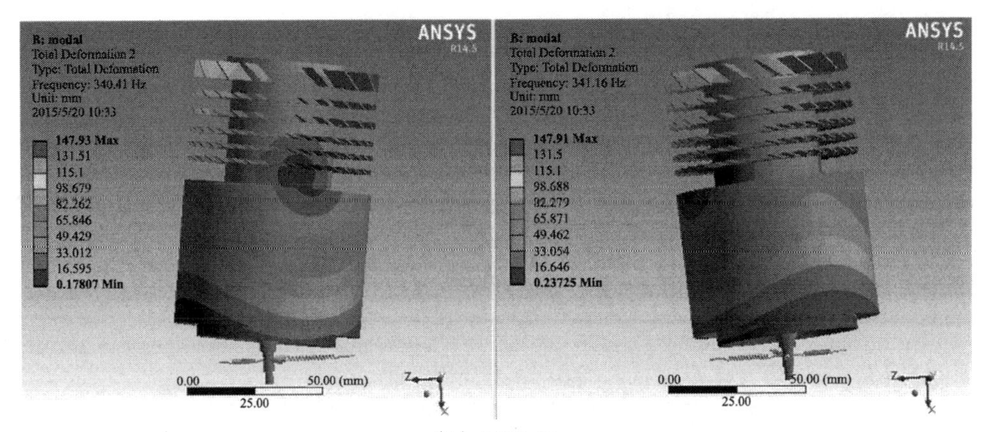

（b）f_2=340.4Hz

图 6-24　转子系统主振型云图

考虑到主轴在转子系统中起着安装其他零件以及直接承受轴承支承的作用，其形变将直接影响整个转子系统的形变，因此，有必要观察主轴的主振型。主轴的主振型如图 6-25 所示。

由图 6-25 可以看出，主轴的形变与转子整体的形变情况基本一致。其中，主轴轴承所在轴段发生较明显的径向形变和弯曲形变，与该部位几何尺寸小、刚度较小有关。由于主轴的几何尺寸相对于涡轮转子和牵引筒等零件的尺寸要小得多，主轴的形变受其他零部件形变的影响较大。

以转子系统主振型云图中形变最小位置为起点做一条沿轴向的直线，按振幅的相对大小划出径向水平线，将这些径向水平线的端点连接起来，最终抽象出图 6-26 所示的主振型分析图。从图 6-26 中可以更容易地分析出形变发生的位置及相对大小，进而判断转子系统的薄弱环节，为后续结构的设计和优化提供参考依据，这也正是进行振型分析的目的和意义所在。

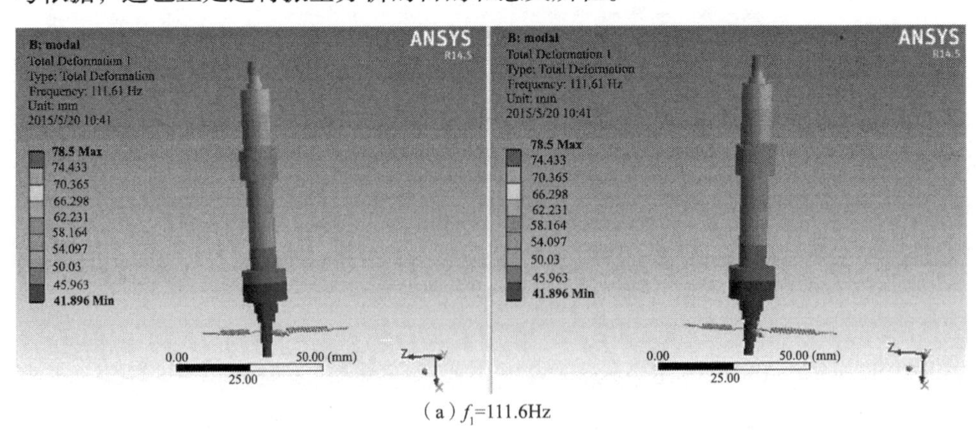

（a）f_1=111.6Hz

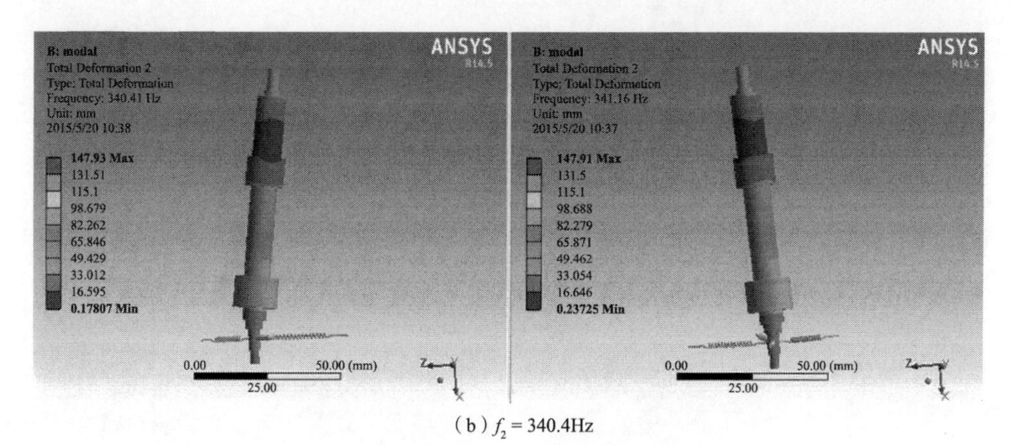

（b）f_2 = 340.4Hz

图 6-25　主轴主振型云图

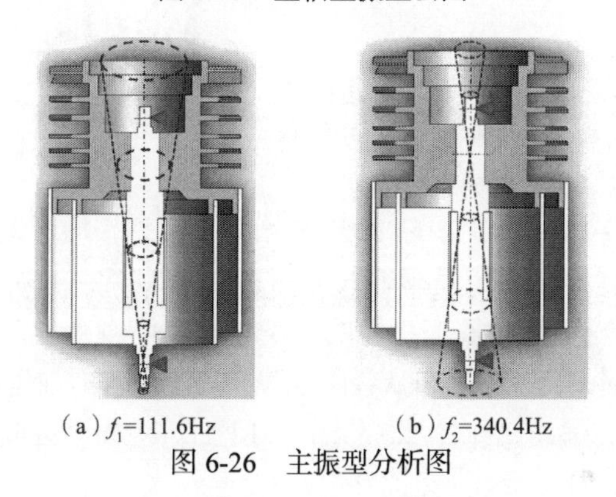

（a）f_1=111.6Hz　　（b）f_2=340.4Hz

图 6-26　主振型分析图

6.3.4　轴承支承刚度对模态特性的影响

除转子系统自身结构和材料参数外，轴承的支承作用也是影响模态特性的重要因素。相对于改变结构或调整材料来改善转子系统的模态特性，调整轴承支承刚度更容易实现和控制[23]。因此讨论轴承支承作用对模态的影响，进而相应地提出改善模态特性的方法或建议具有重要意义[26, 27]。

1. 不同轴承支承刚度下的模态特性

单独调节上、下轴承的支承刚度（分别为 K_1、K_2），来分别考察 K_1、K_2 对转子系统固有频率和振幅的影响。

复合分子泵上永磁轴承支承刚度 K_1 对转子系统固有频率和振幅的影响计算结果如表 6-7 所示。其中，f_1、 f_2 分别代表转子系统 1、2 阶固有频率，单位为 Hz；A_1、A_2 分别代表转子系统 1、2 阶振幅，为相对值（下同）。

表 6-7　上永磁轴承支承刚度 K_1 与转子系统模态特性表

K_1/（N/mm^3）	f_1/Hz	f_2/Hz	A_1	A_2
0.5	81.2	339.1	45.1	148.4
0.6	83.7	339.4	56.7	148.3
0.7	87.8	339.7	65.4	148.2
0.8	93.5	339.9	72.1	148.1
0.9	101.1	340.2	76.8	148.0
1.0	111.6	340.4	78.5	147.9
1.1	120.1	340.7	77.1	147.8
1.2	126.5	341.1	72.8	147.7
1.3	131.8	341.4	67.5	147.6
1.4	135.1	341.8	58.1	147.4
1.5	137.3	342.1	46.8	147.3

将表 6-7 中的数据拟合成曲线，如图 6-27、图 6-28 所示，可以更方便地观察轴承支承刚度对转子系统模态的影响。

由图 6-27、图 6-28 中可见，随着 K_1 的增大，f_1、 f_2 均逐渐增大；A_1、A_2 则呈现不同的走势，其中，A_1 近似呈抛物线分布，先升后降，A_2 则以近似直线下降。

为了更深入地分析 K_1 对模态特性的影响，给定刚度变化范围，引入固有频率变化率和振幅变化率的概念。保持 K_2 不变，K_1 的变化范围设置在 0.5～1.5N/mm^3，并计算 K_1 安全裕度 20%范围内，即 K_1 在 0.8～1.2 N/mm^3 区间，固有频率和振幅的变化情况，计算结果列于表 6-8 之中。

由表 6-8 中可见，改变 K_1 时，在两个给定的刚度范围内，1 阶固有频率和振幅的变化率都远高于 2 阶。K_1 的改变对 1 阶模态特性的影响十分明显，而对于 2

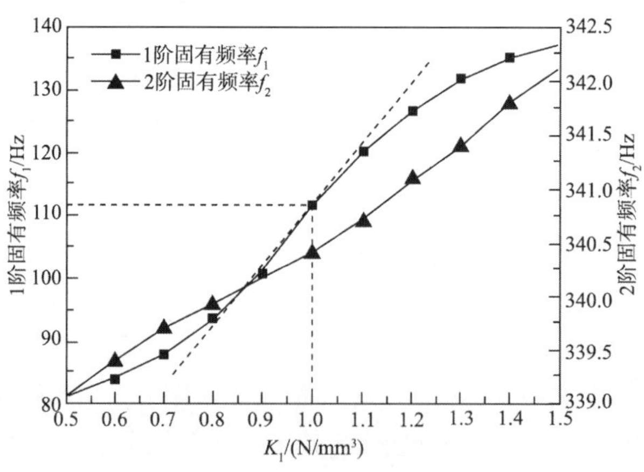

图 6-27　K_1 与固有频率关系曲线

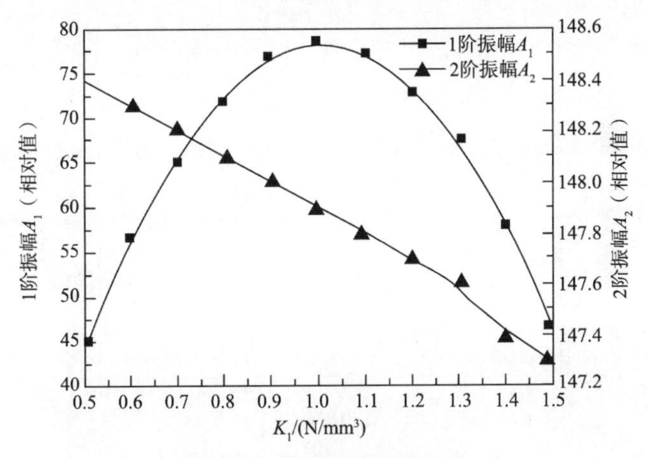

图 6-28　K_1 与振幅关系曲线

表 6-8　上永磁轴承支承刚度 K_1 变化范围与转子系统模态特性变化率

K_1 范围/（N/mm³）	f_1 变化率	f_2 变化率	A_1 变化率	A_2 变化率
0.5～1.5	69.1%	0.88%	−74.1%～74.1%	−0.74%
0.8～1.2	35.3%	0.35%	−8.9%～8.9%	−0.27%

阶模态特性的影响基本可以忽略（–1%<变化率<1%），就如同上永磁轴承支承刚度 K_1 对转子系统 1 阶模态特性单独起着作用。因此，针对算例研究而言，可以通过调节 K_1 来实现对转子系统 1 阶模态特性的调节和控制。

K_1 保持不变，改变转子系统下陶瓷球轴承支承刚度 K_2，计算得到下陶瓷球轴承支承刚度对复合分子泵转子系统模态特性的影响。计算结果如表 6-9 所示，通过数据回归得到的关系曲线如图 6-29、图 6-30 所示。

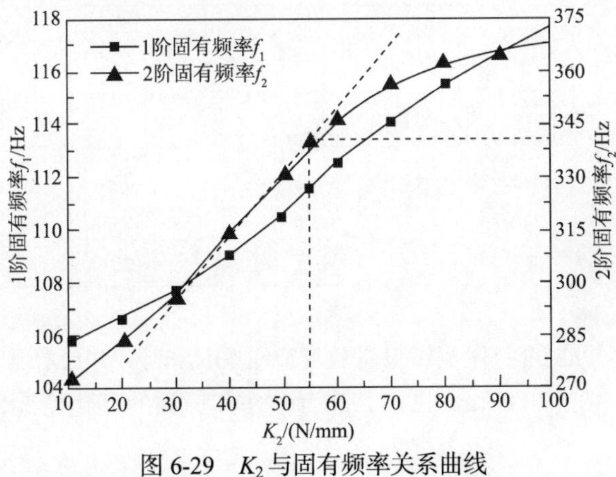

图 6-29　K_2 与固有频率关系曲线

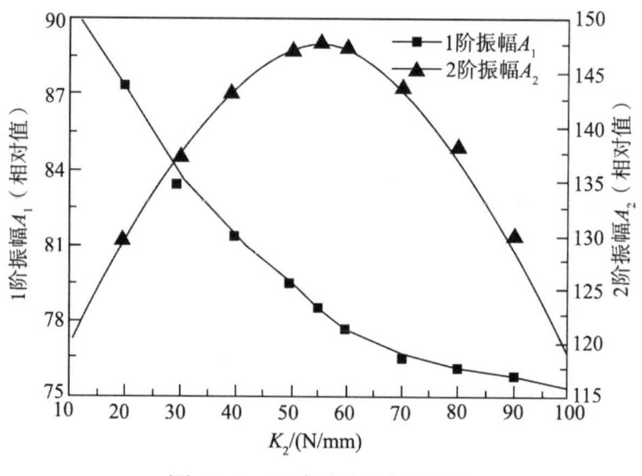

图 6-30　K_2与振幅关系曲线

由图 6-29 和图 6-30 中可见，转子系统下陶瓷球轴承支承刚度K_2对转子系统的固有频率和振幅的影响，与上永磁轴承支承刚度K_1对转子系统模态特性的影响具有相似的规律。随着K_2的增加，1、2 阶固有频率均增大，这是转子系统整体刚度增大导致的结果；振幅则表现为随着K_2的增加，1 阶振幅递减、2 阶振幅先增后降的变化规律。

表 6-9　下陶瓷球轴承支承刚度 K_2 与转子系统模态特性表

K_2/（N/mm）	f_1/Hz	f_2/Hz	A_1	A_2
10	105.8	271.9	90.4	120.0
20	106.6	282.8	87.3	129.6
30	107.7	296.1	83.5	137.5
40	109.0	313.5	81.4	143.3
50	110.5	330.4	79.5	147.1
55	111.6	340.4	78.5	147.9
60	112.5	347.1	77.7	147.4
70	114.1	356.0	76.5	143.7
80	115.5	361.5	76.1	138.3
90	116.6	365.0	75.8	130.0
100	117.6	367.1	75.4	118.8

保持K_1不变，K_2的变化范围设置在 10～100N/mm，并计算K_2安全裕度 30%范围内，即K_2在 40～70 N/mm 区间，固有频率和振幅的变化情况，计算结果列于表 6-10 之中。

表 6-10　下陶瓷球轴承支承刚度 K_2 变化范围与转子系统模态特性变化率

K_2 范围（N/mm）	f_1 变化率	f_2 变化率	A_1 变化率	A_2 变化率
10～100	11.2%	35.0%	−16.6%	−24.5%～24.5%
40～70	4.7%	13.6%	−6.0%	−3.2%～3.2%

表 6-10 中数据显示，K_2 对转子系统 2 阶模态特性的影响相对明显，同时，对 1 阶模态特性的影响也不可忽略。因此，通过 K_2 来调节 2 阶模态特性时，要注意对 1 阶模态特性的影响。

由于主轴安装轴承的轴段以及轴承的尺寸较小，轴承支承刚度 K_1、K_2 的波动范围不会太大。在基准刚度±50%的范围内计算的固有频率和振幅基本涵盖了转子系统支承可能出现的波动情况。由表 6-9 和表 6-10 中可见，以 20%～30%的刚度变化作为安全裕度时，K_1 与 K_2 变化引起的振幅波动均在 10%以内，说明算例样机转子系统的轴承组件具有较好的适应性，保证转子系统在加工、装配以及使用过程中产生刚度差异时，仍能保持泵平稳安全工作。

2. 基准刚度的确定与验证

轴承的支承刚度直接影响转子系统的模态特性及其他动力学特性。为深入讨论复合分子泵转子系统的动力学特性，引入“基准刚度”的概念，并将其定义为“获得转子系统基本模态特性时轴承的支承刚度”。

轴承的支承刚度很难经过准确测试或数值计算得到，可以通过调整转子系统上、下轴承的支承刚度以对目标频率值进行逼近的方法，最后确定基准刚度。计算结果表明，当 K_1、K_2 分别为 1N/mm^3 和 55N/mm 时，模态计算的固有频率结果分别为 111.6Hz 和 340.4Hz，最接近国家重大科学仪器设备开发专项研发的高速小型复合分子泵样机实验提供的计算目标。因此，将这两个支承刚度确定为基准刚度的“可能值”。

为了对这两个“可能值”进行验证，采用单一变量法，即通过单独调节 K_1 或 K_2 得到固有频率和振幅的变化数据，进而分析两者对固有频率和振幅的影响。

对比观察图 6-27 和图 6-29 可以看出，改变 K_1 和 K_2 时，1 阶固有频率和 2 阶固有频率曲线在刚度值分别为 1N/mm^3 和 55N/mm 附近时增长率出现拐点，表明轴承的支承刚度对固有频率的影响在减弱。而一般认为，轴承支承作用发挥到最大时对应的刚度值即基准刚度值。

对比观察图 6-28 和图 6-30 可以看出，随着 K_1 和 K_2 的增加，对应的 1 阶振幅和 2 阶振幅曲线并不是单调变化的，而是先增后减的抛物线分布规律，并分别在

$1N/mm^3$ 和 55N/mm 时达到最大值，对于转子系统即发生共振。转子系统发生共振时对应的轴承支承刚度即基准刚度。

本节采用单一变量法，分别分析了 K_1 和 K_2 对转子系统模态特性的作用，结果显示，K_1 主要影响 1 阶模态特性，而对 2 阶模态特性的影响基本可以忽略，因此可以通过调整 K_1 来改变转子系统的 1 阶模态特性；K_2 则主要影响 2 阶模态特性，但对 1 阶模态特性产生的影响也是不可忽略的，所以通过调整 K_2 来改变转子系统的 2 阶模态特性时，也要注意观察 1 阶模态特性的变化。此外，分析发现，转子系统的轴承支承具有较好的适应性，可保证研发样机稳定可靠地工作。

6.4 复合分子泵转子系统的谐响应分析

谐响应分析（又称稳态谐响应分析或稳态分析）是一种常用的稳态动力学分析方法，用于考察研究对象在承受简谐规律变化（通常是正、余弦）载荷时的稳态响应。通过谐响应分析，可以得到研究对象在载荷作用下任意频率（段）的持续动力学特性，验证其能否成功地克服共振及其他有害后果，从而判断和预测系统的稳定性，为原有设计的改进与优化提供参考。

对于复合分子泵，外载荷在转子旋转条件下往往呈周期规律变化，符合谐响应分析载荷的特点。复合分子泵高速、长期持续运行，对其工作稳定性的要求更高。本节采用谐响应分析手段，对其在外载荷作用下的稳定性进行考察。

6.4.1 谐响应分析的实现

采用 Workbench 中集成的 Harmonic Response 模块，对计算样机模型进行谐响应分析。根据研究对象的特点、分析内容、分析用途等，确定具体的计算方法。不同计算方法在模块计算内核中有所差异，对计算结果和效率有直接影响。表 6-11 比较了两种主要计算方法的异同。

表 6-11 谐响应分析计算方法对比

计算方法	计算特点	求解速度	节点载荷	模态阻尼	预应力	备注
模态叠加法	利用模态计算结果，求解化简后的非耦合方程	最快	允许	允许	允许	默认
完全法	求解完整矩阵方程，按节点单元逐步计算	一般	允许	不允许	不允许	

由表 6-11 可以看出，模态叠加法在求解速度方面优于完全法，且该方法在计算过程中会自动计算模型的模态信息、检验模态特性结果的准确性。故本节采用模态叠加法作为谐响应分析的计算方法。

为更好地保证谐响应分析计算模型前处理部分和模态分析相应部分的一致性，利用 Workbench 数据共享功能，在模态分析模块的基础上建立谐响应分析模块（图 6-31），实现前处理部分数据的传递与共享。

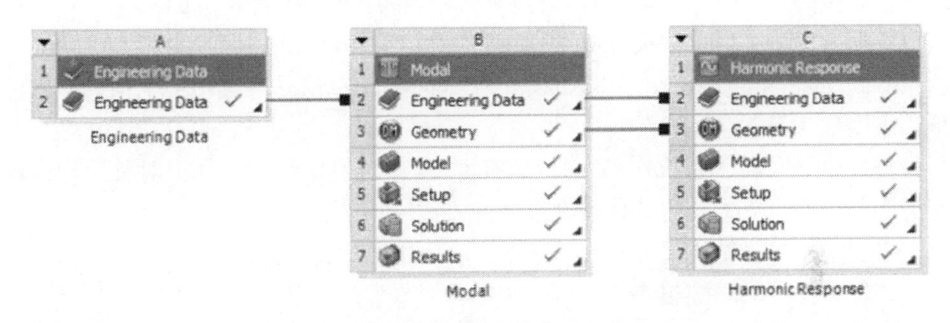

图 6-31　谐响应分析模块及数据共享截图

由 Harmonic Response 模块中的 Model 选项进入谐响应分析界面（图 6-32）。由于采用了 Modal 模块计算模型前处理数据，Modal 选项也出现在谐响应设计树中。

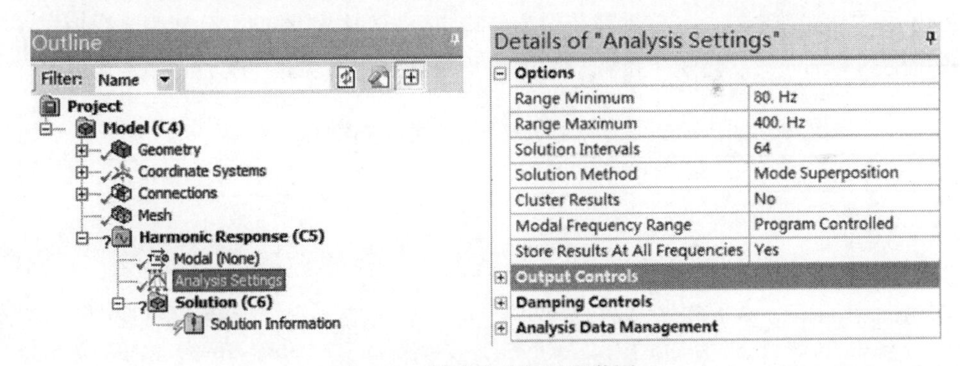

图 6-32　谐响应分析界面截图

在 Analysis Settings 中进行谐响应分析的计算设置，包括频率范围（Range）、计算步（Solution Intervals）、计算方法（Solution Method）、结果集化（Cluster Results）等。

频率范围（Range）是指模块内部计算的起始和终止频率位置，直接关乎模型计算量的大小，从而影响计算时长和计算效率。在 Workbench 中，其范围可以设置为 0～20000Hz 中的任意频段。复合分子泵的工作转速为 60000r/min 时，两阶有效固有频率分别为 111.6Hz 和 340.4Hz。谐响应分析的频率范围设置为 80～400Hz，既可满足计算需要，又兼顾计算效率。

计算步（Solution Intervals）的作用是在计算过程中将设置的频率范围均匀分段。原则上步数越多，计算结果精度越高，得到的频率-幅值曲线越平滑，也更容易识别波峰与波谷等重要位置的频率。但步数的增加同时会导致计算时长的增加，从而使计算效率降低。因此，需根据模型实际，在保证计算精度的前提下，尽量减少计算步的数量。经过多次计算比较，最终将计算步数确定为 64 步。

计算方法（Solution Method）采用模态叠加（Mode Superposition）法；Output Controls、Damping Controls 和 Analysis Data Management 等选项不干预模型的计算，采用默认设置。

复合分子泵转子系统作为一种精密的高速旋转机械结构，外力对其运行稳定性的影响往往会更大，主要体现在以下几方面。

（1）转子本身结构尺寸较小，承受外力的能力较低。

（2）零件之间间隙很小，受到外力影响时易发生干涉。

（3）转子转速很高，对外力的作用有一定的“放大作用”。

因此，无论从机械结构角度，还是从转子系统运行的安全性与可靠性角度，对转子系统在外力作用下的稳定性进行分析都是很有重要的。表 6-12 列出了谐响应分析中几种常用的载荷及其特点。结合复合分子泵转子系统的实际情况，选取 Force、Remote Force 和 Pressure 三种载荷作为谐响应分析的加载类型，分别用来模拟转子系统受到的轴向力、转矩（接触载荷）以及涡轮动叶列受到的压力（差）等工况。

表 6-12　谐响应分析常用载荷及其特点

项目	中文对照	作用效果	作用范围	备注
Force	集中力	集中	点、线、面	
Remote Force	远程力	集中	线、面	可远离作用对象表面
Pressure	压力	均布	线、面	
Bearing Load	轴承负载	均布	线、面	常模拟轴承作用力
Moment	力矩	集中	线、面	指弯矩，无转矩作用

6.4.2　集中力载荷作用下转子系统稳定性分析

集中力（Force）是 Workbench 有限元分析中施加于模型上最常用的载荷类型之一，可选择性地加载在模型的点、线或面上，有 Vector（矢量指向）和 Component（X、Y、Z 分量）两种方式[23]。

复合分子泵转子系统运行过程中，受到重力、装配产生的紧固力等轴向力的作用，采用 Force 模拟转子系统承受的轴向力。在图 6-33 所示的设计树中，插入 Force 载荷，设置 Force 位置、方向和大小。选择主轴顶部平面作为加载面，选择 Vector 并指向主轴底部，大小设置为 20N，载荷加载结果如图 6-33 所示。

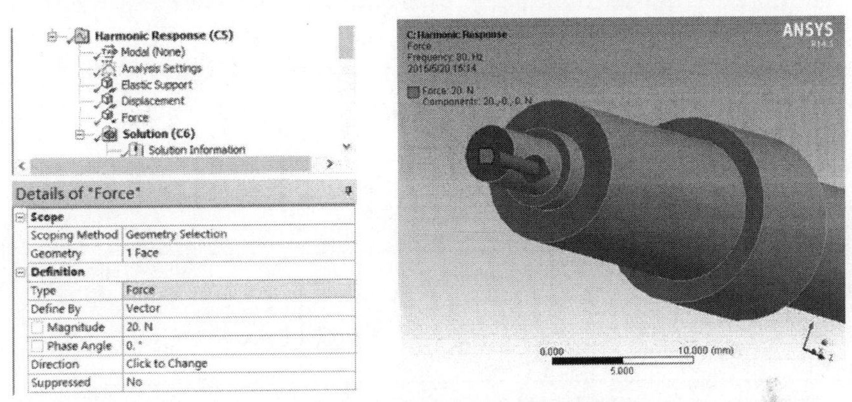

图 6-33　Force 载荷界面与主轴加载截图

通过 Solution 选项设置计算结果的观测内容。Workbench 提供的结果类型包括形变（Deformation）、应变（Strain）、应力（Stress）、频率响应（Frequency Response）、相位响应（Phase Response）等。

主轴在复合分子泵转子系统中起着安装零部件和传递转矩的重要作用，主轴的稳定性直接影响转子系统的可靠性。将计算结果的观测重点放在主轴上，观测内容包括如下两项。

（1）主轴承受转子系统轴向力外载荷作用时，上、下轴承所在轴段的径向位移。

（2）转子系统在 1、2 阶固有频率（111.6 Hz 和 340.4Hz）条件下稳定运行时的整体形变。

以上轴承所在轴段为例，Solution 的设置过程如图 6-34 所示。通过 Solve 对计算模型进行求解，得到的转子系统应变计算结果如图 6-35～图 6-37 所示。

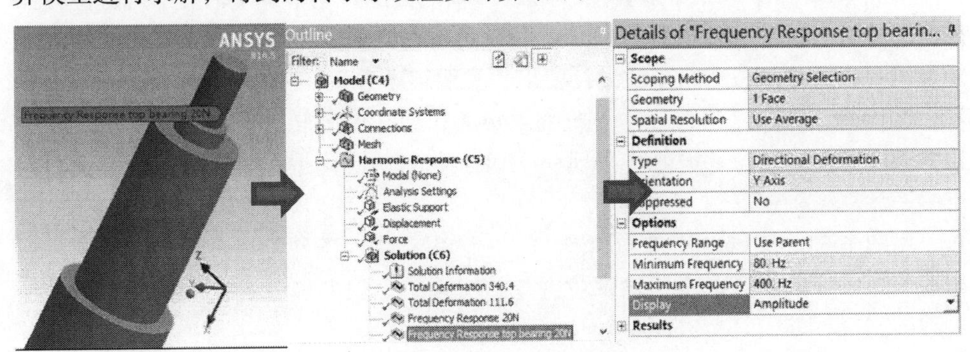

图 6-34　Solution 设置截图

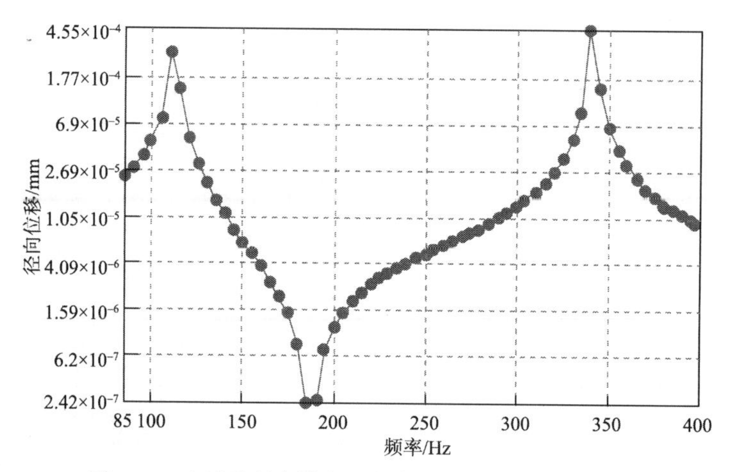

图 6-35　上轴承所在轴段径向位移曲线（Force = 20N）

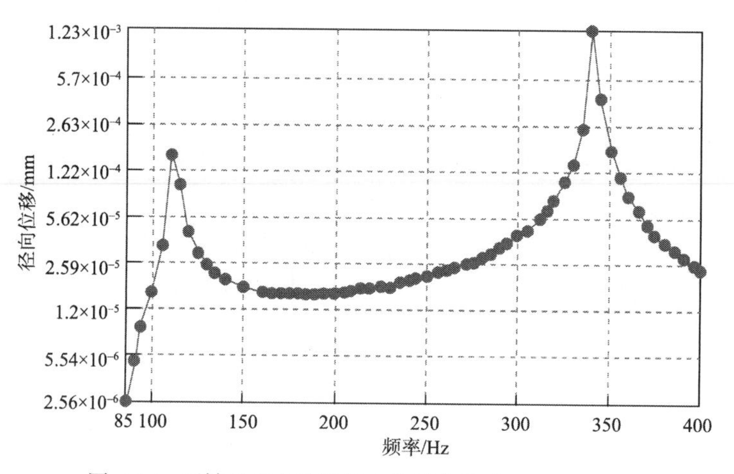

图 6-36　下轴承所在轴段径向位移曲线（Force =20N）

由图 6-35、图 6-36 可以看出，在 20N 轴向力的作用下，主轴两个观测位置径向位移的最大值分别为 4.55×10^{-4}mm 和 1.23×10^{-3} mm，满足技术文件规定的“转子系统最大振幅<0.05mm”的设计要求，说明转子系统在 20N 轴向力的作用下能够正常运行，并可以顺利通过 1 阶临界转速和 2 阶临界转速达到工作状态。在设定的频率范围内，位移波峰均出现在 110Hz 和 340Hz 附近，与模态分析得到的固有频率计算结果相一致。

由图 6-37 可以看出，转子系统 1、2 阶固有频率条件下对应的最大形变分别出现在第一级动叶列和牵引筒部位，与转子系统主振型最大形变位置计算结果是一致的。

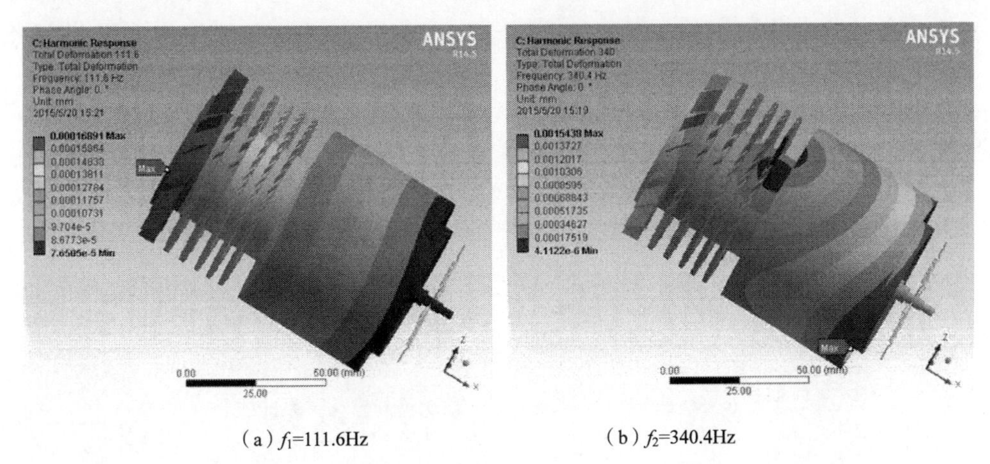

（a）f_1=111.6Hz　　　　（b）f_2=340.4Hz

图 6-37　转子系统整体形变云图（Force = 20N）

将 Force 的数值设置在 1～20N，分 9 组对模型进行谐响应分析计算，得到轴向力与主轴上轴承（Top Bearing）和下轴承（Bottom Bearing）位置处径向位移关系数据，如表 6-13 所示。

表 6-13　轴向力与主轴上、下轴承径向位移数据表

Force/N	上轴承径向位移/mm	下轴承径向位移/mm
1	3.90×10^{-6}	6.83×10^{-6}
2	4.29×10^{-6}	7.51×10^{-6}
3	5.15×10^{-6}	9.39×10^{-6}
5	6.70×10^{-6}	1.36×10^{-5}
7	9.72×10^{-6}	2.31×10^{-5}
9	1.65×10^{-5}	4.57×10^{-5}
12	3.79×10^{-5}	1.10×10^{-4}
15	1.14×10^{-4}	3.29×10^{-4}
20	4.55×10^{-4}	1.23×10^{-3}

将表 6-13 中数据回归，得到转子系统轴向力与主轴上、下轴承径向位移关系曲线，如图 6-38 所示。由图 6-38 可以看出，主轴上、下轴承径向位移与轴向力呈正相关关系，轴向力增加时，轴承处径向位移增大。算例样机采用的转子模型结构较小，实际运行中承受的轴向力低于 20N，因此，复合分子泵转子系统在轴向力的作用下具有较好的稳定性。

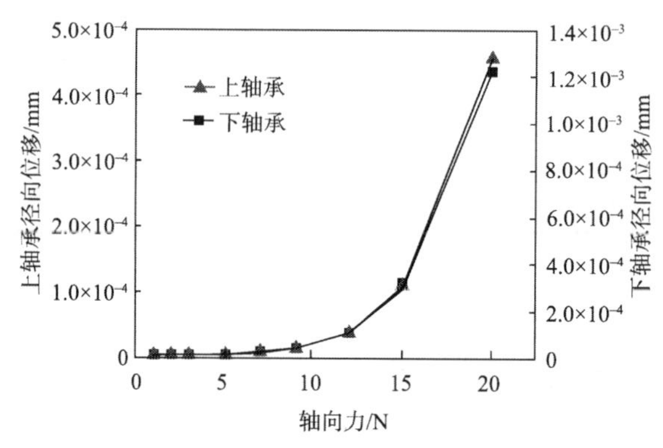

图 6-38　轴向力与主轴上、下轴承径向位移关系曲线

6.4.3　接触载荷作用下转子系统稳定性分析

接触载荷（Remote Force）和 Force 的区别在于 Force 只能加载在模型上，而 Remote Force 既可以加载在模型上，又可以加载在远离模型的位置，从而产生相应的力矩效果[23]。

复合分子泵转子系统旋转动力来自芯轴组件转子与定子之间电磁作用产生的转矩。本节通过对转子系统施加 Remote Force 载荷，模拟复合分子泵转子系统在实际工况中可能出现的转矩变化情况，检验转子系统的可靠性。

如图 6-39 所示，在设计树中插入 Remote Force 载荷，在 Details of “Remote Force” 选项里设置力的作用对象、大小、位置和方向等信息。Remote Force 加载于主轴外侧，形成转矩效应，力的大小为 20N，距轴线 10mm，等效转矩为 110N·mm。

Details of "Remote Force"

Scope	
Scoping Method	Geometry Selection
Geometry	10 Faces
Coordinate System	Global Coordinate System
X Coordinate	-8.5832 mm
Y Coordinate	10. mm
Z Coordinate	97. mm
Location	Click to Change
Definition	
Type	Remote Force
Define By	Components
X Component	0. N
Y Component	0. N
Z Component	20. N
Suppressed	No
Behavior	Deformable
Advanced	
Pinball Region	All

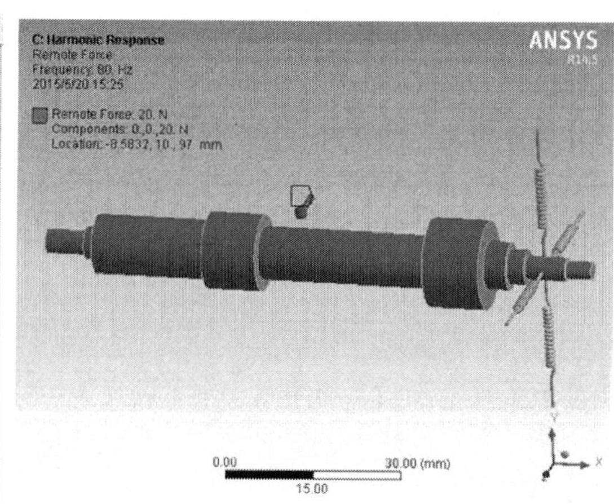

图 6-39　Remote Force 载荷菜单与主轴加载示意图

完成 Remote Force 载荷设置后，通过 Solve 进行求解。上、下轴承所在轴段的径向位移与频率的关系曲线计算结果如图 6-40、图 6-41 所示。

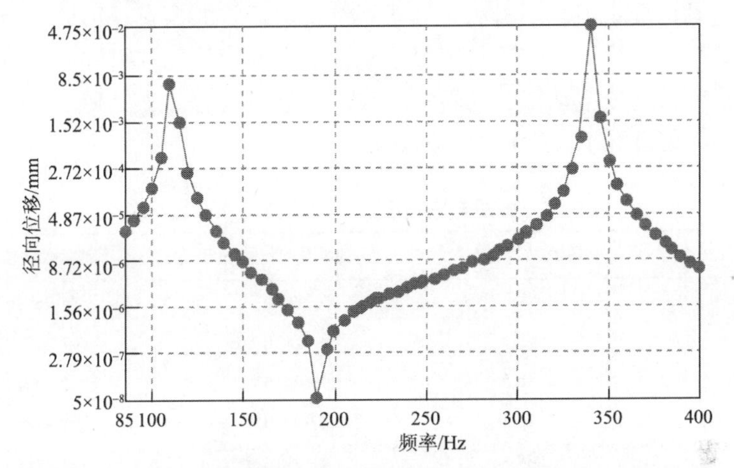

图 6-40　上轴承所在轴段径向位移曲线（Remote Force = 20N）

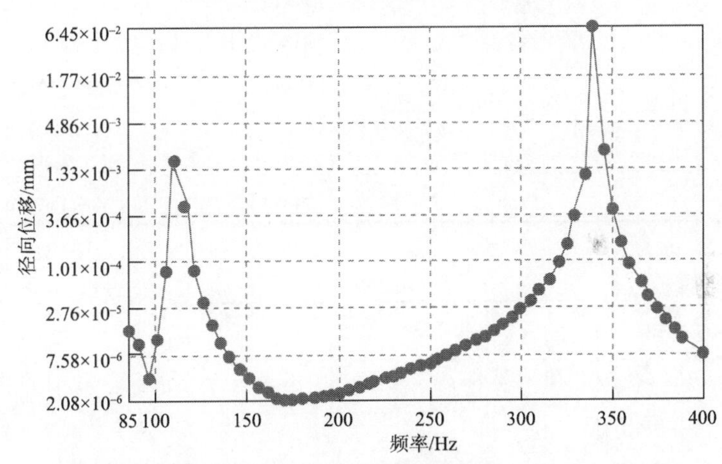

图 6-41　下轴承所在轴段径向位移曲线（Remote Force = 20N）

由图 6-40、图 6-41 中可见，当 Remote Force 为 20N，即转矩为 110N·mm 时，在设定的计算频率范围内，上、下轴承所在轴段较大径向位移出现在 110Hz 和 340Hz 附近，分别为 4.75×10^{-2}mm 和 6.45×10^{-2}mm，已经接近和超过技术要求“转子系统最大振幅<0.05mm”的标准。因此转子系统稳定工作存在较大风险。

为考察转矩对转子系统稳定性的影响，将 Remote Force 值设置在 1～25N，分 11 组进行加载求解，计算结果如表 6-14 所示，拟合的转矩-轴承处径向位移关系曲线如图 6-42 所示。

由图 6-42 中可以看出，主轴上、下轴承径向位移随转矩增加而增大。转矩在 105N·mm 附近，上、下轴承的位移都达到 0.05mm 左右。若转矩继续增大，位移将迅速超过设计规定值，不再满足转子系统稳定运行的要求。可见，转矩波动对主轴转子系统稳定性的影响比较明显。电源电压变化、芯轴组件加工、装配误差等因素，很容易造成电动机驱动转矩的波动，这是复合分子泵转子系统设计、加工、装配和使用过程中要特别关注的问题。

表 6-14 转矩与主轴上、下轴承径向位移数据表

Remote Force/N	转矩/（N·mm）	上轴承径向位移/mm	下轴承径向位移/mm
1	5.5	7.23×10^{-5}	5.96×10^{-4}
2	11	1.31×10^{-4}	1.25×10^{-4}
3	16.5	2.44×10^{-4}	3.68×10^{-4}
5	27.5	5.39×10^{-4}	7.95×10^{-4}
7	38.5	1.17×10^{-3}	1.88×10^{-3}
9	49.5	3.17×10^{-3}	4.16×10^{-3}
12	66	6.41×10^{-3}	8.56×10^{-3}
15	82.5	1.62×10^{-2}	1.89×10^{-2}
17	93.5	2.42×10^{-2}	3.11×10^{-2}
20	110	4.75×10^{-2}	6.45×10^{-2}
25	137.5	1.24×10^{-1}	1.67×10^{-1}

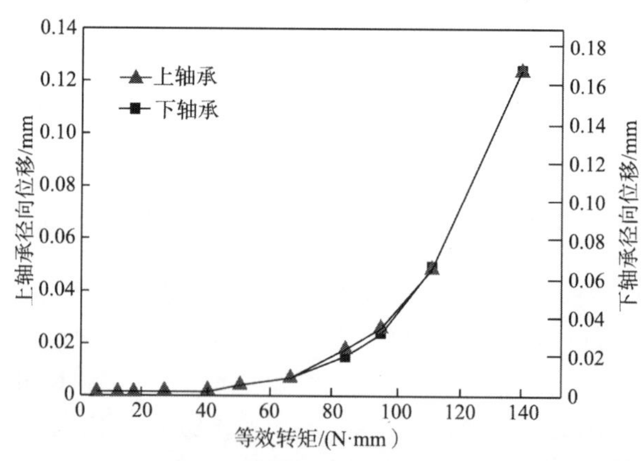

图 6-42 转矩与主轴上、下轴承径向位移关系曲线

6.4.4　压力载荷作用下动叶列可靠性分析

压力（Pressure）载荷作用对象允许是线或面，用来模拟研究对象受到的均匀力或压差[23]。

复合分子泵作为一种抽气装置，尽管涡轮叶列上下两侧存在压差，但在正常工作条件下，不会引起叶列的较大形变，对运行的可靠性不会产生危害。当运行过程中泵入口压力突然增大时，压力冲击会造成叶列损坏，甚至使动、静叶列发生干涉，整个转子系统受损。因此，对复合分子泵动叶列在较高压力（差）下的工作可靠性进行模拟是必要的。

泵入口涡轮级首先会受到气体冲击，且第一级涡轮动叶列叶片最长，刚度较小，因此，选取涡轮级第一级动叶列作为研究对象，考查气体冲击引起的涡轮叶列形变以及对复合分子泵工作可靠性的影响。考虑到涡轮级叶列结构的对称性，为降低计算量，仅对其中一个叶片进行 Pressure 载荷加载，大小为 100Pa，具体设置过程如图 6-43 所示。

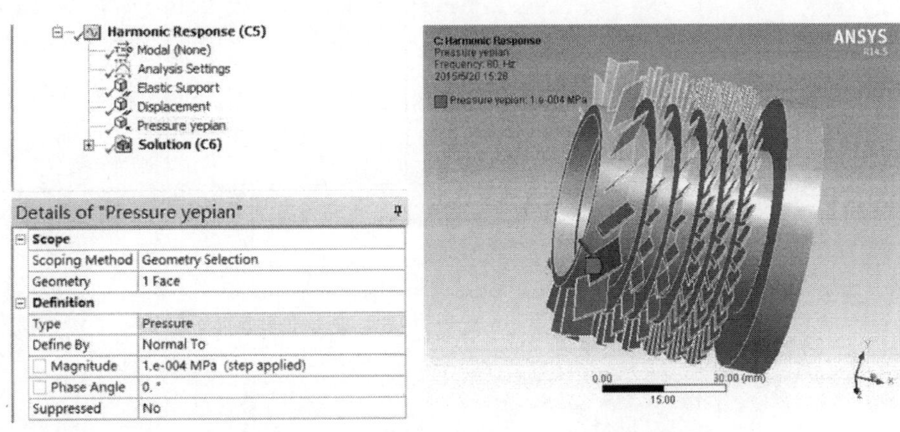

图 6-43　Pressure 载荷菜单与动叶列加载截图

为了更好地观察叶片在压力作用下的变化，将观测点设置在被加载叶片的长度方向、弦长方向以及整个叶片上，以频率-形变曲线的形式给出计算结果，如图 6-44～图 6-46 所示。

由图 6-44～图 6-46 可以看出，最大形变发生在固有频率处，幅值均在 10^{-3}mm 数量级，未超出技术文件“转子系统最大振幅<0.05mm”的规定。可见，第一级动叶列能够在 100Pa 的入口压力条件下安全工作。

将泵入口压力范围扩展至 1～1000Pa，分 9 种加载条件，得到的涡轮叶片形变计算结果如表 6-15 所示，数据回归拟合曲线如图 6-47 所示。

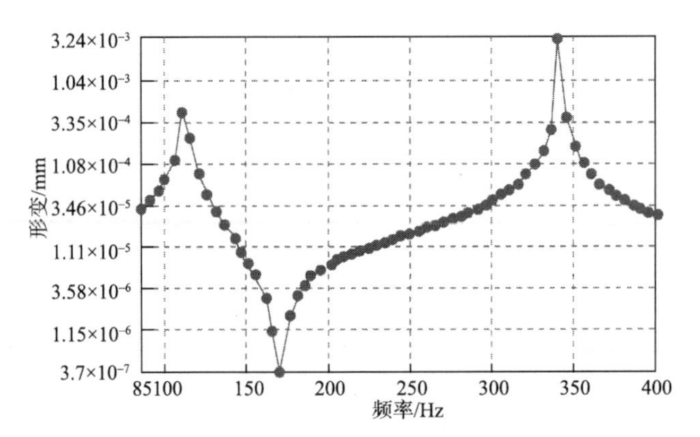

图 6-44　叶片长度方向形变曲线（Pressure =100Pa）

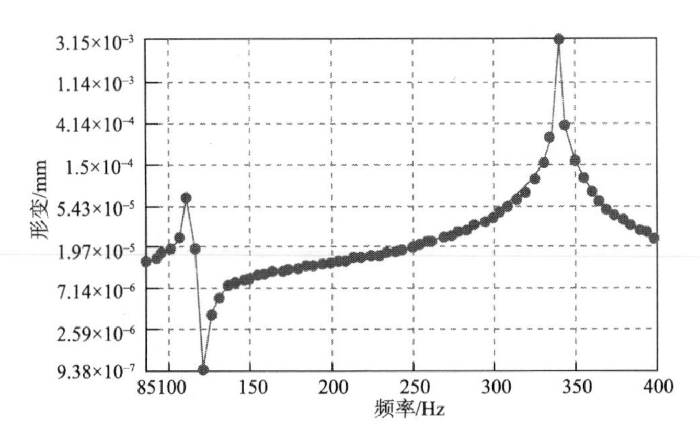

图 6-45　叶片弦长方向形变曲线（Pressure =100Pa）

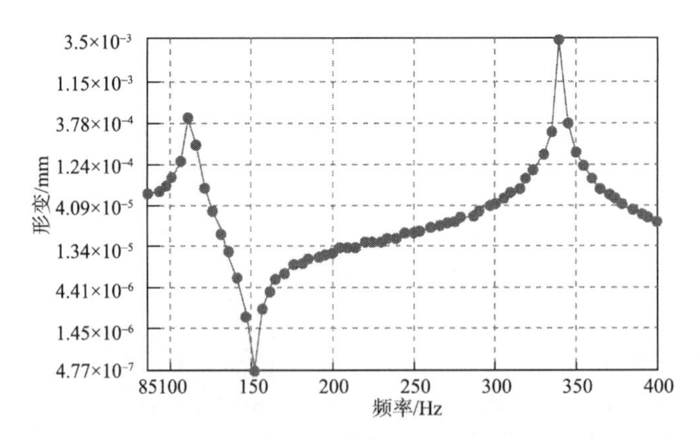

图 6-46　叶片总形变曲线（Pressure =100Pa）

表 6-15　叶片压力与形变数据表

Pressure/Pa	总形变/mm	叶片长度方向形变/mm	叶片弦长方向形变/mm
1	5.59×10^{-5}	5.18×10^{-5}	5.02×10^{-5}
10	2.89×10^{-4}	2.66×10^{-4}	2.60×10^{-4}
30	7.11×10^{-4}	6.58×10^{-4}	6.38×10^{-4}
50	1.23×10^{-3}	1.14×10^{-3}	1.09×10^{-3}
100	3.50×10^{-3}	3.24×10^{-3}	3.15×10^{-3}
200	6.87×10^{-3}	6.36×10^{-3}	6.18×10^{-3}
500	2.06×10^{-2}	1.91×10^{-2}	1.85×10^{-2}
700	4.65×10^{-2}	4.30×10^{-2}	4.15×10^{-2}
1000	1.41×10^{-1}	1.31×10^{-1}	1.25×10^{-1}

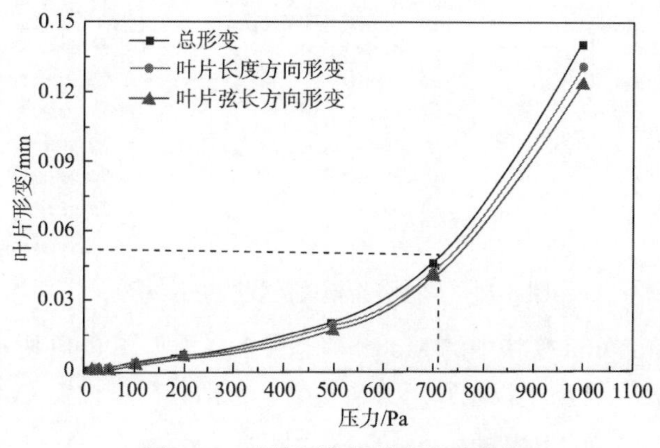

图 6-47　叶片压力与形变关系曲线

由表 6-15 可以看出，随着泵入口压力的增大，叶片形变增大迅速，当 Pressure=700Pa 时，叶片的总形变为 4.65×10^{-2}mm，已经很接近技术文件的规定。对于算例样机而言，泵入口压力 700Pa 是涡轮叶片安全工作的阈值。

6.5　复合分子泵转子系统瞬态动力学分析

瞬态动力学分析（又称时间历程分析，简称瞬态分析）是用于确定结构承受随时间变化载荷时，所产生动力学响应的分析方法[28]。瞬态分析方法综合考虑了结构和惯性力等因素，因此，计算模型和分析结果更接近研究对象的真实情况[29]。

复合分子泵需要经过较长时间的加速，并通过可能导致共振的 1、2 阶临界转速才能达到其工作转速，可采用瞬态动力学分析方法，考察转子系统加速过程中角加速度对转子系统稳定性的影响。

6.5.1 瞬态分析的实现

采用 Workbench 的 Transient Structural 模块进行瞬态分析，瞬态分析模块及数据共享截图如图 6-48 所示。前处理与模态分析和谐响应分析一致，只需将有限元模型导入 Transient Structural 模块，便完成了对研究对象的几何建模、材料属性确定以及网格划分等工作[23]。

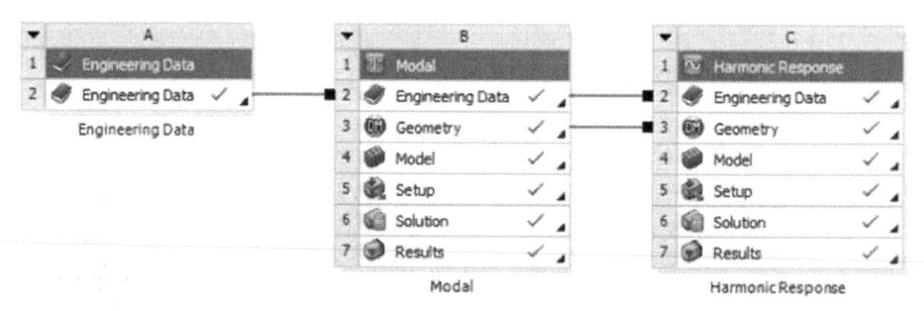

图 6-48 瞬态分析模块及数据共享截图

Transient Structural 模块中的 Model 瞬态分析界面如图 6-49 所示。在 Details of “Analysis Settings” 选项中设置瞬态分析参数，包括分析步设置（Step Controls）、求解设置（Solver Controls）等。

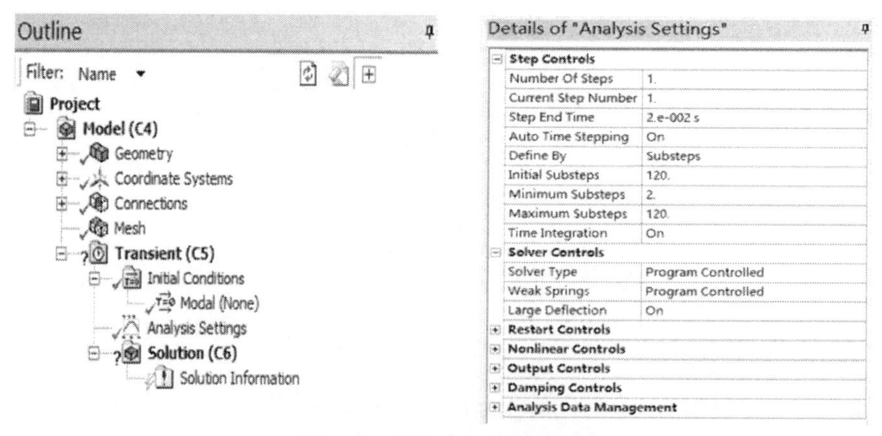

图 6-49 瞬态分析设置界面

为考察转子系统启动过程中角加速度对其自身的影响，将研究的重点放在与角加速度相关的参数上。

为考查角加速度对复合分子泵转子系统的影响规律，选取加速时间为 0.01～0.05s，加速时间间隔设置为 0.01s，即将角加速度由小至大分为 5 次加载。加速时间 t 及对应的角加速度 a 如表 6-16 所示。

表 6-16 加速时间与角加速度数据

加速时间 t/s	角加速度 a/（rad/s^2）
0.01	62.83
0.02	31.42
0.03	20.95
0.04	15.71
0.05	12.57

计算转速设置在 1 阶固有频率处（$f = 111.6Hz$），时间间隔 $\Delta t \approx 0.00045s$，子步数量为 120 步。角加速度的添加由转速变化来体现，参数设置界面和加载截图如图 6-50 所示。

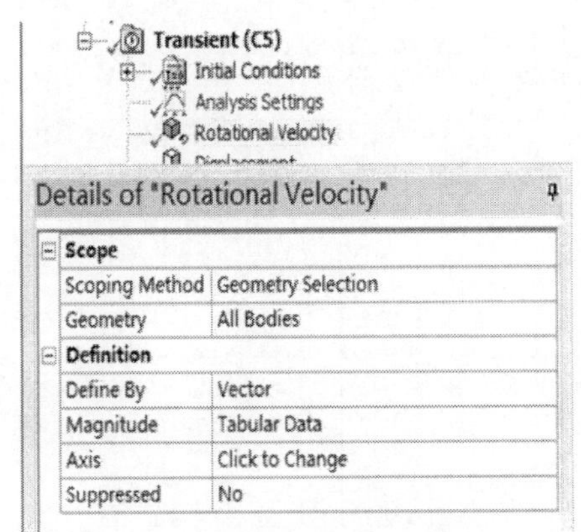

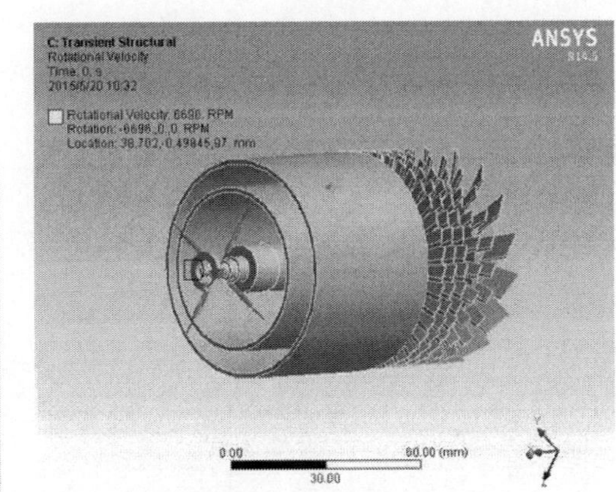

图 6-50 参数设置界面和加载截图

为考察转子系统在加速过程中的稳定性和可靠性，在 Transient Structural 模块的选项 Total Deformation、Equivalent Elastic Strain 中输出形变和应变等信息。

6.5.2 瞬态结果分析

应用 Origin 软件，将计算结果拟合成以子步（Substeps）为横轴、转子系统振动形变幅值（Total Deformation）为纵轴的曲线，并按角加速度递减的顺序排列在图 6-51 中[23]。

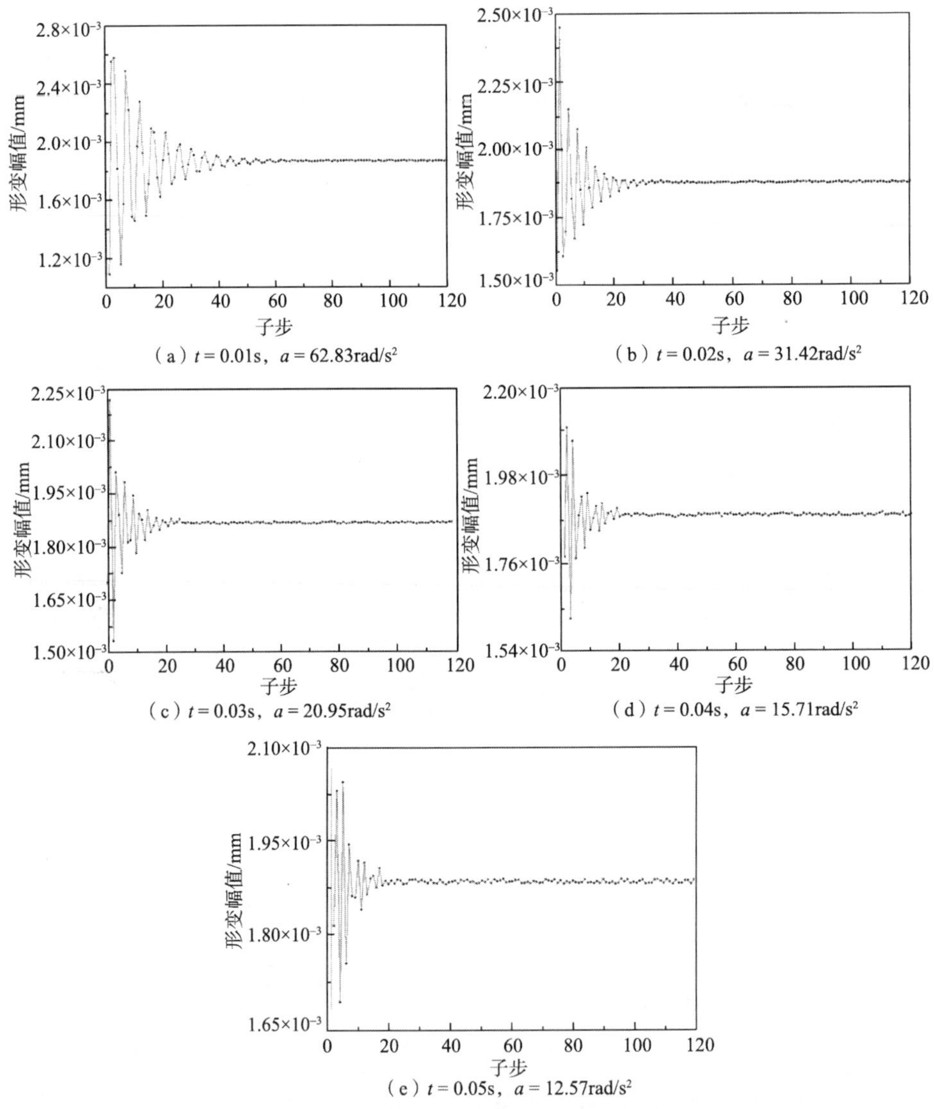

（a）$t = 0.01\text{s}$，$a = 62.83\text{rad/s}^2$

（b）$t = 0.02\text{s}$，$a = 31.42\text{rad/s}^2$

（c）$t = 0.03\text{s}$，$a = 20.95\text{rad/s}^2$

（d）$t = 0.04\text{s}$，$a = 15.71\text{rad/s}^2$

（e）$t = 0.05\text{s}$，$a = 12.57\text{rad/s}^2$

图 6-51　转子系统瞬态振动曲线

由图 6-51 可以看出，转子系统在加速过程中，产生的振幅在最初的一段时间内会有很大的波动，然后逐渐衰减并趋于稳定。按角加速度递减（加速时间递增）的顺序，振幅峰值分别为 2.5971×10^{-3}mm、2.4591×10^{-3}mm、2.2350×10^{-3}mm、2.1055×10^{-3}mm 和 2.0329×10^{-3}mm，分别经历 67、39、29、23、20 步之后，振动曲线趋于稳定至同一振幅值(约 1.8900×10^{-3} mm)。稳定值由转子系统固有结构特性决定。

启动角加速度与振幅、稳定所需时间的关系曲线如图 6-52 所示，下面分析启动过程中，角加速度对转子系统的影响规律。

由图 6-52 可以看出，启动过程中，随着角加速度的提高，转子系统的振幅变大、振荡趋于稳定所需时间减小。可见，合理地选择角加速度，对于转子系统减小振幅、缩短振荡时间、平稳顺利地启动十分重要。对于算例样机转子系统模型，启动角加速度设定在图 6-52 中两条曲线的交点附近（20～30rad/s^2）较为适合。

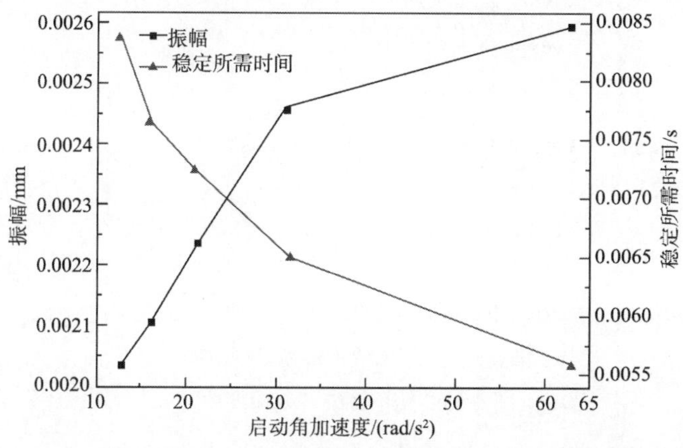

图 6-52　启动角加速度与振幅、稳定所需时间的关系曲线

转子系统等效应变曲线如图 6-53 所示。对比图 6-51 和图 6-53 可见，转子系统振动与应变具有相似的变化规律。按照启动角加速度递减的顺序，等效应变的极值逐渐降低，各自达到稳定值所需的计算步减少。

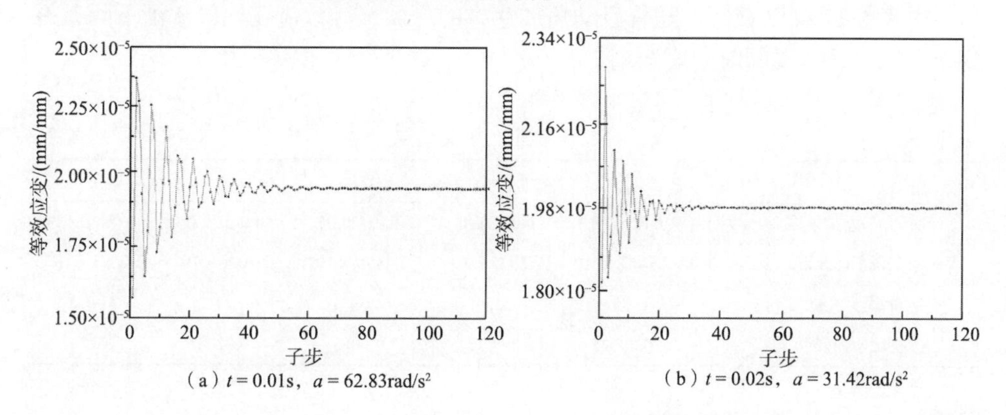

（a）$t=0.01$s，$a=62.83$rad/s^2　　（b）$t=0.02$s，$a=31.42$rad/s^2

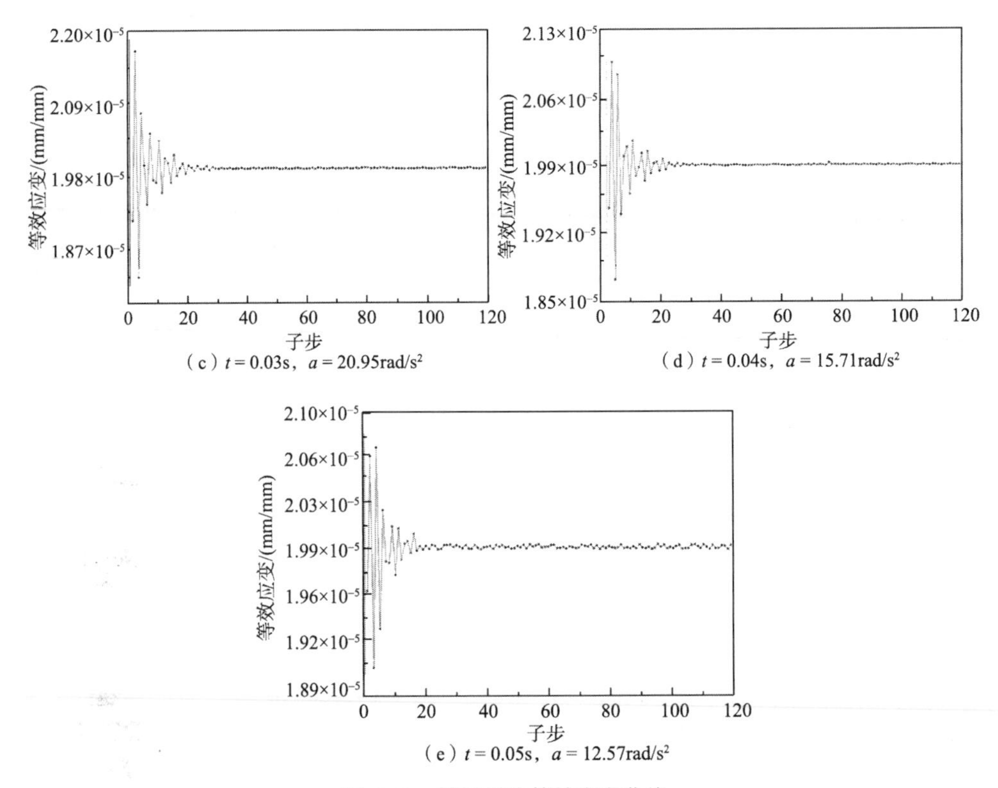

（c）$t = 0.03\text{s}$，$a = 20.95\text{rad/s}^2$

（d）$t = 0.04\text{s}$，$a = 15.71\text{rad/s}^2$

（e）$t = 0.05\text{s}$，$a = 12.57\text{rad/s}^2$

图 6-53 转子系统等效应变曲线

为进一步考察复合分子泵转子系统启动角加速度与等效应变幅值、振荡稳定所需时间之间的关系，将图 6-53 中的等效应变幅值（Strain）、计算步（Steps）、稳定所需时间（T）等信息列于表 6-17 之中，并拟合出图 6-54 所示的启动角加速度与等效应变幅值及稳定所需时间的关系曲线。

由表 6-17 可以看出，随着启动角加速度的降低，等效应变幅值逐渐下降，振荡趋于稳定所需要的时间逐渐增加，与图 6-52 中变化规律相一致。

表 6-17 等效应变相关结果数据

项目	数值				
加速时间 t/s/角加速度 a/(rad/s^2)	0.01/62.83	0.02/31.42	0.03/20.95	0.04/15.71	0.05/12.57
等效应变幅值(Strain)/(mm/mm)	2.3867×10^5	2.2875×10^5	2.1679×10^5	2.1006×10^5	2.0633×10^5
计算步（Steps）	75	45	34	31	30
稳定所需时间 T/s	0.00625	0.0075	0.0085	0.0103	0.0125

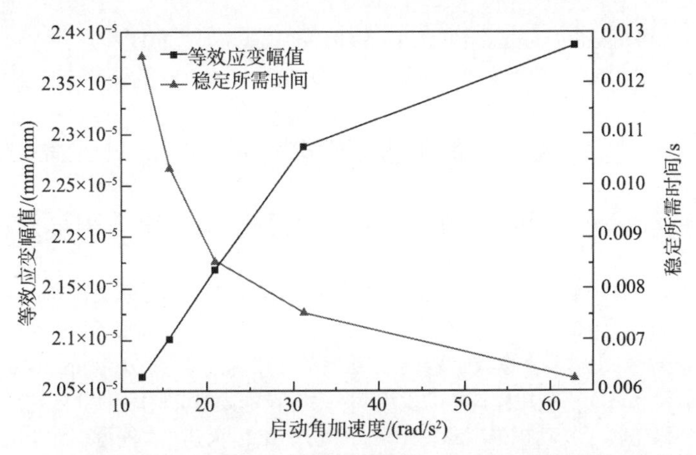

图 6-54　启动角加速度与等效应变幅值、稳定所需时间关系曲线

参考文献

[1] 刘玉岱. 用传递矩阵计算涡轮分子泵临界转速[J]. 真空, 1985, (5): 30-33.

[2] 左汉华. 涡轮分子泵的动平衡[J]. 真空, 1987, (6): 6-12.

[3] 黄迪南, 沈祖培, 赵鸿宾, 等. 涡轮分子泵的整机动平衡[J]. 真空科学与技术学报, 1990, (4): 228-233.

[4] 李新生, 赵鸿宾, 刘宝湘, 等. 用Riccati传递矩阵法求解涡轮分子泵的振动问题[J]. 真空科学与技术学报, 1989, (4): 225-228.

[5] 胡焕林, 李志远. 机械真空泵振动控制的研究[J]. 真空科学与技术学报, 1993, (5): 335-341.

[6] Crane R. Magnetic bearings for high speed turbo molecular pumps [J]. IEEE Colloquium, 1997, (164): 1-6.

[7] Abdel-Aal R E, Raashid M. Using abductive machine learning for online vibration monitoring of turbo molecular pumps [J]. Shock and Vibration, 1999, (6): 253-265.

[8] Ouray Y, Sugita S. Research of auxiliary landing bearings for turbo molecular pumps [J]. Motion & Control, 2003, (11): 32-37.

[9] 任德高. 真空泵临界转速的快速计算[J]. 真空与低温, 2001, (2): 52-56.

[10] 孙妍. 涡轮分子泵抽气性能及临界转速的研究[D]. 沈阳: 东北大学, 2007.

[11] Chiang H W D, Kuan C P, Li H L. Turbo molecular pump rotor-bearing system analysis and testing[J]. Journal of Vacuum Science & Technology A, 2009, (27): 1196-1203.

[12] 王彦涛. 分子泵磁轴承的模态辨识与试验研究[D]. 哈尔滨: 哈尔滨工业大学, 2009.

[13] Hsu C N, Chiang H W D. Rotor dynamics analysis and testing of a turbo molecular pump rotor-bearing system [C]. Proceedings of the ASME Turbo Expo, Vancouver, 2011.

[14] Zhang K, Dong J P. Vibration control of a turbo molecular pump suspended by active magnetic

bearings [C]. Proceedings of the ASME Turbo Expo, Vancouver, 2011.
[15] 华海宇, 罗阳. 涡轮分子泵动叶片对轴系临界转速的影响[J]. 机械设计与制造, 2014, (7): 109-111.
[16] 刘雨, 罗阳, 程旭雳. 涡轮分子泵轴系结构的临界转速计算分析[J]. 装备制造技术, 2013, (11): 14-16.
[17] 张剀, 戴兴建, 张小章, 等. 磁悬浮分子泵的振动抑制[J]. 真空科学与技术学报, 2013, (6): 556-562.
[18] 陈乃玉, 李强, 赵庆斌, 等. 涡轮分子泵轴系的临界转速分析[J]. 机械,2015, (1): 19-22.
[19] 刘阳. 分子泵转子-轴承系统动力学分析[D]. 绵阳: 中国工程物理研究院, 2014.
[20] 罗阿妮, 张桐鸣, 刘贺平, 等. 机械行业三维建模技术综述[J]. 机械制造, 2010, (10): 1- 4.
[21] 陈建国, 张玲. CAD 三维建模技术的发展[J]. 机电技术, 2010, (4): 141-145.
[22] 刘箫. 某型涡轮转子发动机强度和转子动力学分析[D]. 大连: 大连海事大学, 2013.
[23] 周亚. 高速小型复合分子泵转子系统动力学分析[D]. 沈阳: 东北大学, 2015.
[24] 王晓冬, 孙妍, 方立武, 等. 基于有限元方法的涡轮分子泵转子系统模态分析[J]. 东北大学学报(自然科学版), 2014, 35(3): 411-413.
[25] 巫少龙, 张元祥. 基于 ANSYS Workbench 的高速电主轴动力学特性分析[J]. 组合机床与自动化加工技术, 2010, (9): 20-22.
[26] 盛步云, 张涛, 丁毓峰, 等. 支承刚度对汽轮机转子动力学特性的影响分析[J]. 机械设计, 2008, (12): 38-41.
[27] 张磊, 周亚, 王晓冬, 等. 轴承支撑刚度对分子泵转子系统模态性能的影响[C]. 第 12 届国际真空冶金与表面工程学术会议, 沈阳, 2015.
[28] 苏高峰, 薄玉成, 王惠源, 等. 液压缸用带锁口杆端关节轴承瞬态动力学分析[J]. 轴承, 2012, (10): 28-31.
[29] 任爱华, 龚青山, 常治斌, 等. 弧面分度凸轮机构瞬态动力学分析[J]. 机械设计与制造, 2012, (5): 205-207.

第 7 章

分子泵多学科协同优化设计

目前，在复合分子泵设计领域，采用的依然是类比设计、经验设计，属于串行式设计模式。在不同设计阶段，设计人员选择不同的重点学科对工程对象进行设计和优化，这种设计实质上将影响工程对象特性的力学、结构、运动及加工工艺等因素按学科人为地割裂开来，没有充分考虑学科之间的耦合影响。单纯为了提高某个性能指标而确定的设计参数会对其他性能产生有利的或不利的影响，它带来的后果是很有可能失去系统的整体最优方案，从而降低复合分子泵的整体性能。因此造成设计方案迭代次数过多，设计质量和效率降低。

近些年，随着对复合分子泵的性能要求越来越高，设计、研发的难度越来越大，使得传统设计方法已很难满足要求，急需更先进的设计技术作为支撑。而多学科设计优化（multidisciplinary design optimization，MDO）技术可以克服这些困难，将多学科设计优化技术应用到分子泵设计中，充分考虑学科间的耦合和性能间的平衡，利用各个学科之间的相互耦合作用所产生的协同效应，获得系统的最优设计方案。这对提高设计效率、缩短设计周期、降低设计成本、提高设计水平有显著的意义。

多学科设计优化是一种利用系统中相互作用的机制来设计复杂系统的方法论，基于计算机技术，充分掌握各学科的相互作用，获得系统的整体最优解[1]。1982年，美国国家航空航天局（National Aeronautics and Space Administration，NASA）提出 MDO 的设想，首先在航空航天工业界得到认可和应用。目前，该技术已在世界范围内推广普及，用于解决涉及多学科的优化问题。

由于 MDO 技术非常适合解决复杂系统的优化问题，以美国为主的西方国家投入了大量的人力、物力对相关问题进行深入研究，成立了 MDO 技术委员会，定期开展专题研讨会、发布白皮书，指出主要研究问题是优化策略和优化算法，核心技术有信息标准化、模型参数化、灵敏度分析、数学模型和优化算法的建立等。在美国政府和企业界的共同推动下，MDO 技术的研究迅速升温，取得了丰硕成果，优化策略是研究热点。除美国 NASA 等政府部门和大学的研究小组持续开展 MDO 技术研究外，像波音、洛克希德 ·马丁、通用电气等公司同样热衷于 MDO 技术的应用研究，借助该项技术促使企业界从传统的设计模式向先进的并行化模式转变，而且收效显著。NASA 和洛克希德 · 马丁公司合作开展了 X-33 喷管发动机的 MDO，以总升重比最大为目标函数，采用了流体力学、结构动力学、计算热力学和弹道学等多种学科模型，与传统优化设计方法相比，总升重比提高了 5%，而且极大地提高了设计质量、缩短了设计周期。众多成果都已证明 MDO 技术是一种能够非常有效地解决复杂的多学科综合的系统工程问题的方法。

当前，国内对 MDO 技术也很重视。虽然起步较晚，但在导弹、卫星等航天领域已开始应用，在飞行器、航空发动机、潜艇、鱼雷等设计方面取得了较好成果。采用成熟的 MDO 软件或自主开发软件，集成流体力学、结构力学、材料学等分析模块，有效解决了稳定性和机动性问题。随着技术进步，解决复杂系统优化问题的迫切性不断增强，MDO 技术将在国内快速推广应用。

综上所述，MDO 技术非常适合复杂系统的优化设计过程，对于涉及机械、控制、电子、液压、气动、软件等不同学科领域之间的互相影响和彼此耦合，通过不断迭代反馈，使系统综合性能达到最优。研究 MDO 方法，并将其应用到复合分子泵的设计阶段，提高其综合性能是非常必要的，且对提高设计水平和增强技术创新有着现实意义。

7.1 多学科协同优化设计平台组成

复合分子泵的研制涉及稀薄气体动力学、转子动力学、材料学等多个学科，设计分成三个阶段：首先计算抽气性能，确定能满足性能指标的转子结构参数；其次分析转子的强度，确认不会发生过大形变和断裂现象；最后分析转子的动态特性，确定临界转速、工作转速是否在稳定区域。目前，设计的三个阶段是串行开展的，即一个阶段结束再进行下一个阶段。一旦某阶段未满足要求，需要从头开始计算分析，工作强度大、效率低，而且对设计人员有很高要求。

将多学科设计优化技术应用于复合分子泵的设计，开发复合分子泵多学科协同优化设计平台，综合协调抽气性能、强度分析以及高速稳定性等因素，可以有效提高设计质量和效率[2]。

复合分子泵多学科协同优化设计平台总体架构如图 7-1 所示。该平台以成熟的商业化多学科设计优化软件为集成框架，定义设计变量、约束条件和目标函数，开发四个功能模块及其与集成框架的输入/输出参数，各功能模块的输入/输出参数由集成框架软件统一管理。

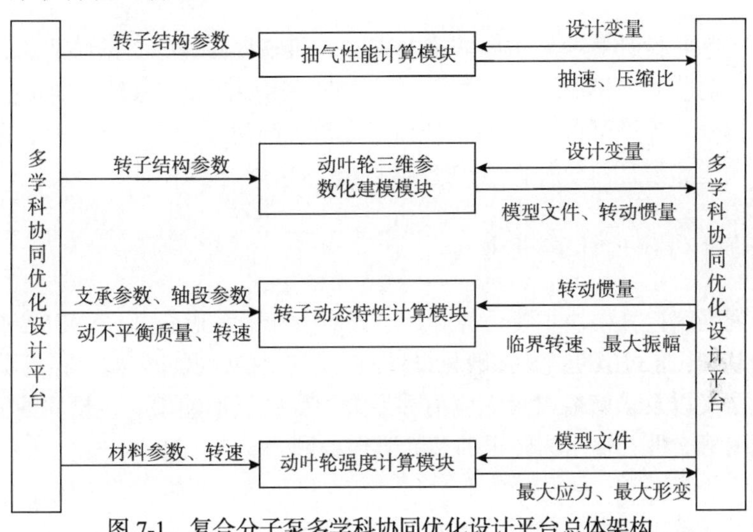

图 7-1　复合分子泵多学科协同优化设计平台总体架构

各功能模块定义如下。

1. 抽气性能计算模块

抽气性能模块主要计算叶列结构具有不同参数时分子泵的抽速和压缩比。复合分子泵分为涡轮级和牵引级两部分。对于涡轮级，输入参数主要有转速、各级动叶列的参数（内外径、高度、叶片倾角和数量等）、各级静叶列的参数（内外径、叶片倾角和数量等），输出参数是抽速。对于牵引级，输入参数主要有转速、各级牵引筒的参数（内外径、高度、牵引间隙等）、各级牵引槽的参数（螺旋角、槽宽和槽深等），输出参数是压缩比。

2. 动叶列三维参数化建模模块

采用参数化几何建模方法，由参数驱动实现动叶列的建模，并为转子动态特性计算模块提供转动惯量、质量等参数，为动叶列强度计算模块提供分析模型。通过二次开发软件将模型的文件格式转换成结构分析软件兼容的格式，同时将叶列相关质量和转动惯量等信息输出至指定文件中保存，以备转子动态特性计算模块调用。该模块输入参数主要为叶列的第 1～6 级动叶片倾角，输出为包含三维模型信息的图形文件。

3. 转子动态特性计算模块

转子动态特性计算模块主要实现叶列的一阶临界转速、二阶临界转速及最大振幅的计算功能。该模块输入参数为叶列的直径转动惯量和极转动惯量(通过三维参数化建模模块计算可得)、不平衡质量、黏弹性阻尼刚度系数和黏弹性阻尼器损耗因子，输出参数是前三阶临界转速和不平衡质量产生的偏移。

4. 动叶列强度计算模块

动叶列强度计算模块主要计算叶列最大应力和最大形变，以 ANSYS 有限元分析软件为基础，通过 ANSYS 参数化设计语言实现对叶列的转速、载荷、边界条件的参数化定义以及求解后对最大应力和最大形变的提取输出。该模块的输入为参数化建模图形文件，输出为转子的最大形变和最大应力。

7.2　多学科协同优化设计目标与实现方法

设计小型复合分子泵时，设计技术指标如表 7-1 所示。

表 7-1　复合分子泵设计技术指标

指标	数值
抽速（针对氮气）/（L/s）	>65
压缩比（针对氮气）	$>5\times10^9$
动叶列最大应力/MPa	<150
动叶列最大形变/mm	<0.05
转子最大振幅/mm	<0.2
临界转速/（r/min）	<57600 或>86400

在满足上述设计技术指标的情况下，尽量降低动叶列组件的转动惯量，以减少电动机的负载。因此，将动叶列组件的转动惯量最小定义为优化目标。

7.2.1　多学科设计优化建模技术

为满足分子泵的研发需求，多学科设计优化建模技术主要包括多学科（系统）解耦、多学科（系统）重构与近似建模等方面的内容。分子泵多学科设计优化建模技术示意图如图 7-2 所示，首先对系统进行解耦，将耦合在一起的系统分解成若干子系统，并建立子系统数学模型。在建立子系统数学模型的同时，定义子系统设计变量、约束条件和设计目标。然后对系统进行重构，建立相互耦合的数学模型，将各子系统的约束条件和设计目标进行整合，重新构建相互耦合的数学模型，而此时的数学模型包含多学科共享的设计变量，相互影响、耦合的约束条件，以及多学科共同追寻的设计目标。

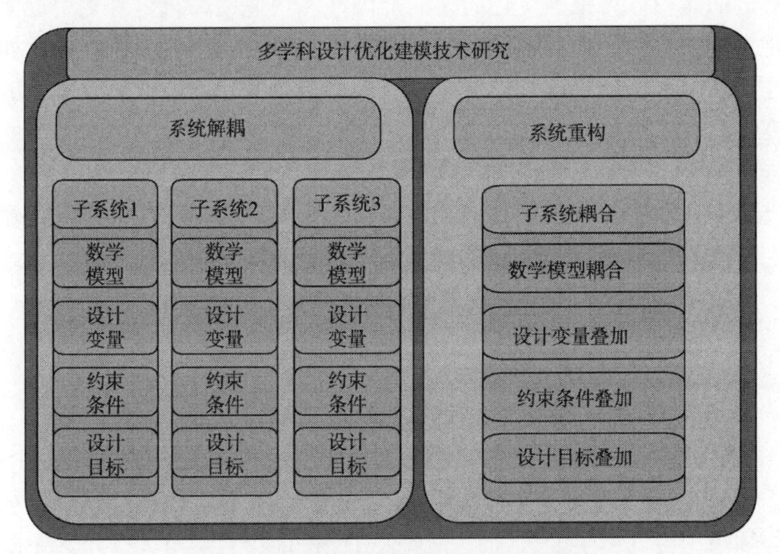

图 7-2　多学科设计优化建模技术示意图

针对多学科解耦，主要将全系统进行有机分解，形成兼顾多学科边界且具有明确输入及输出的相对独立子系统。分子泵通常可按以下四种类型进行多学科解耦：①以学科自然分界进行解耦，构建各学科的数学模型，如静力学模型、动力学模型、流体力学模型或电磁学模型等，同时定义好设计变量、约束条件和设计目标；②以零部件存在形态进行解耦，构建各部件的数据模型，如以控制单元构建比例积分微分（proportional integral derivative，PID）数据模型、以机械结构构建运动学（或动力学）模型、以液压系统构建流体力学模型等；③以设计人员分工特点进行解耦，如以总体设计人员构建系统级数学模型、以分项目负责人构建部件级数学模型等；④以分析软件功能进行解耦，如以 UG 构建参数化运动学模型、以 ANSYS 构建静力学模型、以 Maxwell 方程构建电磁学模型、以 FLUENT 构建流体力学模型等。

针对多学科重构，主要通过各子系统间的耦合，并按照耦合信息传递或一致性约束方法来实现多学科重构。分子泵通常可按以下四种类型进行多学科重构：①以功能约束实现模型重构，将一种数学模型中的状态参数以约束条件的形式加载到另一种数学模型中进行耦合重构；②以空间约束实现模型重构，将一种数学模型中的空间状态参数作为另一种数学模型的输入条件进行耦合重构；③以信息传递实现模型重构，将各数学模型的关键信息通过串行或并行方式进行相互传递，实现各数学模型的信息融合；④以分析工具集成实现模型重构，利用现有多学科、多物理场耦合软件实现数学模型的重构，如 ANSYS、MATLAB 等商用软件。

针对近似建模，可根据优化结果的准确性和快速性决定是否采用近似建模，由于优化过程往往需要大规模的迭代计算，存在大量的学科分析过程，如果不采用近似建模技术，优化过程往往耗时过长而不可接受，近似建模技术是解决这一难题的方法之一。近似建模技术可采用局部近似法、整体近似法和响应面技术，具体算法有多项式拟合、神经网络模型等。

通过构建多学科数学模型，确定研究所涉及的学科类型和内容，并确定设计所要确定的主要设计参数，以及各主要参数在不同学科内的表达方式和约束条件等内容，为优化设计提供准确可靠的分析求解器。

7.2.2　多学科设计优化方法

多学科设计优化方法是传统优化设计方法的延伸，但又与传统优化设计方法不同。

多学科设计优化方法主要用来处理一些复杂的、各学科子系统高度耦合的优化问题。与传统优化设计方法的区别在于多学科设计优化方法引入了状态变量，而状态变量（对应于各学科设计变量）将各学科耦合在一起。多学科设计优化方法是在传统优化设计方法的基础上通过状态变量将多学科耦合后，建立更为复杂的数学模型，具有更多设计变量、约束条件和设计目标的优化设计方法，三要素之间的关系如图 7-3 所示。

多学科设计优化问题主要涉及单目标优化和多目标优化两大类型。针对单目标多学科设计优化方法，主要有试验设计方法、直接搜索方法、全局优化方法、组合优化策略、多目标优化方法、蒙特卡罗模拟、田口稳健设计和六西格玛质量设计等多种优化方法。其中试验设计方法是多学科设计优化技术的重要组成部分，是建立近似响应面模型的重要手段。试验设计方法又包含正交设计、均匀设计、拉丁方设计和超拉丁方设计等多种方法，可根据实际情况选择合适的设计方法。

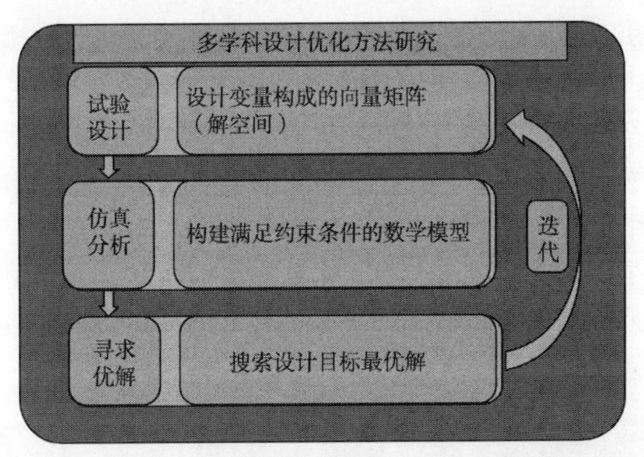

图 7-3　多学科设计优化三要素示意图

针对多目标多学科设计优化方法，可将多目标问题尽量转化为单目标问题进行处理，其方法主要有两类：约束法和加权法，如图 7-4 所示。

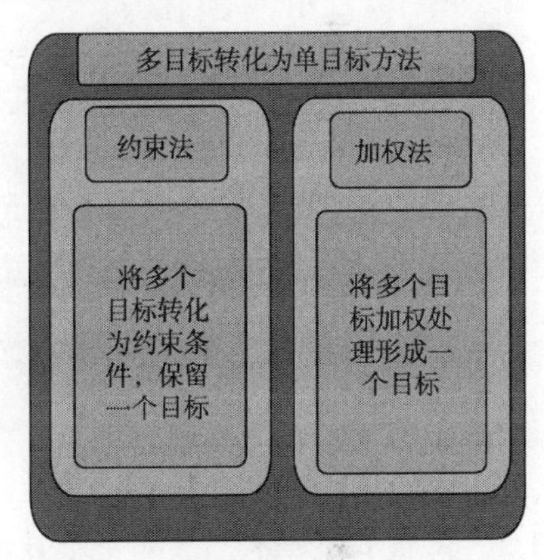

图 7-4　多目标转化为单目标示意图

对于多目标多学科设计优化问题，可根据具体问题具体解决，如果多目标问题可通过各目标间加权解决，同时计算偏差在可接受范围内，则可通过加权处理，将多目标问题转化为单目标问题进行求解。如果多目标之间有约束关系，则可通过约束法将一些目标转换为约束条件，从而使多目标问题转化为单目标问题进行解决。如果约束法和加权法都不合适，则可尝试通过多个目标并行求解，在多个有效解中，人工参与，反复迭代，最终得到全局最优解或次优解。

7.2.3　多学科协同优化设计平台的集成技术

在分子泵系统优化设计时，所涉及的常规学科一般有静力学、动力学、流体力学、热力学、电磁学、电子学等多种学科。多学科设计优化方法需要计算机反复迭代计算，运算量巨大，传统的人工手算无法采用这种设计方式。目前，专门用于上述学科的仿真分析软件基本上能够满足工程中单学科分析计算的需要，拥有部分多物理场耦合分析功能。根据商用软件的功能及可集成性，一些商业专用仿真分析软件可进行适当集成，实现多学科协同仿真。

多学科协同优化设计平台需要具备三个主要功能：第一是根据设计变量的取值范围更新数学模型的功能；第二是根据多学科耦合数学模型求解器进行求解的功能；第三是根据计算结果进行数据处理、分析判断、智能寻优的功能。具体实现过程为通过多学科协同优化设计平台对系统进行优化设计，多学科协同优化设计平台对系统级中所有设计变量进行分段取值并按一定规律进行组合搭配，生成一个均匀布满整个解空间的矩阵，逐一对所有解向量进行求解，所得结果经过判断、筛选、迭代等一系列数据处理过程，最终获得最优解。多学科协同优化设计平台功能示意图见图 7-5。

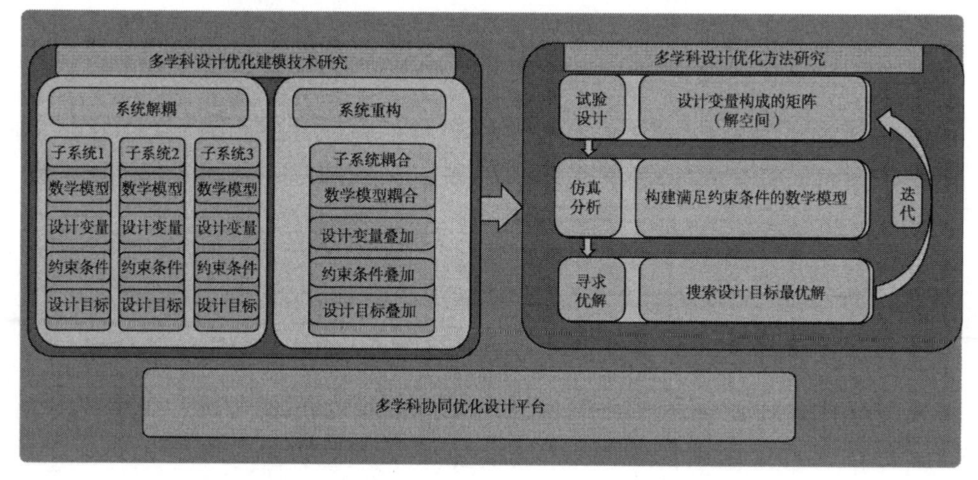

图 7-5　多学科协同优化设计平台功能示意图

按照上述三个功能的要求，目前还没有一种现成软件能满足多学科设计优化所要求的全部功能，因此需要利用已有单一功能或多种功能满足要求的软件构建多学科协同优化设计平台。美国 GE 公司的 Isight 软件具备第一、三种功能，而不具备第二种功能，但留有第三方软件集成的接口，可根据具体优化问题集成相应的求解器，构建多学科协同优化设计平台。

很多多学科协同优化设计平台以 Isight 软件为集成平台原型，以该软件为总控制程序，将不同学科领域软件模块通过接口程序进行集成，充分利用各学科软件的求解器进行求解，如图 7-6 所示。

根据精密加工装备的常规研发需求，目前已构建了集 UG、ANSYS、ADAMS、MATLAB、FLUENT 与自研软件于一体的多学科协同优化设计平台原型。

Isight 软件提供了一套集成组件，可完整地将应用程序的输入、执行、输出进行集成，结构示意图如图 7-7 所示。

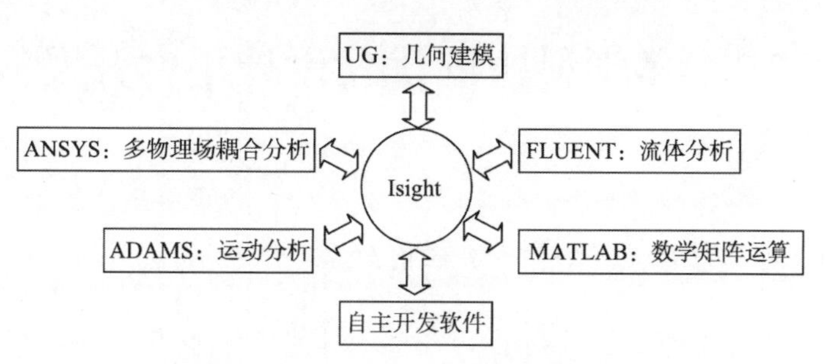

图 7-6　基于 Isight 软件的多学科集成示意图

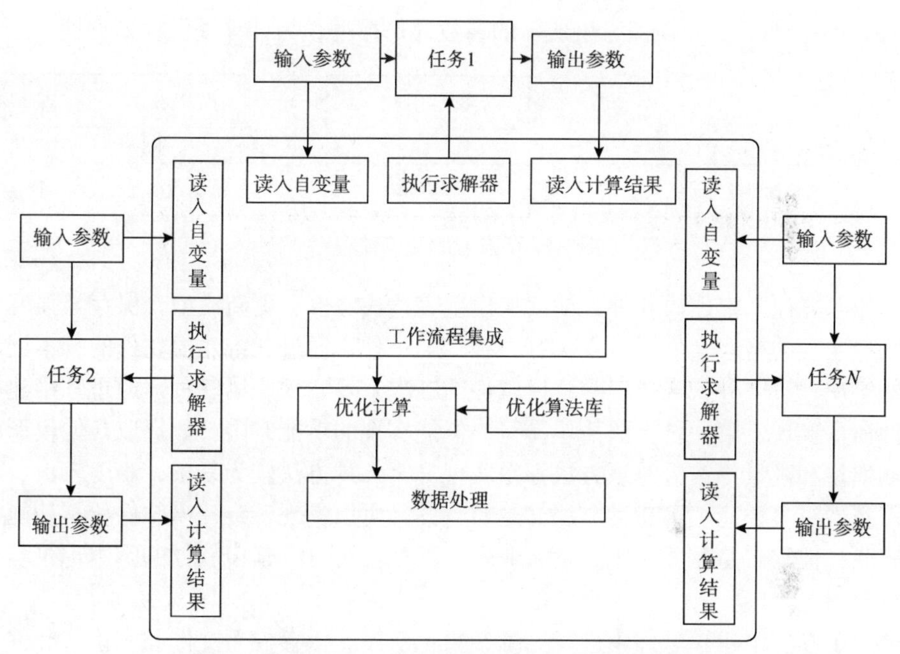

图 7-7　Isight 多学科协同优化设计平台结构示意图

通过搭积木的方式实现流程集成，将数据流和控制流可视化，并提供对整个流程进行浏览的界面，设计流程按树状结构定义，每个层次的子任务可以使用不同的设计探索策略。计算运行完成后利用监控和后处理功能可以绘制多种曲线、曲面、散点图、柱状图和表格等，生成报告并给出优化运行的最优化结果及设计变量、约束条件等重要设计参数。Isight 软件主要通过批处理命令的形式来集成第三方专用仿真分析软件，实现专用软件调用功能。每一个专用软件都必须根据其所留出的接口软件分别编写、调用批处理命令，因此所编写的批处理命令形式各异。

7.3 多学科协同优化设计平台开发

1. 动叶列三维参数化建模过程前处理

几何模型更新流程如图 7-8 所示，由多学科协同优化设计平台对三维建模软件模型参数表达式中的参数进行修改，三维建模软件在打开几何文件后自动读入 *.exp 文件，然后更新模型，生成新的参数几何模型，为计算提供模型支持。

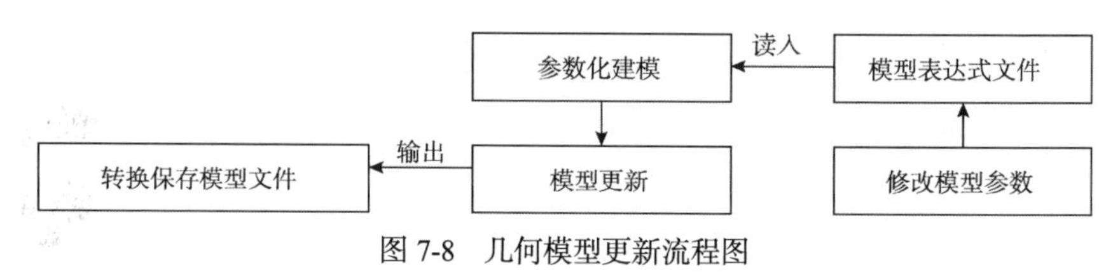

图 7-8 几何模型更新流程图

如何能让三维建模软件自动读入模型表达式文件、更新模型、保存与强度计算软件兼容的格式文件呢？方法有三种：第一种，通过三维建模软件的脚本记录功能实现；第二种，通过三维建模软件的二次开发实现；第三种，通过三维建模软件命令实现。第一种方法简单易行，但能实现的功能有限，如提取几何模型的转动惯量和重量等参数时该方法不易实现；第二种方法较为复杂，难度较大，但可以实现很多功能；第三种方法简单易行并且可以实现三维建模软件所有功能的大串联，但缺点是需要人工触发宏命令。下面仅对三维建模软件的脚本记录功能进行介绍。

（1）在三维建模软件中进行三维参数化建模。保存模型文件和表达式文件，如图 7-9 所示。叶列的三种角度作为设计变量通过表达式工具进行更新。

（2）制作操作记录文件。

（3）制作三维建模软件自动运行批处理文件。在工作目录下新建参数化建模批处理文件，用于实现动叶列模型的更新和保存，此时模型已变为参数更改后的模型。

（4）集成到多学科协同优化设计平台环境中。

2. 动叶列强度计算过程前处理

（1）在有限元分析软件中导入动叶列的几何模型，进行有限元计算。在计算过程中，需要对约束面和加载位置进行命名，计算完成后还需要从结果中将最大形变和最大应力提取输出。

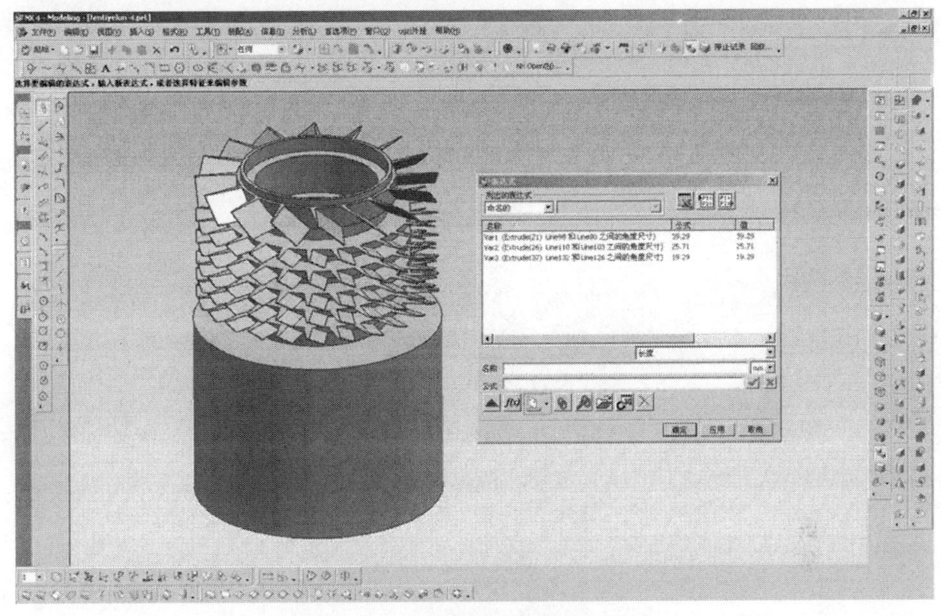

图 7-9　分子泵叶列参数化模型

（2）有限分析计算过程完成后，将计算结果写入文件。

（3）制作强度计算自动运行批处理文件。在工作目录下新建有限元分析软件的批处理文件，即可实现分析模型自动更新、计算及结果输出等工作流程，生成输出文件，该文件保存有限元分析软件命令代码和提取的最大形变（DEFLECT_MAX）和最大应力（STRESS_MAX）计算结果信息。

（4）集成到多学科协同优化设计平台环境中。在三维软件建模组件之后将一个新应用组件插入到流程中，并将名称改为“强度计算”。

3. 抽气性能计算程序前处理

分子泵抽气性能计算功能通过 MATLAB 编程实现，保存在文件 mppc_tmp.m 和 dmpks_tmp.m 中。利用多学科协同优化设计平台提供的 MATLAB 接口，实现 MATLAB 脚本（*.m）、模型以及工具箱的各种功能。具体操作如下。

（1）集成到多学科协同优化设计平台环境中。在多学科协同优化设计平台中将一个新应用组件 MATLAB 插入到流程中，将 MATLAB 组件命名为“抽气性能”。

（2）双击“抽气性能”图标，弹出“抽气性能”组件编辑对话框，输入设计变量参数，单击“+”按钮，添加设计变量。以此类推实现其他变量的设定。同时将 mppc_tmp.m 和 dmpks_tmp.m 的输出变量直接输入，单击“+”按钮，添加计算结果输出参数。以此类推实现其他输出参数的设定。

4. 转子动态特性计算软件前处理

动态特性计算也采用 MATLAB 编程实现，文件保存在 rotordyn.m 中，具体操作和抽气性能组件设计一样。

参考文献

[1] 岳珠峰, 李立州, 虞跨海, 等. 航空发动机涡轮叶片多学科设计优化[M]. 北京: 科学出版社, 2007: 1-5.

[2] 陶继忠, 吴祉群, 何朝晖, 等. 涡轮分子泵转子多学科优化技术[J]. 真空, 2016, 53(4): 1-4.

第 8 章

分子泵关键零部件制造与装配

8.1 整体动叶列制造技术

动叶列是分子泵最核心的部件，其制造精度和表面质量直接影响分子泵的抽气性能指标。

8.1.1 动叶列的结构形式

动叶列主要分为分体式和整体式两大类：分体动叶列是先加工单片动叶列，然后依次过盈装配到动叶列芯轴中，难点是过盈装配；而整体动叶列是在单块材料上加工出所有叶列，避免了装配问题。两种动叶列的结构形式如图 8-1 所示，图 8-1（a）是分体动叶列，图 8-1（b）是整体动叶列。

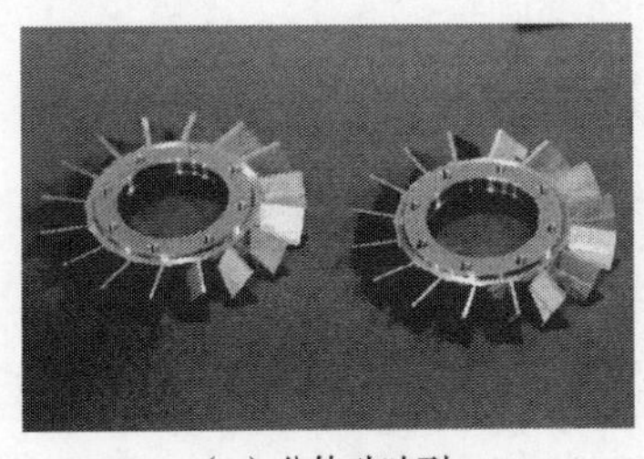

（a）分体动叶列

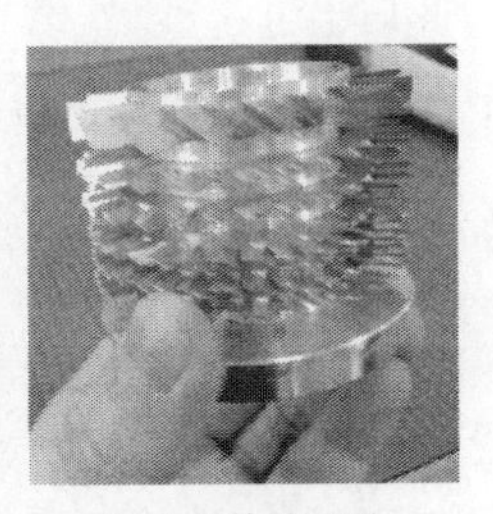

（b）整体动叶列

图 8-1 动叶列结构形式

分体动叶列的制造相对简单，设计旋转工装，采用三轴加工中心完成叶列的铣削。整体动叶列由于叶片复杂，叶片之间空间狭小，普通数控机床很难完成叶片的加工，必须采用五轴加工中心铣削成形。

8.1.2 整体动叶列的制造

图 8-2 整体动叶列结构

整体动叶列的结构如图 8-2 所示，其加工工艺流程如表 8-1 所示。

由于整体动叶列设计转速为 90000r/min，动叶列径向需要承受极大的离心力，因此材料径向拉伸强度是一个重要的考核指标，在原材料制备阶段，强化热处理是重要工序，通过对不同材料、不同温度和不同时间下的固溶时效热处理工艺进行研究获得最优的材料径向拉伸强度。

表 8-1 整体动叶列加工工艺流程

序号	工序名称	简要说明
1	粗车内外形	留余量，粗车内外形
2	时效热处理	去应力时效，消除加工应力
3	精车内外形	精车有尺寸公差要求
4	叶片加工	五轴加工中心铣叶片
5	叶片检测	非接触测量叶片倾角
6	工件清洗	清洗切削液、铝屑等
7	终检	精测重要尺寸

由于整体动叶列的叶片复杂，精度要求高，叶片之间流体通道的加工空间狭小，所以受力后形变大，机械加工非常困难。同时因为叶片数较多，其加工量大，加工时间长。因此叶片加工是整体动叶列制造的重要工序。就目前技术来看，主要有以下几种工艺。

1. 电解加工

电解加工是目前应用较广泛的一种新工艺，目前在国内外已成功应用于枪炮、航空发动机、火箭等的制造，其生产效率高，而且不受金属材料本身硬度和强度的限制。但是由于影响电解加工间隙电场和流场稳定性的参数有很多，控制较困难。其加工精度和加工污染一直是制约电解加工的技术难题，使其很难用于分子泵叶片的终加工。

2. 精密模锻和精密铸造

精密模锻和精密铸造的发展完全改变了锻造和铸造只能用于毛坯加工的观念，已成为发动机叶列制造中一种高效、经济的手段。精锻和精铸叶片零件可以非常接近其最终设计形状，锻造和铸造方法可制得粗略成形的叶列，但由于分子泵叶片固有的几何复杂性，锻造和铸造很难实现叶列的精密加工。

3. 电火花加工

电火花加工自 1946 年问世以来经过了数十年的发展，已成为一种弥补传统加工方法不足的重要加工手段。由于其独特的加工能力，电火花加工已广泛应用于模具制造业、航空航天等工业领域。但其加工效率和电极损耗问题一直是制约其在分子泵叶片加工领域应用的重要因素。

4. 叶片的扭制加工

要实现动叶片的扭制，根据工艺实验及过程分析可知，需要具备以下几个动作过程，如图 8-3 所示，单层叶片的扭制流程见表 8-2。

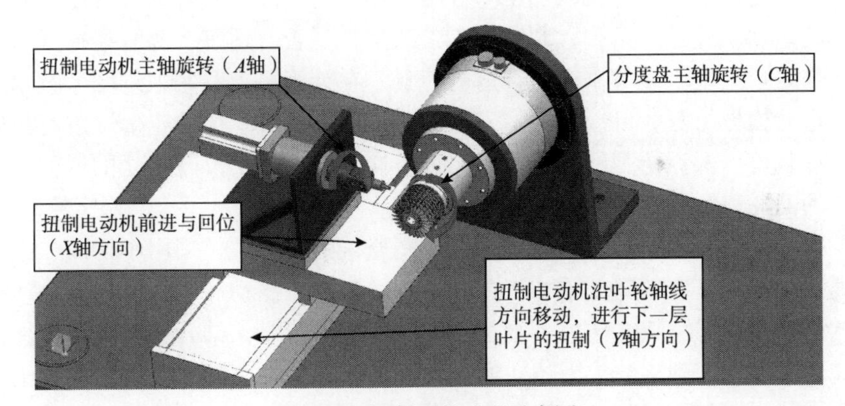

图 8-3　扭制工艺过程示意图

表 8-2　单层叶片扭制流程

序号	工序名称	简要说明
1	夹持工件	将动叶列、扭制刀具固定
2	对零位	扭制刀具与动叶列对零位（Y 轴方向、C 轴方向）
3	进刀	扭制刀具沿 X 轴方向前进，进入刀具夹持位置
4	扭制	扭制刀具沿 A 轴方向旋转一定角度，完成单个叶片的扭制

续表

序号	工序名称	简要说明
5	退刀	扭制刀具沿 X 轴方向回退
6	刀具回零	扭制刀具沿 A 轴方向反向旋转，回转到初始角度
7	叶片分度	分度盘沿 C 轴旋转一定角度，开始下一个叶片的扭制工作

扭制刀具沿 Y 轴方向移至下一层的位置，将按上述流程开始本层的扭制工作。依次类推，完成所有叶片的扭制。

5. 数控高速铣削加工

由于整体动叶列叶片之间流体通道的加工空间狭小，这将导致铣刀与动叶列可能发生干涉，或使用的铣刀太过纤细，难以承受较大的切削力，使得加工效率十分低下。因此，在实际加工前采取一定的措施对加工程序进行检验并修正是十分必要的。随着数控机床性能、零件复杂度的不断提高，数控编程的难度也日益加大，数控程序的故障率也越来越高。如果数控程序生成不正确，很可能发生零件被多切或少切，以及刀具和零件、刀具和夹具、刀具和工作台之间的干涉和碰撞等现象。所以利用数控机床加工零件时，加工前一般要进行数控程序校验，检查刀具的运动轨迹是否正确，判断加工参数选择是否合适等，并需要根据刀具对加工工件是否产生干涉等来选择合适的刀具。在计算机上利用三维图形技术对数控加工进行模拟仿真，可以快速、安全、有效地对数控程序的正确性进行准确的评估，并且可以根据仿真的结果对程序进行修改，避免了反复试切的过程，降低了材料的消耗和生产成本，提高了生产效率。

根据整体动叶列的结构特点，在数控高速铣削方案中，采用小切深、大进给的高速铣削方式，有效降低了加工过程中的切削力、振动和工件的内应力。针对叶片的结构和布局特点，研究了高速加工程序规划策略，结合加工仿真软件，优化了加工过程的切削参数、刀位轨迹，实现了动叶列叶片的高效、精密加工，有效抑制了叶片的飞边、毛刺，整体动叶列实物见图 8-1（b）。

8.1.3 整体动叶列的检测

整体动叶列加工过程中的全面质量控制是整体动叶列制造过程中的重要环节，而叶片的检测一直被视为制造业中的难题之一。针对分子泵动叶列，检测项目主要有叶片倾角和厚度，其难点在于：①动叶列叶片流体通道空间狭小，测量时极易发生干涉，自动生成无干涉探针移动轨迹比较困难；②叶片上的坐标点属于空间三维曲面上的点，测量时应采用三维补偿，对测量软件算法和计算精度要求很高；③目前国内外没有关于动叶列检测的标准；④动叶列通常要求全尺寸检测，如果采用单点测量，则会耗费大量的时间，无法从效率上满足要求。

针对分子泵动叶片检测的种种困难，结合整体动叶列的结构特点，经过调研主要有以下两种解决方案。

方案一，拟在现有三坐标测量机上搭配激光扫描测头（尼康公司的 METRIS 系列）。该测量方式通过激光扫描测头对测试部件进行扫描（速率最大可达 75000 点/s），通过云点处理软件进行模型数字化，然后针对采集的数字模型数据执行检测（图 8-4）。从测量准备一直到最终报告阶段，可充分利用各种自动化功能以及全数字化流程。该方案可以实现叶片倾角和厚度的测量，其优点为：测量精度高，测量效率高。

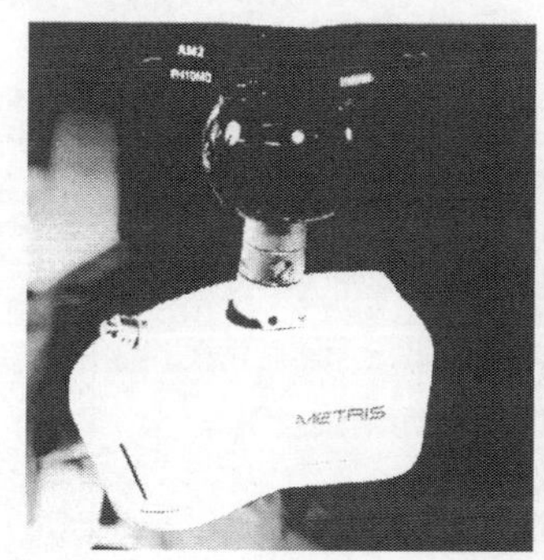

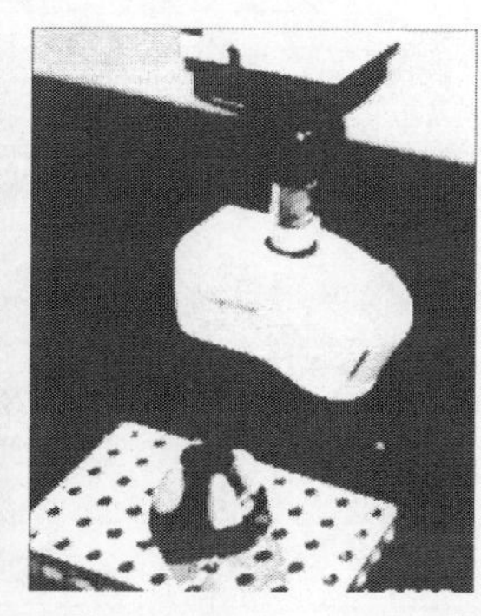

图 8-4　激光扫描测头测量方案

方案二，采用瑞士 Alicona 微观尺寸测量机。其原理为通过无限变焦电荷耦合器件（charge coupled device，CCD）以及高效数据采集系统实现模型的数字化，通过后处理分析系统实现叶片倾角和厚度的计算。图 8-5 为在微观尺寸测量机上测量复杂滚齿刀的刃口角度和刃口半径的实例。该方案的优点为：测量方便，精度高，重复性好；其缺点是：只能测量尺寸较小的工件，且价格较昂贵。该机型为成熟应用产品，在国内外均有成功应用。

图 8-5　微观尺寸测量机测量实例

通过对比，分子泵动叶列的叶片检测采用方案一。采用非接触式方法测量叶片加工误差，激光三维扫描测量法是将三坐标测量机与激光扫描测头结合，具有三坐标测量法精度高和光学扫描法效率高的优点，是整体动叶片检测最有效的方法。

用CAD模型与实物样件扫描点云生成的3D图进行误差比较，通过观察色谱图分析偏差。动叶列叶片倾角测试云图见图8-6，测试结果见表8-3。

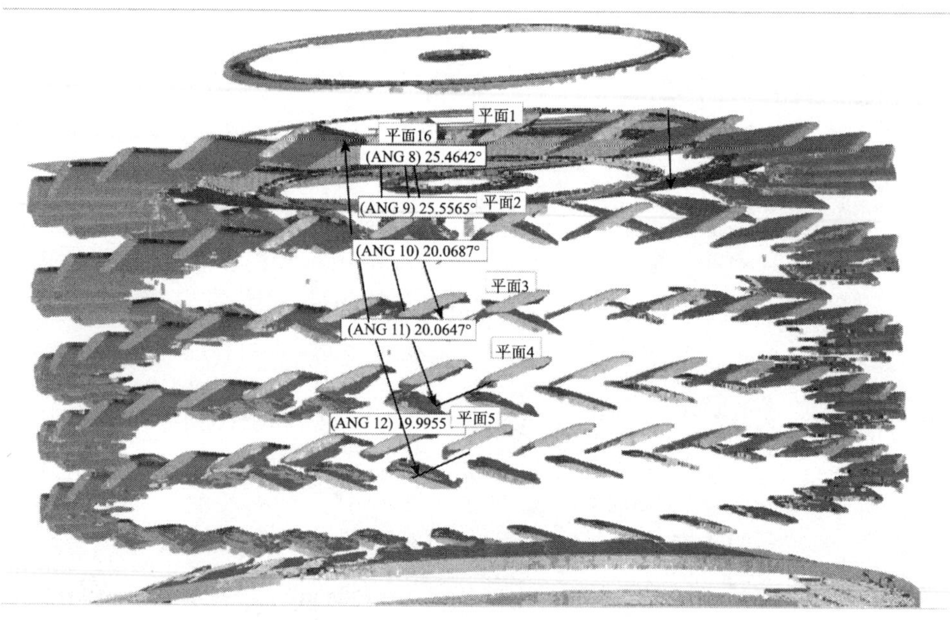

图8-6　动叶列叶片倾角测试云图

表8-3　动叶列叶片倾角测试结果

名称	测量值/（°）	名义值/（°）	偏差/（°）
ANG 8	25.4642	25.4000	0.0642
ANG 9	25.5565	25.4000	0.1565
ANG 10	20.0687	20.0000	0.0687
ANG 11	20.0647	20.0000	0.0647
ANG 12	19.9955	20.0000	–0.0045

动叶列叶片倾角的偏差均小于0.5°，满足了设计要求。

8.2　涡轮静叶列的制造

静叶列作为分子泵的关键部件，与动叶列一起形成相向运动，将气体分子从高真空区“驱赶”至低真空区。静叶列模型见图8-7，装配时A面朝上。

通过对静叶列结构进行分析可知其加工工艺如下。

（1）静叶列的环槽区域内，分布有 17 个叶片。每个叶片长度约为 8.5mm，宽度约为 5mm，其中叶片与框架连接处的宽度仅 1mm。叶片轮廓复杂且精细，加工难度较大。

（2）零件厚度为 1mm，且要求等厚性在 0.03mm 以内，精度要求高。

（3）零件材料为 LF6，切削性能良好，但在加工过程中易产生形变。

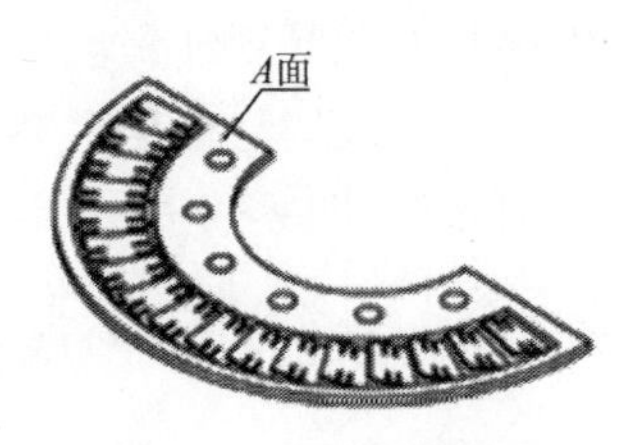

图 8-7　静叶列模型

经过工艺分析，制订的静叶列加工工艺流程如表 8-4 所示。

表 8-4　静叶列加工工艺流程

序号	工序名称	简要说明
1	车	车外圆、内孔，厚度留余量
2	钻孔	钻 6 个 Φ3mm 通孔（两处）
3	粗铣环槽	粗铣两处环槽，留余量
4	精铣环槽	精铣两处环槽符合公差要求
5	精铣切缝及铣半	精铣叶列切缝（两处）并铣半
6	钳工折弯	折弯叶片
7	工件清洗	清洗表面油污、灰尘等
8	终检	精测重要尺寸

根据静叶列的结构特点，设计了叶列整体折弯成形模具，模具包括上模座、下模座、压边圈、支承圈、冲头以及弹簧等零部件。静叶列整体折弯成形模具简图如图 8-8 所示。

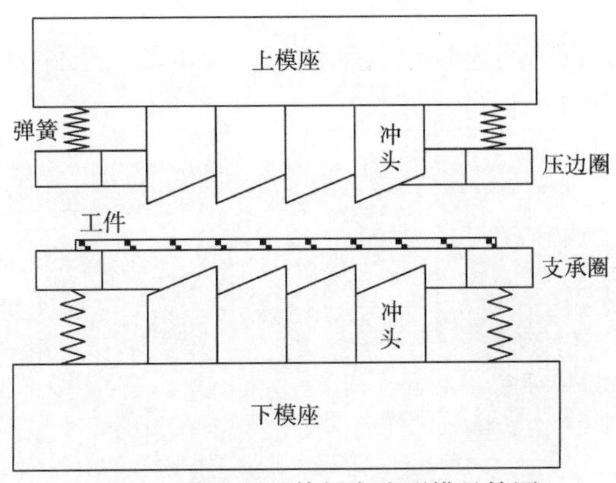

图 8-8　静叶列整体折弯成形模具简图

静叶列折弯过程为：首先将静叶列放置在支承圈上，上模座下行，压边圈首先接触并压紧工件，然后两对冲头缓慢接触并压紧，从而完成静叶列扭转叶片的一次折弯成形。根据上述静叶列整体折弯成形模具工作流程设计的模具三维结构如图 8-9、图 8-10 所示。

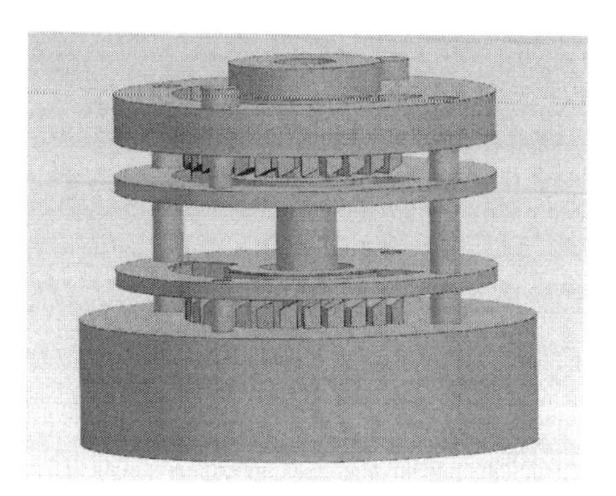

图 8-9　静叶列整体折弯成形模具三维结构图

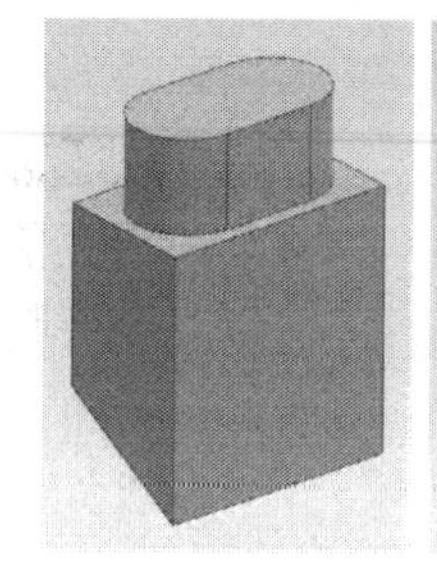

（a）冲头

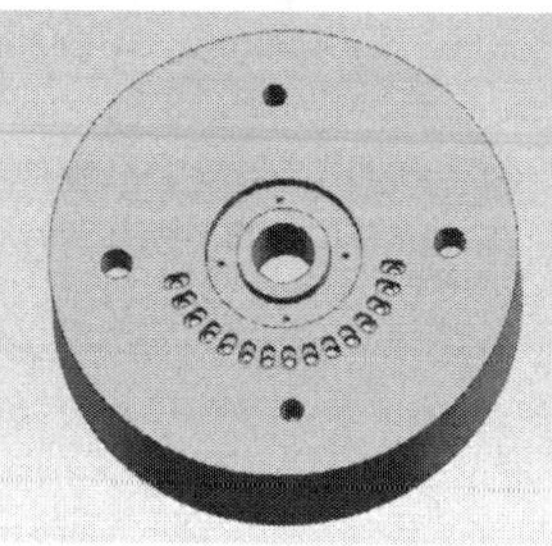

（b）下模座

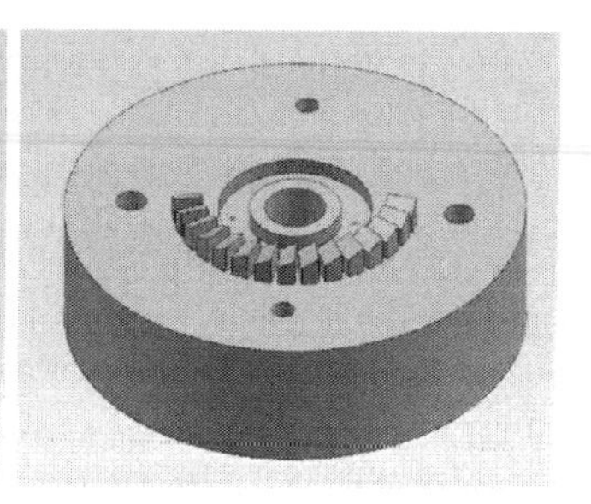

（c）下模座与冲头装配结构

图 8-10　冲头、下模座三维结构

松开上模座后，弹簧将上模座自动弹起，即可取出工件。折弯模具实物以及折弯成形后的静叶列如图 8-11 所示。

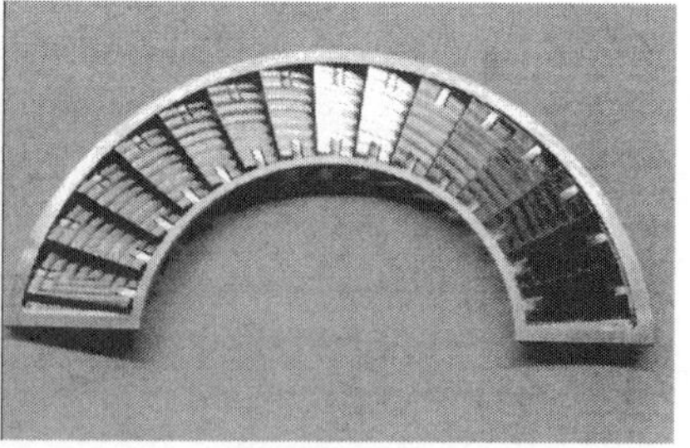

图 8-11　折弯模具实物与折弯成形后的静叶列

8.3　牵引筒的精密磨削

碳纤维增强塑料（carbon fiber reinforced plastic, CFRP）具有质轻（密度比铝轻 30%，比钢轻 50%）、比强度高、比刚度大、模量质量比（E/ρ）高、线膨胀系数低、耐腐蚀和抗疲劳性能好等优点，能够满足高速回转运动转子系统的稳定性和强度要求，因此选用其作为复合分子泵动叶列组件牵引筒的材料。

8.3.1　碳纤维增强塑料的制备

碳纤维增强塑料由高强度碳纤维和韧性高的树脂胶基体组成。碳纤维增强塑料牵引筒的基体毛坯材料成形主要有两种工艺路径：一是通过导丝组件将粘有树脂胶的碳纤维丝束绕在芯轴工装上，随着芯轴和导丝组件的组合运动一层一层地绕制，固化后脱模而成；二是先将碳纤维丝带织成纤维布，然后将浸过树脂的纤维布逐层裹到芯轴工装上，固化后脱模而成。有研究表明，纤维方向对碳纤维复合材料的加工性能有显著影响[1]。虽然第二种工艺路径比第一种工艺路径的效率高，但使用过程中发现其成形的牵引筒在高速回转时出现分层开裂现象，究其根本原因是纤维布的丝带相互垂直，交叉处隆起，切削加工过程中隆起的丝带被切断，导致材料局部强度明显降低，当牵引筒高速回转时，在离心力作用下就会出现崩裂。因此牵引筒毛坯选用第一种工艺路径，即通过碳纤维丝束绕制而成，切削过程和使用中未发生断丝现象[2]。

8.3.2　碳纤维增强塑料的加工方法

碳纤维增强塑料塑性好且各向异性，切削过程中易脱丝、分层，使得制造碳纤维增强塑料牵引筒零件时很难获得较高的合格率。因此，为实现此类零件的批量化生产，必须针对性地研究碳纤维增强塑料牵引筒的加工与测量方法。

一般碳纤维增强塑料均为一次整体成形，但为满足零件的装配和使用要求，需要对零件毛坯进行后续的精加工。碳纤维增强塑料由脆性的碳纤维和韧性的树脂基体组成，两者强度极限相差很大，前者是后者的数倍。有研究指出，在碳纤维增强塑料切削加工过程中，可以简化地看成只是针对碳纤维材料的切削，而忽略对树脂基体材料的切削。由于碳纤维丝束由成千上万根的单丝（直径为微米级别）集束而成，因此碳纤维复合材料内的碳纤维表现出不均匀性和各向异性，切削加工过程中会导致纤维丝的拉出和基质纤维的脱离；另外，碳纤维材料具有较高的耐热性和耐磨损性，使切削刀具磨损严重且切削热较大。目前，碳纤维增强塑料的加工有很多工艺方法，传统的方法有车削、铣削、磨削等，非传统的方法有超声振动切削加工、激光加工、高压水射流加工等。车削和铣削广泛应用于碳纤维复合材料工件内/外形尺寸及形状的加工，但由于碳纤维增强塑料的不均匀性和各向异性以及强耐磨性，加工过程中刀具磨损严重，很难实现较高的表面质量和尺寸精度，容易产生基体开裂、分层、纤维拔出等缺陷。磨削加工可以通过减小切削深度、提高材料脆性域与延性域发生转变的临界切削速度，实现脆性材料的延性域加工，较小的切削深度和切削力还有利于避免产生脱丝和分层，改善材料表面精度和形状精度。因此，对于复合分子泵的牵引筒零件来说，加工精度要求很高，只能通过磨削加工获得较高的加工精度及表面质量。

碳纤维增强塑料牵引筒外径与壁厚比为 1∶50 左右，属于典型的薄壁圆筒零件，零件的尺寸、形状与位置精度要求均很高（微米级别）。工件毛坯由涂覆树脂胶的碳纤维丝束一次性绕制而成，各方向留量较少。其主要加工难点在于零件壁薄、刚性差，易产生装夹形变和加工形变，进而造成尺寸和形位精度超差。

根据零件结构特点，为了获得较好的内/外形状及位置精度，需要建立精度高的磨削基准，并将端面、外圆、内孔磨削过程细分为粗磨和精磨工序。

经过工艺分析，制订的牵引筒加工工艺流程如表 8-5 所示。

表 8-5　牵引筒加工工艺流程

序号	工序名称	简要说明
1	粗磨外圆	厚度留余量
2	粗磨端面	高度留余量
3	粗磨内孔	直径留余量
4	精磨端面	高度符合公差要求
5	精磨外圆	直径符合公差要求
6	精磨内孔	直径符合公差要求
7	工件清洗	清除表面磨削液、纤维粉末等
8	终检	精测重要尺寸

通过合理规划工艺路线，合理设计工装夹具，最终可实现碳纤维增强塑料牵引筒的精密加工，即所有尺寸、形状及位置误差均在 0.01mm 以内，能够满足设计使用要求，磨削的牵引筒实物见图 8-12。

图 8-12　牵引筒实物

8.3.3　牵引筒的测量技术

薄壁牵引筒在测量过程中需要定位夹紧，因此同样存在装夹形变问题。而且牵引筒设计精度要求高，内孔、外圆、端面需要一次装夹测量完成，通用夹具无法满足要求。由于测量过程中测头接触力非常小，经过多轮实验以及反复讨论，最终采用了黏结固定的方式，如图 8-13 所示。

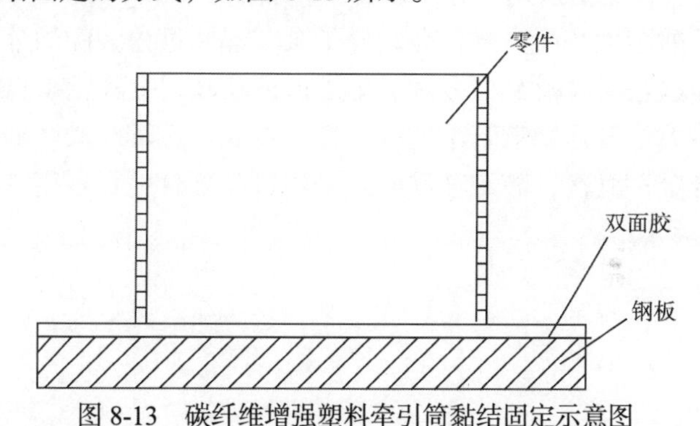

图 8-13　碳纤维增强塑料牵引筒黏结固定示意图

牵引筒通过双面胶固定在一块具有良好平面度的钢板上，然后它们一同固定在高精度大理石平台上。通过高精度三坐标测量机反复装夹、反复测量同一零件，结果表明黏结固定方式具有很好的重复性，能够满足测量要求。

8.4　分子泵装配

分子泵零部件装配是高速小型复合分子泵制造的后期工作，是形成分子泵产品的关键环节。分子泵装配是根据产品设计的技术规定和精度要求等，将构成分子泵的零件结合成组件、部件，直至产品整机的过程。分子泵装配工艺是根据分子泵结构、制造精度、生产批量、生产条件和经济情况等因素，将装配过程文件化、制度化的技术。分子泵装配工艺必须保证分子泵的生产质量稳定、技术先进、经济合理，是分子泵制造工艺的重要组成部分。

8.4.1 装配工艺分析

分子泵装配工艺分析可以采用仿真和模拟装配的方法，提前确定装配工艺参数，控制装配工艺的一致性。

1. 过盈装配工艺分析

分析分子泵各组件的结构可知，有多个组件和零部件的装配均为过盈配合，且大多为同种材料的过盈配合，过盈量较大。针对同种材料大过盈量的装配关系，冷压装的方法比温差法更适用于分子泵的过盈装配。

下面以动叶列芯轴装配为例，介绍分子泵零部件过盈装配的分析方法。分子泵动叶列的装配示意图如图 8-14 所示。为了保证动叶列叶片能在 90000r/min 的转速下，不发生较大形变而影响转子的稳定性，首先，芯轴和动叶列的材料选用同一种高强度铝合金；其次，芯轴和动叶列采用过盈配合进行连接，并且要保证高速下仍保持过盈状态。

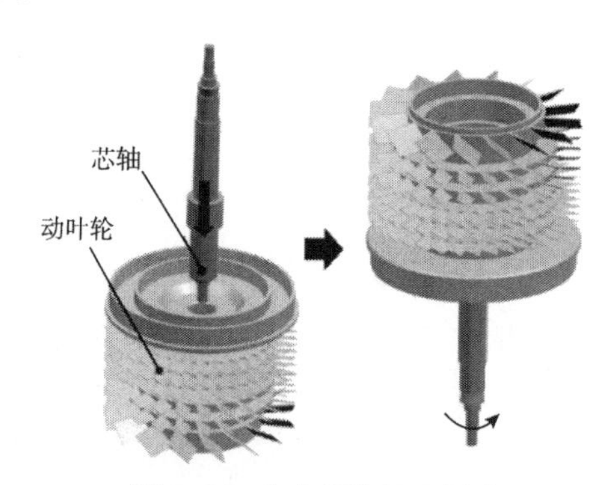

图 8-14　动叶列装配示意图

由于芯轴和动叶列的材料均为铝合金，导热性好，若采用温差法的装配方法，芯轴和动叶列的接触区域温度很快达到平衡状态，难以一次装配到位。根据芯轴和动叶列的最大过盈量较小的特点，探索采用冷压装法进行装配，装配工艺分析主要是为了确定装配所需的装配力，以保证装配质量的一致性。

2. 装配仿真计算

1）仿真建模

建立动叶列和芯轴的完整模型，模型的初始状态如图 8-15 所示，芯轴过盈配合段底面与动叶列配合孔顶面的初始距离为 2mm。

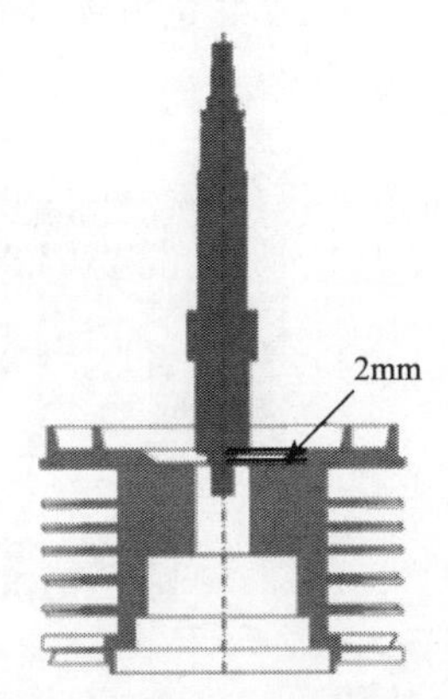

图 8-15　仿真模型的初始状态

2）边界条件设置和求解

压装过程分析的是芯轴和动叶列的非线性接触问题。设置芯轴和动叶列孔为“面-面”的摩擦接触，摩擦系数设定为 0.1，接触对设置 0.02mm 的过盈量，约束动叶列底面 6 个自由度，为芯轴施加 22mm 向下的位移载荷，采用增强拉格朗日方法进行求解。

3）模型验证

仿真计算和理论计算的结果对比如图 8-16 所示，仿真计算的结果表明装配力

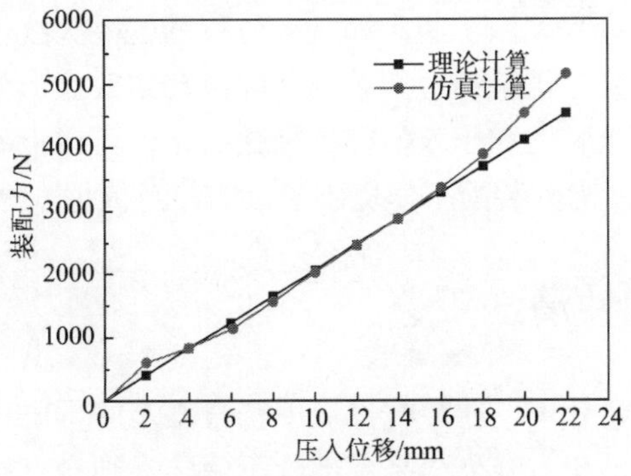

图 8-16　过盈装配理论与仿真结果对比

的大小与压入位移成正比。当压入位移取 22mm 时，将芯轴完全压入动叶列中的装配力至少需要 5kN，对装配工艺有一定指导价值。

4）压装对转子性能的影响

由于叶片的形变会对动叶列的性能有所影响，在装配过程中需要控制叶片和芯轴的形变。压装形变和应力如图 8-17 所示，最大的形变量发生在芯轴过盈段的轴头和轴肩位置，叶片的形变最小。最大等效应力也集中在轴头和轴肩位置，而叶片部分的装配等效应力几乎为 0。

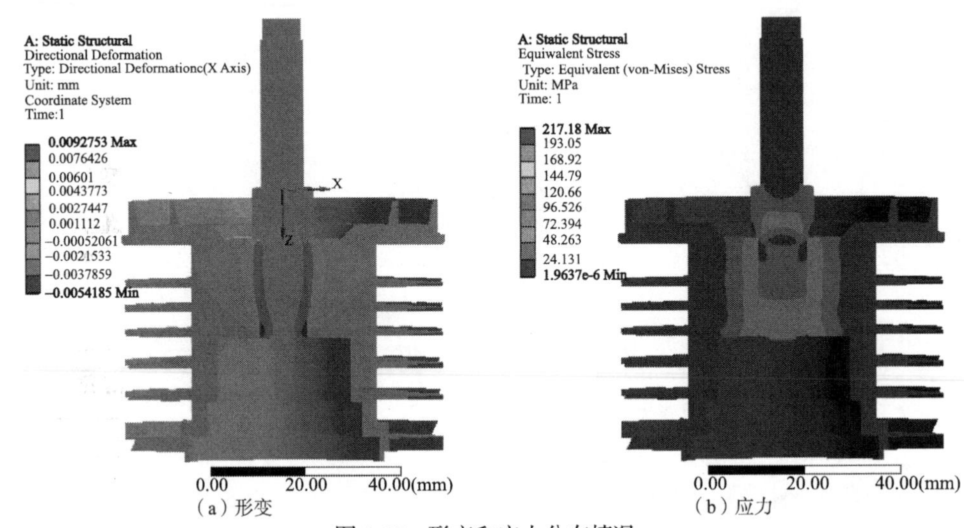

（a）形变　　（b）应力

图 8-17　形变和应力分布情况

3. 过盈装配工艺分析小结

当过盈配合的零部件几何尺寸和材料特性确定后，压装力的大小只与摩擦系数、压入位移和过盈量有关。压装力和压入位移的关系为线性关系，随着压入位移的增大，压装力增大。压装不会使芯轴和叶片产生较大形变，对动叶列的性能影响很小。通过建立压装力和压入位移的函数关系，可以准确预测过盈装配过程中装配力的大小，为实际的装配工作提供定量的参考依据。

8.4.2　分子泵零件清洗工艺

清洁度控制是保证分子泵在装配过程中符合要求的重要环节。由分子泵研制过程中的试运行实验可知，若分子泵零部件不清洁，则会直接影响其性能和关键零部件的寿命，如轴承、润滑油等的寿命。

清洁度控制主要通过清洗的方法予以实现。清洗是指清除工件表面上的液态和固态污染物，使工件表面达到一定的清洁度。清洗过程是清洗介质、污染物、工件表面三者之间的复杂的物理、化学作用过程，不仅与污染物的性质、种类、形态及黏附程度有关，还与清洗介质的理化性质、工件的材质、表面形态，以及清洗条件（如温度、清洗机附加的振动、机械外力等）有关。只有选择科学合理的清洗过程，才能取得理想的效果。

分子泵零件在送到装配车间前，已经通过粗清洗，去除了加工带来的冷却液、杂质、大部分油质、大颗粒固体杂质和毛刺等。装配前的清洗包括半精清洗和精清洗，主要是借助清洗设备或工具，将清洗液作用于零件表面，用一定的清洗方法去除零件内、外表面的污染物，使之达到分子泵产品的清洁度要求。

由于分子泵装配中需要清洗的零部件大多为金属零件，表面残留物为油污、灰尘、水分等。清洗时主要采用多步清洗的方法，由于分子泵零部件的清洁度要求和清洗工艺不同，按顺序安排不同清洗方法和清洗剂，图 8-18 为分子泵零部件清洗工艺流程图。

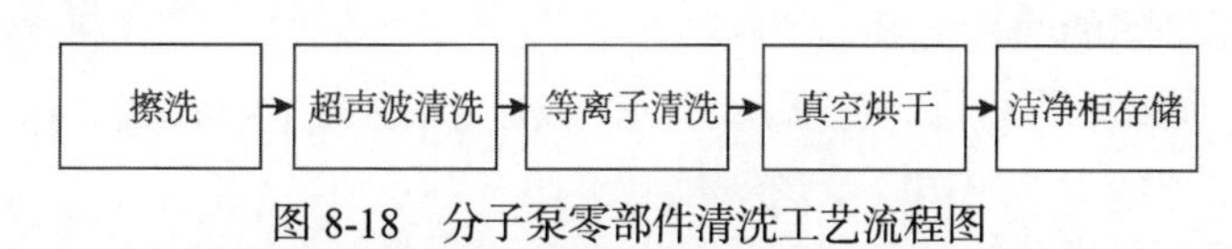

图 8-18　分子泵零部件清洗工艺流程图

擦洗：采用乙醇或丙酮对具有严重污垢的工件进行清洗。

超声波清洗：采用乙醇作为清洗剂，将分子泵零部件置于金属编织筐中，并浸入清洗剂中，利用超声波在液体中产生的空化作用，将黏附在零件表面上的各类污垢剥落下来。针对分子泵零部件结构复杂的特点，超声波清洗在清洗效果、清洗效率上均优于传统的清洗方法，效率比传统清洗方法可提高几倍到几十倍，清洁度也能达到更高的标准。

等离子清洗：等离子清洗主要用于清洗零部件上的残留油质、残留清洗剂和导线焊接后的残留阻焊剂等。

真空烘干：将精清洗后的零部件放置到真空烘箱中，用一定的温度进行烘干，保证零件的干燥。

洁净柜存储：采用专用的洁净柜进行存储，保证零件不受二次污染。

8.4.3　分子泵动叶列组件动平衡

分子泵中，动叶列组件为做高速回转运动的部件。动叶列组件受材质不均、加工和装配误差及运行后的形变等多种因素的影响，动叶列组件重心偏离其旋转重心（即存在不平衡质量），使分子泵运行时产生振动和噪声。为了减小振动和噪声，需要通过平衡校正的方法，降低动叶列组件的不平衡质量，动平衡品质应该优于 G0.4。保证分子泵运转时，产生的振动和噪声在允许范围内，以改善工作环境和分子泵的使用寿命。

分子泵动叶列组件进行动平衡校正前，组件上的零部件均为静平衡合格的零部件，并先通过装配固定锁紧，再彻底清洁组件上的所有部位。采用动平衡机进行校正，须仔细检查动平衡机上的润滑、驱动、支承和检测系统等是否正常，然后通过动平衡工装将动叶列组件与动平衡机的摆架连接。

在动平衡机上进行平衡，可以直接找出不平衡质量及其相位，工艺操作简便，平衡效率高，准确、可靠。分子泵动叶列组件在动平衡机上的支承点与工作支承点近乎一致，主要的工艺过程如下。

（1）安装调整：给分子泵动叶列组件装上动平衡专用工装，然后将动叶列组件和工装一起装到动平衡机上，调整水平。

（2）标定影响系数：在校正面上施加一定的不平衡质量，建立摆架的运动速度与不平衡质量间的线性关系。

（3）测量原始不平衡质量：启动动平衡机，升速至平衡转速，在平衡机显示屏上显示并记录转子的原始不平衡质量。

（4）校正：在指示的校正面的螺孔上加校正重量。

（5）复核：再次启动动平衡机，检验校正后的剩余不平衡质量是否符合规定。

8.4.4 分子泵装配质量的控制

1. 制订有效的装配工艺规程

在分子泵研制过程中，通过装配实践和必要的装配工艺试验逐渐形成装配工艺规程，并在装配的实践过程中不断改进和完善，形成定型的装配工艺规程，并逐渐推广到分子泵装配产业化中。分子泵的装配工艺规程是控制产品装配质量的基础，也是准备或组织装配、计划调度的科学管理依据，是保证操作者人身安全和保护环境的主要措施。

分子泵的装配工艺规程主要包括装配工艺流程图、分子泵装配工艺卡片以及装配质量和计划管理方面的卡片等。装配工艺规程中的这些控制文件详细规划了每个工作步骤且说明了操作过程、安全质量控制措施和装配工艺守则等。装配操

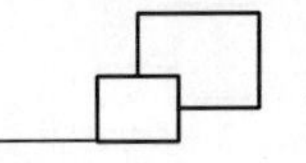

作人员在装配过程中应该严格执行装配工艺规程的相关规定，控制装配质量。

2. 严格执行装配工艺规程

在分子泵装配过程中，认真执行装配工艺规程中规定的工艺要求与技术参数是控制装配质量的关键环节，如零部件的清洁度、动叶列组件的不平衡质量、过盈压装的压装力、球轴承的工作游隙和各零部件之间的形位精度等。另外，装配的室内环境指标和装配工装、装配装置、器具等的完好性，以及作业人员的技术等级等均须满足装配工艺规程要求。

3. 健全质量跟踪网络

分子泵在完成总装配和调整、检测及试运行等一系列装配工艺且达到分子泵出厂技术规范后，提供给用户单位使用。当使用一段时间后，可能出现故障和缺陷，因此，保持与用户单位的密切联系，倾听用户对产品的意见、质量评价等，并及时了解和掌握这些消息，对提高产品质量有很大的帮助。

为每台分子泵建立全生命周期跟踪记录卡，包括分子泵整机与关键部件的编号、装配关键尺寸实测值、维护保养记录等，全面掌握分子泵的状态，有利于今后分子泵的完善与改进。

由于分子泵质量问题而导致产品出现故障，其原因是多方面的。除使用条件和操作管理等不符合要求外，对产品本身而言，结构设计、零件材料、热处理和机械加工，以及装配、调试等环节存在问题，也会引发产品质量问题。在获得产品质量信息后，可利用故障树来分析故障的原因，找出属于装配方面的质量问题，加以防止和改进，从而不断提高产品质量。

参 考 文 献

[1] 龚佑宏，韩舒，杨霓虹. 纤维方向对碳纤维复合材料加工性能的影响[J]. 航空制造技术，2013, (13/14): 137-140.
[2] 张厚江, 陈五一, 陈鼎昌. 碳纤维复合材料切削机理的研究[J]. 航空制造技术, 2004, (7): 57-59.

第 9 章

分子泵的维护保养和维修

9.1　分子泵的维护保养

9.1.1　概述

随着科技发展的日新月异，以分子泵为代表的高真空、超高真空获得设备越来越广泛地应用于空间技术、国防工业、装饰镀膜、盖板玻璃、光学镀膜、半导体等行业，虽然分子泵出现已经有超过 100 年的历史，我国第一台立式涡轮分子泵的研制成功也已经有 50 余年的历史了，但是作为一种清洁的节能的高真空获得设备，在进入 21 世纪之前，其主要存在于科研与国防军工领域，真正开始广泛应用于各行各业却是在近十年的时间。随着装饰镀膜（图 9-1（a））、盖板玻璃（图 9-1（b））、低辐射玻璃（图 9-1（c））、触摸屏（图 9-1（d））、节能灯（图 9-1（e））、发光二极管显示屏（图 9-1（f））等与生活息息相关的新兴产业的快速发展，以及对高品质的无油高真空环境的更高需求，国家节能减排等政策的大力推广，分子泵才开始逐渐在民用领域崭露头角并取得了较快的发展。因此，在真空领域，分子泵对于大多数设备商来说，仍然是一个新生事物，而对于很多最终使用分子泵的用户而言，对分子泵甚至一无所知；而分子泵又是作为一种精密机械设备存在的，相对于传统的高真空获得设备——油扩散泵而言，其使用及保养需要一定的专业知识和技能，对于不同种类的分子泵，其使用及保养的

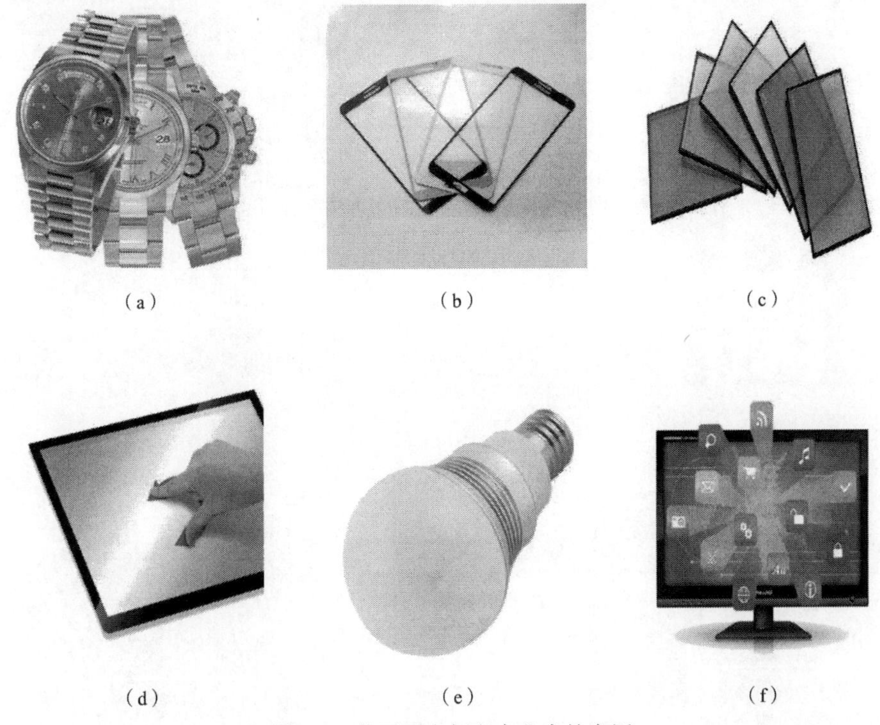

(a)　(b)　(c)

(d)　(e)　(f)

图 9-1　分子泵在新兴产业中的应用

方法又各具特色，只有了解并掌握一些必要的知识，才能使其更稳定、更持久地工作，从而为企业或使用者带来更多的益处。

9.1.2　分子泵的工程分类

如前所述，根据分类标准的不同，分子泵的分类方法多种多样，从工程实际应用上来讲，我们常常将分子泵分为两大类：通用型分子泵和专用型分子泵。依据通用型分子泵所采用的轴承技术特点而将其划分为油润滑分子泵（图 9-2（a））、脂润滑分子泵（图 9-2（b））、永磁轴承分子泵（永磁轴承与机械轴承组合，见图 9-2（c）），以及五轴电磁悬浮分子泵（图 9-2（d））；专用型分子泵往往根据实际的使用场合进行划分，常用的有风冷型分子泵、耐腐蚀分子泵、耐辐照分子泵、耐低温分子泵等。专用型分子泵往往是在通用型分子泵的基础上，根据应用场合的不同进行一定的二次技术开发和结构改进而来的。

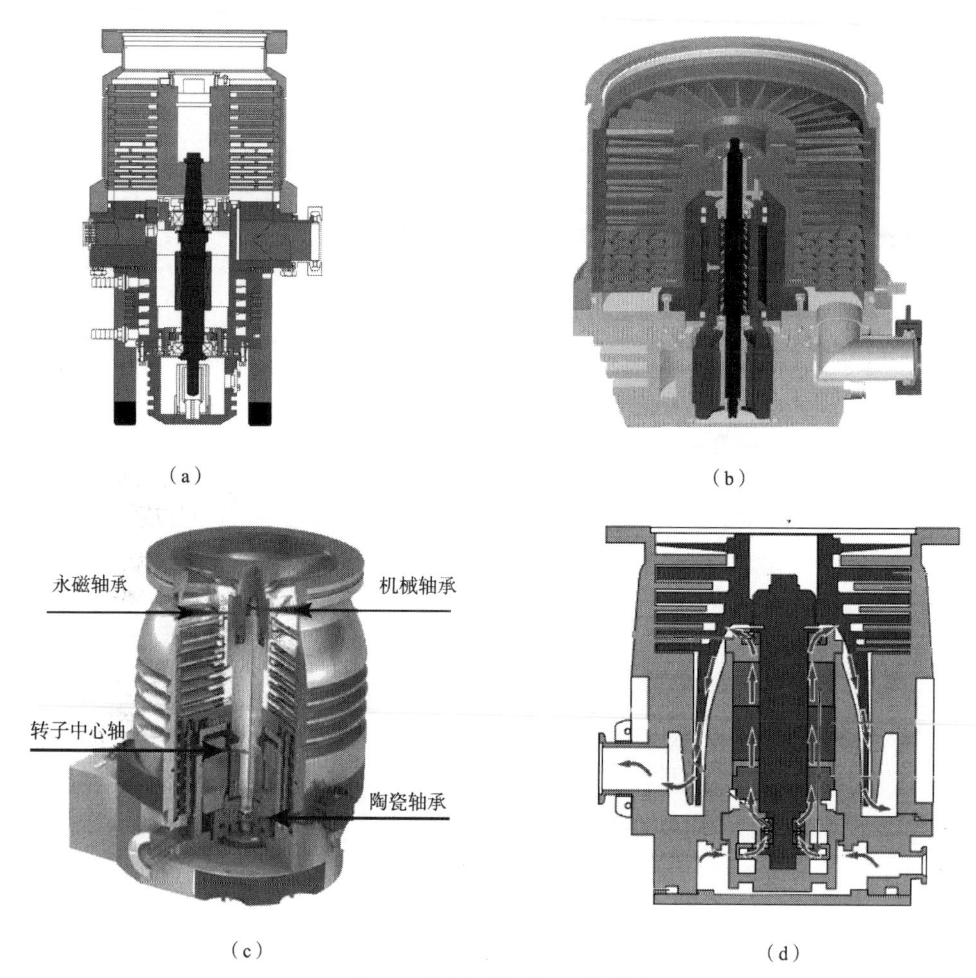

图 9-2 分子泵轴承及润滑形式

9.1.3 分子泵的维护与保养方法

1. 运输与存放

分子泵作为精密仪器设备，其高精密的部分主要集中在抽气单元部分，其中，最小间隙小于 0.5mm，最大也不会超过 3mm。此外，分子泵作为高速旋转的回转机械，其中的主轴精度都在微米量级，而且整个主轴和抽气单元部分的重量都由两个轴承来支承。因此，当设备本身遇到强烈的振动和外部冲击时，往往会使设备发生微量的形变，而后在使用中会逐渐放大，从而影响设备的正常使用。

因此，在分子泵的包装中，一定要根据分子泵的重量，设置足够的缓冲材料，根据经验，低于 80kg 的分子泵，原则上可以采用纸箱包装，且缓冲材料厚度不小于 15cm；高于 80kg 的分子泵，尽量采用木箱包装，用发泡材料进行充分固定，最好保存原厂包装，遇到返修等情况时依旧使用原包装。在运输过程中，采用竖直向上的运输方式，倾斜不大于 45°，严禁横直或倒置，使设备处于最佳的受力状态，同时严禁暴力装卸等行为，以免对设备造成永久性损害。有的分子泵本身设有吊耳，用于吊装或者运输分子泵，吊装时应注意人身安全，同时避免损害到分子泵上的其他电气、水路接口等。

在运输或存放分子泵之前，如果该分子泵从未使用过，或者用于抽除干净的无毒害及无腐蚀性气体，则应注意将分子泵的进气口法兰、排气口法兰、气体吹扫接口（常见于进口分子泵）等用盲法兰进行密封；如果分子泵用于抽除有毒害或腐蚀性的气体，则需进行一系列的处理工作。

分子泵对于存放的要求如下。

（1）存放温度：–20～55℃（此处给出建议值，详情参阅产品操作手册）。

（2）相对湿度：≤95%（此处给出建议值，详情参阅产品操作手册）。

分子泵最好放置于干燥、通风、无尘、无腐蚀性气体的房间内，防止雨淋、严寒及暴晒等极端环境；入口法兰和出口法兰用塑料盖或盲板密封（图 9-3），防止异物或污染物进入泵体内部，污染分子泵。如果外部环境湿度过大，最好用塑料袋进行密封并放入干燥剂。

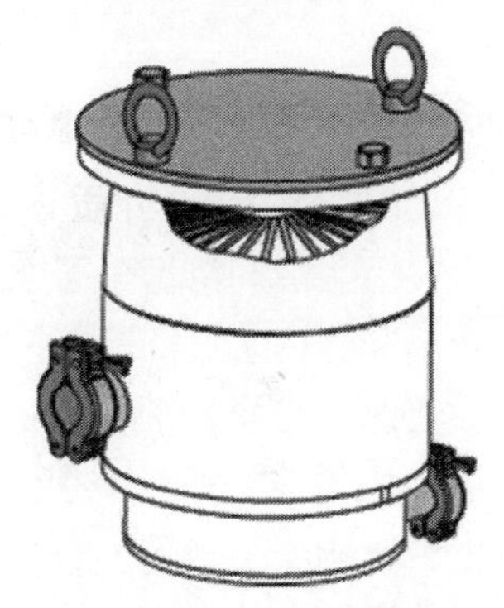

图 9-3　分子泵的存放

1）油润滑型分子泵

对于油润滑型分子泵，在包装运输之前，一定要保证润滑油清理干净，不能有残留，以免污染分子泵。

2）脂润滑型分子泵

对于脂润滑型分子泵，无须清理润滑介质，按上述说明直接保存或者运输即可。

3）永磁轴承分子泵和五轴电磁悬浮分子泵

在运输包装时，应注意转子部分与盖板之间需用弹性材料填充，或用塑料件支承，以避免运输过程中转子系统与保护轴承发生碰撞或损坏。

2. 使用前的准备工作

分子泵作为高真空获得设备，必须要有粗/低真空泵为其提供必要的真空环境才可以正常使用，根据分子泵的特性，其工作区间为分子流态，工程实际中启动分子泵时系统压力往往优于 10～200Pa（系统越大，建议启动压力越低），此时系统接近或处于过渡流态，刚刚进入分子泵的工作压力区间，随着转速的上升，压力会快速下降，分子泵进入额定转速时，系统处于分子流态，分子泵处于最佳工作状态。在分子泵的正常运转过程中，粗/低真空泵必须处于运转状态才能够为分子泵提供正常运行所需的预真空。因此，在使用前务必保证以下几项。

1）分子泵自身检查

图 9-4　分子泵使用前检查

安装分子泵前，戴上干净手套，打开入口法兰，取下防护网，轻轻拨动转子（图 9-4），观察转子运转是否有迟滞、卡死等情况发生，检查完后及时将入口法兰封上。

2）工作环境检查

（1）检查分子泵是否能够获得良好的冷却（工作场所要通风良好）。

（2）检查安装位置的磁场强度是否在允许的范围内（各个厂家操作手册均有明确说明）。

（3）分子泵的转子最高允许温度为 90℃，如果真空系统的工艺中有加热，请确认是否需要安装隔热板。

3）加注润滑介质

（1）油润滑型分子泵。用扳手将紧固油池的螺钉松开，取下油池（图 9-5（a）中虚线框内），从滤网外向油池（图 9-5（b））中注入规定量的分子泵润滑油，然后将螺钉拧紧，油池紧固到泵体上。拧紧时注意不要一下子将一个螺钉拧紧，而应该均匀地将每一个螺钉往里拧一周，最后保证每一个螺钉都处于拧紧状态，使密封胶圈受力均匀。分子泵油量应处于油标上、下限之间，不得低于油标下限，以保证轴承的良好润滑（油标为无色标志线），也不能超过油标上限，否则会导致油量过大，影响正常使用。

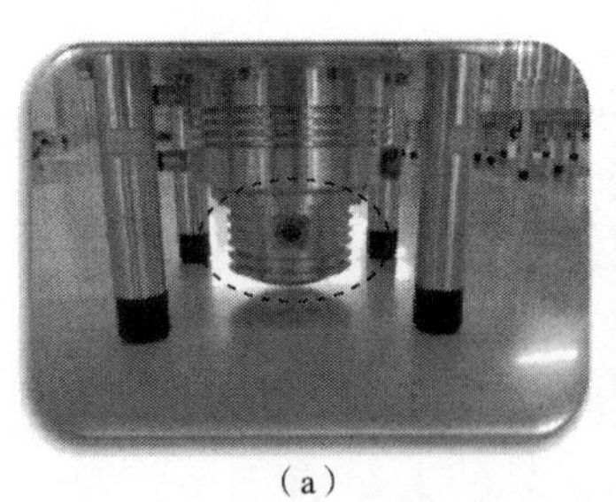

（a）

（b）

图 9-5　油润滑型分子泵润滑介质加注

（2）脂润滑型分子泵。润滑脂被固封于轴承内部，无须添加润滑油。

（3）永磁轴承分子泵。上端的永磁轴承无须润滑，下部一般采用油棉或油毡形式润滑，出厂前已添加润滑介质，可以直接使用。

（4）五轴电磁悬浮分子泵。运转时无机械摩擦，无须添加任何形式的润滑油。

4）分子泵与系统装配

（1）保证所有零部件尽可能清洁，无磕碰划伤，否则会影响抽真空的时间；连接密封件如胶圈、胶垫等，请均匀涂抹少量真空硅脂（常用型号为 7501），金属密封不需要涂抹润滑脂。

（2）将分子泵高真空法兰与真空腔体连接，连接方式一般为 ISO-K 型（图 9-6（a）、（f））、ISO-F 型（图 9-6（b））和 CF 型（图 9-6（c）～（e）、（g））。

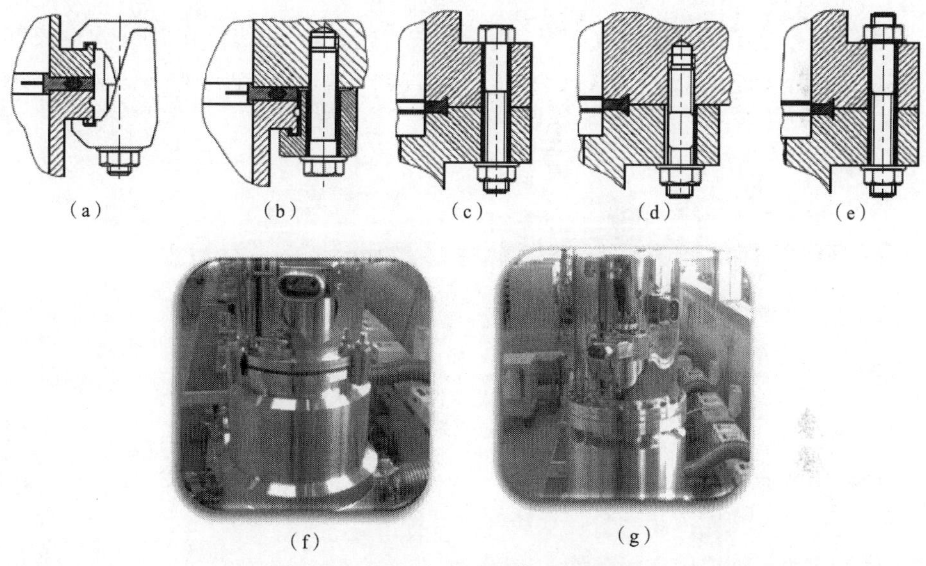

图 9-6　分子泵与真空腔体的连接方式

其中，ISO-K 型和 ISO-F 型均为胶圈密封，需要使用中心支架对 O 形圈进行定位，O 形圈必须采用氟橡胶材质，且应在每次安装前检查 O 形圈的回弹性能，如果回弹性能较差，建议更换密封圈。CF 型为金属密封，不可能重复使用，安装前要检查密封刀口，不能有污染或损伤；螺栓锁紧方式与油池的安装方式相同。

油润滑型分子泵只能竖直安装，偏差在±5°以内。

脂润滑型分子泵、永磁轴承分子泵、五轴电磁悬浮分子泵均可以任意角度安装。

（3）系统支承与固定。为防止意外情况发生，真空腔体需有足够的支承，图 9-7（a）、（b）分别列出了竖直安装（也适用于倒置安装）和水平安装的示意图。

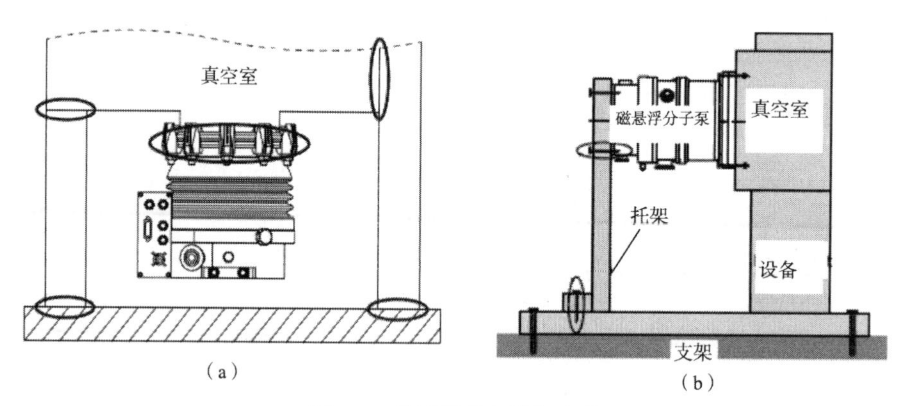

图 9-7　分子泵的安装与支承

5）放气阀

部分型号分子泵会设置放气阀，用于在关机或者断电时自动向分子泵内充气，见图 9-8。

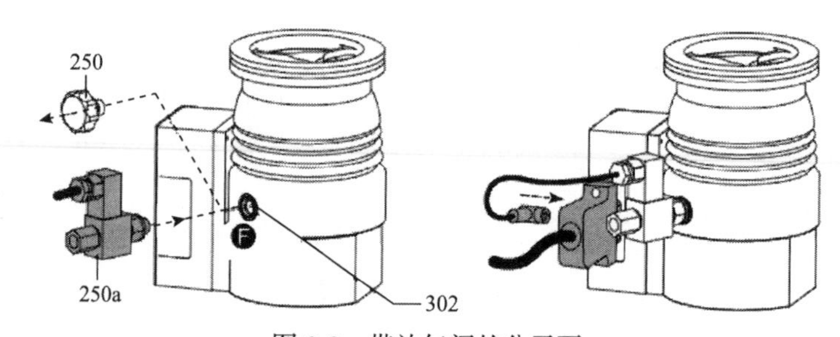

图 9-8　带放气阀的分子泵

302-密封圈；250-放气螺塞；250a-放气阀

连接步骤如下。

（1）将放气螺塞连同密封圈从放气接口拧出。

（2）将放气阀连同密封圈拧入。

（3）将附件控制线插入连接电缆的对应接口并锁紧。

（4）如果有特殊需求，可将特定的气体供应装置安装在电磁阀的入口。

6）气体吹扫接口

气体吹扫接口也是分子泵常见的配置之一（图 9-9），作用有二。

（1）在粉尘或污染较重时，可以起到一定的保护作用。

（2）气体负载加大时，有一定的冷却效果；一般分子泵在抽除的气流量超过最大气流量 50%的情况下，为了使转子冷却得到保障，必须使用气体吹扫接口。

有气体吹扫阀时：

（1）将锁紧螺栓连同密封圈从气体吹扫接口拧出；

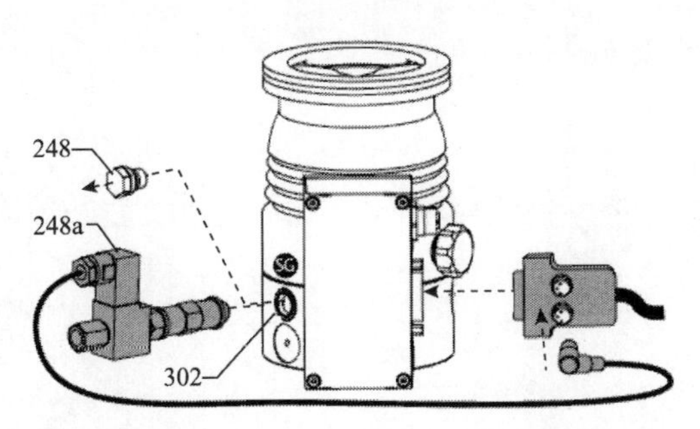

图 9-9　带气体吹扫接口的分子泵

302-密封圈；248-锁紧螺栓；248a-气体吹扫阀

（2）将气体吹扫阀连同密封圈拧入气体吹扫接口；

（3）将附件控制线插入连接电缆的对应接口并锁紧；

（4）将气体吹扫供应装置（气源多为稀有气体或者干燥氮气）与气体吹扫阀的进气口连接。

无气体吹扫阀时：

（1）将锁紧螺栓连同密封圈从气体吹扫接口拧出；

（2）将气体吹扫节流阀连同密封圈拧入气体吹扫接口；

（3）将气体吹扫供应装置（气源多为稀有气体或者干燥氮气）与气体吹扫节流阀的进气口连接。

7）风冷型分子泵接口

在环境温度介于 5～32℃、分子泵入口压力低于 0.1Pa 的时候，可以采用风冷型分子泵，此时只需将分子泵底部或者侧面的风扇电缆线直接与分子泵控制器上的电源接头连接即可。

8）其他连接

（1）分子泵排气口通过管路与粗/低真空泵连接（图 9-10），连接管路要考虑抽气后的压缩率，长度应预留压缩量，不可过紧；为了保证分子泵前级口有较好的真空度，前级管路不宜过长。

（2）对于冷却水接入，目前分子泵多用快插接头（图 9-11），直接将冷却水管压入即可，特殊场合可以使用宝塔接头喉箍固定的方式。冷却水尽量使用循环水机，水温介于 15～25℃，过高无法起到重复冷却的效果，过低则容易形成冷凝水。由于冷却水路常常使用铝合金，为避免循环水与铝合金发生反应、腐蚀泵体，应采用去离子水进行冷却，pH 介于 6～9 为佳。水压介于 0.15～0.2MPa，流量不低于 1L/min，建议三个月左右更换一次冷却水，并对循环水管路进行清理。如果有多台分子泵，请采用并联水路进行冷却，以保证每个泵的入水口水压都在上述值之间，严禁采用串联方式进行冷却。

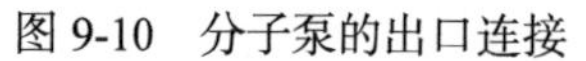
图 9-10　分子泵的出口连接

图 9-11　分子泵的冷却水快插接头

为了保证分子泵长期无故障运行，冷却水不得含油、润滑脂和悬浮颗粒，建议值见表 9-1。

表 9-1　冷却水指标要求

指标	说明
外观	透明，无油脂和润滑脂
悬浮物浓度	<250mg/L
粒径	<150μm
电导率	<700μS/cm
pH	7～9
总硬度（总碱土）	<8°dH
侵蚀性二氧化碳	无、未检出
氯化物浓度	<100mg/L
硫酸盐浓度	<150mg/L
硝酸盐浓度	≤50mg/L
铁浓度	<0.2mg/L
锰浓度	<0.1mg/L
铵浓度	<1.0mg/L
游离氯浓度	<0.2mg/L
如果有霜冻危险，可采用比例不超过 30%的乙二醇-水混合物使用去离子水（软化水或除盐水）时，检查采用的冷却系统、水和材料是否合适	

（3）将分子泵控制器电缆与分子泵航空插座连接（图 9-12），为了保证真空气密性，分子泵多采用陶瓷或者玻璃封接的航空插头将外部电源引入，给电动机供电。再次连接时应注意对正后缓慢接入，避免由插针弯曲带来的分子泵故障或者损坏封接面而造成漏气。控制器与分子泵之间的连接电缆往往存在线上压降的问题，所以电缆线不宜过长，以避免压降过大导致分子泵无法启动。

图 9-12　分子泵的电源连接

9）检查

检查上述工作是否有缺失或隐患。

3. 使用注意事项

如前所述，分子泵作为精密机械设备，其高加工精度和装配工艺使得在使用分子泵时也有较高的要求，运输过程中要避免大的振动和冲击，涡轮转子高速旋转时产生的陀螺效应和在离心力作用下产生的叶片径向形变，使得其各个零部件的间隙更小，现将使用的注意事项介绍如下。

（1）防止大的机械振动和冲击，例如，对真空泵的前级管路加以支承或悬挂，以保证来自管路系统的作用力无法传递到分子泵上。

（2）防止大气载荷冲击。

（3）由于分子泵旋转时本身会有高频振动，要避免设备共振问题。

（4）连接分子泵进气口与真空腔体的管路要尽可能短，以提高抽气效率和连接刚度。

（5）防止粉尘及大颗粒物进入，如果粉尘及颗粒物较大，建议使用可以倒置安装或者水平安装分子泵，以避免大的颗粒物被抽入分子泵内，对分子泵造成永久性伤害。

（6）防止强磁场（表面径向磁感应强度<5mT，轴向磁感应强度<15mT）、电场干扰，以免干扰或损坏分子泵电动机。

（7）不能用于抽除含氧量超过21%的混合气体。

（8）不能用于真空系列容器压力$>1.4\times10^5$Pa 的情况。

（9）水冷型分子泵使用环境温度为 5~40℃。

（10）防止长时间工作在大气载荷下，以免转子过热，影响使用。

（11）陶瓷球轴承在运转时，温度每升高 10℃，其寿命会减少为原来的 1/2，升高 20℃，寿命则减至原来的 1/4，而轴承寿命直接决定了分子泵的运转寿命，因此使用中要时刻关注分子泵的温升情况。

（12）禁止在分子泵运转过程中或转速未降为零时随意移动分子泵。作为高速旋转的精密机械，分子泵的最大线速度往往大于 200m/s，如此高的速度，如果有上述问题发生，结果是显而易见的。

（13）在获取优于1×10^{-4}Pa 的真空环境时，需要对整个系统（包括分子泵泵体）进行烘烤，烘烤时泵体温度要<100℃，烘烤时间不小于 4h，升温和降温过程都要缓慢进行，不可急剧加热、急剧冷却。烘烤时分子泵处于运转状态，粗/低真空泵持续工作，为分子泵提供所需的前级真空环境。

（14）对于油润滑型分子泵，要定期更换润滑油，首次使用约 1000h 后更换润滑油；以后大约每 4000h 更换一次润滑油，年使用时间不足 4000h 的，一年更换一次润滑油，至少每 5 年（或 10000h）更换一次轴承。

（15）对于一端为永磁轴承、一端为油润滑型轴承的分子泵（多采用油棉或油毡润滑），出厂前已经加注润滑油，可直接使用；以后至少每 4 年更换一次润滑用的油棉，长时间不用的，建议 1 年更换一次润滑用的油棉；至少每 4 年更换一次轴承。

更换油棉流程如下（图 9-13）：

①关闭分子泵，待其停稳后，放气至大气；

②将真空泵从真空系统上拆下，用原有洁净的防护盖密封法兰开口；

③反转分子泵使高真空法兰朝下；

④先将内六角螺栓（×3）从后盖中拧出，取下后盖及 O 形圈；

⑤从轴承架中取出油棉并用镊子将多孔塑料棒夹出；

⑥用清洁、不起球的抹布去除分子泵和后盖上的污浊物，严禁使用任何清洁剂；

⑦将多孔塑料棒放入原位；

⑧将新的油棉插入轴承架，注意毛毡面朝向喷射螺母；

⑨将 O 形圈及后盖装好。

（16）如果分子泵使用时负载较大或系统较脏，应根据油的颜色变化，缩短更换润滑油的时间。

（17）更换润滑油时，不可用有机溶剂进行清洗，清水冲洗、晾干后注入新润滑油即可。

（18）脂润滑型分子泵无须进行润滑油更换，根据使用情况，至少 5 年（或者 10000 h）更换一次轴承。

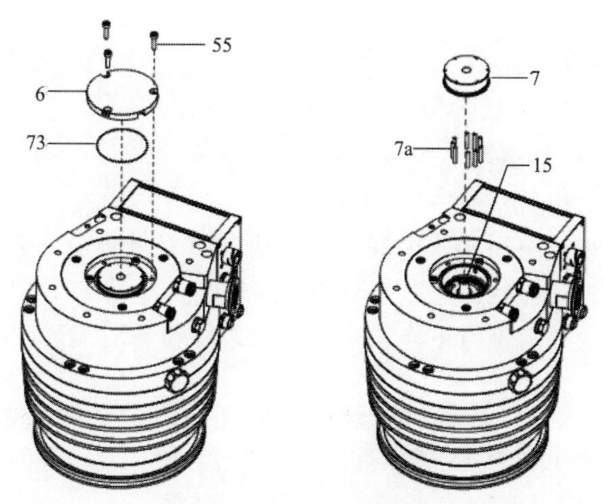

图 9-13　分子泵的油棉更换

6-后盖；7a-多孔塑料棒；55-内六角螺栓；7-油棉；15-喷射螺母；73-O 形圈

（19）磁悬浮分子泵无需润滑油，根据使用情况，进行保护轴承更换。

（20）建议在运转 45000～100000h 后，更换分子泵涡轮转子。

（21）分子泵停机时，一定要遵循系统先开后关的原则，待分子泵停稳后再关闭粗/低真空泵。

（22）分子泵停机时，请用高压气体对水冷部分进行吹扫，避免由于冷却水残留而腐蚀泵体；对于连续使用的分子泵，请按月清理冷却水路，方法为打开出水口水管，直接用冷却水冲洗水路即可。

（23）分子泵转子材料为铝合金，使用温度有一定限制（有公司提出使用温度≤90℃），因此当由于工艺问题出现高温时，需要安装合适的隔热装置。

（24）脂润滑型分子泵在闲置时间超过三个月并再次启动时需要进行“跑脂”工艺，具体如下。

①启动分子泵，待控制器显示分子泵达到额定转速时，按下停止键，当分子泵完全停机后，等待 10min 左右，再次启动分子泵。

②执行以上启停操作2～3次，以后即可正常启动分子泵。

4. 五轴电磁悬浮分子泵的维护保养

作为分子泵技术的最高水平，五轴电磁悬浮分子泵实现了旋转部件与支持部件之间的完全无机械摩擦，从理论上讲寿命可以做到无限。但是在实际工程应用中，往往会有很多不确定的突发因素出现，因此，五轴电磁悬浮分子泵也是需要进行一定的维护保养的，其需要维护保养的部件仅限于保护轴承。而保护轴承的磨损通常在如下情况下发生：

（1）供电电缆故障；

（2）强力冲击；

（3）电子元器件故障；

（4）不确定因素造成的转子全速跌落。

保护轴承的磨损由控制器内部监控，初始值为100%，基于跌落时的旋转速度和持续时间进行递减，当该值降为0时，会产生报警，泵无法启动，保护轴承就需要由权威部门进行更换。在正常的条件和清洁工艺过程中，转子的寿命不低于5年。

5. 专用型分子泵的维护保养

在某些特殊的工艺过程中，往往会进入一定的腐蚀性气体，这些气体会与分子泵里面的某些零部件发生化学反应，严重的甚至会对轴承和主轴造成一定的损害，因此需要专用型分子泵，这一类耐腐蚀的分子泵统称为耐腐蚀分子泵，除上述注意事项外，耐腐蚀分子泵在使用时有如下特殊性。

（1）耐腐蚀分子泵使用时要通过泵体的充气嘴向分子泵腔体内通入保护气体，以保护主轴、轴承等重要零部件，常用充气量为15～20sccm[①]，充入干燥的氮气或者空气即可（图9-14）。

（2）分子泵未开启时，需预先通入保护气体，整个分子泵运转过程中，保护气体需持续通入。

（3）分子泵完全停止后5～10min，停止通入保护气体，保护气体停止通入后，再根据实际情况关闭粗/低真空泵。

（4）油润滑的耐腐蚀分子泵需使用专业的耐腐蚀分子泵油。

保护气体通断时间决定了其是否能够起到保护作用。

① sccm表示标准mL/min。

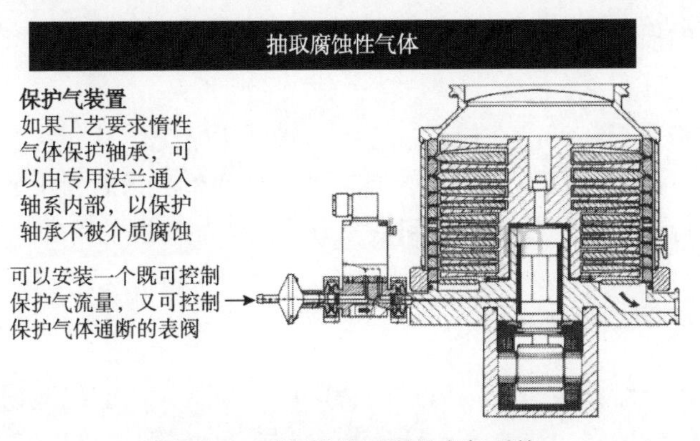

图 9-14　耐腐蚀分子泵的充气系统

除耐腐蚀分子泵外，常见的专用型分子泵还有风冷型分子泵，简述如下。

（1）风冷型分子泵的使用环境为 5～32℃。

（2）风冷型分子泵的高真空法兰入口压力低于 0.1Pa。

6. 分子泵控制器的维护保养

（1）避免与高压、高频设备共用电源，以防干扰。

（2）注意保持控制器内部的清洁，以免灰尘过多，造成元器件损坏。

（3）保持良好的通风与散热，分子泵在停机时控制器会产生较大热量。

（4）电缆线尽可能短，且避免圆形放置。

（5）使用外控控制分子泵时，通信线应与高功率电源线避开。

9.2　分子泵的维修

9.2.1　分子泵的维修分类与维修流程

1. 分子泵的维修分类

1）预防类维修

分子泵在使用时间达到（或接近）轴承组件的使用寿命时，需要进行预防类维修，提前消除可能的隐患并对相关组件进行更换，延长产品使用寿命的同时也

可以避免更大的损失发生。

2）补救类维修

补救类维修是指在产品在使用过程中出现异常情况，从而导致分子泵无法继续正常使用时，而必须进行的工作，通过对产品的检测、对发生的故障零部件及其相关组件进行更换或修复，以达到恢复分子泵产品功能的目的。

2. 分子泵的维修流程

分子泵应用、结构及其抽气方式的特殊性，使其无法实现现场实时维修（只有少数配件，如防护网、油池、水路接头、外接阀门等可以进现场更换），必须返回制造厂家进行维修，其常规的维修流程如下。

1）故障判定

对于一款应用型产品，其在使用过程中发生的问题往往是不可预知的，因此，为了准确地定位故障、找到问题关键，首先要根据客户反映的情况对产品进行问题验证，只有在验证过程中出现与客户现场相同的问题，才能得出准确结论进而进行下一步工作。

客户现场常见的故障如下：过热、过流、过载、长时间无法达到真空、无法达到正常工作转速等。

2）拆卸

准确地找到问题后，需要对分子泵进行拆卸，为了获得清洁的高真空环境，分子泵的零部件都在涡轮转子下方，以防止油蒸气进入真空室。因此，几乎所有的分子泵故障都需要彻底地拆卸，以找到对应的问题点，例如，使用中最常见的分子泵过载问题多数是由分子泵轴承磨损严重造成的，在修复过程中就需要对分子泵进行彻底的拆卸。

3）清洗

作为高真空/超高真空获得设备，分子泵自身的清洁度也至关重要，在拆卸后要对分子泵所有零部件进行彻底的清洗，以除尘、去油、脱水、烘烤等工艺来实现，整个过程要严格遵守真空卫生的相关规范，尤其要注意避免皮肤直接接触洁净的零部件，以免产生二次污染；为了保证稳定的质量，一般都采用自动清洗生产线完成清洗。

4）初次装配

如前所述，分子泵主要通过高速旋转的原理进行抽气，动平衡的精度至关重要，习惯上把动平衡之前的装配过程称为初次装配；完成动平衡的装配称为整体

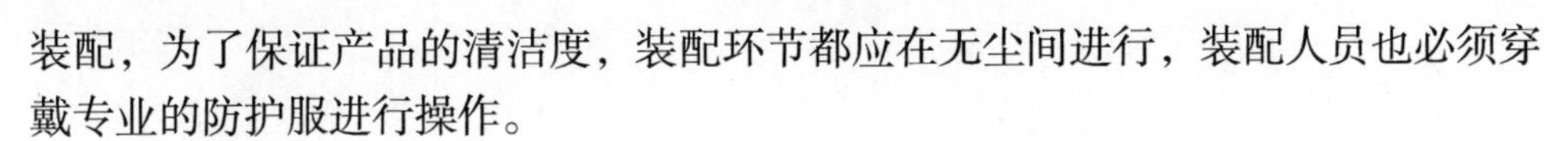

装配，为了保证产品的清洁度，装配环节都应在无尘间进行，装配人员也必须穿戴专业的防护服进行操作。

5）动平衡

常见旋转机械的动平衡多处于刚性转子动平衡范畴，而由于分子泵转速较高，已经跨入柔性转子动平衡范畴，需要专业的柔性转子设备及传感器才能完成，动平衡过程分为单件转子平衡和整机平衡两个环节。

6）整体装配

整体装配环节主要涉及抽气单元的组装，此部分间隙小、精度高，而且往往出现累积误差与高度误差调整等，对装配技术有较高的要求。

7）检验

主要是对极限真空度指标及整机的振动情况进行检验，以保证维修产品品质。

3. 分子泵的拆卸步骤及注意事项

任何设备的使用，都要制订相应的保养制度，定期对产品进行维护，防患于未然，具体操作如下。

（1）定期对分子泵进行巡检，对泵体温度、噪声、振动等方面进行检查，及时发现设备故障，对于接近或达到保养周期的分子泵及时与厂家取得联系。

（2）对于故障分子泵，第一时间关闭分子泵进气口处的挡板阀或者插板阀，切断分子泵与真空腔室的连接。

（3）通过控制系统或分子泵控制器上的“停止”键，停止分子泵运转。

（4）观察分子泵的运转频率，当显示为“0”后，关闭电源，并断开主电缆。

（5）切断分子泵前级与预抽泵的连接，使整个分子泵与真空系统隔离。

（6）如果有气体吹扫接口或充气口等，请在分子泵破坏真空后断开相关的连接管路；如果无上述充气口，请在保证分子泵进气口处阀门、前级接口与预抽泵隔断阀门无泄漏的前提下，缓慢打开前级接口，往分子泵内充气，使分子泵内、外压力保持一致；当系统有多台分子泵并联使用时，一定要在充气前确保充气动作对其他分子泵不造成影响，否则请在工艺过程完成、整机停机后再进行充气操作。

（7）断开分子泵前级接口与前级泵的连接，切断冷却水路。

（8）将分子泵与高真空阀门或真空腔室的连接件卸下，取下分子泵。

（9）对于油润滑型分子泵，需将泵静止半小时后，拆下油池，卸下润滑油后，再进行包装发运。其他分子泵可直接进行打包发运，打包时尽量采用原包装。

4. 分子泵的清洁

分子泵和控制器的外表面可以用棉布清洁；避免使用对表面或者标签有危害的清洗剂；其他的清洁操作必须由厂家指定的维修中心进行。

9.2.2 特殊类分子泵的维修与拆卸

对于应用于工艺过程中的有毒或有腐蚀性气体的分子泵，如半导体刻蚀、离子注入等行业用分子泵，为了保证不污染环境和对操作人员造成伤害，在上述提及的拆卸过程前应进行以下操作。

（1）分子泵处于停止状态，前机泵处于运转状态，应持续通入干燥的氮气30min，氮气的压力和流量与整个工艺过程的值一致，对分子泵内部进行冲洗后再将泵从真空系统中拆除。

（2）分子泵移除期间，对于抽气口和排气口残留的有腐蚀性气体的处理办法，请遵守当地环保法规。

（3）拆除时请佩戴手套、护目镜和其他的防护设备，并保证工作环境有良好的通风条件。

需要返厂的分子泵必须先经过排污处理并充入干燥的氮气，顺序如下。

（1）进气口用螺栓、螺母、盲法兰、密封圈等密封。

（2）排气口（充压时需配反向截止阀和充气嘴）用ISO-KF卡箍和中心支架、密封圈、盲板等密封。

（3）气体吹扫接口用堵头密封。

重度污染处理流程如下。

（1）将分子泵置于抽风机风口正下方（所有操作都在此状态下完成）。

（2）排气口用带反向截止阀和充气嘴的法兰密封。

（3）从充气嘴向泵内通入压力为（1.1～1.5）$\times 10^5$ Pa的干燥氮气30min，对泵进行冲洗（图9-15（a））。

（4）封上进气口和气体吹扫接口。

（5）泵体内充入1.1×10^5Pa的干燥氮气（图9-15（b））。

（6）干燥氮气过滤器的具体参数如下。

①露点<22℃。

②粉尘直径<1μm。

③油浓度<0.1mg/L。

④绝对压力为（1～1.2）$\times10^5$ Pa。

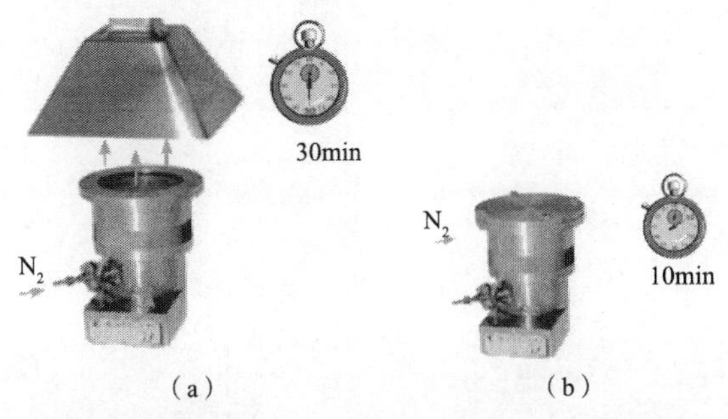

图 9-15　抽出有毒、有腐蚀性气体分子泵的处理